"十三五"国家重点出版物出版规划项目

世界名校名家基础教育系列
Textbooks of Base Disciplines from World's Top Universities and Experts

普林斯顿分析译丛

复 分 析

〔美〕 伊莱亚斯 M. 斯坦恩 （Elias M. Stein）
拉米·沙卡什 （Rami Shakarchi） 著

刘真真 夏爱生 夏军剑 索文莉 译

机 械 工 业 出 版 社

《复分析》是一部为数学及相关专业大学二年级和三年级学生编写的教材，理论与实践并重。为了便于非数学专业的学生学习，全书内容简明、易懂，读者只需掌握微积分和线性代数知识即可阅读。

本书共十章内容，分别为：复分析预备知识、柯西定理及其应用、亚纯函数和对数、傅里叶变换、整函数、Gamma 函数和 Zeta 函数、Zeta 函数和素数定理、共形映射、椭圆函数、Theta 函数的应用。最后还有附录 A 和附录 B，分别介绍了渐近理论和单连通与 Jordan 曲线定理。附录 A 主要内容包括 Bessel 函数、Laplace 方法、Stirling 公式、Airy 函数和分割函数等；附录 B 中介绍了单连通、卷绕数和 Jordan 曲线定理等内容。

本书每个章节都引用了大量的例子，使读者能很好地理论联系实际。此外，每章最后还附有大量的练习和问题，让读者在掌握知识的同时能举一反三，将问题推广。一些问题甚至是超出本书范围的，这些问题用星号标记，这给读者的深入钻研留出了足够的空间。

本书简体中文版由普林斯顿大学出版社授权机械工业出版社在中国大陆地区（不包括香港、澳门特别行政区及台湾地区）出版与发行。未经许可之出口，视为违反著作权法，将受法律之制裁。

北京市版权局著作权合同登记　图字：01-2013-3818 号。

图书在版编目（CIP）数据

复分析/（美）伊莱亚斯 M. 斯坦恩（Elias M. Stein），（美）拉米·沙卡什（Rami Shakarchi）著；刘真真等译.—北京：机械工业出版社，2017.4（2024.11 重印）

"十三五"国家重点出版物出版规划项目　世界名校名家基础教育系列
书名原文：Complex Analysis（Princeton Lectures in Analysis，No.2）
普林斯顿分析译丛
ISBN 978-7-111-55297-0

Ⅰ. ①复… Ⅱ. ①伊…②拉…③刘… Ⅲ. ①复分析 Ⅳ. ①O174.5

中国版本图书馆 CIP 数据核字（2016）第 261637 号

机械工业出版社（北京市百万庄大街 22 号　邮政编码 100037）
策划编辑：汤　嘉 责任编辑：汤　嘉 王　芳 姜　凤
责任校对：张晓蓉 封面设计：张　静
责任印制：刘　媛
河北环京美印刷有限公司印刷
2024 年 11 月第 1 版第 7 次印刷
169mm×239mm · 17.75 印张 · 2 插页 · 358 千字
标准书号：ISBN 978-7-111-55297-0
定价：78.00 元

凡购本书，如有缺页、倒页、脱页，由本社发行部调换
电话服务　　　　　　　　　　　　网络服务
服务咨询热线：010-88379833　　机 工 官 网：www.cmpbook.com
读者购书热线：010-88379649　　机 工 官 博：weibo.com/cmp1952
　　　　　　　　　　　　　　　　金 书 网：www.golden-book.com
封面无防伪标均为盗版　　　　教育服务网：www.cmpedu.com

译 者 的 话

　　这是我翻译的第一本书，而本书的难度又特别高，所以，对我来说真是一个挑战．还好有几位朋友相助，帮我校正译稿，为本书增色不少．其中最感谢的是夏爱生，他在忙碌的全职工作之余，特别抽空为我校稿，我从他专业的翻译过程中学到了不少技巧．

　　本书如果在翻译上还有未尽人意之处，那是本人的疏忽，欢迎各界朋友不吝赐教．为了让大家能够更加理解原书的本意，我在此列举出一些翻译时我斟酌再三而定的翻译方式，可能在别的书中翻译会不一样，所以把原文也列出来供大家参考．

　　toy contour，英文直译是"玩具，周线"，本书中有时没有出现 toy 而只是 contour，我都翻译成"周线"，是指曲线积分的封闭曲线．

　　keyhole，英文直译是"锁眼"，在本书中是一种曲线的类型，如 the keyhole contour，因为周线形似锁眼，所以我翻译成"锁眼周线"，再如 the multiple keyhole 和 Rectangular keyhole，我分别翻译成"多锁眼"和"矩形锁眼"．

　　moderate decrease，英文直译是"适当地减少"，在本书中我翻译成"微减"，表示函数较慢的递减速度，它的具体意思在原书的 112 页脚注中给出．

　　本书第 9 章最后出现的"forbidden Eisenstein series"是第 10 章中用于证明四平方定理的重要方法．我翻译成"禁止 Eisenstein 级数"，forbidden，英文直译就是"严禁的或禁止的"，查阅了一些参考资料还是不知道该如何翻译，所以只好直译．

　　最后，特别感谢李升老师、陈宝琴老师对本书的修改意见，由于我们水平有限，译文错误及不妥之处再次恳请读者指正．

刘真真

前　　言

从 2000 年春季开始，四个学期的系列课程在普林斯顿大学讲授，其目的是用统一的方法去展现分析学的核心内容．我们的目的不仅是为了生动说明存在于分析学各个部分之间的有机统一，还是为了阐述这门学科的方法在数学其他领域和其他自然科学的广泛应用．本书是对讲稿的一个详细阐述．

虽然有许多优秀教材涉及我们覆盖的单个部分，但是我们的目标不同：不是以单个学科，而是以高度的互相联系来展示分析学的各种不同的子领域．总的来说，我们的观点是观察到的这些联系以及所产生的协同效应将激发读者更好地理解这门学科．记住这点，我们专注于形成该学科的主要方法和定理（有时会忽略掉更为系统的方法），并严格按照该学科发展的逻辑顺序进行．

我们将分析学的内容分成四册，每一册反映一个学期所包含的内容，这四册的书名如下：

Ⅰ．傅里叶分析．

Ⅱ．复分析．

Ⅲ．实分析．

Ⅳ．泛函分析．

但是这个列表既没有完全给出分析学所展现的许多内部联系，也没有完全呈现出分析学在其他数学分支中的显著应用．下面给出几个例子：第一册中所研究的初等（有限的）Fourier 级数引出了 Dirichlet 特征，并由此使用等差数列得到素数有无穷多个；X-射线和 Radon 变换出现在第一册的许多问题中，并且在第三册中对理解二维和三维的 Besicovitch 型集合起着重要作用；Fatou 定理断言单位圆盘上的有界解析函数的边界值存在，并且其证明依赖于前三册书中所形成的方法；在第一册中，θ 函数首次出现在热方程的解中，接着第二册使用 θ 函数找到一个整数能表示成两个或四个数的平方和的个数，并且考虑 ζ 函数的解析延拓．

对于这些书以及这门课程还有几何额外的话．一学期使用 48 个课时，在很紧凑的时间内结束这些课程，每周习题具有不可或缺的作用，因此，练习和问题在我们的书中有同样重要的作用．每个章节后面都有一系列"练习"，有些习题简单，而有些则可能需要更多的努力才能完成．为此，我们给出了大量有用的提示来帮助读者完成大多数的习题．此外，也有许多更复杂和富于挑战的"问题"，特别是用星号标记的问题是最难的或者超出了正文的内容范围．

尽管不同的分册之间存在大量的联系，但是我们还是提供了足够的重复内容，以便只需要前三本书的极少的预备知识：只需要熟悉分析学中初等知识，例如极限、极数、可微函数和 Riemann 积分，还需要一些有关线性代数的知识. 这使得对不同学科（如数学、物理、工程和金融）感兴趣的本科生和研究生都易于理解本系列丛书.

我们怀着无比喜悦的心情对所有帮助本系列丛书出版的人员表示感谢. 我们特别感谢参与这四门课程的学生. 他们持续的兴趣、热情和奉献精神所带来的鼓励促使我们有可能完成这项工作. 我们也要感谢 Adrian Banner 和 Jose Luis Rodrigo，因为他们在讲授本系列丛书时给予了特殊帮助并且努力查看每个班级的学生的学习情况. 此外，Adrian Banner 也对正文提出了宝贵的建议.

我们还特别感谢以下几个人：Charles Fefferman，他讲授第一周的课程（成攻地开启了这项工作的大门）；Paul Hagelstein，他除了阅读一门课程的部分手稿，还接管了本系列丛书的第二轮教学工作；Daniel Levine，他在校对过程中提供了有价值的帮助. 最后，我们同样感谢 Gerree Pecht，因为她很熟练地进行排版并且花了时间和精力为这些课程做准备工作，诸如幻灯片、笔记和手稿.

我们还要感谢普林斯顿大学的 250 周年纪念基金和美国国家科学基金会的 VI-GRE 项目的资金支持.

伊莱亚斯 M. 斯坦恩

拉米·沙卡什

于普林斯顿

2002 年 8 月

引　言

研究复分析时，我们进入了一个充满智慧的神奇的世界. 定理的描述像魔法一样，甚至可以说是奇迹般地深深吸引着我们；还有它所追求的目标，即结论的简明和深远也让我们惊叹不已.

研究的出发点是当研究的主题是复数时，如何将最初的实值函数延拓过来. 因此，这里的主要研究对象是复平面到其本身的函数

$$f: \mathbf{C} \rightarrow \mathbf{C},$$

或者更一般地，是定义在复数集 $\mathbf{C}$ 的开子集上的复值函数. 开始没有什么新的，仅仅是通过函数的延拓获得，这是因为任意复数都可以写成 $z = x + iy$，其中 $x, y \in \mathbf{R}$，并且可以将 z 看成 $\mathbf{R}^2$ 上的点 (x, y).

然而，当我们考虑函数的本性时，一切都变了，除非错误地单看关于 f 的假设：也就是在复数情形下函数是可微的. 这个条件被称为全纯性，并且由它形成的多数定理在本书中都要进行讨论.

如果函数 $f: \mathbf{C} \rightarrow \mathbf{C}$ 在点 $z \in \mathbf{C}$ 处存在极限

$$\lim_{h \rightarrow 0} \frac{f(z+h) - f(z)}{h} \quad (h \in \mathbf{C}),$$

则函数是全纯的. 这与实数情况下可微的定义类似，不同的是这里的 h 是复值. 事实上，这样假设的理由影响深远，它包含了多个条件：也就是说，h 可以沿着任意角度趋于零.

有意思的是，虽然可以按照实变量证明关于全纯函数的定理，但读者稍后会发现复分析是一个新的学科，它提供了适合它本身性质的定理证明. 事实上，关于全纯函数性质的证明一般都非常简短明确，这在书中会进行讨论.

复分析的研究通常沿着两条交叉途径进行. 第一个途径是要理解全纯函数的一般性质，不用特别关注特殊例子. 第二个途径是分析一些特别的函数，已经证明这

些特殊函数已经被证明在数学的其他领域也是很有价值的. 当然,我们不会沿着任何一条途径走得太远而不顾及另一条途径. 我们首先研究全纯函数的一般性质,可以总结为下面三个很奇特的现象:

(1)周线积分:如果 f 是 Ω 上的全纯函数,那么关于 Ω 上的合适的闭路径满足

$$\int_{\gamma} f(z)\,\mathrm{d}z = 0.$$

(2)正则性:如果 f 是全纯的,那么 f 是无限可微的.

(3)解析延拓:如果 f 和 g 都是 Ω 上的全纯函数,且在 Ω 上的某个小圆盘内两个函数相等,那么在 Ω 上处处满足 $f = g$.

这三个现象和全纯函数的其他的一般性质会在本书开始的章节中涉及. 我们不去概括地给出大量的内容,而是专注于本学科几个精彩的内容.

● Zeta 函数,通过无穷级数定义为

$$\zeta(s) = \sum_{n=1}^{+\infty} \frac{1}{n^s},$$

这是最初的定义,它在半平面 $\mathrm{Re}(s) > 1$ 上是全纯的,且在这个半平面上能保证级数是收敛的. 这个函数和它的变形(L-级数)是素数定理的核心,这在第一册第 8 章中已经出现过,在那里我们证明了 Dirichlet 定理. 这里我们将证明 ζ 可以推广到亚纯函数,且以点 $s = 1$ 为极点. 我们将看到在 $\mathrm{Re}(s) = 1$ 时 $\zeta(s)$ 的表现(特别是 ζ 在这条线上没有零点),从而导出素数定理的证明.

● Theta 函数

$$\Theta(z \mid \tau) = \sum_{n=-\infty}^{+\infty} e^{\pi i n^2 \tau} e^{2\pi i n z},$$

它实际上是关于两个复变量 z 和 τ 的二元函数,关于变量 z 它是全纯的,而关于变量 τ 则仅仅是在半平面 $\mathrm{Im}(\tau) > 0$ 上是全纯的. 一方面,固定变量 τ,将 Θ 看作 z 的函数,它与椭圆函数(双周期的)定理密切相关. 另一方面,固定 z,Θ 则在上半平面上展现了模函数的特征. 函数 $\Theta(z \mid \tau)$ 出现在第一册中,作为圆周上的热方程的基本解. 现在,它将用于研究 Zeta 函数,也会用于第 6 章和第 10 章中给出的组合方法和数论的某些结论的证明中.

另外,还有两个很有价值的话题:一是傅里叶变换在复分析中通过周线积分与它的简单关系和泊松求和公式的结果的应用;另一个是共形映射,关于多角形映射的逆可以根据 Schwarz-Christoffel 公式获得,特别是关于矩形的例子,它可以导出椭圆积分和椭圆函数.

目　　录

第1章 复分析预备知识

> 在过去的两个世纪里，数学获得了长足的发展，这
> 在很大程度上要得益于复数的引进。而矛盾的是，这一
> 切都是建立在一个看似荒谬的理念之上，那就是有一些
> 数它们的平方是负数.
>
> E. Borel, 1952

本章主要介绍一些重要的预备知识，包括复数与复平面的基本性质、收敛性以及定义在复平面上的集合，这些知识在第一册（傅里叶分析）中都已经提到过.

随后给出解析函数的一些主要概念，此类函数是一类具有某种特性的可微函数. 接着又讨论了柯西-黎曼方程（Cauchy-Riemann equations）和幂级数.

最后，定义了曲线及函数沿曲线积分的概念. 特别地，我们将证明一个很重要的结论，即如果函数 f 具有原函数，并且存在全纯函数 F，其导函数恰好是函数 f，则对任意闭合曲线 γ，有

$$\int_{\gamma} f(z)\,\mathrm{d}z = 0.$$

这是柯西定理的第一部分，在复函数理论中起着重要作用.

这些预备知识将贯穿整个复分析的始终.

1 复数和复平面

本节中的很多结论在本书第一册中都已经用到过.

1.1 基本性质

复数的基本形式为 $z = x + \mathrm{i}y$，其中 x，y 均为任意实数，i 是虚单位，它满足 $\mathrm{i}^2 = -1$. 实数 x，y 分别称为复数 z 的实部和虚部，常记为

$$x = \mathrm{Re}(z), y = \mathrm{Im}(z).$$

实数可以看作虚部为零的复数，而实部为零虚部不为零的复数称为纯虚数.

复数集一般记为 $\mathbf{C}$，不难看出，复数和欧式空间中的平面中的点是一一对应的. 事实上，对任意复数 $z = x + \mathrm{i}y \in \mathbf{C}$，都有唯一的点 $(x, y) \in \mathbf{R}^2$ 与之对应，反之亦然. 例如，0 相当于原点，而 i 相当于点 $(0, 1)$. 自然地，将平面 $\mathbf{R}^2$ 中的 x 轴和 y 轴分别定义为实轴和虚轴，因为 x 轴上的点对应着实数，y 轴上非原点的点对应着纯虚数. 这样表示复数 z 的平面称为复平面或 z 平面. （见图 1）

只要保证 $i^2 = -1$，复数的加法和乘法运算完全遵循实数的运算法则. 如果 $z_1 = x_1 + iy_1$，$z_2 = x_2 + iy_2$，那么

$$z_1 + z_2 = (x_1 + iy_1) + (x_2 + iy_2),$$
$$= (x_1 + x_2) + i(y_1 + y_2)$$

并且

$$z_1 z_2 = (x_1 + iy_1)(x_2 + iy_2)$$
$$= x_1 x_2 + ix_1 y_2 + iy_1 x_2 + i^2 y_1 y_2$$
$$= (x_1 x_2 - y_1 y_2) + i(x_1 y_2 + y_1 x_2).$$

由上述两个公式定义的复数的加法和乘法运算一定遵循以下运算规律：

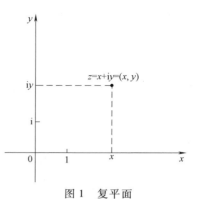

图 1   复平面

· **交换律**：对任意的 z_1，$z_2 \in \mathbf{C}$，$z_1 + z_2 = z_2 + z_1$ 且 $z_1 z_2 = z_2 z_1$.

· **结合律**：对任意的 z_1，z_2，$z_3 \in \mathbf{C}$，$(z_1 + z_2) + z_3 = z_1 + (z_2 + z_3)$ 且 $(z_1 z_2) z_3 = z_1 (z_2 z_3)$.

· **分配律**：对任意的 z_1，z_2，$z_3 \in \mathbf{C}$，$z_1 (z_2 + z_3) = z_1 z_2 + z_1 z_3$.

显然，复数的加法相当于平面 $\mathbf{R}^2$ 中二维向量的加法，而复数的乘法则相当于引入了带有伸缩的旋转. 事实上，可以引入极坐标来表示复数，观察到某个复数与 i 相乘，则相当于该复数按逆时针方向旋转 $\pi/2$.

复数的模或绝对值与欧几里得（Euclidean）平面 $\mathbf{R}^2$ 中的模长的定义是一致的. 通常，复数 $z = x + iy$ 的绝对值定义为

$$|z| = (x^2 + y^2)^{1/2},$$

所以 $|z|$ 恰好是点 (x, y) 到原点的距离. 特别地，对任意 z，$w \in \mathbf{C}$，均满足三角不等式

$$|z + w| \leqslant |z| + |w|.$$

与此同时，还可以得到另外几个比较重要的不等式，即对任意 $z \in \mathbf{C}$，总满足 $|\operatorname{Re}(z)| \leqslant |z|$，$|\operatorname{Im}(z)| \leqslant |z|$，并且对任意 z，$w \in \mathbf{C}$，

$$||z| - |w|| \leqslant |z - w|.$$

这是因为下面的三角不等式

$$|z| \leqslant |z - w| + |w| \text{ 和 } |w| \leqslant |z - w| + |z|$$

定义复数 $z = x + iy$ 的共轭复数为

$$\bar{z} = x - iy,$$

它是由复数在复平面中关于实轴反射而来，也就是说，在复平面中，两个共轭复数一定是关于实轴对称的. 事实上，当且仅当 $z = \bar{z}$ 时复数 z 为实数，当且仅当 $z = -\bar{z}$ 时复数 z 为纯虚数（z 不等于 0）.

易证

$$\operatorname{Re}(z) = \frac{z + \bar{z}}{2}, \quad \operatorname{Im}(z) = \frac{z - \bar{z}}{2i}.$$

3

且 $|z|^2 = z\bar{z}$，有推论，只要 $z \neq 0$，那么

$$\frac{1}{z} = \frac{\bar{z}}{|z|^2}.$$

任意非零复数都可以表示为极坐标的形式，即

$$z = re^{i\theta},$$

其中 $r > 0$ 表示复数 z 的模，$\theta \in \mathbf{R}$ 表示复数 z 的辐角（任意非零复数 z 都有无穷多个辐角，两个辐角间相差 2π 的整数倍），以 $\arg z$ 表示其中的一个特定值，即主值，称为复数 z 的主辐角，且

$$e^{i\theta} = \cos\theta + i\sin\theta.$$

因为 $|e^{i\theta}| = 1$，所以 $r = |z|$，而 θ 则是从原点出发且通过复数 z 的射线与实轴的正方向所成的角（逆时针方向为正）（见图2）.

根据复数的极坐标表达方式，若 $z = re^{i\theta}$，$w = se^{i\varphi}$，那么

$$zw = rse^{i(\theta + \varphi)}.$$

因此，复数的乘法就相当于平面 $\mathbf{R}^2$ 中的相似扩大（也就是带有伸缩的旋转）.

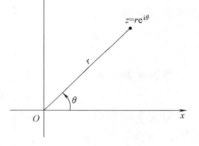

图 2　复数的极坐标形式

1.2　收敛性

根据上面所提到的复数的算术和几何性质，得到复数的收敛和极限的重要概念.

序列 $\{z_1, z_2, \cdots\}$，若存在 $w \in \mathbf{C}$ 使得

$$\lim_{n \to +\infty} |z_n - w| = 0 \text{（或者 } w = \lim_{n \to +\infty} z_n \text{）},$$

则称序列 $\{z_1, z_2, \cdots\}$ 收敛于 w.

以上收敛的概念并不是新的定义. 事实上，因为复数集 $\mathbf{C}$ 中的绝对值和欧几里得平面 $\mathbf{R}^2$ 中定义的距离是一致的，所以序列 $\{z_n\}$ 收敛于 w 当且仅当序列在复平面上对应的点列收敛于 w 在复平面中对应的点.

特别地，序列 $\{z_n\}$ 收敛于 w 当且仅当 $\{z_n\}$ 的实部序列和虚部序列分别收敛于 w 的实部和虚部，此结论作为练习留给读者证明.

若得不到序列确切的收敛值（例如 $\lim\limits_{N \to +\infty} \sum\limits_{n=1}^{N} 1/n^3$），此时也可以由序列本身来描述收敛. 序列 $\{z_n\}$ 称为柯西列（或基本列），当 $n, m \to +\infty$ 时，

$$|z_n - z_m| \to 0.$$

也就是说，任给 $\varepsilon > 0$，总存在 $N > 0$，当 $n, m > N$ 时，总有 $|z_n - z_m| < \varepsilon$. 实分析中一个很重要的结论是实数集 $\mathbf{R}$ 是完备的，实数集中任何柯西列都收敛$^{\ominus}$.

$\ominus$　称为柯西收敛准则，等价于 Bolzano-Weierstrass 定理.

序列 $\{z_n\}$ 为柯西列当且仅当 z_n 的实部和虚部均为柯西列，因此复数集 $\mathbf{C}$ 中的任何柯西列都在 $\mathbf{C}$ 中收敛. 从而得出以下结论.

定理 1.1　复数集 $\mathbf{C}$ 是完备的.

接下来我们考虑一些简单的拓扑知识，这些知识对于研究函数是非常必要的. 并注意到，这里并没有引入新的概念，而是将之前的概念用新的词汇重新描述而已.

1.3　复平面中的集合

如果 $z_0 \in \mathbf{C}$，$r > 0$，定义 $D_r(z_0)$ 为以 z_0 为中心，r 为半径的**开圆盘**，集合 $D_r(z_0)$ 中的任意元素与 z_0 之差的绝对值都小于半径 r，即

$$D_r(z_0) = \{z \in \mathbf{C}: |z - z_0| < r\},$$

这就是指平面中以 z_0 为中心，r 为半径的圆盘. 以 z_0 为中心，r 为半径的**闭圆盘**记为 $\overline{D}_r(z_0)$，定义为

$$\overline{D}_r(z_0) = \{z \in \mathbf{C}: |z - z_0| \leqslant r\},$$

并且开圆盘和闭圆盘的边界都是圆周

$$C_r(z_0) = \{z \in \mathbf{C}: |z - z_0| = r\}.$$

因为**单位圆盘**（中心在原点，半径为 1 的开圆盘）在接下来的章节中扮演着重要的角色，这里记为 D，

$$D = \{z \in \mathbf{C}: |z| < 1\}.$$

给定集合 $\Omega \subset \mathbf{C}$，如果存在 $r > 0$ 使得

$$D_r(z_0) \subset \Omega,$$

称 z_0 为 Ω 的内点. 集合 Ω 的**内部**是由它的所有内点组成的集合. 因此，如果集合 Ω 中的所有点都是它的内点，则 Ω 为**开集**，此定义与 $\mathbf{R}^2$ 中开集的定义是一致的.

如果集合 Ω 的余集 $\Omega^c = \mathbf{C} - \Omega$ 是开集，那么集合 Ω 称为**闭集**. 这个性质可以按照极限点更好地描述. 如果存在序列 $z_n \in \Omega$，且总有 $z_n \neq z$，使得 $\lim\limits_{n \to +\infty} z_n = z$，则称点 $z \in \mathbf{C}$ 是集合 Ω 中的**极限点**. 读者容易证明集合为闭集当且仅当该集合包含了它所有的极限点. 集合 Ω 的闭包是由集合 Ω 与它的极限点合并构成的，通常记为 $\overline{\Omega}$. 集合 Ω 的**边界**等于它的闭包减去它的内部，通常记为 $\partial \Omega$.

集合 Ω **有界**等价于存在 $M > 0$ 使得任意的 $z \in \Omega$ 均满足 $|z| < M$. 也就是说，集合 Ω 必包含在某个大的圆周内. 如果集合 Ω 有界，定义它的**直径**为

$$\mathrm{diam}(\Omega) = \sup_{z, w \in \Omega} |z - w|.$$

有界闭集 Ω 称为**紧的**. 根据实变量的情形，可以证明以下结论.

定理 1.2　集合 $\Omega \subset \mathbf{C}$ 是紧的充分必要条件是任意柯西列 $\{z_n\} \subset \Omega$ 均有收敛于 Ω 的子列.

集合 Ω 的**开覆盖**是指存在开集族 $\{U_\alpha\}$（不一定可数），使得

$$\Omega \subset \bigcup_\alpha U_\alpha.$$

与实数集 **R** 中的情形类似，紧也有以下等价形式.

定理 1.3 集合 Ω 是紧的充分必要条件是 Ω 的任意开覆盖中必可选出一个有限子覆盖.

关于紧还有一个很重要的性质，就是**嵌套集**. 这个结论不但在第 2 章的 Goursat 定理的证明中用到，早在开始研究复值函数论时就已经用过.

命题 1.4 如果 $\Omega_1 \supset \Omega_2 \supset \cdots \supset \Omega_n \supset \cdots$ 是复数集 **C** 中的非空紧集序列，当 $n \to +\infty$ 时，

$$\mathrm{diam}(\Omega_n) \to 0,$$

那么一定存在唯一的 $w \in \mathbf{C}$，使得对所有的 $n, w \in \Omega_n$.

证明 在每个 Ω_n 中选择一个 z_n. 根据条件 $\mathrm{diam}(\Omega_n) \to 0$，则 $\{z_n\}$ 是柯西列，因此 $\{z_n\}$ 一定收敛于某个极限值，不妨设该极限为 w. 又因为 Ω_n 为紧集，所以对所有的 $n, w \in \Omega_n$. 下面证明 w 的唯一性，假设存在 w' 也满足条件，且 $w' \neq w$，那么 $|w - w'| > 0$，这与 $\mathrm{diam}(\Omega_n) \to 0$ 矛盾，即 w 是唯一的.

最后要介绍的概念就是连通性. 开集 $\Omega \subset \mathbf{C}$ 是**连通的**，即如果它不能分成两个不相交的非空开集 Ω_1, Ω_2，使得

$$\Omega = \Omega_1 \bigcup \Omega_2.$$

复数集 **C** 中连通的开集称为**区域**. 类似地，闭集 F 是**连通的**，即如果它不能分成两个不相交的非空闭集 F_1, F_2，使得 $F = F_1 \bigcup F_2$.

连通性还可以等价地用曲线描述，这种描述应用更广泛：Ω 是连通的开集，当且仅当 Ω 中的任意两点都可以由含于 Ω 内的某条曲线 γ 连接起来. 详见练习 5.

2 定义在复平面上的函数

2.1 连续函数

设 f 是定义在复数集合 Ω 上的函数. 若对任意的 $\varepsilon > 0$，总存在 $\delta > 0$，当 $z, z_0 \in \Omega$，$|z - z_0| < \delta$ 时，总有 $|f(z) - f(z_0)| < \varepsilon$，则称函数 f 在点 z_0 处**连续**. 或等价地定义为对任意序列 $\{z_1, z_2, \cdots\} \subset \Omega$，如果 $\lim z_n = z_0$，那么 $\lim f(z_n) = f(z_0)$.

如果函数 f 在 Ω 中的任意一点处都连续，则称 f 在集合 Ω 上连续. 连续函数的和或乘积依然是连续的.

因为复数收敛的概念与平面 $\mathbf{R}^2$ 中的点的收敛是一致的，所以函数 f 关于复变量 $z = x + iy$ 是连续的当且仅当函数 f 关于两个实变量 x, y 都是连续的.

根据三角不等式，如果函数 f 是连续的，那么实值函数 $|(f(z)|$ 也一定是连续的. 如果存在点 $z_0 \in \Omega$，使得对任意的点 $z \in \Omega$，总有

$$|f(z)| \leqslant |f(z_0)|,$$

则函数 f 在 z_0 点取得**最大值**. 类似地可以定义**最小值**.

定理 2.1　定义在紧集 Ω 上的连续函数一定是有界的，且在 Ω 上可以取得最大值和最小值.

此定理与实函数的情形是类似的，这里就不再重复证明了.

2.2　全纯函数

接下来引入复分析中的一个非常重要的概念，它与之前的讨论有区别，实际上就是引入**真复形**的概念.

令 Ω 是复数集 $\mathbf{C}$ 中的开集，f 是定义在 Ω 上的复变函数. 如果当 $h \to 0$ 时，比值

$$\frac{f(z_0 + h) - f(z_0)}{h} \tag{1}$$

的极限存在，其中 $h \in \mathbf{C}, h \neq 0$ 且 $z_0 + h \in \Omega$，称函数 f 在点 $z_0 \in \Omega$ 处是**可微的**，将此极限值记为 $f'(z_0)$，并称为 f 在点 z_0 处的**微商**，即

$$f'(z_0) = \lim_{h \to 0} \frac{f(z_0 + h) - f(z_0)}{h}.$$

需要强调的是，h 是一个可从任意方向上趋于 0 的复数.

如果函数 f 在 Ω 中每个点处都是可微的，则称函数 f 在集合 Ω 上是**全纯的**. F 是复数集 $\mathbf{C}$ 中的闭子集，如果函数 f 在某些包含 F 的开集上是全纯的，则称函数 f **在闭集 F 上是全纯的**. 如果函数 f 在复数集 $\mathbf{C}$ 上是全纯的，则称 f 为**整函数**.

"全纯的"有时也可以说是"**正则的**"或"**复可微的**". 式（1）中对复可微的定义与一般的实变量函数中微分的定义是完全类似的. 但是，复变函数的全纯性要比实变量函数的可微性具有更好的性质. 例如，全纯函数存在无穷阶复微分，也就是说只要复变函数一阶可微，就能保证其微分还可以继续微分，直到无穷多阶. 而实变量函数却存在一阶可微而二阶就不可微的情况. 因此，任何一个全纯函数都是**解析的**，可以在任何点处展成幂级数（幂级数将在下一节讨论），"**解析的**"可以作为"全纯的"的同义词. 与复变函数相比，某些实变函数即使存在无穷阶微分，也不能展成幂级数.（见练习 23）

例 1　函数 $f(z) = z$ 在复数集 $\mathbf{C}$ 上是全纯的，且 $f'(z) = 1$. 事实上，任何多项式函数

$$p(z) = a_0 + a_1 z + \cdots + a_n z^n$$

在整个复平面上都是全纯的. 并且

$$p'(z) = a_1 + \cdots + n a_n z^{n-1}.$$

应用下面的命题 2.2 很容易证明.

例 2　函数 $1/z$ 在复数集 $\mathbf{C}$ 中任何不包含原点的开集上都是全纯的，且 $f'(z) = -1/z^2$.

例 3　函数 $f(z) = \bar{z}$ 不是全纯的. 事实上,

$$\frac{f(z_0 + h) - f(z_0)}{h} = \frac{\bar{h}}{h},$$

当 $h \to 0$ 时极限不存在, 因为 h 沿实轴和沿虚轴趋于 0 时极限值不同.

下一节将讨论全纯函数族中几个重要函数的幂级数. 包括函数 e^z, $\sin z$ 和 $\cos z$, 其幂级数在全纯函数理论中扮演着非常重要的角色, 这些在前面就已经提到过. 其他的全纯函数的例子将在后面的章节中介绍, 这些在本书的引言中也已提及.

从上面的式 (1) 中不难知道, 函数 f 在点 $z_0 \in \Omega$ 处是可微的, 当且仅当存在复数 a, 使得

$$f(z_0 + h) - f(z_0) - ah = h\psi(h) \tag{2}$$

满足 $\lim\limits_{h \to 0} \psi(h) = 0$, 其中 ψ 是关于无穷小量 h 的函数, 显然 $a = f'(z_0)$. 从这个形式中容易知道, 函数 f 可微必连续. 类似于实变函数的讨论, 应用式 (2) 不难证明以下关于全纯函数的一些重要性质.

命题 2.2　若 f, g 是定义在 Ω 上的全纯函数, 那么:

（ⅰ）$f + g$ 是定义在 Ω 上的全纯函数, 且 $(f + g)' = f' + g'$.

（ⅱ）$f \cdot g$ 是定义在 Ω 上的全纯函数, 且 $(f \cdot g)' = f'g + fg'$.

（ⅲ）如果 $g(z_0) \neq 0$, 那么 f/g 在 z_0 点是全纯的, 且

$$\left(\frac{f}{g}\right)' = \frac{f'g - fg'}{g^2}.$$

此外, 如果 $f : \Omega \to U$, $g : U \to \mathbf{C}$ 都是全纯函数, 可微的链式法则表示为

$$(g \circ f)'(z) = g'(f(z))f'(z),$$

其中 $z \in \Omega$.

复值函数映射

接下来我们阐述复变量与实变量的关系. 事实上, 通过上面的例 3 不难看出, 复可微的概念和通常二元实变函数可微的概念是不同的. 函数 $f(z) = \bar{z}$ 相当于变换 $F : (x, y) \mapsto (x, -y)$, 在实变量的情况下是可微的. 它在一点处的微商就是一个由坐标函数的偏导数构成的 2×2 Jacobian 矩阵给出的线性变换. 事实上, F 是线性的, 所以它在任意点处的微商都相等. 这就意味着 F 实际上是不定可微的. 特别地, 实可微不能保证函数 f 是全纯的.

这个例子使我们联系到一般的复值函数 $f = u + iv$, 由 $\mathbf{R}^2 \to \mathbf{R}^2$ 的映射 $F(x, y) = (u(x, y), v(x, y))$ (u, v 就是对应的两个坐标函数).

回忆前面的内容, 如果存在线性变换 $J : \mathbf{R}^2 \to \mathbf{R}^2$, 使得当 $|H| \to 0$ ($H \in \mathbf{R}^2$) 时,

$$\frac{|F(P_0 + H) - F(P_0) - J(H)|}{|H|} \to 0 \tag{3}$$

则称 $F(x,y)=(u(x,y),v(x,y))$ 在点 $P_0=(x_0,y_0)$ 处是可微的.

等价地, 若满足

$$F(P_0+H)-F(P_0)=J(H)+|H|\Psi(H),$$

当 $|H|\to 0$ 时, $|\Psi(H)|\to 0$, 也可以说 F 在点 P_0 处是可微的. 其中线性变换 J 是唯一的, 并且它被称为函数 F 在点 P_0 处的微商. 如果函数 F 是可微的, u,v 的一阶偏导数都存在, 并且线性变换 J 描述为

$$J=J_F(x,y)=\begin{pmatrix}\partial u/\partial x & \partial u/\partial y\\ \partial v/\partial x & \partial v/\partial y\end{pmatrix},$$

称其为 F 的 Jacobian 矩阵. 在复可微的情况下, 微商 $f'(z_0)$ 是一个复数, 而在实变量的情况下则是个矩阵. 它们二者间的联系则是由组成 Jacobian 矩阵 J 的元素, 即关于 u,v 的偏导数构成的. 考虑式 (1) 当 h 为实数时的极限, 首先考虑实数情况, 即 $h=h_1+\mathrm{i}h_2,h_2=0$ 时, 函数 $f(z)=f(x,y)$, 其中 $z=x+\mathrm{i}y$, 在点 $z_0=x_0+\mathrm{i}y_0$ 处的微商

$$f'(z_0)=\lim_{h_1\to 0}\frac{f(x_0+h_1,y_0)-f(x_0,y_0)}{h_1}$$

$$=\frac{\partial f}{\partial x}(z_0),$$

其中 $\partial/\partial x$ 表示通常所说的关于变量 x 的偏导数. (固定 y_0, 则函数 f 为关于变量 x 的复变函数). 现在令 h 为纯虚数, 即 $h=\mathrm{i}h_2$, 类似可得

$$f'(z_0)=\lim_{h_2\to 0}\frac{f(x_0,y_0+h_2)-f(x_0,y_0)}{\mathrm{i}h_2}$$

$$=\frac{1}{\mathrm{i}}\frac{\partial f}{\partial y}(z_0),$$

其中 $\partial/\partial y$ 表示关于变量 y 的偏导数. 因此如果函数是全纯的, 其一定满足

$$\frac{\partial f}{\partial x}=\frac{1}{\mathrm{i}}\frac{\partial f}{\partial y}.$$

记 $f=u+\mathrm{i}v$, 然后将其实部与虚部分开, 并用 $1/\mathrm{i}=-\mathrm{i}$, 且函数 u,v 偏导数存在, 那么将满足如下的非平凡关系

$$\frac{\partial u}{\partial x}=\frac{\partial v}{\partial y},\quad \frac{\partial u}{\partial y}=-\frac{\partial v}{\partial x}.$$

这就是所谓的 **柯西-黎曼** 方程式, 它将实分析与复分析完美地结合起来.

为了更进一步地阐述以上事实, 下面引入两个微分算子,

$$\frac{\partial}{\partial z}=\frac{1}{2}\left(\frac{\partial}{\partial x}+\frac{1}{\mathrm{i}}\frac{\partial}{\partial y}\right),\quad \frac{\partial}{\partial\bar{z}}=\frac{1}{2}\left(\frac{\partial}{\partial x}-\frac{1}{\mathrm{i}}\frac{\partial}{\partial y}\right).$$

命题 2.3　如果函数 f 在点 z_0 处是可微的, 那么

$$\frac{\partial f}{\partial\bar{z}}(z_0)=0,\quad f'(z_0)=\frac{\partial f}{\partial z}(z_0)=2\frac{\partial u}{\partial z}(z_0).$$

并且，如果记 $F(x,y)=f(z)$，那么在实变量的情形下 F 是可微的，且

$$\det J_F(x_0,y_0)=|f'(z_0)|^2.$$

证明 首先根据柯西-黎曼条件容易证明 $\frac{\partial f}{\partial \bar{z}}=0$，并且

$$f'(z_0)=\frac{1}{2}\left(\frac{\partial f}{\partial x}(z_0)+\frac{1}{i}\frac{\partial f}{\partial y}(z_0)\right)$$

$$=\frac{\partial f}{\partial z}(z_0),$$

又因为

$$\frac{\partial v}{\partial z}(z_0)=\frac{1}{2}\left(\frac{\partial v}{\partial x}(z_0)+\frac{1}{i}\frac{\partial v}{\partial y}(z_0)\right)$$

$$=\frac{1}{2}\left(-\frac{\partial u}{\partial y}(z_0)+\frac{1}{i}\frac{\partial u}{\partial x}(z_0)\right),$$

所以

$$\frac{\partial f}{\partial z}(z_0)=\frac{\partial u}{\partial z}(z_0)+i\frac{\partial v}{\partial z}(z_0)$$

$$=2\frac{\partial u}{\partial z}(z_0).$$

再根据柯西-黎曼方程给出 $\partial f/\partial z=2\partial u/\partial z$。

F 可微的充分必要条件是. 如果 $H=(h_1,h_2)$，且 $h=h_1+ih_2$，那么根据柯西-黎曼方程式，上面的公式等价于

$$J_F(x_0,y_0)(H)=\left(\frac{\partial u}{\partial x}-i\frac{\partial u}{\partial y}\right)(h_1+ih_2)=f'(z_0)h,$$

这里用一对实数分别作为实部与虚部确定了一个复数. 最终再应用柯西-黎曼方程将上面的结果等价为

$$\det J_F(x_0,y_0)=\frac{\partial u}{\partial x}\frac{\partial v}{\partial y}-\frac{\partial v}{\partial x}\frac{\partial u}{\partial y}=\left(\frac{\partial u}{\partial x}\right)^2+\left(\frac{\partial u}{\partial y}\right)^2=\left|2\frac{\partial u}{\partial z}\right|^2=|f'(z_0)|^2. \tag{4}$$

到目前为止，我们假设了 f 是全纯函数，并推导出它的实部和虚部所满足的关系. 下面的定理包含了一个重要内容，这个内容可以完全证明我们的结论.

定理 2.4（可微的充分条件） 若 $f=u+iv$ 是定义在开集 Ω 上的复值函数. 如果 u 和 v 都具有连续的一阶偏导数，并在 Ω 上满足柯西-黎曼方程式，那么 f 在 Ω 上是全纯的，并且 $f'(z)=\partial f/\partial z$。

证明 因为一阶偏导数连续必可微，令 $h=h_1+ih_2$，根据可微的定义得

$$u(x+h_1,y+h_2)-u(x,y)=\frac{\partial u}{\partial x}h_1+\frac{\partial u}{\partial y}h_2+|h|\psi_1(h),$$

$$v(x+h_1,y+h_2)-v(x,y)=\frac{\partial v}{\partial x}h_1+\frac{\partial v}{\partial y}h_2+|h|\psi_2(h),$$

其中当 $|h|$ 趋于零时,$\psi_i(h)\to 0\,(i=1,2)$. 再根据柯西-黎曼方程式得

$$f(z+h)-f(z)=\left(\frac{\partial u}{\partial x}-\mathrm{i}\,\frac{\partial u}{\partial y}\right)(h_1+\mathrm{i}h_2)+|h|\,\psi(h),$$

其中当 $|h|$ 趋于零时,$\psi(h)=\psi_1(h)+\mathrm{i}\psi_2(h)\to 0$. 因此 f 是全纯的且

$$f'(z)=2\,\frac{\partial u}{\partial z}=\frac{\partial f}{\partial z}.$$

2.3　幂级数

复指数函数的幂级数是幂级数中的一个很重要的例子,对 $z\in\mathbf{C}$,其幂级数定义为

$$\mathrm{e}^z=\sum_{n=0}^{+\infty}\frac{z^n}{n!}.$$

当 z 为实数时,此定义与通常的指数函数的幂级数的定义是一致的. 事实上,对任意的 $z\in\mathbf{C}$,以上级数是绝对收敛的,记

$$\left|\frac{z^n}{n!}\right|=\frac{|z|^n}{n!},$$

那么 $|\mathrm{e}^z|=\sum_{n=0}^{+\infty}|z|^n/n!=\mathrm{e}^{|z|}<+\infty$. 事实上,此估值表明,$\mathrm{e}^z$ 的幂级数在复数集 $\mathbf{C}$ 上的任意圆域内都是一致收敛的. 本节将证明函数 e^z 在整个复数集 $\mathbf{C}$ 上是全纯的(是整函数),并且它的导数就是将其幂级数逐项求导,因此,

$$(\mathrm{e}^z)'=\sum_{n=0}^{+\infty}n\,\frac{z^{n-1}}{n!}=\sum_{m=0}^{+\infty}\frac{z^m}{m!}=\mathrm{e}^z,$$

也就是说 e^z 的导数还是它本身.

与之不同的是,几何级数

$$\sum_{n=0}^{+\infty}z^n$$

在圆域 $|z|<1$ 内是绝对收敛的,并且其和函数为 $1/(1-z)$,此函数在开集 $\mathbf{C}-\{1\}$ 上是全纯的. 它的证明与实数情况下的证明是一致的,首先求其部分和

$$\sum_{n=0}^{N}z^n=\frac{1-z^{N+1}}{1-z},$$

当 $|z|<1$ 时显然有 $\lim\limits_{N\to+\infty}z^{N+1}=0$.

更一般地,**幂级数**可写成下列形式

$$\sum_{n=0}^{+\infty}a_n z^n, \tag{5}$$

其中 $a_n\in\mathbf{C}$. 要考察此级数是否绝对收敛,就是要研究级数

$$\sum_{n=0}^{+\infty}|a_n||z^n|$$

是否收敛. 我们知道, 如果式 (5) 在某点 z_0 处绝对收敛, 那么此级数在圆域 $|z| \leqslant z_0$ 内都是收敛的. 下面证明总存在某个开圆盘 (可能是空集) 使得幂级数在此圆盘内是绝对收敛的.

定理 2.5　对任意的幂级数, 必存在 $0 \leqslant R \leqslant +\infty$ 使得

(ⅰ) 如果 $|z| < R$, 级数绝对收敛.

(ⅱ) 如果 $|z| > R$, 级数发散.

如果规定 $1/0 = +\infty$, $1/+\infty = 0$, 那么 R 由 Hadamard 公式给出, 即

$$1/R = \limsup |a_n|^{1/n}.$$

其中, 数 R 称为幂级数的**收敛半径**, 区域 $|z| < R$ 称为**收敛圆盘**, 特别地, 指数函数的幂级数的收敛半径 $R = +\infty$, 几何级数的收敛半径 $R = 1$.

证明　令 $L = 1/R$, 其中 R 是上面定理中定义的收敛半径, 并假设 $L \neq 0, +\infty$ (这两种简单的情况留为练习). 如果 $|z| < R$, 选择非常小的正数 $\varepsilon > 0$ 使得

$$(L + \varepsilon) |z| = r < 1.$$

根据 L 的定义, 只要 n 足够大, 就有 $|a_n|^{1/n} \leqslant L + \varepsilon$, 因此,

$$|a_n||z_n|^n \leqslant [(L + \varepsilon) |z|]^n = r^n.$$

根据比较审敛法, 几何级数 $\sum r^n$ 收敛, 那么级数 $\sum a_n z^n$ 也收敛.

如果 $|z| > R$, 类似地可以证明此级数中必存在一个无界的子列, 因此级数是发散的.

注意: 在收敛圆盘的边界上, 即 $|z| = R$ 上, 情况比较复杂, 级数可能收敛也可能发散. (见练习 19)

此外, 在整个复平面上都收敛的例子还有**三角函数**的幂级数, 定义为

$$\cos z = \sum_{n=0}^{+\infty} (-1)^n \frac{z^{2n}}{(2n)!}, \sin z = \sum_{n=0}^{+\infty} (-1)^n \frac{z^{2n+1}}{(2n+1)!},$$

其中当 $z \in \mathbf{R}$ 时, 它与通常的余弦函数和正弦函数的幂级数的定义是一致的. 联系三角函数和复指数函数的公式

$$\cos z = \frac{e^{iz} + e^{-iz}}{2} \text{和} \sin z = \frac{e^{iz} - e^{-iz}}{2i}$$

称为余弦函数和正弦函数的**欧拉公式**.

幂级数是一类很重要的解析函数, 最突出的特点是它容易处理.

定理 2.6　幂级数 $f(z) = \sum_{n=0}^{+\infty} a_n z^n$ 是定义在其收敛圆盘上的全纯函数. 它的导数依然是一个幂级数, 是由函数 f 的幂级数逐项求导得到的, 即

$$f'(z) = \sum_{n=0}^{+\infty} n a_n z^{n-1}.$$

所以, f' 与 f 具有相同的收敛半径.

证明　关于 f' 的收敛半径的证明可直接通过 Hadamard 公式得到, 事实上, 因

为 $\lim\limits_{n \to +\infty} n^{1/n} = 1$，所以

$$\limsup |a_n|^{1/n} = \limsup |na_n|^{1/n},$$

因此，$\sum a_n z^n$ 与 $\sum na_n z^n$ 有相同的收敛半径，即 $\sum a_n z^n$ 与 $\sum na_n z^{n-1}$ 有相同的收敛半径.

下面证明 f 的导数. 不妨令

$$g(z) = \sum_{n=0}^{+\infty} na_n z^{n-1},$$

令 R 为幂级数 f 的收敛半径，并设 $|z_0| < r < R$，记

$$f(z) = S_N(z) + E_N(z),$$

其中，

$$S_N(z) = \sum_{n=0}^{N} a_n z^n, E_N(z) = \sum_{n=N+1}^{+\infty} a_n z^n.$$

那么，当 h 满足 $|z_0 + h| < r$ 时，有

$$\frac{f(z_0 + h) - f(z_0)}{h} - g(z_0) = \left(\frac{S_N(z_0 + h) - S_N(z_0)}{h} - S'_N(z_0) \right) +$$

$$(S'_N(z_0) - g(z_0)) + \left(\frac{E_N(z_0 + h) - E_N(z_0)}{h} \right).$$

因为 $a^n - b^n = (a - b)(a^{n-1} + a^{n-2}b + \cdots + ab^{n-2} + b^{n-1})$，所以只要 $|z_0| < r$ 且 $|z_0 + h| < r$，就有

$$\left| \frac{E_N(z_0 + h) - E_N(z_0)}{h} \right| \leqslant \sum_{n=N+1}^{+\infty} |a_n| \left| \frac{(z_0 + h)^n - z_0^n}{h} \right| \leqslant \sum_{n=N+1}^{+\infty} |a_n| n r^{n-1}.$$

上式的最右端是一个收敛级数的尾部，当 $|z| < R$ 时，函数 g 是绝对收敛的，因此，任给 $\varepsilon > 0$，存在 N_1，当 $N > N_1$ 时，有

$$\left| \frac{E_N(z_0 + h) - E_N(z_0)}{h} \right| < \varepsilon.$$

又因为 $\lim\limits_{N \to +\infty} S'_N(z_0) = g(z_0)$，所以存在 N_2，当 $N > N_2$ 时，有

$$|S'_N(z_0) - g(z_0)| < \varepsilon.$$

如果取 N 使得 $N > N_1$ 且 $N > N_2$，那么存在 $\delta > 0$ 使得 $|h| < \delta$，即

$$\left| \frac{S_N(z_0 + h) - S_N(z_0)}{h} - S'_N(z_0) \right| < \varepsilon,$$

又因为多项式的导数就是由逐项求导得到的，所以当 $|h| < \delta$ 时，有

$$\left| \frac{f(z_0 + h) - f(z_0)}{h} - g(z_0) \right| < 3\varepsilon,$$

定理得证.

接下来看此定理的应用.

推论 2.7 幂级数在其收敛圆盘内是复可微的，并且可逐项求导至任意阶.

前面我们已经证明了以原点为中心的幂级数的可微性. 更一般地，如果幂级数是以 $z_0 \in \mathbf{C}$ 为中心，其展开式的形式为

$$f(z) = \sum_{n=0}^{+\infty} a_n (z - z_0)^n,$$

f 的收敛圆盘是以 z_0 为中心的，其收敛半径依然由 Hadamard 公式得到. 事实上，如果

$$g(z) = \sum_{n=0}^{+\infty} a_n z^n,$$

那么 f 可以由 g 通过变换得到，令 $f(z) = g(w)$，其中 $w = z - z_0$. 根据求导的链式法则

$$f'(z) = g'(w) = \sum_{n=0}^{+\infty} n a_n (z - z_0)^{n-1}.$$

如果定义在开集 Ω 上的函数 f 可以展成以 $z_0 \in \Omega$ 为中心的幂级数，且此幂级数有正的收敛半径，即在以 z_0 为中心的某邻域内满足

$$f(z) = \sum_{n=0}^{+\infty} a_n (z - z_0)^n,$$

那么称函数 f 在 z_0 处是**解析的**. 如果 f 在 Ω 内任意点处都能展成这样的幂级数，则称 f 在开集 Ω 上是**解析的**.

根据定理 2.6，Ω 上的解析函数也是全纯的. 其逆定理（每一个全纯函数也是解析的）将在下一章证明. 根据这个结论可知 "全纯的" 和 "解析的" 是可交换的.

3 沿曲线的积分

在曲线的定义中，要注意区分定义在复平面上（并赋予方向）的一维几何对象和它的参数化法，即从某闭区间到复数集 $\mathbf{C}$ 上的映射，并且此映射并不是唯一确定的.

参数化曲线是指关于参数 t 的函数 $z(t)$，即定义在闭区间 $[a, b] \subset \mathbf{R}$ 到复平面上的映射. 接下来给参数化法加一些正则条件，这些条件在本书中的情形都已证明. 称参数化曲线是**光滑的**，即如果 $z'(t)$ 存在，并在区间 $[a, b]$ 上连续，并且对任意 $t \in [a, b], z'(t) \neq 0$. 在点 $t = a$ 和 $t = b$ 处，$z'(a)$ 和 $z'(b)$ 分别指的是下列单侧极限

$$z'(a) = \lim_{h \to 0^+} \frac{z(a + h) - z(a)}{h}, z'(b) = \lim_{h \to 0^-} \frac{z(b + h) - z(b)}{h}.$$

通常分别称之为 $z(t)$ 在点 a 处的右导数和在点 b 处的左导数.

类似地，称参数化曲线是**分段光滑的**，即如果 z 在区间 $[a, b]$ 上连续，并存

在点
$$a = a_0 < a_1 < \cdots < a_n = b,$$
使得 $z(t)$ 在区间 $[a_k, a_{k+1}]$ 上是光滑的. 其中, 在点 $a_k(k=1,\cdots,n-1)$ 处的右导数和左导数不一定相等.

称两个参数化法
$$z:[a,b] \to \mathbf{C} \text{ 和 } \widetilde{z}:[c,d] \to \mathbf{C}$$
等价, 即存在从闭区间 $[c,d]$ 到 $[a,b]$ 上连续可导的双射 $s \mapsto t(s)$, 使得 $t'(s) > 0$ 且
$$\widetilde{z}(s) = z(t(s)).$$
其中 $t'(s) > 0$ 表示变化方向一致, 也就是说当 s 从 c 到 d 变化时, $t(s)$ 也对应着从 a 到 b 变化. 所有的参数化法就等价于函数 $z(t)$ 能够确定一条有向**光滑曲线** $\gamma \subset \mathbf{C}$, 称其为 t 在区间 $[a,b]$ 上的曲线, 曲线的方向与 t 从 a 到 b 变化时 z 的变化方向一致. 与曲线 γ 方向相反的曲线定义为 γ^- (曲线 γ 与 γ^- 在复平面上重合). 关于曲线 γ^- 的特殊的参数化法记为 $z^-:[a,b] \to \mathbf{R}^2$, 定义为
$$z^-(t) = z(a+b-t).$$

同样也容易定义**分段光滑曲线**. 点 $z(a)$ 和 $z(b)$ 称为曲线的端点, 并且端点的取得并不依赖于参数化法. 因为曲线 γ 是有向的, 很自然地称曲线 γ 以 $z(a)$ 为起点, $z(b)$ 为终点.

如果对任意的参数化法 $z(a) = z(b)$, 则称光滑或分段光滑的曲线是**封闭的**. 如果曲线不是**自相交**的, 也就是说当 $s \neq t$ 时能保证 $z(s) \neq z(t)$, 则称光滑或分段光滑曲线是**单的**. 当然, 如果是闭曲线, 除了 $s=a, t=b$ 时, 当 $s \neq t$ 时能保证 $z(s) \neq z(t)$, 仍称曲线是单的 (见图3).

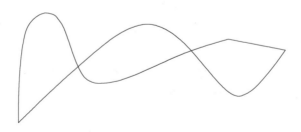

图3　闭的分段光滑曲线

为了简单, 我们称任意分段光滑曲线为曲线, 因为这将是我们主要的研究对象.

举一个很基本也很简单的例子圆周. 考虑以 z_0 为中心, r 为半径的圆周 $C_r(z_0)$, 定义为
$$C_r(z_0) = \{z \in \mathbf{C}: |z-z_0| = r\}.$$
其**正向** (逆时针方向) 由下列标准的参数化法给出
$$z(t) = z_0 + re^{it}, \text{ 其中 } t \in [0, 2\pi],$$

同时，其**负向**（顺时针方向）为

$$z(t) = z_0 + re^{-it}, \text{ 其中 } t \in [0, 2\pi].$$

在接下来的章节中，记 C 为一般的正定向圆周.

函数沿曲线的积分是研究全纯函数的重要工具. 简而言之，复分析中的一个重要定理为如果函数在封闭曲线 γ 所围成的区域的内部是全纯的，那么

$$\int_\gamma f(z)\,\mathrm{d}z = 0,$$

在下一章中将重点讨论此定理的等价定理（称为柯西定理），而这里我们只着重介绍积分的一些必要的概念和性质.

在复数集 $\mathbf{C}$ 中给定一条光滑曲线 γ，将其参数化：$z : [a, b] \to \mathbf{C}$，$f$ 是定义在曲线 γ 上的连续函数，那么定义**函数 f 沿曲线 γ 的积分**为

$$\int_\gamma f(z)\,\mathrm{d}z = \int_a^b f(z(t))z'(t)\,\mathrm{d}t.$$

为了更好地理解上述积分，需要特别指出的是，上式等号右边的积分取决于曲线 γ 的参数化法的选择. 假设 $\tilde{z}$ 也是曲线 γ 的一种参数化法，那么积分中变量的形式和链式法则表示为

$$\int_a^b f(z(t))z'(t)\,\mathrm{d}t = \int_c^d (z(t(s)))z'(t(s))t'(s)\,\mathrm{d}s = \int_c^b f(\widetilde{z(s)})\,\widetilde{z'(s)}\,\mathrm{d}s.$$

这也就完全阐述了函数 f 在光滑曲线 γ 上的积分.

若曲线 γ 是分段光滑的，则函数 f 在曲线 γ 上的积分就等于函数. f 在曲线 γ 的各段光滑曲线上的积分之和. 因此，如果 $z(t)$ 是曲线 γ 的分段光滑的参数化法，那么

$$\int_\gamma f(z)\,\mathrm{d}z = \sum_{k=0}^{n-1} \int_{a_k}^{a_{k+1}} f(z(t))z'(t)\,\mathrm{d}t.$$

根据以上定义，光滑曲线 γ 的**长度**定义为

$$\mathrm{length}\,(\gamma) = \int_a^b |z'(t)|\,\mathrm{d}t.$$

根据上面的讨论不难知道，上述长度的定义同样依赖于曲线的参数化法. 并且，如果曲线 γ 仅仅是分段光滑的，那么其长度应该是各段光滑部分的长度之和.

性质 3.1 连续函数在曲线上的积分满足下列性质：

（ⅰ）它是线性的，即如果 α，$\beta \in \mathbf{C}$，那么

$$\int_\gamma (\alpha f(z) + \beta g(z))\,\mathrm{d}z = \alpha \int_\gamma f(z)\,\mathrm{d}z + \beta \int_\gamma g(z)\,\mathrm{d}z.$$

（ⅱ）如果 γ^- 是曲线 γ 的负向曲线，那么

$$\int_{\gamma^-} f(z)\,\mathrm{d}z = -\int_\gamma f(z)\,\mathrm{d}z.$$

（ⅲ）满足不等式

$$\left| \int_\gamma f(z)\,\mathrm{d}z \right| \leq \sup_{z \in \gamma} |f(z)| \cdot \mathrm{length}(\gamma).$$

证明　第一个性质从积分的定义或黎曼积分的线性性质中很容易得到，第二个
性质留给读者证明，而第三个性质也很容易证明，

$$\left| \int_{\gamma} f(z)\,\mathrm{d}z \right| \leqslant \sup_{t \in [a,b]} \left| f(z(t)) \right| \int_a^b |z'(t)| \,\mathrm{d}t \leqslant \sup_{z \in \gamma} |f(z)| \cdot \mathrm{length}(\gamma).$$

前面已经提过，柯西定理指的是若 f 是定义在开集 Ω 上的全纯函数，γ 是 Ω 内
的任意一条封闭曲线，则

$$\int_{\gamma} f(z)\,\mathrm{d}z = 0.$$

原函数的存在给了上述现象一个合理的解释. 如果 f 是定义在开集 Ω 上的函
数，其原函数是定义在 Ω 上的全纯函数，记为 F，即对任意的 $z \in \Omega, F'(z) = f(z)$.

定理 3.2　若连续函数 f 在 Ω 上具有原函数 F，γ 是 Ω 内分别以 w_1 和 w_2 为起止
点的曲线，那么

$$\int_{\gamma} f(z)\,\mathrm{d}z = F(w_2) - F(w_1).$$

证明　如果 γ 是光滑的，此证明仅仅是链式法则和微积分的基本定理的简单应
用. 事实上，如果 $z(t):[a,b] \to \mathbf{C}$ 是曲线 γ 的参数化法，那么 $z(a) = w_1$，$z(b) = w_2$，则

$$\begin{aligned}
\int_{\gamma} f(z)\,\mathrm{d}z &= \int_a^b f(z(t)) z'(t)\,\mathrm{d}t \\
&= \int_a^b F'(z(t)) z'(t)\,\mathrm{d}t \\
&= \int_a^b \frac{\mathrm{d}}{\mathrm{d}t} F(z(t))\,\mathrm{d}t \\
&= F(z(b)) - F(z(a)).
\end{aligned}$$

如果 γ 只是分段光滑的，那么跟前面的讨论类似，可以得到一个可加和

$$\begin{aligned}
\int_{\gamma} f(z)\,\mathrm{d}z &= \sum_{k=0}^{n-1} \left(F(z(a_{k+1})) - F(z(a_k)) \right) \\
&= F(z(a_n)) - F(z(a_0)) \\
&= F(z(b)) - F(z(a)).
\end{aligned}$$

推论 3.3　如果 γ 是开集 Ω 上的封闭曲线，函数 f 连续且在 Ω 上存在原函数，
那么

$$\int_{\gamma} f(z)\,\mathrm{d}z = 0.$$

这是因为封闭曲线的起止点重合了.

例如，函数 $f(z) = 1/z$，在开集 $\mathbf{C} - \{0\}$ 上不存在原函数，因为如果集合 C 是
单位圆周，其参数化法为 $z(t) = \mathrm{e}^{it}$，$0 \leqslant t \leqslant 2\pi$，那么

$$\int_C f(z)\,\mathrm{d}z = \int_0^{2\pi} \frac{\mathrm{i}\mathrm{e}^{\mathrm{i}t}}{\mathrm{e}^{\mathrm{i}t}}\mathrm{d}t = 2\pi\mathrm{i} \neq 0.$$

在随后的章节中，我们将会看到这种简单的计算，它提供了一些函数在封闭曲线上的积分不等于零的例子，而这才是定理的核心.

推论 3.4　如果在区域 Ω 上 f 是全纯函数，且 $f'=0$，那么 f 是常数.

证明　取定一点 $w_0 \in \Omega$. 只要证明对任意一点 $w \in \Omega$ 都有 $f(w)=f(w_0)$ 即可.

因为 Ω 是连通的，所以对任意一点 $w \in \Omega$ 总存在分别以 w_0 和 w 为起止点的曲线 γ. 又因为 f 是全纯函数，f 一定是函数 f' 的原函数，因此，

$$\int_\gamma f'(z)\,\mathrm{d}z = f(w) - f(w_0).$$

根据假设，$f'=0$，所以上述积分为零，即 $f(w)=f(w_0)$.

符号注释：为了方便，习惯用符号 $f(z)=O(g(z))$ 来表示存在常数 $C>0$ 使得在某关键点的某邻域内满足 $|f(z)| \leqslant C|g(z)|$. 另外，当 $|f(z)/g(z)| \to 0$ 时有 $f(z)=o(g(z))$. $f(z) \sim g(z)$ 就意味着 $f(z)/g(z) \to 1$.

4　练习

1. 根据下列关系将 z 所满足的集合在复平面上用几何图像描述出来.

（a）$|z-z_1|=|z-z_2|$，其中 $z_1, z_2 \in \mathbf{C}$.

（b）$1/z = \bar{z}$.

（c）$\mathrm{Re}(z)=3$.

（d）$\mathrm{Re}(z)>c$，（或者 $\geqslant c$）其中 $c \in \mathbf{R}$.

（e）$\mathrm{Re}(az+b)>0$，其中 $a, b \in \mathbf{C}$.

（f）$|z|=\mathrm{Re}(z)+1$.

（g）$\mathrm{Im}(z)=c$，其中 $c \in \mathbf{R}$.

2. 令 $\langle \cdot, \cdot \rangle$ 表示 $\mathbf{R}^2$ 中的内积. 也就是说，如果 $Z=(x_1, y_1)$，$W=(x_2, y_2)$，那么

$$\langle Z, W \rangle = x_1 x_2 + y_1 y_2.$$

类似地，在复数集 $\mathbf{C}$ 中定义 Hermitian 内积 $(\cdot, \cdot)$

$$(z, w) = z\bar{w}.$$

Hermitian 内积没有对称性，但具有共轭对称性，对任意的 $z, w \in \mathbf{C}$，有

$$(z, w) = \overline{(w, z)}.$$

因此，

$$\langle z, w \rangle = \frac{1}{2}[(z, w) + (w, z)] = \mathrm{Re}(z, w),$$

其中 $z = x + \mathrm{i}y \in \mathbf{C}$，$(x, y) \in \mathbf{R}^2$.

3. 令 $\omega = s\mathrm{e}^{\mathrm{i}\varphi}$，其中 $s \geqslant 0$，$\varphi \in \mathbf{R}$，那么方程 $z^n = \omega$（n 为自然数）在复数集 $\mathbf{C}$ 中有多少个解？

4. 众所周知，在复数集 **C** 中不存在完全的排序．换句话说，复数之间不存在顺序＞的关系，因此规定：

（ⅰ）对任意两个复数 z,w，关系 $z>w,w>z$ 和 $z=w$ 存在且只能存在一个．

（ⅱ）对任意 $z_1,z_2,z_3 \in \mathbf{C}$，若 $z_1>z_2$ 就意味着 $z_1+z_3>z_2+z_3$．

（ⅲ）对任意 $z_1,z_2,z_3 \in \mathbf{C}$，若 $z_3>0$，那么 $z_1>z_2$ 就意味着 $z_1z_3>z_2z_3$．

【提示：上述关系成立的前提是认为 $\mathrm{i}>0$．】

5. 称集合 Ω 是顺向连通的，即如果 Ω 中任意两点都可以由 Ω 内的某条（分段光滑的）曲线所连接．此定义的目的是要证明开集 Ω 是顺向连通的当且仅当 Ω 是连通的．

（a）首先假设开集 Ω 是顺向连通的，那么可记 $\Omega=\Omega_1 \bigcup \Omega_2$，其中 Ω_1 和 Ω_2 为交集为空的开集，选择两点 $w_1 \in \Omega_1$，$w_2 \in \Omega_2$，并令 γ 为 Ω 中连接 w_1 和 w_2 的一条曲线，考虑此曲线的参数化法 $z:[0,1]\to\Omega$，其中 $z(0)=w_1,z(1)=w_2$．并令

$$t^*=\sup_{0\leqslant t\leqslant 1}\{t:z(s)\in\Omega_1,0\leqslant s<t\}.$$

通过考虑点 $z(t^*)$ 便可找到矛盾之处．

（b）反之，假设 Ω 是连通的开集，选定一点 $w\in\Omega$，并令 $\Omega_1 \subset \Omega$ 为所有在 Ω 中能与 w 连成曲线的点所组成的集合，同时取 Ω_2 为在 Ω 中不能与 w 连成曲线的点的集合．证明 Ω_1 和 Ω_2 都是开集，并且二者交集为空，并集为 Ω．最后，证明 Ω_1 非空，并可以由此推断出 $\Omega=\Omega_1$．

事实上，上述证明表明，我们用来定义顺向连通的曲线的类型和正则性可能是不严格的，当 Ω 是开集时，我们定义路连通的关于曲线正则性和类型的要求可以放宽，并不改变（连通和路连通）两种定义的等价性．例如，我们可以说所有的曲线都是连续的或者说是简单的多项式直线[○]．

6. 令 Ω 为复数集 **C** 中的开集，$z\in\Omega$．在 Ω 中包含 z 的连通分支（或单支）记为集合 C_z，Ω 中所有的点 w 都可以通过含于 Ω 中的某条曲线与 z 相连．

（a）首先证明 C_z 是连通的开集．那么，$w\in C_z$ 就等价于：（ⅰ）$z\in C_z$；（ⅱ）$w\in C_z$ 就意味着 $z\in C_w$；（ⅲ）如果 $w\in C_z,z\in C_\zeta$，那么 $w\in C_\zeta$．

因此 Ω 是所有连通分支的并，并且任意两个分支要么交集为空要么重合．

（b）证明 Ω 至多有可数个不同的连通分支．

（c）证明如果 Ω 是某个紧集的余集，那么 Ω 只有一个无界分支．

【提示：关于(b)，可以另外获得不可数个不相交的开球．现在，每一个球都包含一个具有有理坐标的点．关于(c)，注意到大圆盘的余集包含的紧集是连通的．】

7. 这里所引入的映射族在复分析中起着重要的作用．这些映射有时称为 Blaschke 因子，将会在后面的章节中出现．

[○]　多角形线就是分段光滑曲线，是由有限条直线段连接而成．

（a）令 z 和 w 是两个复数，且 $\bar{z}w \neq 1$. 证明：如果 $|z| < 1$，$|w| < 1$，那么

$$\left| \frac{w-z}{1-\bar{w}z} \right| < 1,$$

如果 $|z| = 1$，$|w| = 1$，那么

$$\left| \frac{w-z}{1-\bar{w}z} \right| = 1.$$

【提示：为什么假设 z 是实数呢？因为这样很容易证明

$$(r-w)(r-\bar{w}) \leqslant (1-rw)(1-r\bar{w}),$$

其中，选取合适的 r 和 $|w|$ 能使得等号成立.】

（b）在单位圆盘 D 内取定一点 w，映射

$$F: z \mapsto \frac{w-z}{1-\bar{w}z}$$

满足下列条件

（i）映射 F 在其单位圆盘内是全纯函数（$F: D \rightarrow D$）.

（ii）映射 F 可以互换 0 与 w，即 $F(0) = w, F(w) = 0$.

（iii）如果 $|z| = 1$，那么 $|F(z)| = 1$.

（iv）$F: D \rightarrow D$ 是双射.【提示：计算 $F \circ F$.】

8. 假设 U 和 V 是定义在复平面上的开集. 证明：如果 $f: U \rightarrow V, g: V \rightarrow \mathbf{C}$ 是两个可微函数（在实数情况下就相当于具有两个变量 x 和 y 的函数），并且复合函数为 $h = g \circ f$，那么

$$\frac{\partial h}{\partial z} = \frac{\partial g}{\partial z} \frac{\partial f}{\partial z} + \frac{\partial g}{\partial \bar{z}} \frac{\overline{\partial f}}{\partial z},$$

且

$$\frac{\partial h}{\partial \bar{z}} = \frac{\partial g}{\partial z} \frac{\partial f}{\partial \bar{z}} + \frac{\partial g}{\partial \bar{z}} \frac{\overline{\partial f}}{\partial \bar{z}}.$$

这就是复数形式的链式法则.

9. 证明：在极坐标系中，柯西-黎曼方程为

$$\frac{\partial u}{\partial r} = \frac{1}{r} \frac{\partial v}{\partial \theta}, \quad \frac{1}{r} \frac{\partial u}{\partial \theta} = -\frac{\partial v}{\partial r}.$$

利用上述方程证明对数函数

$$\log z = \log r + i\theta,$$

其中 $z = re^{i\theta}$，$-\pi < \theta < \pi$，在区域 $r > 0$，$-\pi < \theta < \pi$ 内是全纯函数.

10. 证明：

$$4 \frac{\partial}{\partial z} \frac{\partial}{\partial \bar{z}} = 4 \frac{\partial}{\partial \bar{z}} \frac{\partial}{\partial z} = \Delta,$$

其中 $\triangle$ 是调和算子（Laplacian 算子）

$$\Delta = \frac{\partial^2}{\partial x^2} + \frac{\partial^2}{\partial y^2}.$$

11. 利用练习 10 证明：如果函数 f 是定义在开集 Ω 上的全纯函数，那么 f 的实部和虚部是调和的，并且它们的调和算子为零.

12. 考虑函数

$$f(x + \mathrm{i}y) = \sqrt{|x||y|},$$

其中 $x, y \in \mathbf{R}$. 证明：函数 f 在原点满足柯西-黎曼方程，但却不是全纯的.

13. 假设 f 是定义在开集 Ω 上的全纯函数. 以下任何一个条件成立都能推断出 f 是常数.

（a） $\mathrm{Re}(f)$ 是常数；

（b） $\mathrm{Im}(f)$ 是常数；

（c） $|f|$ 是常数.

14. 假设 $\{a_n\}_{n=1}^N$ 和 $\{b_n\}_{n=1}^N$ 是两个有限复数列. 令 $B_k = \sum\limits_{n=1}^{k} b_n$ 为级数 $\sum b_n$ 的部分和，并规定 $B_0 = 0$. 证明：分部求和公式

$$\sum_{n=M}^{N} a_n b_n = a_N B_N - a_M B_{M-1} - \sum_{n=M}^{N-1} (a_{n+1} - a_n) B_n.$$

15. Abel 定理. 假设级数 $\sum\limits_{n=1}^{+\infty} a_n$ 收敛. 证明：

$$\lim_{r \to 1^-} \sum_{n=1}^{+\infty} r^n a_n = \sum_{n=1}^{+\infty} a_n.$$

【提示：利用部分和】换句话说，如果级数收敛，那么它的 Abel 可和有相同的极限. 为了给出更精确的定义，并且获得可求和方法的更多资料，请读者参考本书第一册第 2 章.

16. 确定（a）~（d）情况下幂级数 $\sum\limits_{n=1}^{+\infty} a_n z^n$ 的收敛半径：

（a） $a_n = (\log n)^2$；

（b） $a_n = n!$；

（c） $a_n = \dfrac{n^2}{4^n + 3n}$；

（d） $a_n = (n!)^3 / (3n)!$ 【提示：应用 Stirling 公式，即对 $c > 0$，$n! \sim cn^{n+\frac{1}{2}} \mathrm{e}^{-n}$.】；

（e） 求超几何级数（高斯级数）

$$F(\alpha, \beta, \gamma; z) = 1 + \sum_{n=1}^{+\infty} \frac{\alpha(\alpha+1)\cdots(\alpha+n-1)\beta(\beta+1)\cdots(\beta+n-1)}{n!\gamma(\gamma+1)\cdots(\gamma+n-1)} z^n$$

的收敛半径，这里 $\alpha, \beta \in \mathbf{C}$，并且 $\gamma \neq 0, -1, -2, \cdots$.

（f） 求 r 阶的 Bessel 函数的收敛半径：

$$J_r(z) = \left(\frac{z}{2}\right)^r \sum_{n=0}^{+\infty} \frac{(-1)^n}{n!(n+r)!} \left(\frac{z}{2}\right)^{2n},$$

其中 r 为正整数.

17. 证明：$\{a_n\}_{n=0}^{+\infty}$ 是非零复数序列，如果

$$\lim_{n \to +\infty} \frac{|a_{n+1}|}{|a_n|} = L,$$

那么

$$\lim_{n \to +\infty} |a_n|^{1/n} = L.$$

特别地，上述的比值法可以用来计算幂级数的收敛半径.

18. 如果 f 是以原点为中心的幂级数，证明：f 可以在其收敛圆盘中的任何点处展成幂级数

【提示：令 $z = z_0 + (z - z_0)$，再将 z^n 二项式展开.】

19. 证明：

（a）级数 $\sum nz^n$ 在单位圆中任何点处都不收敛.

（b）级数 $\sum z^n/n^2$ 在单位圆中任何点处都收敛.

（c）级数 $\sum z^n/n$ 在单位圆中任何点处都收敛，但 $z = 1$ 除外.

【提示：利用部分和.】

20. 将 $(1-z)^{-m}$ 展成 z 的幂级数，这里 m 为确定的正整数. 证明：如果

$$(1-z)^{-m} = \sum_{n=0}^{+\infty} a_n z^n,$$

那么系数 a_n 就有如下的逼近关系

$$a_n \sim \frac{1}{(m-1)!} n^{m-1} \quad (n \to +\infty).$$

21. 证明：若 $|z| < 1$，那么下面变换

$$\frac{z}{1-z^2} + \frac{z^2}{1-z^4} + \cdots + \frac{z^{2^n}}{1-z^{2^{n+1}}} + \cdots = \frac{z}{1-z}$$

和

$$\frac{z}{1+z} + \frac{2z^2}{1+z^2} + \cdots + \frac{2^k z^{2^k}}{1+z^{2^k}} + \cdots = \frac{z}{1-z}$$

都是正确的.

【提示：应用整数的二项式展开 $2^{k+1} - 1 = 1 + 2 + 2^2 + \cdots + 2^k$.】

22. 令 $\mathbf{N} = \{1, 2, 3, \cdots\}$ 表示正整数集合. $S \subset \mathbf{N}$ 称为等差级数，即如果

$$S = \{a, a+d, a+2d, a+3d, \cdots\},$$

其中 $a, d \in \mathbf{N}, d$ 称为集合 S 的步长. 证明正整数集 $\mathbf{N}$ 不能分割成有限个具有不同步长的等比级数子集（除 $a = d = 1$ 的情况外）.

【提示：将 $\sum\limits_{n \in \mathbf{N}} z^n$ 写成关于 $\dfrac{z^a}{1-z^d}$ 的和.】

23. 定义在实数集 $\mathbf{R}$ 上的函数 f 定义为

$$f(x)=\begin{cases} 0 & x \leqslant 0 \\ \mathrm{e}^{-1/x^2} & x>0. \end{cases}$$

证明函数 f 在 $\mathbf{R}$ 上是不定可微的，并且对任意 $n \geqslant 1$，$f^{(n)}(0)=0$. 并推断出函数 f 在原点附近不能展成收敛的幂级数 $\sum\limits_{n=0}^{+\infty} a_n x^n$.

24. 令 γ 为复数集 $\mathbf{C}$ 中的光滑曲线，其参数化法为 $z(t):[a,b]\to \mathbf{C}$. 令 γ^- 表示与 γ 重合但方向相反的曲线. 证明对于定义在 γ 上的所有连续函数 f 有

$$\int_{\gamma} f(z)\,\mathrm{d}z=-\int_{\gamma^-} f(z)\,\mathrm{d}z.$$

25. 下面三个计算为下一章要学习的柯西定理提供了一些线索.

（a）对任意的正整数 n 计算积分

$$\int_{\gamma} z^n \, \mathrm{d}z.$$

其中 γ 为任意以原点为中心的正向（逆时针方向）圆周.

（b）同样计算上述积分，只是曲线 γ 为任意不将原点包含在内的圆周.

（c）证明：如果 $|a|<r<|b|$，那么

$$\int_{\gamma} \frac{1}{(z-a)(z-b)}\,\mathrm{d}z=\frac{2\pi \mathrm{i}}{a-b},$$

其中 γ 为任意以原点为中心，r 为半径的正向圆周.

26. 假设 f 是区域 Ω 上的连续函数. 证明：f 的任意两个原函数（如果存在）相差一个常数.

第2章 柯西定理及其应用

> 有大量问题的解最终都可以被简化为定积分估值，因此数学家们都在大力从事这项工作……. 但是，在大量的研究成果中，有些是基于从实数到虚数的推广归纳出来的. 通常，这种推广可以得出显著结果. 但由拉普拉斯证实，要证明这些理论会遇到各种各样的困难.
>
> 经过思考，并将前面所提到的各种结论聚集起来，希望通过直接的严格的分析，建立由实数到虚数的桥梁. 我们的研究就是向着这样的目标的……
>
> A. L. Cauchy, 1827

在上一章，我们讨论了复分析的几个预备知识：复数集 $\mathbf{C}$ 中的开集，全纯函数，沿曲线的积分. 柯西定理的第一个重要结论深刻地体现了这些概念之间的联系. 简单地说，柯西定理是指：若 f 是定义在开集 Ω 上的全纯函数，封闭曲线 $\gamma \subset \Omega$，且曲线的内部也包含在 Ω 内，那么

$$\int_\gamma f(z)\,\mathrm{d}z = 0. \tag{1}$$

接下来的很多结果，尤其是留数计算，都与柯西定理在某些方面上相关.

要准确且全面的表达柯西定理. 就要求我们对曲线的"内部"给出明确定义，而这往往不是一件容易的事情. 研究初期首先利用极限设计出我们需要的区域，区域的边界曲线称为"周线". 顾名思义，周线就是封闭曲线. 很显然曲线的内部是明确的，在这个区域中很容易证明柯西定理. 在许多的应用中，只要我们选择合适的周线类型就足够满足需要了. 但是，要深入研究就要将问题延伸到更一般的曲线，研究它的内部和对应于柯西定理的表现形式.

柯西定理最初的定义是考虑其充分条件：函数 f 在开集 Ω 上有原函数，也就是第 1 章的推论 3.3. 此原函数的存在是从高斯定理（是一种简单的特例[⊖]）得出的. 高斯定理认为如果函数 f 在某开集内是全纯的，此开集中包含三角形周线 T，且 T 的内部也在其中，那么

[⊖] 高斯的结果晚于柯西定理，高斯定理侧重论据，即其证明只要求函数在任意点都存在复微分，但并不要求导函数的连续性. 早期的证明参见练习5.

$$\int_T f(z)\,\mathrm{d}z = 0.$$

值得注意的是，柯西定理的这个简单案例足以证明很多复杂问题．根据这个案例，可以证明某些简单区域内部的原函数的存在性，由此证明柯西定理．作为此观点的首个应用，我们应用适当的周线求解了几个特殊的实积分的值．

根据上面的思路也可引出本章中的一个核心结论，柯西积分公式：如果函数 f 在某开集中是全纯的，圆周 C 及其内部都包含在此开集内，那么对圆周 C 及其内部的所有元素 z，

$$f(z) = \frac{1}{2\pi\mathrm{i}}\int_C \frac{f(\zeta)}{\zeta - z}\,\mathrm{d}\zeta.$$

此公式是一个用边界值表示全纯函数内部值的积分公式，区别于其他的积分形式，特别是可以由此获得全纯函数的正则性．也就是说虽然全纯指的是函数具有一阶导数，但实际上只要具有一阶导数就一定具有任意阶导数．（实变量的情况下则不然．）

根据此定理可以得到几个重要推论：

- 基于"解析延拓"的性质：一个全纯函数，限制在它的定义域中的任意开子集中，可以推导出全纯函数能展成幂级数；

- Liouville 定理：利用代数学的基本定理很容易证明；

- Morera 定理：给出全纯函数的一种简单的积分特征，并表明那些函数具有一致的极限．

1　Goursat 定理

第 1 章的推论 3.3 表明，如果函数 f 在开集 Ω 上具有原函数，那么

$$\int_\gamma f(z)\,\mathrm{d}z = 0.$$

其中 γ 是 Ω 内的任意封闭曲线．相反，我们是否能证明上面公式在某些类型的曲线下成立，那么原函数就一定存在呢．首先想到的是 Goursat 定理，根据 Goursat 定理可以推导出本章中很多结论．

定理 1.1　如果 Ω 是复数集 $\mathbf{C}$ 中的开集，且 $T \subset \Omega$ 是三角形周线，其内部也包含在 Ω 中，那么

$$\int_T f(z)\,\mathrm{d}z = 0,$$

其中 f 在开集 Ω 上是全纯函数．

证明　记 $T^{(0)}$ 为初始三角形（方向取正，即逆时针方向），$d^{(0)}$ 和 $p^{(0)}$ 分别表示 $T^{(0)}$ 的直径和周长．首先将组成周线的三角形的三边各取中点，连接中点就会得到四个新的小三角形，记为 $T_1^{(1)}, T_2^{(1)}, T_3^{(1)}, T_4^{(1)}$，这四个小三角形全等且都与 $T^{(0)}$ 相似，其方向如图 1 所示，与之前三角形的方向是一致的．

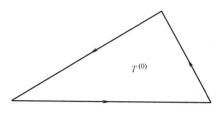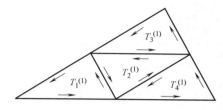

图 1 $T^{(0)}$ 的对分

因为每一条连接中点的线段积分时都从彼此正好相反的方向取了两次，刚好相互抵消，所以

$$\int_{T^{(0)}} f(z)\,\mathrm{d}z = \int_{T_1^{(1)}} f(z)\,\mathrm{d}z + \int_{T_2^{(1)}} f(z)\,\mathrm{d}z + \int_{T_3^{(1)}} f(z)\,\mathrm{d}z + \int_{T_4^{(1)}} f(z)\,\mathrm{d}z. \tag{2}$$

则至少存在某个 j 满足

$$\left| \int_{T^{(0)}} f(z)\,\mathrm{d}z \right| \leqslant 4 \left| \int_{T_j^{(1)}} f(z)\,\mathrm{d}z \right|,$$

否则式（2）就矛盾了. 此时记满足上式的 $T_j^{(1)}$ 为 $T^{(1)}$. 同样分别记 $d^{(1)}$ 和 $p^{(1)}$ 为 $T^{(1)}$ 的直径和周长. 那么 $d^{(1)} = (1/2)d^{(0)}$，$p^{(1)} = (1/2)p^{(0)}$. 接下来我们对 $T^{(1)}$ 重复这样做，连续地重复这个过程，就得到一个三角形序列

$$T^{(0)}, T^{(1)}, \cdots, T^{(n)}, \cdots$$

满足

$$\left| \int_{T^{(0)}} f(z)\,\mathrm{d}z \right| \leqslant 4^n \left| \int_{T^{(n)}} f(z)\,\mathrm{d}z \right|$$

且

$$d^{(n)} = 2^{-n} d^{(0)}, \quad p^{(n)} = 2^{-n} p^{(0)},$$

其中 $d^{(n)}$ 和 $p^{(n)}$ 分别表示 $T^{(n)}$ 的直径和周长. 周线 $T^{(n)}$ 及其内部记为实三角形区域 $\Gamma^{(n)}$，显然

$$\Gamma^{(0)} \supset \Gamma^{(1)} \supset \cdots \supset \Gamma^{(n)} \supset \cdots,$$

它们的直径是趋于 0 的. 根据第 1 章中命题 1.4，存在 z_0 属于所有的 $\Gamma^{(n)}$，且函数 f 在 z_0 点是全纯的，可写成

$$f(z) = f(z_0) + f'(z_0)(z - z_0) + \psi(z)(z - z_0),$$

其中当 $z \to z_0$ 时 $\psi(z) \to 0$. 因为常数 $f(z_0)$ 和线性函数 $f'(z_0)(z - z_0)$ 都存在原函数，就可以对上式积分，根据上一章推论 3.3 得

$$\int_{T^{(n)}} f(z)\,\mathrm{d}z = \int_{T^{(n)}} \psi(z)(z - z_0)\,\mathrm{d}z. \tag{3}$$

现在，z_0 属于实三角形 $\Gamma^{(n)}$ 的内部，z 是 $\Gamma^{(n)}$ 边界上的点，所以 $|z - z_0| \leqslant d^{(n)}$，那么根据式（3）和上一章命题 3.1 中的（iii），可对积分估值

$$\left| \int_{T^{(n)}} f(z)\,\mathrm{d}z \right| \leqslant \varepsilon_n d^{(n)} p^{(n)},$$

其中当 $n \to +\infty$ 时，$\varepsilon_n = \sup\limits_{z \in T^{(n)}} |\psi(z)| \to 0$. 因此，

$$\left| \int_{T^{(n)}} f(z)\,\mathrm{d}z \right| \leqslant \varepsilon_n 4^{-n} d^{(0)} p^{(0)},$$

所以

$$\left| \int_{T^{(0)}} f(z)\,\mathrm{d}z \right| \leqslant 4^n \left| \int_{T^{(n)}} f(z)\,\mathrm{d}z \right| \leqslant \varepsilon_n d^{(0)} p^{(0)}.$$

当 $n \to +\infty$ 时，便可推出积分为 0，定理证毕.

推论 1.2　如果 f 是开集 Ω 中的全纯函数，Ω 中包含矩形周线 R 及其内部，那么

$$\int_R f(z)\,\mathrm{d}z = 0.$$

此推论很显然，只要连接矩形的一条对角线得到两个全等的三角形即可. 选择好方向，如图 2 所示.

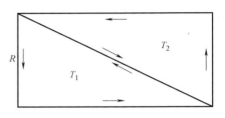

图 2　矩形分割成两个三角形

$$\int_R f(z)\,\mathrm{d}z = \int_{T_1} f(z)\,\mathrm{d}z + \int_{T_2} f(z)\,\mathrm{d}z.$$

2　局部原函数的存在和圆盘内的柯西定理

首先需要证明 Goursat 定理的推论：在圆盘内原函数存在.

定理 2.1　定义在开圆盘上的全纯函数在该圆盘内具有原函数.

证明　首先不失一般性假设圆盘是以原点为中心的，记为 D. 任取一点 $z \in D$，用水平和铅垂的折线连接 0 与 z，如图 3 所示，首先沿水平方向连接 0 与 $\tilde{z}$，其中 $\tilde{z} = \mathrm{Re}(z)$，然后沿铅垂方向连接 $\tilde{z}$ 和 z. 此折线当然是分段光滑的，方向是从 0 到 z，记此多边形线（由至少两条线段构成的折线称为多边形线）为 γ_z.

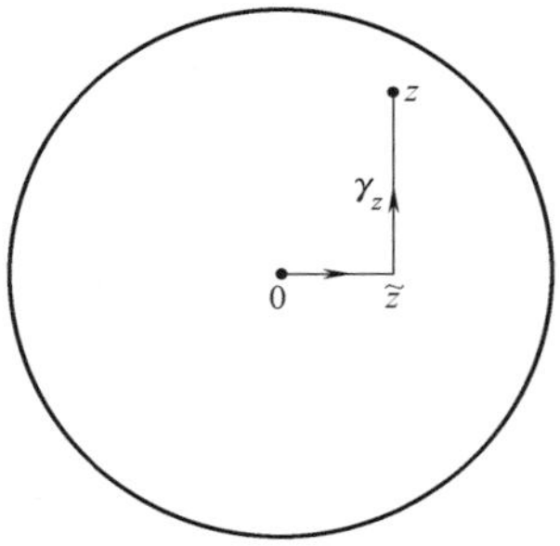

定义

图 3　多边形线 γ_z

$$F(z) = \int_{\gamma_z} f(w)\,\mathrm{d}w.$$

显然，函数 $F(z)$ 是根据 γ_z 的选择定义出来的. 函数 $F(z)$ 在 D 上是全纯的，且 $F'(z) = f(z)$. 为了证明，任意取定 $z \in D$，取复数集 $\mathbf{C}$ 中足够小的元素 h，使得 $z + h$ 始终包含在圆盘 D 内. 考虑增量

$$F(z+h) - F(z) = \int_{\gamma_{z+h}} f(w)\,\mathrm{d}w - \int_{\gamma_z} f(w)\,\mathrm{d}w.$$

也就是函数 f 首先沿着 γ_{z+h} 的初始方向积分，然后再沿着 γ_z 的反方向积分（这是因为上式中等号后面的第二项前面的符号是减号）. 如图 4a) 所示，函数 f 是在分段光滑的直线上积分的，当积分线段方向相反时积分就可以抵消，所以抵消掉图 4

a）中带有两个相反积分方向的线段后就得到了图 4b），然后可以将图 4b）补成一个长方形回路和一个三角形回路，如图 4c）所示. 根据 Goursat 定理，函数 f 在闭回路上积分为零，所以，除去积分为零的路径，积分路径就只剩下图 4d），即从点 z 到点 $z+h$ 的线段.

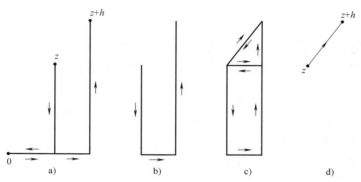

图 4 多边形线 γ_z 和 γ_{z+h} 的关系

根据上述讨论，原积分式就化简为

$$F(z+h) - F(z) = \int_\eta f(w)\,\mathrm{d}w.$$

其中 η 是从点 z 指向点 $z+h$ 的直线段. 因为函数 f 在 z 点连续，所以

$$f(w) = f(z) + \psi(w).$$

其中当 $w \to z$ 时，$\psi(w) \to 0$. 因此，

$$F(z+h) - F(z) = \int_\eta f(z)\,\mathrm{d}w + \int_\eta \psi(w)\,\mathrm{d}w$$
$$= f(z)\int_\eta \mathrm{d}w + \int_\eta \psi(w)\,\mathrm{d}w. \tag{4}$$

一方面，常数 1 有原函数 w，应用第 1 章中的定理 3.2，式（4）最右边的第一个积分就是 h（η 的长度）. 另一方面，根据估值

$$\left| \int_\eta \psi(w)\,\mathrm{d}w \right| \leqslant \sup_{w \in \eta} |\psi(w)| \, |h|.$$

当 $h \to 0$ 时，上式的上确界就趋于零，因此根据式（4），有

$$\lim_{h \to 0} \frac{F(z+h) - F(z)}{h} = f(z),$$

这也就证明了在圆盘内函数 F 是函数 f 的原函数.

上述定理具有局部性，任何全纯函数具有原函数，仅限制在开圆盘内. 但是若能证明此定理在其他开集中也成立才是更重要的. 我们马上回到之前所讨论的"周线"上进一步讨论.

定理 2.2（圆盘上的柯西定理） 如果函数 f 在圆盘内是全纯函数，那么

$$\int_\gamma f(z)\,\mathrm{d}z = 0,$$

其中 γ 是圆盘内的任意闭曲线.

　　证明　因为 f 有原函数, 应用第 1 章推论 3.3 即证.

　　推论 2.3　假设 f 在某开集内是全纯函数, 且此开集包含圆周线 C 及其内部, 那么

$$\int_C f(z)\,dz = 0.$$

　　证明　令集合 D 表示以圆周线 C 为边界的圆盘. 那么一定存在包含圆盘 D 的略大的圆盘 D', 使得函数 f 在圆盘 D' 内是全纯的, 则在圆盘 D' 内应用柯西定理推导出 $\int_C f(z)\,dz = 0$.

　　事实上, 只要周线的 “内部” 定义明确, 并且在周线及其内部构造适当的多边形路径, 定理及其推论就可以成立. 当周线是圆周时, 其内部就是一个圆盘, 此时难题简单了, 只要选择水平和铅垂的路径就可以了.

　　接下来的定义不是很严格, 但是应用起来却很明确. 将任意封闭曲线称为周线, 其内部的定义很明确, 类似于定理 2.1 中的曲线及其内部的某个邻域. 曲线的正方形是指当沿周线的正方向走时其内部总在左手边. 这和圆周的正方向的定义是一致的. 例如, 圆周、三角形和矩形周线的正方向都是这样定义的.

　　另一个很重要的周线例子就是 “锁眼” 周线 Γ, 如图 5 所示, 将在柯西积分公式的证明中用到. “锁眼” 周线 Γ 由近似的两个圆构成, 一个大的, 一个小的, 由一条狭窄的走廊连接. 周线 Γ 的内部可以记为 Γ_{int}, 其是由周线围成的区域. 在 Γ_{int} 内指定一点 z_0, 如果 f 在周线 Γ 及其内部是全纯的, 那么它在稍微大点的锁眼周线及其内部也一定是全纯的, 记为 Λ, 其内部记为 Λ_{int}, 所以 Λ_{int} 包含 $\Gamma \bigcup \Gamma_{\text{int}}$. 如果 $z \in \Lambda_{\text{int}}$, 令 γ_z 表示 Λ_{int} 内部连接 z_0 和 z 的任意曲线, 由有限条水平和铅垂的线段组成 (见图 6).

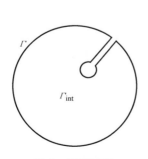

图 5　锁眼周线

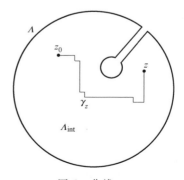

图 6　曲线 γ_z

　　如果 η_z 是另一条任意曲线, 如推论 1.2 （Goursat 定理的矩形定义）, 满足

$$\int_{\gamma_z} f(w)\,dw = \int_{\eta_z} f(w)\,dw,$$

那么定义 F 在 Λ_{int} 内是明确的. 其中 F 是 f 在 Λ_{int} 内的原函数，因此 $\int_{\Gamma} f(z)\,\mathrm{d}z = 0$.

重点在于对于周线 γ 很容易得到

$$\int_{\gamma} f(z)\,\mathrm{d}z = 0,$$

只要 f 在开集中是全纯函数，并且此开集包含周线 γ 及其内部.

在应用中遇到的其他类型的周线的例子，柯西定理及其推论依然适用，如图 7 所示.

对于我们所遇到的很多种周线，柯西定理是足够用了，问题就在于更一般的曲线. 这些一般的曲线整理在附录 B 中，那里证明了分段光滑曲线的 Jordan 定理. 此定理阐述了一条简单的封闭的分段光滑曲线的内部的定义，称为"单连通的". 作为推论，尽管是证明了更一般的周线的情况，但柯西定理依然适用.

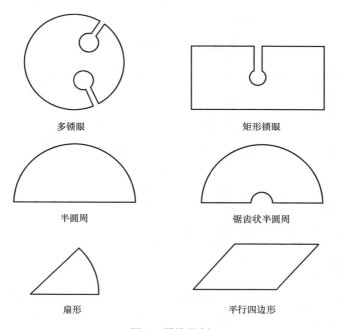

多锁眼　　　　　　　　　　　矩形锁眼

半圆周　　　　　　　　　　　锯齿状半圆周

扇形　　　　　　　　　　　平行四边形

图 7　周线举例

3　一些积分估值

这里的想法始于柯西定理. 我们将根据定理给出几个积分估值的例子，至于更系统的方法，积分留数方面的问题将在下一章给出.

例 1　如果 $\xi \in \mathbf{R}$，那么

$$\mathrm{e}^{-\pi\xi^2} = \int_{-\infty}^{+\infty} \mathrm{e}^{-\pi x^2} \mathrm{e}^{-2\pi \mathrm{i} x \xi}\,\mathrm{d}x. \tag{5}$$

$e^{-\pi x^2}$是它自己的傅里叶变换，这个事实在本书第一册第 5 章的定理 1.4 中已经证明过了，这里又给出了一种新的证明方法．

如果 $\xi = 0$，积分$^{\ominus}$就是已知的，即

$$1 = \int_{-\infty}^{+\infty} e^{-\pi x^2} \, \mathrm{d}x.$$

现在假设 $\xi > 0$，并且定义函数 $f(z) = e^{-\pi z^2}$，它是整函数，是周线 γ_R 内部的特殊的全纯函数，如图 8 所示．

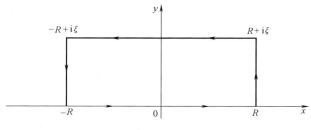

图 8　例 1 中周线 γ_R

周线 γ_R 是由顶点为 R，$R + \mathrm{i}\xi$，$-R + \mathrm{i}\xi$，$-R$ 组成的矩形，其正方向为逆时针方向．根据柯西定理，

$$\int_{\gamma_R} f(z) \, \mathrm{d}z = 0. \tag{6}$$

水平方向下面的线段只在实轴上，所以是实数上的积分，表示为

$$\int_{-R}^{R} e^{-\pi x^2} \, \mathrm{d}x,$$

当 $R \to +\infty$ 时积分趋于 1．铅垂方向右边线段上的积分为

$$I(R) = \int_0^{\xi} f(R + \mathrm{i}y) \mathrm{i} \, \mathrm{d}y = \int_0^{\xi} e^{-\pi(R^2 + 2\mathrm{i}Ry - y^2)} \mathrm{i} \, \mathrm{d}y.$$

因为 ξ 已经取定，并且可以估计

$$|I(R)| \leqslant C e^{-\pi R^2}.$$

所以当 $R \to +\infty$ 时此积分趋于 0．类似地，当 $R \to +\infty$ 时，铅垂方向左边线段上的积分也是趋近于 0 的，原因相同．最后，水平方向上面的线段积分为

$$\int_{-R}^{R} e^{-\pi(x + \mathrm{i}\xi)^2} \, \mathrm{d}x = -e^{\pi \xi^2} \int_{-R}^{R} e^{-\pi x^2} e^{-2\pi \mathrm{i}x\xi} \, \mathrm{d}x.$$

因此当 $R \to +\infty$ 时，根据式（6）可知

$$0 = 1 - e^{\pi \xi^2} \int_{-\infty}^{+\infty} e^{-\pi x^2} e^{-2\pi \mathrm{i}x\xi} \, \mathrm{d}x,$$

并且我们需要的公式是确定的．当 $\xi < 0$ 时，只要考虑的是在半平面与实轴对称的矩形周线即可．

$\ominus$　积分根据 $\Gamma(1/2) = \sqrt{\pi}$ 求出，其中 Γ 是 Gamma 函数，将在第 6 章介绍．

在先前的例子中已经用过积分周线移位的方法，此方法还有许多其他的应用．注意，式（5）的积分可以认为是在实线上处理的，根据柯西定理积分周线在复平面上向上或向下移动（取决于 ξ 的选取）．

例 2　另一个典型的例子是

$$\int_0^{+\infty} \frac{1-\cos x}{x^2}\mathrm{d}x = \frac{\pi}{2}.$$

这里考虑函数 $f(z)=(1-\mathrm{e}^{\mathrm{i}z})/z^2$，考虑在上半平面上的锯齿状的半圆周周线上的积分，位置在 x 轴上，如图 9 所示．

其中 ε 和 R 分别表示小圆周和大圆周的半径，γ_ε^+ 和 γ_R^+ 分别表示小的圆周线和大的圆周线，其方向分别取负方向和正方向，根据柯西定理，有

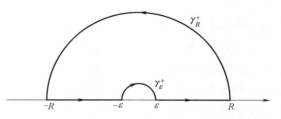

图 9　例 2 中的锯齿状半圆周周线

$$\int_{-R}^{-\varepsilon} \frac{1-\mathrm{e}^{\mathrm{i}x}}{x^2}\mathrm{d}x + \int_{\gamma_\varepsilon^+} \frac{1-\mathrm{e}^{\mathrm{i}z}}{z^2}\mathrm{d}z + \int_\varepsilon^R \frac{1-\mathrm{e}^{\mathrm{i}x}}{x^2}\mathrm{d}x + \int_{\gamma_R^+} \frac{1-\mathrm{e}^{\mathrm{i}z}}{z^2}\mathrm{d}z = 0.$$

令 $R\to+\infty$，那么

$$\left|\frac{1-\mathrm{e}^{\mathrm{i}z}}{z^2}\right| \leqslant \frac{2}{|z|^2},$$

因此在 γ_R^+ 上的积分就趋于零，且

$$\int_{|x|\geqslant\varepsilon} \frac{1-\mathrm{e}^{\mathrm{i}x}}{x^2}\mathrm{d}x = -\int_{\gamma_\varepsilon^+} \frac{1-\mathrm{e}^{\mathrm{i}z}}{z^2}\mathrm{d}z.$$

接下来，记

$$f(z)=\frac{-\mathrm{i}z}{z^2} + E(z).$$

其中，当 $z\to0$ 时 $E(z)$ 是有界的，同时，在 γ_ε^+ 上有 $z=\varepsilon\mathrm{e}^{\mathrm{i}\theta}, \mathrm{d}z=\mathrm{i}\varepsilon\mathrm{e}^{\mathrm{i}\theta}\mathrm{d}\theta$，因此当 $\varepsilon\to0$ 时，

$$\int_{\gamma_\varepsilon^+} \frac{1-\mathrm{e}^{\mathrm{i}z}}{z^2}\mathrm{d}z \to \int_\pi^0 (-\mathrm{i}\mathrm{i})\mathrm{d}\theta = -\pi.$$

只取实部积分得

$$\int_{-\infty}^{+\infty} \frac{1-\cos x}{x^2}\mathrm{d}x = \pi.$$

也就证明了 $\int_0^{+\infty} \frac{1-\cos x}{x^2}\mathrm{d}x = \frac{\pi}{2}.$

4 柯西积分公式

表示公式，特别是积分表示公式在数学中起着重要作用，因为它可以将函数在较小集上的表现在大集上重新呈现. 例如，在本书第一册中圆盘上的稳态热传导方程，就可以用泊松积分公式

$$u(r,\theta)=\frac{1}{2\pi}\int_0^{2\pi}P_r(\theta-\varphi)u(1,\varphi)\mathrm{d}\varphi \tag{7}$$

以及圆周上的边界值完全决定.

全纯函数的情况也类似. 这并不奇怪，因为全纯函数的实部与虚部是调和的$^{\ominus}$. 这里将证明积分表示公式在某种意义上是不依赖于调和函数理论的. 事实上，回顾泊松积分公式（7），它可以作为以下定理的推论（见练习 11 和练习 12）.

定理 4.1 假设函数 f 在包含圆盘 D 及其边界的开集中是全纯的，C 表示圆盘的边界圆周，并且取正方向，那么对任意点 $z\in D$，有

$$f(z)=\frac{1}{2\pi\mathrm{i}}\int_C\frac{f(\zeta)}{\zeta-z}\mathrm{d}\zeta.$$

证明 取定点 $z\in D$ 并考虑锁眼周线 $\varGamma_{\delta,\varepsilon}$，忽略锁眼 z，如图 10 所示.

这里的 δ 是走廊的宽度，ε 是以 z 为中心的小圆周的半径. 因为函数 $F(\zeta)=f(\zeta)/(\zeta-z)$ 在远离 $\zeta=z$ 的点处是全纯的，则根据柯西定理选择合适的周线有

$$\int_{\varGamma_{\delta,\varepsilon}}F(\zeta)\mathrm{d}\zeta=0.$$

现在使走廊的宽度 δ 趋于 0，根据函数 F 的连续性，走廊上有两个方向上的积分抵消了. 剩下的部分由两条曲线组成，一条是具有正方向的大圆周边界 C，另一条则是以 z 为中心，ε 为半径具有负方向（顺时针方向）的小圆周 C_ε. 首先考虑在小圆周上的积分，首先将 $F(\zeta)$ 变形为

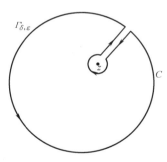

图 10 锁眼周线 $\varGamma_{\delta,\varepsilon}$

$$F(\zeta)=\frac{f(\zeta)-f(z)}{\zeta-z}+\frac{f(z)}{\zeta-z}. \tag{8}$$

因为 f 是全纯函数，式（8）等号右边的第一项是有界的，因此当 $\varepsilon\to0$ 时它在 C_ε 上的积分也趋于 0. 考察第二项的积分

$$\int_{C_\varepsilon}\frac{f(z)}{\zeta-z}\mathrm{d}\zeta=f(z)\int_{C_\varepsilon}\frac{1}{\zeta-z}\mathrm{d}\zeta$$

$$=-f(z)\int_0^{2\pi}\frac{\varepsilon\mathrm{i}\mathrm{e}^{-\mathrm{i}t}}{\varepsilon\mathrm{e}^{-\mathrm{i}t}}\mathrm{d}t=-f(z)2\pi\mathrm{i},$$

$\ominus$ 这个结论可以由柯西-黎曼方程直接推出. 读者可以参见第 1 章的练习 11.

因此有

$$0 = \int_C \frac{f(\zeta)}{\zeta - z} \mathrm{d}\zeta - 2\pi \mathrm{i} f(z).$$

定理得证.

注释：前面讨论的周线仅限于用柯西积分公式积分的简单例子，例如，如果 f 在包含矩形周线（方向取正）R 及其内部的开集中是全纯的，那么

$$f(z) = \frac{1}{2\pi \mathrm{i}} \int_R \frac{f(\zeta)}{\zeta - z} \mathrm{d}\zeta,$$

其中 z 属于 R 的内部. 只要重复定理 4.1 的证明，将圆形锁眼换成矩形锁眼就能证明这个结论.

值得注意的是，当 z 落在 R 的外部时，上面的积分就不存在了，因为函数 $F(\zeta) = f(\zeta)/(\zeta - z)$ 在 R 的内部才是全纯的. 当然，除了圆周，其他类型的周线也会有类似的结论.

利用柯西积分公式的推论，可以得到关于全纯函数的第二个重要性质，即正则性. 也可以得到更进一步的积分公式，即利用函数 f 在圆周边界上的值来表示 f 在圆盘内部的导函数.

推论 4.2　如果 f 在开集 Ω 内是全纯的，那么 f 在 Ω 内一定有无穷阶导数. 而且，如果 $C \in \Omega$ 是一个圆周，其内部也在 Ω 内，那么

$$f^{(n)}(z) = \frac{n!}{2\pi \mathrm{i}} \int_C \frac{f(\zeta)}{(\zeta - z)^{n+1}} \mathrm{d}\zeta,$$

其中 z 可以是 C 的内部的任意点. 和前面定理中提到的一样，这里的圆周 C 仍然取正向.

证明　用数学归纳法. 当 $n = 0$ 时就是简单的柯西积分公式，自然成立. 假设当取 $n - 1$ 时公式成立，即

$$f^{(n-1)}(z) = \frac{(n-1)!}{2\pi \mathrm{i}} \int_C \frac{f(\zeta)}{(\zeta - z)^n} \mathrm{d}\zeta.$$

当 h 足够小时，$f^{(n-1)}$ 的微商为

$$\frac{f^{(n-1)}(z+h) - f^{(n-1)}(z)}{h} = \frac{(n-1)!}{2\pi \mathrm{i}} \int_C f(\zeta) \frac{1}{h} \left[\frac{1}{(\zeta - z - h)^n} - \frac{1}{(\zeta - z)^n} \right] \mathrm{d}\zeta. \quad (9)$$

根据公式

$$A^n - B^n = (A - B)(A^{n-1} + A^{n-2}B + \cdots + AB^{n-2} + B^{n-1})$$

令 $A = 1/(\zeta - z - h)$，$B = 1/(\zeta - z)$，那么式（9）中的中括号内的项就变为

$$\frac{h}{(\zeta - z - h)(\zeta - z)}(A^{n-1} + A^{n-2}B + \cdots + AB^{n-2} + B^{n-1}).$$

因为 h 足够小，所以 $z + h$ 和 z 都在圆周 C 的内部，因此，当 h 趋于 0 时，上面的微商一定收敛于

$$\frac{(n-1)!}{2\pi i}\int_C f(\zeta)\Big[\frac{1}{(\zeta-z)^2}\Big]\Big[\frac{n}{(\zeta-z)^{n-1}}\Big]\mathrm{d}\zeta = \frac{n!}{2\pi i}\int_C \frac{f(\zeta)}{(\zeta-z)^{n+1}}\mathrm{d}\zeta,$$

所以当取 n 时也是成立的, 定理得证.

从现在开始, 定理 4.1 和推论 4.2 统称为柯西积分公式.

推论 4.3 （柯西不等式） 如果函数 f 在包含圆盘 D 的闭包的开集内是全纯的, 圆盘 D 的中心为 z_0, 半径为 R, 那么

$$|f^{(n)}(z_0)| \leqslant \frac{n!\,\|f\|_C}{R^n},$$

其中 $\|f\|_C = \sup\limits_{z\in C}|f(z)|$ 表示 $|f|$ 在圆周 C 上的上确界.

证明 对 $f^{(n)}(z_0)$ 应用柯西积分公式, 得

$$
\begin{aligned}
|f^{(n)}(z_0)| &= \Big|\frac{n!}{2\pi i}\int_C \frac{f(\zeta)}{(\zeta-z_0)^{n+1}}\mathrm{d}\zeta\Big| \\
&= \frac{n!}{2\pi}\Big|\int_0^{2\pi}\frac{f(z_0+Re^{i\theta})}{(Re^{i\theta})^{n+1}}Rie^{i\theta}\mathrm{d}\theta\Big| \\
&\leqslant \frac{n!}{2\pi}\frac{\|f\|_C}{R^n}2\pi.
\end{aligned}
$$

柯西积分公式的另一个很重要的推论就是它与幂级数的关系. 根据第 1 章的内容, 幂级数在其收敛圆盘内是全纯的, 并且其逆命题也是成立的, 正是下面的定理.

定理 4.4 假设 f 是定义在开集 Ω 内的全纯函数. 如果 D 是以 z_0 为中心的圆盘, 其闭包包含在 Ω 内, 那么 f 在 z_0 点处展开成幂级数

$$f(z) = \sum_{n=0}^{+\infty} a_n(z-z_0)^n,$$

其中 $z\in D$, 并且, 只要 $n\geqslant 0$, 其系数为

$$a_n = \frac{f^{(n)}(z_0)}{n!}.$$

证明 取定 $z\in D$. 根据柯西积分公式得

$$f(z) = \frac{1}{2\pi i}\int_C \frac{f(\zeta)}{\zeta-z}\mathrm{d}\zeta, \tag{10}$$

其中 C 表示圆盘的边界. 因为

$$\frac{1}{\zeta-z} = \frac{1}{\zeta-z_0-(z-z_0)} = \frac{1}{\zeta-z_0}\frac{1}{1-\Big(\dfrac{z-z_0}{\zeta-z_0}\Big)}, \tag{11}$$

其中 $\zeta\in C, z\in D$, 那么一定存在 $0<r<1$ 使得

$$\Big|\frac{z-z_0}{\zeta-z_0}\Big| < r,$$

因此，可以将其展成几何级数

$$\frac{1}{1-\left(\dfrac{z-z_0}{\zeta-z_0}\right)} = \sum_{n=0}^{+\infty}\left(\frac{z-z_0}{\zeta-z_0}\right)^n, \tag{12}$$

此级数对所有的 $\zeta \in \mathbf{C}$ 都是收敛的. 结合式（10）、式（11）和式（12），将无穷项和与积分交换得

$$f(z) = \sum_{n=0}^{+\infty}\left(\frac{1}{2\pi\mathrm{i}}\int_C \frac{f(\zeta)}{(\zeta-z_0)^{n+1}}\mathrm{d}\zeta\right)\cdot(z-z_0)^n.$$

这就证明了幂级数的展开，根据推论 4.2，进一步得到系数 a_n 的表达式.

值得注意的是，因为幂级数定义不定可微（复）函数，上面的定理也可以证明全纯函数是自不定可微的.

除此以外，另一个重要问题是函数 f 在 z_0 处的幂级数展开，其收敛圆盘不管有多大，只要其闭包包含在 Ω 内即可. 特别地，如果函数 f 是整的（就是说在整个复数集 $\mathbf{C}$ 内都是全纯的），上面的定理就表示 f 在零点展成幂级数，即 $f(z) = \sum_{n=0}^{+\infty}a_n z^n$，它在整个复数集上都是收敛的.

推论 4.5（Liouville 定理） 如果 f 是整函数并且有界，那么 f 是整数.

证明 因为复数集 $\mathbf{C}$ 是连通的，可以应用第 1 章中的推论 3.4，只要能证明 $f' = 0$ 即可.

对任意 $z_0 \in \mathbf{C}$，任意整数 $R > 0$，根据柯西不等式，有

$$|f'(z_0)| \leqslant \frac{B}{R},$$

其中 B 是函数 f 的界. 只要令 $R \to +\infty$ 就可以证明 $f' = 0$.

迄今为止，代数学的基本定理可以很好地证明了.

推论 4.6 任意一个非常数的具有复系数的多项式函数 $P(z) = a_n z^n + \cdots + a_0$ 在复数集 $\mathbf{C}$ 内至少有一个根.

证明 用反证法，假设 P 没有根，那么 $1/P(z)$ 是有界的全纯函数. 不妨假设 $a_n \neq 0$，多项式函数变形为

$$\frac{P(z)}{z^n} = a_n + \left(\frac{a_{n-1}}{z}\cdots + \frac{a_0}{z^n}\right),$$

只要 $z \neq 0$. 因为当 $|z| \to +\infty$ 时括号内的每一项都趋于 0. 可以推出存在 $R > 0$，令 $c = |a_n|/2$，只要 $|z| > R$，那么

$$|P(z)| \geqslant c|z|^n.$$

特别地，当 $|z| > R$ 时，P 的倒数是有界的. 又因为 P 是连续的，在圆盘 $|z| \leqslant R$ 内没有根，所以在 $|z| \leqslant R$ 内 P 的倒数也是有界的. 因此函数 $1/P(z)$ 在整

个复数集上都是有界的，根据 Liouville 定理，$1/P$ 是常数，这与题设 P 不是常数矛盾，所以原假设不成立.

推论 4.7　任意一个阶数为 $n \geqslant 1$ 的多项式函数 $P(z) = a_n z^n + \cdots + a_0$ 在复数集 **C** 上有 n 个根. 如果它的 n 个根分别记为 $w_1, \cdots, w_n$，那么多项式函数 P 就可以写成

$$P(z) = a_n (z - w_1)(z - w_2) \cdots (z - w_n).$$

证明　根据推论 4.6，P 肯定有一个根，不妨记为 w_1，将 $z = (z - w_1) + w_1$ 替换多项式函数 P 中的 z，再根据二项式公式得

$$P(z) = b_n (z - w_1)^n + \cdots + b_1 (z - w_1) + b_0,$$

其中 $b_0, \cdots, b_{n-1}$ 是新的系数，而 $b_n = a_n$. 因为 $P(w_1) = 0$，所以 $b_0 = 0$，因此，

$$P(z) = (z - w_1)[b_n (z - w_1)^{n-1} + \cdots + b_1] = (z - w_1)Q(z),$$

其中 Q 是 $n - 1$ 阶多项式. 反复应用推论 4.6，通过多项式的降阶，可推出 $P(z)$ 有 n 个根，并且它可以表示成

$$P(z) = c(z - w_1)(z - w_2) \cdots (z - w_n),$$

其中 c 是复数集 **C** 中的某个数. 因为多项式的最高项系数是 c，所以 $c = a_n$.

最后，讨论解析延拓. 只要知道函数在适当的任意小子集上的值，就能完全确定一个全纯函数. 注意，定理中的集合 Ω 是连通的.

定理 4.8　假设 f 是区域 Ω 上的全纯函数，如果存在 Ω 内的某个数列，且其极限点也在 Ω 内，使得 f 在该数列上的值都为 0，那么函数 f 就等于 0.

也就是说，如果全纯函数 f 在连通的开集 Ω 内的零点在 Ω 内累积，那么 $f = 0$.

证明　假设 $z_0 \in \Omega$，是数列 $\{w_k\}_{k=1}^{+\infty}$ 的极限点，且 $f(w_k) = 0$. 那么函数 f 在以 z_0 为中心的很小的圆盘内恒等于 0. 因此在 Ω 内选择以 z_0 为中心的圆盘 D，并考虑函数 f 在圆盘内的幂级数展开

$$f(z) = \sum_{n=0}^{+\infty} a_n (z - z_0)^n.$$

如果 f 不恒等于 0，总存在一个最小的数 m 使得 $a_m \neq 0$，那么函数可以写成

$$f(z) = a_m (z - z_0)^m (1 + g(z - z_0)),$$

其中，当 $z \to z_0$ 时 $g(z - z_0)$ 趋于 0. 取收敛于 z_0 的数列中的一个点 w_k，令 $z = w_k \neq z_0$，那么 $a_m (w_k - z_0)^m \neq 0, 1 + g(w_k - z_0) \neq 0$ 这与 $f(w_k) = 0$ 矛盾.

证明中默认集合 Ω 是连通的. 令 U 表示 Ω 中使得 $f(z) = 0$ 的点构成的集合的内部，那么根据上面的讨论，U 一定是一个非空的开集. 又因为如果 $z_n \in U, z_n \to z$，根据连续性，$f(z) = 0$ 且 f 在 z 的某个邻域内恒等于 0，所以 $z \in U$，也就是说 U 也是闭集. 现在，令 V 表示集合 U 在 Ω 内的余集，那么 V 和 U 是两个不相交的开集，并且

$$\Omega = U \bigcup V.$$

因为 Ω 是连通的，所以 V 和 U 必有一个是空集（根据第 1 章中连通的两个等价定义）．因为 $z_0 \in U$，所以 V 是空集，$U = \Omega$．定理证毕．

下面给出本定理的推论．

推论 4.9 假设 f 和 g 都是区域 Ω 上的全纯函数，在 Ω 的某个非空开子集中（或者更一般的，以 Ω 内的点为极限点的数列上）恒有 $f(z) = g(z)$，那么，在整个 Ω 上恒有 $f(z) = g(z)$．

假设给出两个函数 f 和 F，它们分别在区域 Ω 和 Ω' 上解析，且 $\Omega \subset \Omega'$．如果这两个函数在 Ω 上是一致的，那么称 F 是函数 f 在集合 Ω' 上的解析延拓．上面的推论保证了解析延拓的唯一性，因此函数 F 是由 f 唯一确定的．

5 应用

这一小节，我们将集中给出前面所证明的定理的各种推论．

5.1 Morera 定理

下面的定理是柯西定理的逆定理．

定理 5.1 假设 f 在开圆盘 D 上是连续函数，如果对包含在 D 内的任意三角形周线 T 均有

$$\int_T f(z)\,\mathrm{d}z = 0,$$

那么函数 f 是全纯的．

证明 根据定理 2.1 的证明，函数 f 在 D 上有原函数 F 满足 $F' = f$．根据正则性定理，函数 F 是不定复可微的，所以 f 是全纯的．

5.2 全纯函数列

定理 5.2 如果 $\{f_n\}_{n=1}^{+\infty}$ 是一列全纯函数，在 Ω 中的每一个紧子集中都一致收敛于函数 f，那么函数 f 是全纯的．

证明 记集合 D 为任意圆盘，其闭包包含在 Ω 内，T 是 D 内的任意三角形周线．那么，因为每个 f_n 都是全纯的，根据 Goursat 定理，有

$$\int_T f_n(z)\,\mathrm{d}z = 0.$$

根据题设，在圆盘 D 的闭包内 $f_n \to f$，因此 f 是连续的，并且

$$\int_T f_n(z)\,\mathrm{d}z \to \int_T f(z)\,\mathrm{d}z.$$

所以 $\int_T f(z)\,\mathrm{d}z = 0$，根据 Goursat 定理，函数 f 在集合 D 上是全纯的．根据集合 D 的任意性，以及 D 的闭包在 Ω 内，可知函数 f 在 Ω 上是全纯的．

与实变量的情况截然不同：连续可微函数列的极限函数可能是不可微的．例如，我们知道，定义在区间 $[0,1]$ 上的连续函数都可以由多项式函数近似，根据

Weierstrass 定理（见本丛书第一册的第 5 章），并非所有连续函数都可微.

我们进一步讨论函数列的导函数列的收敛定理. 回忆之前的内容，如果函数 f 是收敛半径为 R 的幂级数，那么 f' 就是由 f 的级数逐项求导而来，并且 f' 也是收敛半径为 R 的幂级数.（见第 1 章中的定理 2.6）特别地，如果 S_n 是级数 f 的部分和，那么 S'_n 也是级数 f' 的部分和，并且，在 f 的收敛圆盘内的每个闭子集中都一致收敛于 f'. 下面的定理介绍的就是这个事实.

定理 5.3　在定理 5.2 的条件下，导函数列 $\{f'_n\}_{n=1}^{+\infty}$ 在 Ω 中的每一个紧子集中都一致收敛于函数 f'.

证明　不失一般性，我们不妨假设定理中的函数列在整个 Ω 上是一致收敛的. 给定 $\delta > 0$，Ω_δ 表示 Ω 的子集

$$\Omega_\delta = \{z \in \Omega: D_\delta(z) \subset \Omega\}.$$

也就是说 Ω_δ 表示 Ω 中距离 Ω 的边界大于 δ 的点的集合. 要证明定理只要证明对任意 $\delta > 0$，$\{f'_n\}$ 在 Ω_δ 上一致收敛于 f'. 也就是要证明下面的不等式，

$$\sup_{z \in \Omega_\delta} |F'(z)| \leqslant \frac{1}{\delta} \sup_{\zeta \in \Omega} |F(\zeta)|, \tag{13}$$

其中 $F = f_n - f$ 在 Ω 上是全纯函数. 上面的不等式（13）是由柯西积分公式和 Ω_δ 的定义决定的，因为对任意的 $z \in \Omega_\delta$，$D_\delta(z)$ 的闭包包含在 Ω 内，且有

$$F'(z) = \frac{1}{2\pi i} \int_{C_\delta(z)} \frac{F(\zeta)}{(\zeta - z)^2} d\zeta.$$

因此，

$$|F'(z)| \leqslant \frac{1}{2\pi} \int_{C_\delta(z)} \frac{|F(\zeta)|}{|\zeta - z|^2} |d\zeta|$$

$$\leqslant \frac{1}{2\pi} \sup_{\zeta \in \Omega} |F(\zeta)| \frac{1}{\delta^2} 2\pi\delta$$

$$= \frac{1}{\delta} \sup_{\zeta \in \Omega} |F(\zeta)|.$$

当然，一阶导数的情况并无特别，但事实上，根据定理 5.3 的思路可以推断出，任意 $k \geqslant 0$，k 阶导函数列 $\{f_n^{(k)}\}_{n=1}^{+\infty}$ 在 Ω 中的每一个紧子集中都一致收敛于 $f^{(k)}$.

实际上，可以根据定理 5.2 构造满足特定性质的全纯函数作为级数，即

$$F(z) = \sum_{n=1}^{+\infty} f_n(z). \tag{14}$$

如果每一个 f_n 在复平面上给定的区域 Ω 内都是全纯的，并且级数在 Ω 的紧子集中一致收敛，那么根据定理 5.2，函数 F 在区域 Ω 上也是全纯的. 各种特殊的函

数都可以表示成如式（14）那样级数的形式．如黎曼 ζ 函数，将在第 6 章讨论．

接下来讨论用积分定义一元函数．

5.3 按照积分定义全纯函数

许多函数都可以按照积分形式定义，形如

$$f(z) = \int_a^b F(z,s)\,\mathrm{d}s,$$

或者也可以用某些积分的极限定义函数．这里的函数 F 首先是全纯的，其次是连续的．这里的积分就是区间 $[a,b]$ 上的黎曼积分．稍后的问题就是确定 f 是全纯函数．

接下来的定理是给 F 加上充分条件，该条件实践中也是满足的，这样很容易得出 f 是全纯函数．

对变量进行简单的线性变换，并假设 $a=0$，$b=1$．

定理 5.4 令函数 $F(z,s)$ 定义在区域 $(z,s) \in \Omega \times [0,1]$ 上，其中 Ω 是复数集 **C** 中的开集．假设 $F(z,s)$ 满足以下条件：

（ⅰ）$F(z,s)$ 固定 z 对变量 s 是全纯函数．

（ⅱ）$F(z,s)$ 在区域 $\Omega \times [0,1]$ 上是连续的．

那么，函数 f 定义为

$$f(z) = \int_0^1 F(z,s)\,\mathrm{d}s,$$

其在 Ω 上是全纯的．

第二个条件指的是 F 在两种讨论下都是联合连续的．

要证明 f 在 Ω 上是全纯的，只要证明 f 在 Ω 内的任意圆盘 D 内是全纯的即可．根据 Morera 定理，对任意包含在 D 内的三角形周线 T 有

$$\int_T \int_0^1 F(z,s)\,\mathrm{d}s\mathrm{d}z = 0.$$

交换积分次序，并应用条件（ⅰ）就可以证明．不管怎样，我们可以围绕改变积分次序来讨论问题．思路就是将积分看成黎曼和的极限，然后再应用上一小节的内容即可证明．

证明 对任意 $n \geqslant 1$，考虑黎曼和

$$f_n(z) = (1/n)\sum_{k=1}^n F(z,k/n).$$

根据条件（ⅰ），f_n 在 Ω 上是全纯函数，并且，在任意其闭包包含在 Ω 内的圆盘 D 上，函数列 $\{f_n\}_{n=1}^{+\infty}$ 一致收敛于函数 f．因为闭子集中的连续函数一定是一致连续的，所以，如果 $\varepsilon > 0$，存在 $\delta > 0$ 使得当 $|s_1 - s_2| < \delta$ 时，

$$\sup_{z \in D} |F(z,s_1) - F(z,s_2)| < \varepsilon.$$

那么，当 $n > 1/\delta$，$z \in D$ 时，

$$\left| f_n(z) - f(z) \right| = \left| \sum_{k=1}^{n} \int_{(k-1)/n}^{k/n} F(z, k/n) - F(z, s) \, \mathrm{d}s \right|$$

$$\leqslant \sum_{k=1}^{n} \int_{(k-1)/n}^{k/n} \left| F(z, k/n) - F(z, s) \right| \, \mathrm{d}s$$

$$< \sum_{k=1}^{n} \frac{\varepsilon}{n}$$

$$= \varepsilon.$$

根据定理 5.2 推导出函数 f 在 D 上是全纯的. 从而推导出 f 在 Ω 上是全纯的.

5.4 Schwarz 反射原理

在实分析中，很多情况下需要将定义在某个集合上的函数延拓到更大的集合上. 对于连续函数存在几种扩张方法，更一般的情况下，是应用改变其光滑度的方法. 当然，这种方法的难度会随着我们对扩张条件的增多而增大.

对全纯函数而言，扩张难度很大. 不但是因为全纯函数在其定义邻域内是不定可微的，还因为它有些很难改变的特性. 例如，存在定义在圆盘上的全纯函数，它在这个圆盘的闭包上是连续的，但是在任何包含圆盘的闭包的较大区域上可能不再连续（也不解析）（这种现象将在问题 1 中讨论）. 再如，如果全纯函数在某个小开集（甚至非零线段）上变为零，那么该函数恒等于零.

Schwarz 反射原理是一种简单的扩张现象，其实用价值很高. 其证明由两部分组成，首先是给出扩张定义，然后再核实扩张出的函数是否是全纯的. 下面就从这两点出发.

令 Ω 是 **C** 中的开集，它关于实轴是对称的，也就是说当且仅当 $\bar{z} \in \Omega$ 时 $z \in \Omega$. 用 Ω^+ 表示 Ω 在上半平面的部分，Ω^- 表示 Ω 在下半平面的部分.

并且，令 $I = \Omega \bigcap \mathbf{R}$，因此 I 就是 Ω 内部 Ω^+ 和 Ω^- 的分界线，恰好在实轴上，因此

$$\Omega^+ \bigcup I \bigcup \Omega^- = \Omega.$$

下面的定理涉及的问题是 I 非空.

定理 5.5（对称原理） 如果 f^+ 和 f^- 分别是 Ω^+ 和 Ω^- 上的全纯函数，在 I 上扩张函数使其连续，对任意 $x \in I$. 有

$$f^+(x) = f^-(x).$$

那么函数 f 定义为

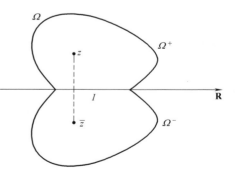

图 11　关于实轴对称的开集

$$f(z) = \begin{cases} f^+(z) & z \in \Omega^+, \\ f^+(z) = f^-(z) & z \in I, \\ f^-(z) & z \in \Omega^-. \end{cases}$$

在整个 Ω 上是全纯的.

证明 首先 f 在整个 Ω 上是连续的. 唯一的困难是证明 f 在 I 上是全纯的. 假设 D 是以 I 上的点为中心包含在 Ω 内的圆盘, 根据 Morera 定理可以证明 f 在圆盘 D 上是全纯的. 假设 T 是 D 中的三角形周线, 如果 T 不与 I 相交, 那么

$$\int_T f(z)\,\mathrm{d}z = 0,$$

这是因为函数 f 在上半圆盘或下半圆盘中都是全纯的. 假设 T 的一个边或一个顶点落在 I 上, 剩余的部分在上半圆盘中. 如果 T_ε 是将三角形 T 落在 I 上的边或点稍微提高得到的三角形周线 (见图 12a)), 那么 $\int_{T_\varepsilon} f(z)\,\mathrm{d}z = 0$. 然后令 $\varepsilon \to 0$, 根据连续性推出

$$\int_T f(z)\,\mathrm{d}z = 0.$$

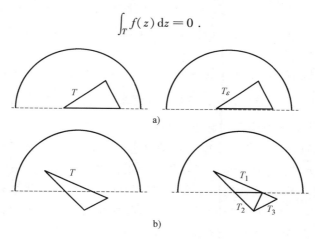

图 12

a) 提升顶点 b) 分割三角形

如果三角形周线 T 的内部经过 I, 可以通过分割三角形 (见图 12b)) 将问题转化成一条边或一个顶点落在 I 上的情况. 根据 Morera 定理可以推断出 f 在圆盘 D 上是全纯的.

接下来, 用上面的符号来定义扩张原理.

定理 5.6 (Schwarz 反射原理) 假设 f 是定义在 Ω^+ 上的全纯函数, 如果 f 可以保证连续性地扩张到 I 上, 并且在 I 上是实值函数, 那么一定存在函数 F, 其在整个 Ω 上都是全纯的, 且在 Ω^+ 上, $F = f$.

证明 首先定义 $F(z)$ 在 $z \in \Omega^-$ 上的表达式

$$F(z) = \overline{f(\bar{z})}.$$

然后证明 F 在 Ω^- 上是全纯的. 如果 $z, z_0 \in \Omega^-$, $\bar{z}, \bar{z}_0 \in \Omega^+$, 函数 f 在 $\bar{z}_0$ 点展成幂级数

$$f(\bar{z}) = \sum a_n (\bar{z} - \bar{z}_0)^n.$$

因此

$$F(z) = \sum \overline{a_n} \, (z - z_0)^n$$

在 Ω^- 上是全纯的. 而在 I 上, f 是实值函数, $\overline{f(x)} = f(x)$, 因此 F 在 I 上是连续的. 定理证毕.

5.5　Runge 近似定理

根据 Weierstrass 定理可知, 任何定义在紧区间上的连续函数都可以由多项式一致近似[⊖]. 考虑到这个结果, 在复分析中也会有类似的近似. 问题就在于: 当紧集 $K \subset \mathbf{C}$ (复数集) 满足什么条件时, 能保证全纯函数可以由 K 中的多项式函数一致近似呢?

首先以幂级数展开式为例. 我们知道, 如果 f 是定义在圆盘 D 上的全纯函数, 那么它可以展成幂级数 $f(z) = \sum_{n=0}^{+\infty} a_n z^n$, 此幂级数在每个紧子集 $K \subset D$ 上都是一致收敛的. 根据幂级数的部分和可以推断出 f 在圆盘 D 内的任何紧子集上都可以由多项式函数一致近似.

但是, 更一般的, K 必须满足一定的条件, 例如在单位圆周 $K = C$ 上考虑函数 $f(z) = 1/z$. 已知 $\int_C f(z) \, \mathrm{d}z = 2\pi\mathrm{i}$, 但是对任意多项式 p, 根据柯西定理 $\int_C p(z) \, \mathrm{d}z = 0$. 如果多项式可以近似函数, 那就矛盾了.

要想满足近似条件, 集合 K 就必须满足它的余拓扑: K^c 必须是连通的. 事实上, 当 $f(z) = 1/z$ 时, 上面的例子只要稍微修正, 集合 K 就满足条件了, 见问题 4.

相反的, 如果 K^c 是连通的, 那么一致近似就是存在的, 此结果来自 Runge 定理: 对任意集合 K 上的具有 "奇点"[⊖] 的**有理函数**在 K 的余集上存在一致近似. 这个结论是值得注意的, 因为有理函数是全局定义, 而 f 仅仅是在 K 的某个邻域内给出的. 更特别地, f 的定义不依赖于集合 K 的构成, 使得定理的推论更加显著.

定理 5.7　任何定义在紧集 K 的某个邻域内的全纯函数在 K 内都可以被有理函数一致近似, 而且此有理函数的奇点都在 K^c 内.

如果 K^c 是连通的, 那么任何定义在紧集 K 的某个邻域内的全纯函数在 K 内都可以被多项式一致近似.

上述定理的第二点是指: 如果 K^c 是连通的, 那么奇点可以被 "推" 到无穷远处, 因此有理函数就可以转变成多项式.

定理的关键就是积分表达公式, 这仅仅是正方形周线下的柯西积分公式的简单推论.

引理 5.8　假设函数 f 在开集 Ω 上是全纯的, $K \subset \Omega$ 是紧集. 那么在 $\Omega - K$ 存在有限条线 $\gamma_1, \gamma_2, \cdots, \gamma_N$ 时, 对任意 $z \in K$ 有

⊖　证明见第一册第 5 章的 1.8 小节.

⊖　奇点是指使得函数不是全纯的点, 也称为 "极点", 将在下一章中定义.

$$f(z) = \sum_{n=1}^{N} \frac{1}{2\pi i} \int_{\gamma_n} \frac{f(\zeta)}{\zeta - z} d\zeta. \tag{15}$$

证明　令 $d = c \cdot d(K, \Omega^c)$，其中 c 是小于 $1/\sqrt{2}$ 的任意常数，用平行于坐标轴的直线划分方格，步长取 d.

令 $Q = \{Q_1, Q_2, \cdots, Q_M\}$ 表示可以覆盖集合 K 的有限个方格，每个方格的边缘取正方向（用 ∂Q_m 表示方格 Q_m 的边界）．最后，$\gamma_1, \gamma_2, \cdots, \gamma_N$ 表示 Q 中那些不属于两个相邻方格的公共边的方格的边（见图 13 中的黑实线）．选择 d 使得对每一个 n，$\gamma_n \subset \Omega$，并且 γ_n 不能覆盖集合 K；如果能够覆盖，那么 γ_n 属于 Q 中两个相邻方格，但这与 γ_n 的选择矛盾.

因此，对任意 $z \in K$，只要 z 不在 Q 中方格的边界线上，就一定存在 j 使得 $z \in Q_j$，柯西定理就意味着

$$\frac{1}{2\pi i} \int_{\partial Q_m} \frac{f(\zeta)}{\zeta - z} d\zeta = \begin{cases} f(z) & m = j, \\ 0 & m \neq j. \end{cases}$$

因此，对所有的 z 有

$$f(z) = \sum_{m=1}^{M} \frac{1}{2\pi i} \int_{\partial Q_m} \frac{f(\zeta)}{\zeta - z} d\zeta.$$

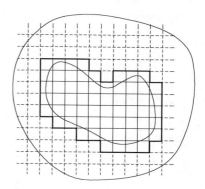

图 13　黑实线表示 γ_n 的并集

如果 Q_m 和 Q'_m 相邻，它们的公共边上的积分两个方向都有，就会相互抵消．因此，如果 $z \in K$ 但又不在 Q 中方格的边界线上，那么式 (15) 就能确定了．因为 $\gamma_n \in K^c$，连续性能保证对所有的 $z \in K$，式 (15) 成立.

因此，定理 5.7 的第一部分就成为下面引理的一个推论.

引理 5.9　对任意属于 $\Omega - K$ 的线段 γ，γ 上存在一列具有奇点的有理函数，可以在 K 上一致近似积分 $\int_{\gamma} f(\zeta)/(\zeta - z) d\zeta$.

证明　如果 $\gamma(t) : [0, 1] \to \mathbf{C}$ 是线段 γ 的参数化法，那么

$$\int_{\gamma} \frac{f(\zeta)}{\zeta - z} d\zeta = \int_0^1 \frac{f(\gamma(t))}{\gamma(t) - z} \gamma'(t) dt.$$

因为 γ 与 K 不相交，最后的积分中的被积函数 $F(z, t)$ 在 $K \times [0, 1]$ 上是联合连续的，因为 K 是紧集，任给 $\varepsilon > 0$，存在 $\delta > 0$，当 $|t_1 - t_2| < \delta$ 时，有

$$\sup_{z \in K} |F(z, t_1) - F(z, t_2)| < \varepsilon.$$

根据定理 5.4 的证明，在 K 上可以用黎曼和近似积分 $\int_0^1 F(z, t) dt$．因为黎曼和的每一项都是一个奇点在 γ 上的有理函数，引理得证.

最后，因为 K^c 是连通的，就可以将极点推到无穷大了．因为每个仅以 z_0 为奇点的有理函数都是一个以 $1/(z - z_0)$ 为项的多项式，这足以证明下面的引理，从而

完全证明定理 5.7.

引理 5.10　如果 K^c 是连通的，$z_0 \notin K$，那么函数 $1/(z - z_0)$ 在 K 上可以由多项式一致近似.

证明　首先在 K 中的一个大的以原点为中心的开圆盘 D 外选择一点 z_1，那么

$$\frac{1}{z - z_1} = -\frac{1}{z_1} \frac{1}{1 - z/z_1} = \sum_{n=1}^{+\infty} -\frac{z^n}{z_1^{n+1}},$$

这个级数对 $z \in K$ 是一致收敛的，级数的部分和就是一个多项式，是在 K 上对 $1/(z - z_1)$ 的一致近似. 特别地，这也表明它的任何次幂 $1/(z - z_1)^k$ 都可以在 K 上由多项式一致近似.

现在也足以证明 $1/(z - z_0)$ 在 K 上也可以由以 $1/(z - z_1)$ 为项的多项式一致近似. 因为 K^c 是连通的，这样做就可以将点 z_0 推到 z_1 处. 令 γ 是 K^c 中的曲线，用区间 $[0,1]$ 上定义的 $\gamma(t)$ 参数化，其中 $\gamma(0) = z_0, \gamma(1) = z_1$. 如果令 $\rho = \frac{1}{2} d(K, \gamma)$，因为 γ 和 K 都是紧的，所以 $\rho > 0$. 然后在 γ 上选择点列 $\{w_1, w_2, \cdots, w_l\}$，且 $w_0 = z_0, w_l = z_1$，对所有的 $0 \le j < l$ 都有 $|w_j - w_{j+1}| < \rho$.

如果 w 是 γ 上的一点，w' 是除 w 外任何满足 $|w - w'| < \rho$ 的点，那么 $1/(z - w)$ 在 K 上可以由以 $1/(z - w')$ 为项的多项式一致近似，也就是

$$\frac{1}{z - w} = \frac{1}{z - w'} \frac{1}{1 - \dfrac{w - w'}{z - w'}}$$

$$= \sum_{n=0}^{+\infty} \frac{(w - w')^n}{(z - w')^{n+1}}.$$

并且对所有 $z \in K$，上面的级数是一致收敛的，其部分和就是一个多项式近似.

总之，通过有限数列 $\{w_j\}$ 发现了 $1/(z - z_0)$ 可以由以 $1/(z - z_1)$ 为项的多项式一致近似，从而将点 z_0 推到 z_1 处，此时引理和定理就都能够证明了.

6　练习

1. 证明：

$$\int_0^{+\infty} \sin(x^2) \, dx = \int_0^{+\infty} \cos(x^2) \, dx = \frac{\sqrt{2\pi}}{4}.$$

这个积分称为 **Fresnel 积分**. 这里 $\int_0^{+\infty}$ 是指 $\lim\limits_{R \to +\infty} \int_0^R$.

【提示：函数 e^{-z^2} 在图 14 所示的路径上的积分，并利用 $\int_{-\infty}^{+\infty} e^{-x^2} \, dx = \sqrt{\pi}$. 】

2. 证明：$\int_0^{+\infty} \dfrac{\sin x}{x} dx = \dfrac{\pi}{2}$.

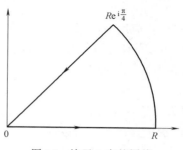

图 14 练习 1 中的周线

【提示：积分等于 $\dfrac{1}{2i}\displaystyle\int_{-\infty}^{+\infty}\dfrac{e^{ix}-e^{-ix}}{x}dx$. 应用半圆形齿轮周线.】

3. 计算积分

$$\int_0^{+\infty}e^{-ax}\cos bx\,dx\ \text{和}\ \int_0^{+\infty}e^{-ax}\sin bx\,dx,$$

其中 $a>0$. 通过求 e^{-Az} 的积分，$A=\sqrt{a^2+b^2}$，适当的角度 ω 使得 $\cos\omega=a/A$.

4. 对所有的 $\xi\in\mathbf{C}$（复数集），证明：

$$e^{-\pi\xi^2}=\int_{-\infty}^{+\infty}e^{-\pi x^2}e^{2\pi ix\xi}dx\,.$$

5. 假设 f 在 Ω 上是连续复可微的，$T\subset\Omega$ 是三角形周线，其内部也包含在 Ω 内. 根据格林定理得

$$\int_T f(z)\,dz=0\,.$$

如果再附加上 f' 也是连续的这个条件，就能证明 Goursat 定理.

【提示：格林定理指的是，如果 (F,G) 是连续可微的向量，那么

$$\int_T F\,dx+G\,dy=\int_{T\text{的内部}}\left(\frac{\partial G}{\partial x}-\frac{\partial F}{\partial y}\right)dx\,dy\,.$$

F，G 满足柯西-黎曼方程.】

6. Ω 是复数集 $\mathbf{C}$ 中的开子集，$T\subset\Omega$ 是三角形周线，且其内部也包含在 Ω 中. 假设函数 f 在 Ω 上除了周线 T 内部的某点 w 外都解析. 证明：如果 f 在 w 附近有界，那么

$$\int_T f(z)\,dz=0\,.$$

7. 假设 $f:D\to\mathbf{C}$（复数集）是全纯的，证明：函数 f 的象的直径 $d=\sup\limits_{z,w\in D}|f(z)-f(w)|$ 满足

$$2\,|f'(0)|\leqslant d.$$

而且，当 f 是线性的，即 $f(z)=a_0+a_1z$ 时，等号成立.

注意：与此结果相关的，观察曲线的直径和本书第一册第 4 章问题 1 中描述的傅里叶级数之间的关系.

【提示：当 $0<r<1$ 时，$2f'(0)=\dfrac{1}{2\pi i}\displaystyle\int_{|\zeta|=r}\dfrac{f(\zeta)-f(-\zeta)}{\zeta^2}d\zeta$.】

8. 如果函数 f 在带形区域 $-1<y<1,x\in\mathbf{R}$ 上是全纯的，则带形区域上所有的 z 满足

$$|f(z)|\leqslant A\,(1+|z|)^{\eta},$$

其中 η 是给定的常数. 证明：对任意阶数 $n\geqslant 0$,总存在 $A_n\geqslant 0$,则对所有 $x\in\mathbf{R}$，有

$$|f^{(n)}(x)| \leqslant A_n (1+|x|)^\eta.$$

【提示：应用柯西不等式．】

9. 若 Ω 是复数集 $\mathbf{C}$ 中的有界开子集，并且 $\varphi:\Omega\to\Omega$ 是全纯函数．证明：如果存在点 $z_0\in\Omega$ 使得

$$\varphi(z_0)=z_0, \varphi'(z_0)=1,$$

那么函数 φ 是线性的．

【提示：为什么可以假设 $z_0=0$？在零点展开 $\varphi(z)=z+a_n z^n+O(z^{n+1})$．证明如果 $\varphi_k=\varphi\circ\cdots\circ\varphi$（$\varphi$ 的 k 次复合），那么，$\varphi_k(z)=z+ka_n z^n+O(z^{n+1})$．应用柯西不等式，当 $k\to+\infty$ 时得证．这里应用了同阶符号 O，当 $z\to0$ 时，$f(z)=O(g(z))$ 是指当 $|z|\to0$ 时，存在常数 C 使得 $|f(z)|\leqslant C|g(z)|$．】

10. Weierstrass 定理表明，区间 $[0,1]$ 上的连续函数可以由多项式一致近似．是否每一个连续函数在闭的单位圆盘上都能由关于变量 z 的多项式函数一致近似？

11. f 是定义在以原点为中心 R_0 为半径的圆盘 D_{R_0} 上的全纯函数．

（a）证明：只要 $0<R<R_0$，$|z|<R$，那么

$$f(z)=\frac{1}{2\pi}\int_0^{2\pi}f(Re^{i\varphi})\operatorname{Re}\left(\frac{Re^{i\varphi}+z}{Re^{i\varphi}-z}\right)\mathrm{d}\varphi.$$

（b）证明：

$$\operatorname{Re}\left(\frac{Re^{i\gamma}+r}{Re^{i\gamma}-r}\right)=\frac{R^2-r^2}{R^2-2Rr\cos\gamma+r^2}.$$

【提示：对第一部分而言，注意到如果 $w=R^2/\bar z$，那么函数 $f(\zeta)/(\zeta-w)$ 在以原点为中心，R 为半径的圆周上的积分为零．据此，再加上一般的柯西积分公式即可证明．】

12. 令 u 是定义在单位圆盘 D 内的实值函数．假设 u 是二次连续可微的，并且是调和的，那么对任意点 $(x,y)\in D$，满足

$$\Delta u(x,y)=0.$$

（a）证明：在单位圆盘上存在全纯函数 f 使得

$$\operatorname{Re}(f)=u.$$

并且证明 f 的虚部是确定的，最多差一个实常数．

【提示：根据上一章的内容，$f'(z)=2\partial u/\partial z$．因此，令 $g(z)=2\partial u/\partial z$，并证明 g 是全纯的．找出函数 F，使得 $F'=g$，证明 $\operatorname{Re}(F)$ 与 u 仅差一个常数．】

（b）根据这个结果和练习 11，由柯西积分公式得到泊松积分表达公式：如果在单位圆盘中 u 是调和的，并且在单位圆盘的闭包中连续，那么，如果 $z=re^{i\theta}$，则

$$u(z)=\frac{1}{2\pi}\int_0^{2\pi}P_r(\theta-\varphi)u(e^{i\varphi})\mathrm{d}\varphi,$$

其中，$P_r(\gamma)$ 称为泊松核，在单位圆盘中定义为

$$P_r(\gamma)=\frac{1-r^2}{1-2r\cos\gamma+r^2}.$$

13. 假设 f 在整个复数集 $\mathbf{C}$ 上解析，如果对任意的 $z_0 \in \mathbf{C}$，其展开式

$$f(z) = \sum_{n=0}^{+\infty} c_n (z-z_0)^n$$

中的系数至少有一个等于 0，证明：f 是多项式.

【提示：根据 $c_n n! = f^{(n)}(z_0)$，并应用可列性.】

14. 假设 f 在包含闭单位圆盘的开集中除了它在单位圆盘中的极点 z_0 之外，都是全纯的. 试证：如果

$$\sum_{n=0}^{+\infty} a_n z^n$$

是函数 f 在开的单位圆盘中展成的幂级数，那么

$$\lim_{n \to +\infty} \frac{a_n}{a_{n+1}} = z_0.$$

15. 假设函数 f 在 $\overline{D}$ 上非零连续，在 D 上全纯. 证明：如果当 $|z| = 1$ 时，

$$|f(z)| = 1,$$

那么 f 是常数.

【提示：当 $|z| > 1$ 时，用 $f(z) = 1/\overline{f(1/\bar{z})}$ 将函数 f 扩张到整个复数集 $\mathbf{C}$ 上，再讨论 Schwarz 反射原理.】

7 问题

1. 这里有些例子，是关于函数在单位圆盘内解析，但在圆周上可能不解析. 给出下面的定义，f 在单位圆盘 D 上是解析的，D 的边界圆周记为 C. 点 w 在圆周 C 上，若存在函数 g，在 w 的开邻域 U 内解析，使得在 $D \bigcap U$ 上有 $f = g$，那么点 w 对函数 f 是正则的. 如果函数 f 在圆周 C 上没有正则点，那么函数 f 在圆周 C 上不再解析.

（a）对 $|z| < 1$，令

$$f(z) = \sum_{n=0}^{+\infty} z^{2^n}.$$

注意，上面级数的收敛半径为 1. 试证：函数 f 在单位圆周外不再解析.

【提示：假设 $\theta = 2\pi p/2^k$，其中 k 和 p 都是正整数. 令 $z = re^{i\theta}$，那么当 $r \to 1$ 时，$|f(re^{i\theta})| \to +\infty$.】

（b）＊取定 $0 < \alpha < +\infty$. 当 $|z| < 1$ 时，解析函数 f 定义为

$$f(z) = \sum_{n=0}^{+\infty} 2^{-n\alpha} z^{2^n},$$

证明：函数 f 在单位圆周上仍然解析，但是在圆周外不再解析. 【在此背景下隐藏着一个任何地方都不可微的函数. 见本书第一册第 4 章.】

2. ＊对 $|z| < 1$，令

$$F(z) = \sum_{n=1}^{+\infty} d(n) z^n,$$

其中，$d(n)$ 表示因子数目为 n. 观察到此级数的收敛半径为 1. 满足等式

$$\sum_{n=1}^{+\infty} d(n) z^n = \sum_{n=1}^{+\infty} \frac{z^n}{1 - z^n}.$$

利用这个等式证明：如果 $z = r$，$0 < r < 1$，那么当 $r \to 1$ 时，

$$|F(r)| \geqslant c \frac{1}{1-r} \log(1/(1-r)).$$

类似地，如果 $\theta = 2\pi p/q$，其中 p 和 q 是正整数，且 $z = re^{i\theta}$，那么当 $r \to 1$ 时，

$$|F(re^{i\theta})| \geqslant c_{p/q} \frac{1}{1-r} \log(1/(1-r)).$$

推导出 F 在单位圆盘之外不再是解析的.

3. Morera 定理表明，如果 f 在复数集 $\mathbf{C}$ 上是连续的，并且对所有三角形周线 T 满足 $\int_T f(z)\mathrm{d}z = 0$，那么 f 在复数集 $\mathbf{C}$ 上是全纯的. 很自然地，如果将三角形周线换成其他集合，该推论是否依然成立呢？

（a）假设 f 在复数集 $\mathbf{C}$ 上是连续的，对任意的圆周 C 都有

$$\int_C f(z)\mathrm{d}z = 0. \tag{16}$$

证明：f 是全纯的.

（b）更一般地，令 Γ 是任意周线，F 是由周线 Γ 的平移和膨胀所构成的集族. 证明：如果 f 在复数集 $\mathbf{C}$ 上是连续的，并且对任意的 $\gamma \in F$，满足

$$\int_\gamma f(z)\mathrm{d}z = 0,$$

那么 f 是全纯的. 特别地，Morera 定理的条件要弱些，只要在所有的等边三角形周线下满足 $\int_T f(z)\mathrm{d}z = 0$ 即可.

【提示：第一步，假设函数 f 是二次实可微的，并且当 z 在 z_0 的附近时，可以将函数写成 $f(z) = f(z_0) + a(z - z_0) + b\overline{(z - z_0)} + O(|z - z_0|^2)$. 在以 z_0 为圆周的小圆上求这个式子的积分，其中在 z_0 点 $\partial f/\partial \bar{z} = b = 0$. 然后，或者假设函数 f 是可微的，或者应用格林定理推导出 f 的实部和虚部满足柯西-黎曼方程.

通常，令 $\varphi(w) = \varphi(x, y)$（当 $w = x + \mathrm{i}y$ 时）表示光滑函数，满足 $0 \leqslant \varphi(w) \leqslant 1$. 并且 $\int_{\mathbf{R}^2} \varphi(w)\mathrm{d}V(w) = 1$，其中 $\mathrm{d}V(w) = \mathrm{d}x\mathrm{d}y$，$\int$ 表示在二维平面 $\mathbf{R}^2$ 上对两个变量的二重积分. 对任意的 $\varepsilon > 0$，令 $\varphi_\varepsilon(z) = \varepsilon^{-2} \varphi(\varepsilon^{-1} z)$，满足

$$f_\varepsilon(z) = \int_{\mathbf{R}^2} f(z - w) \varphi_\varepsilon(w)\mathrm{d}V(w),$$

其中积分就是对两个变量的二重积分，$\mathrm{d}V(w)$ 表示 $\mathbf{R}^2$ 中的面积元素. 那么 f_ε 是光

滑的，满足式（16），并在复数集 **C** 中的任意紧子集中，$f_\varepsilon \to f$ 是一致的.】

4. 证明：Runge 定理的逆：如果 K 是紧集，其余集不连通，那么存在函数 f，它在 K 中某个邻域内是全纯的，它在 K 中不能由多项式一致近似.
【提示：在余集 K^c 的边界上选取一点 z_0，并令 $f(z) = 1/(z - z_0)$，如果 f 在 K 上不能被一致近似，证明存在多项式 p 使得 $|(z - z_0)p(z) - 1| < 1$. 利用最大模原理（第 3 章）证明对包含 z_0 的余集 K^c 中的所有点 z，这个不等式依然成立.】

5. $*$ 存在整函数 F 具有"通用的"性质：任给的整函数 h，存在单调递增的正整数列 $\{N_k\}_{k=1}^{+\infty}$ 使得在复数集 **C** 中的任意紧子集中

$$\lim_{n \to +\infty} F(z + N_k) = h(z)$$

是一致的.

（a）令 $p_1, p_2, \cdots$ 为多项式集族，其系数的实部与虚部都是有理数. 证明：总能找到整函数 F 和单调递增的正整数列 $\{M_n\}$，使得当 $z \in D_n$ 时满足

$$|F(z) - p_n(z - M_n)| < \frac{1}{n}, \tag{17}$$

其中 D_n 表示以 M_n 为中心，n 为半径的圆盘.
【提示：给定整函数 h，存在数列 $\{n_k\}$ 使得在复数集 **C** 中的任意紧子集中 $\lim_{k \to +\infty} p_{n_k}(z) = h(z)$ 是一致的.】

（b）构造函数 F 使其是满足式（17）的无穷级数

$$F(z) = \sum_{n=1}^{+\infty} u_n(z),$$

其中 $u_n(z) = p_n(z - M_n) e^{-c_n(z - M_n)^2}$，数量 $c_n > 0$，$M_n > 0$，满足 $c_n \to 0$，$M_n \to +\infty$.
【提示：在扇形区域 $\{|\arg z| < \pi/4 - \delta\}$ 和 $\{|\pi - \arg z| < \pi/4 - \delta\}$ 内当 $|z| \to +\infty$ 时，函数 e^{-z^2} 趋于零.】

类似地，存在整函数 G 具有以下性质：任给的整函数 h，存在单调递增的正整数列 $\{N_k\}_{k=1}^{+\infty}$ 使得在复数集 **C** 中的任意紧子集中

$$\lim_{k \to +\infty} D^{N_k} G = h(z)$$

是一致的. 这里 $D^j G$ 表示函数 G 的 j 阶导数.

第 3 章　亚纯函数和对数

人们知道，对数学分析的进步贡献很大的微分学是建立在微分系数，即函数的导数的基础之上的。当变量 x 增加一个无穷小量 ε，函数 $f(x)$ 也增加了一个与 ε 成比例的无穷小量，那么这个增量 ε 的有限系数即被称为这个函数的导数，当 $f(x)$ 趋于无穷大时，如果考虑自变量 x 在某个值 x_1 处，给它一个增量 ε，那么 $f(x_1 + \varepsilon)$ 将会随着 ε 的幂次增加。此函数展开的第一项为 ε 的负幂。其中一个包含 $\dfrac{1}{\varepsilon}$，且它具有有限系数，称其为变量 x 在特定值 x_1 处函数 $f(x)$ 的留数。这种留数在一些代数学的分支和无穷小量的分析中会自然产生。对于它们的研究为数学提供了新的方法，这些方法很简单且适用于多种问题，进而还产生了很多使数学家感兴趣的新公式。

A. L. Cauchy，1826

本章主要讨论亚纯函数的概念、性质及应用，复对数的相关概念及它为研究问题带来的方便。

为了研究亚纯函数，首先给出零点、极点以及奇点的概念。黎曼的研究已经证实，存在一般性原理：解析函数可以由它的奇点表征。也就是说，全局解析函数由它的零元定义，亚纯函数由它的零元和极点定义都是"有效的"。只是，这个一般性原理不能由公式精确地表示出来，只能给出几个重要的例子。

本章就从奇点入手，特别是全纯函数可能具有的不同类型的奇点（"孤立"奇点）。严格地说，奇点类型分为：

- 可去奇点
- 极点
- 本性奇点

第一种类型的奇点顾名思义是可去的，函数在可去奇点处可以延拓成全纯的，不会对函数性质造成不好的影响。第三种奇点函数会振荡并且会比任何乘方增长更快，这种现象很难完全理解．第二种类型的极点，对它的分析更加直接，可以跟后面会出现的留数计算结合起来．

已知，根据柯西定理，f 是定义在开集上的全纯函数，此开集包含闭曲线 γ 及其内部，那么

$$\int_\gamma f(z)\,\mathrm{d}z = 0 .$$

问题是：如果函数 f 在曲线 γ 的内部存在极点，结论该如何呢？为了回答这个问题，考虑这个例子，$f(z)=1/z$，如果 C 是以 0 为中心的圆周（取正方向），那么

$$\int_C \frac{\mathrm{d}z}{z} = 2\pi\mathrm{i}.$$

这是留数计算的关键因素．

51

当考虑具有奇点的全纯函数的积分时，一个新的问题就出现了．作为基本的例子 $f(z)=1/z$，原函数（此例子的原函数就是对数函数）可能不是单值的，且对我们研究的许多学科来说，理解这种现象是很重要的．这种多值性正印证了"辐角原理"．利用这个原则可以计算全纯函数在曲线内部的零元的个数．由此可以得到一个简单推论，关于全纯函数的一个重要的几何性质：全纯函数是开映射．因此，容易得到全纯函数的另一个重要特征，极大值原理．

为了研究对数，抓住它的多值性，我们引入曲线同伦和单连通的概念．因为在单连通的开集中，可以定义对数函数的单值分支，这就解决了多值性的问题．

本章最后又简单介绍了傅里叶级数和调和函数，为后面的研究做些铺垫．我们主要讨论了定义在圆周上的傅里叶级数和圆盘上的全纯函数的幂级数展开之间所存在的简单而直接的关系，而全纯函数的实部就是调和函数，事实上，就是研究傅里叶级数与调和函数之间的关系．

1 零点和极点

根据定义，函数 f 的奇点是指，复数 z_0 使得函数在 z_0 的去心邻域内有定义，而在 z_0 点处没有定义．也可以称这样的点为孤立奇点．例如，如果函数 f 在有孔平面上定义为 $f(z)=z$，那么原点就是它的奇点．当然，在这个例子中，我们可以将函数 f 在零点定义为 $f(0)=0$，因此函数就被延拓成连续的，而且还是整的．也就是说，奇点被消除了．（这种类型的奇点称为可去奇点）．再如，更有趣的是定义在有孔平面上的函数 $g(z)=1/z$．很显然，在零点函数 g 不能延拓成连续的，更不能变成全纯的．事实上，当 z 逼近于 0 时，$g(z)$ 是趋于无穷大的，此时称原点为极点．最后，定义在有孔平面上的函数 $h(z)=\mathrm{e}^{1/z}$，此时可去奇点和极点就不能完全说明问题了．事实上，当 z 从正实轴方向趋于 0 时 $h(z)$ 趋于无穷，当 z 从负实轴方向趋于 0 时 $h(z)$ 趋于 0．当 z 从虚轴上趋于 0 时 $h(z)$ 强烈振动，但仍然是有界的．这是所谓的本性奇点．

因为奇点的产生通常源于分数的分母趋于 0，所以我们就首先对全纯函数的零元进行局部研究.

如果全纯函数在点 z_0 处满足 $f(z_0)=0$，称复数 z_0 为全纯函数的零元. 特别地，研究表明，非平凡全纯函数的零点就是孤立的. 换句话说，如果函数 f 在 Ω 上是全纯的，且对某点 $z_0 \in \Omega$ 满足 $f(z_0)=0$，那么存在 z_0 的开邻域 U 使得函数当 $z \in U - \{z_0\}$ 时满足 $f(z) \neq 0$（除非 f 恒等于零）. 下面就开始对全纯函数在零元附近进行局部描述.

定理 1.1　假设函数 f 在连通的开集 Ω 上是全纯的，$z_0 \in \Omega$ 是它的零元，并且 f 在 Ω 上不恒等于 0. 那么存在 z_0 的邻域 $U \subset \Omega$ 和定义在 U 上的非零函数 g，同时存在唯一的正整数 n，使得对所有的 $z \in U$，有

$$f(z)=(z-z_0)^n g(z).$$

证明　因为 Ω 是连通的，并且 f 不恒等于零，推出 f 在 z_0 的某个邻域内不恒等于零. 在一个以 z_0 为中心的小圆盘内，函数 f 可以展成幂级数，即

$$f(z)=\sum_{k=0}^{+\infty} a_k (z-z_0)^k.$$

因为 f 在 z_0 附近不等于零，存在最小的正整数 n，使得 $a_n \neq 0$. 那么，可以写成

$$f(z)=(z-z_0)^n [a_n + a_{n+1}(z-z_0)+\cdots]=(z-z_0)^n g(z),$$

其中，g 表示上式中括号中的级数，因此它是全纯的，并且不管 z 多么接近 z_0，g 都不会为零（因为 $a_n \neq 0$）. 要证明整数 n 的唯一性，假设

$$f(z)=(z-z_0)^n g(z)=(z-z_0)^m h(z),$$

其中，$h(z_0) \neq 0$. 如果 $m > n$，那么，两边除以 $(z-z_0)^n$ 得

$$g(z)=(z-z_0)^{m-n} h(z),$$

因此令 $z \rightarrow z_0$ 则 $g(z_0)=0$，显然矛盾. 如果 $m < n$，类似地就能得到 $h(z_0)=0$，也矛盾. 所以推出 $m=n$，因此 $h=g$，定理得证.

上面定理中的情况，我们称 f 在 z_0 点具有 n 阶零元（或者称为 n 重的）. 如果这个零元是一阶的，称之为单的. 在数量上，阶数可以描述函数趋于零的速度.

上述理论的重要性就在于，它可以准确地描述函数 $1/f$ 在点 z_0 处奇点的类型.

为此，定义 z_0 的去心邻域：以 z_0 为中心的开圆盘再去掉中心 z_0，也就是集合

$$\{z: 0 < |z-z_0| < r\},$$

其中 $r > 0$. 如果函数 $1/f$ 以 z_0 为零元，并且在 z_0 的邻域中是全纯的，那么 z_0 点是函数 f 的极点.

定理 1.2　如果 $z_0 \in \Omega$ 是 f 的极点，那么在 z_0 的某邻域中存在非零的全纯函数 h 和唯一的正整数 n 使得

$$f(z)=(z-z_0)^{-n} h(z).$$

证明　根据前面的理论，在 z_0 点的某邻域内存在非零的全纯函数 $g(z)$ 使得

$1/f(z)=(z-z_0)^n g(z)$，因此 $h(z)=1/g(z)$.

整数 n 称为极点的阶（或称为重数），可以描述函数在 z_0 点附近增长的速度. 如果极点是一阶的，称为单的.

下面的定理用到幂级数展开，只要存在负阶的项，就存在极点.

定理 1.3　如果 z_0 点是函数 f 的 n 阶极点，那么

$$f(z)=\frac{a_{-n}}{(z-z_0)^n}+\frac{a_{-n+1}}{(z-z_0)^{n-1}}+\cdots+\frac{a_{-1}}{(z-z_0)}+G(z),\tag{1}$$

其中，G 是定义在 z_0 的某邻域中的全纯函数.

证明　下面的证明来自前面定理中的乘性表现. 事实上，函数 h 可以展成幂级数

$$h(z)=A_0+A_1(z-z_0)+\cdots,$$

使得

$$f(z)=(z-z_0)^{-n}(A_0+A_1(z-z_0)+\cdots)$$

$$=\frac{a_{-n}}{(z-z_0)^n}+\frac{a_{-n+1}}{(z-z_0)^{n-1}}+\cdots+\frac{a_{-1}}{(z-z_0)}+G(z)$$

其中

$$\frac{a_{-n}}{(z-z_0)^n}+\frac{a_{-n+1}}{(z-z_0)^{n-1}}+\cdots+\frac{a_{-1}}{(z-z_0)}$$

被称为函数 f 在极点 z_0 处的主部，系数 a_{-1} 为函数 f 在该极点处的留数，记为 $\text{res}_{z_0}f=a_{-1}$. 留数很重要，因为主部中的其他项的阶都大于 1，在 z_0 的去心邻域中具有原函数. 因此，如果 $P(z)$ 表示上面说的主部，C 是任意以 z_0 为中心的圆周，那么

$$\frac{1}{2\pi i}\int_C P(z)\,dz=a_{-1}.$$

关于留数点的重要性将在下一节留数公式中介绍.

据我们所知，在很多例子中，积分估值问题会简化成留数计算问题. 例如，如果函数 f 在 z_0 点具有单极点，那么显然

$$\text{res}_{z_0}f=\lim_{z\to z_0}(z-z_0)f(z).$$

如果这个极点是更高阶的，也有类似的公式.

定理 1.4　如果 f 在 z_0 点具有 n 阶极点，那么

$$\text{res}_{z_0}f=\lim_{z\to z_0}\frac{1}{(n-1)!}\left(\frac{d}{dz}\right)^{n-1}(z-z_0)^n f(z).$$

这个定理只是式（1）的推论，它意味着

$$(z-z_0)^n f(z)=a_{-n}+a_{-n+1}(z-z_0)+\cdots+a_{-1}(z-z_0)^{n-1}+G(z)(z-z_0)^n.$$

2　留数公式

下面讨论很重要的留数公式. 我们的方法与上章讨论柯西定理的时候所用的方法相同：先考虑圆周周线的特例，它的内部就是个圆盘，这是容易讨论的情况. 然后再讨论更一般的周线及其内部.

定理 2.1　假设函数 f 在包含圆周 C 及其内部的开集中，除了极点 z_0 外，是全纯的. 那么

$$\int_C f(z)\,\mathrm{d}z = 2\pi\mathrm{i}\,\mathrm{res}_{z_0} f.$$

54

证明　这里也要用到锁眼周线来消除极点，令走廊的宽度趋于零，那么

$$\int_C f(z)\,\mathrm{d}z = \int_{C_\varepsilon} f(z)\,\mathrm{d}z,$$

其中，C_ε 是以 z_0 为中心，ε 为半径的小圆周.

注意到，根据柯西积分公式（上一章的定理 4.1）将其应用到常函数 $f = a_{-1}$ 上，很容易推出

$$\frac{1}{2\pi\mathrm{i}}\int_{C_\varepsilon} \frac{a_{-1}}{z - z_0}\,\mathrm{d}z = a_{-1}.$$

类似地，当 $k > 1$ 时，应用相应的求导公式（上一章的推论 4.2）得

$$\frac{1}{2\pi\mathrm{i}}\int_{C_\varepsilon} \frac{a_{-k}}{(z - z_0)^k}\,\mathrm{d}z = 0.$$

但是，在 z_0 的邻域中

$$f(z) = \frac{a_{-n}}{(z - z_0)^n} + \frac{a_{-n+1}}{(z - z_0)^{n-1}} + \cdots + \frac{a_{-1}}{(z - z_0)} + G(z),$$

其中，G 是全纯的. 根据柯西定理，$\int_{C_\varepsilon} G(z)\,\mathrm{d}z = 0$，因此 $\int_{C_\varepsilon} f(z)\,\mathrm{d}z = a_{-1}$. 定理证毕.

这个定理也可以推广到圆周周线内包含有限个极点的情况，也可推广到其他类型的周线的情况.

推论 2.2　假设函数 f 在包含圆周 C 及其内部的开集中，除了极点 $z_1, \cdots, z_N$ 外，是全纯的. 那么

$$\int_C f(z)\,\mathrm{d}z = 2\pi\mathrm{i} \sum_{k=1}^{N} \mathrm{res}_{z_k} f.$$

为了证明，考虑多锁眼周线，形成回路，从而消除每一个极点. 令走廊的宽度趋于零. 取极限时，大圆周上的积分等于所有小圆周上的积分之和，根据定理 2.1 即可证明.

推论 2.3　假设函数 f 在包含周线 γ 及其内部的开集中，除了极点 $z_1, \cdots, z_N$ 外，是全纯的. 那么

$$\int_{\gamma} f(z)\,\mathrm{d}z = 2\pi\mathrm{i}\sum_{k=1}^{N}\operatorname{res}_{z_k} f.$$

其中周线 γ 取正向.

定理的证明需要根据所给周线 γ 选择对应的锁眼形状，由此，应用定理 2.1 可以简化绕着极点的锁眼上的积分.

等式 $\int_{\gamma} f(z)\,\mathrm{d}z = 2\pi\mathrm{i}\sum_{k=1}^{N}\operatorname{res}_{z_k} f$ 就是留数公式.

2.1   例子

留数计算是计算大量积分的有力工具. 在下面给出的例子中，计算了三个形如

$$\int_{-\infty}^{+\infty} f(x)\,\mathrm{d}x$$

的反常黎曼积分. 主要方法是将函数 f 延拓到整个复平面上，然后选择一类周线 γ_R 使得

$$\lim_{R\to +\infty}\int_{\gamma_R} f(z)\,\mathrm{d}z = \int_{-\infty}^{+\infty} f(x)\,\mathrm{d}x.$$

通过计算 f 在其极点处的留数，很容易计算出 $\int_{\gamma_R} f(z)\,\mathrm{d}z$. 关键问题就是找到这样的周线 γ_R 使上面的极限成立. 并且，γ_R 的选择是根据函数 f 的衰变行为产生的.

例1   首先，应用周线积分证明：

$$\int_{-\infty}^{+\infty} \frac{\mathrm{d}x}{1+x^2} = \pi. \tag{2}$$

注意到，如果我们进行变量代换 $x \mapsto x/y$，那么

$$\frac{1}{\pi}\int_{-\infty}^{+\infty} \frac{y\,\mathrm{d}x}{y^2+x^2} = \int_{-\infty}^{+\infty} P_y(x)\,\mathrm{d}x.$$

换句话说，根据公式（2），对任意的 $y>0$, 泊松核 $P_y(x)$ 的积分等于 1. 根据第一册第 5 章的引理 2.5 很容易证明，这是因为函数 $1/(1+x^2)$ 是函数 $\arctan x$ 的导函数. 这里，我们给出一个留数计算，它为式（2）的证明提供了另一种方法.

考虑函数

$$f(z) = \frac{1}{1+z^2},$$

这个函数除了单极点 i 和 $-\mathrm{i}$ 外，它在整个复平面上都是全纯的. 并且，我们选择的周线 γ_R 如图 1 所示. 周线由定义在实轴上的线段 $[-R, R]$ 和以原点为中心的上半圆周组成. 因为上面的函数可以写成

$$f(z) = \frac{1}{(z-\mathrm{i})(z+\mathrm{i})},$$

函数 f 在点 i 处的留数就是 $1/2\mathrm{i}$. 因此，如果 R 足够大，就有

$$\int_{\gamma_R} f(z)\,\mathrm{d}z = \frac{2\pi\mathrm{i}}{2\mathrm{i}} = \pi.$$

如果记 C_R^+ 为以 R 为半径的上半圆周，那么

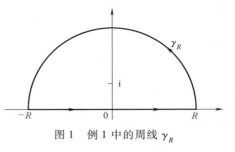

$$\left|\int_{C_R^+} f(z)\,\mathrm{d}z\right| \leqslant \pi R\,\frac{B}{R^2} \leqslant \frac{M}{R},$$

其中，当 $z \in C_R^+$ 而且 R 很大时，我们已知 $|f(z)| \leqslant B/|z|^2$. 因此当 $R \to +\infty$ 时，积分趋于 0. 因此，取极限就得到

图 1　例 1 中的周线 γ_R

$$\int_{-\infty}^{+\infty} f(x)\,\mathrm{d}x = \pi,$$

证毕. 注意到，在这个例子中，关于我们选的上半圆周并没什么特殊性. 若取下半圆周也可以类似地计算，其他的极点和留数也类似可得.

　　例 2　下面这个积分在第 6 章中非常重要.

$$\int_{-\infty}^{+\infty} \frac{\mathrm{e}^{ax}}{1+\mathrm{e}^x}\mathrm{d}x = \frac{\pi}{\sin\pi a} \quad (0 < a < 1).$$

　　为了证明这个公式，令 $f(z) = \mathrm{e}^{az}/(1+\mathrm{e}^z)$，考虑位于上半平面的矩形周线，其底边在实轴上从 $-R$ 到 R，其宽度为 2π，如图 2 所示.

　　在矩形周线 γ_R 的内部使得函数 f 的分母为零的唯一点是 $z = \pi\mathrm{i}$. 为了计算函数 f 在这一点的留数，首先记

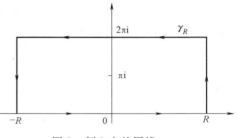

$$(z - \pi\mathrm{i})f(z) = \mathrm{e}^{az}\frac{z - \pi\mathrm{i}}{1+\mathrm{e}^z} = \mathrm{e}^{az}\frac{z - \pi\mathrm{i}}{\mathrm{e}^z - \mathrm{e}^{\pi\mathrm{i}}}.$$

因为，e^z 是它自己的导数，所以上式中等式右边的差商的倒数的极限为

图 2　例 2 中的周线 γ_R

$$\lim_{z \to \pi\mathrm{i}} \frac{\mathrm{e}^z - \mathrm{e}^{\pi\mathrm{i}}}{z - \pi\mathrm{i}} = \mathrm{e}^{\pi\mathrm{i}} = -1,$$

因此函数 f 在单极点 $\pi\mathrm{i}$ 处的留数为

$$\operatorname{res}_{\pi\mathrm{i}} f = -\mathrm{e}^{a\pi\mathrm{i}}.$$

作为一个推论，留数公式为

$$\int_{\gamma_R} f = -2\pi\mathrm{i}\mathrm{e}^{a\pi\mathrm{i}}. \tag{3}$$

接下来我们研究函数 f 在矩形的每个边上的积分. 令 I_R 表示积分

$$\int_{-R}^{R} f(x)\,\mathrm{d}x,$$

并且 I 表示当 $R \to +\infty$ 时，I_R 的极限值. 那么很明显，f 在矩形上面的横边（方向是从右向左）上的积分为

$$- e^{2\pi ia} I_R.$$

最后，如果 $A_R = \{R + it \mid 0 \leqslant t \leqslant 2\pi\}$ 表示矩形靠右的垂直边，那么

$$\left| \int_{A_R} f \right| \leqslant \int_0^{2\pi} \left| \frac{e^{a(R+it)}}{1 + e^{R+it}} \right| \mathrm{d}t \leqslant C e^{(a-1)R},$$

并且，因为 $a > 0$，所以它以 Ce^{-aR} 为界，又因为 $a < 1$，所以当 $R \to +\infty$ 时积分趋于 0，因此，当 R 趋于无穷时取极限，等式（3）满足

$$I - e^{2\pi ia} I = -2\pi i e^{a\pi i},$$

由此推出

$$I = -2\pi i \frac{e^{a\pi i}}{1 - e^{2\pi ia}}$$

$$= \frac{2\pi i}{e^{\pi ia} - e^{-\pi ia}}$$

$$= \frac{\pi}{\sin \pi a},$$

这样例 2 就计算完成了.

例 3 计算另一个傅里叶变换，

$$\int_{-\infty}^{+\infty} \frac{e^{-2\pi i x\xi}}{\cosh \pi x} \mathrm{d}x = \frac{1}{\cosh \pi \xi},$$

其中，

$$\cosh z = \frac{e^z + e^{-z}}{2}.$$

也就是说，函数 $1/\cosh \pi x$ 是它自己的傅里叶变换，此性质函数 $e^{-\pi x^2}$ 也具有（见第 2 章中的例 1）. 因此应用如图 3 所示的矩形周线 γ_R，令其宽度趋于无穷，但高度固定.

对于取定的 $\xi \in \mathbf{R}$（实数集），令

$$f(z) = \frac{e^{-2\pi i z\xi}}{\cosh \pi z},$$

并注意到当 $e^{\pi z} = -e^{-\pi z}$ 时，也就是当 $e^{2\pi z} = -1$ 时，函数 f 的分母为零. 换句话说，矩形周线中函数 f 的极点为 $\alpha = i/2$ 和 $\beta = 3i/2$. 为了计算函数 f 在点 α 处的留数，记

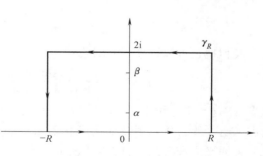

图 3 例 3 中的周线 γ_R

$$(z - \alpha) f(z) = e^{2\pi i z\xi} \frac{2(z - \alpha)}{e^{\pi z} + e^{-\pi z}}$$

$$= 2 e^{-2\pi i z\xi} e^{\pi z} \frac{(z - \alpha)}{e^{2\pi z} - e^{2\pi \alpha}}.$$

已知，上式右边的差商的倒数就是函数 $e^{2\pi z}$ 在 $z = \alpha$ 处的值. 因此，

$$\lim_{z \to \alpha} (z - \alpha) f(z) = 2e^{-2\pi i \alpha \xi} e^{\pi \alpha} \frac{1}{2\pi e^{2\pi \alpha}} = \frac{e^{\pi \xi}}{\pi i},$$

这就证明了函数 f 在单极点 α 处的留数为 $e^{\pi \xi}/(\pi i)$. 类似地，可以求出函数 f 在单极点 β 处的留数为 $-e^{3\pi \xi}/(\pi i)$.

可以证明当 R 趋于无穷大时，函数 f 在垂直边上的积分趋于零. 事实上，如果 $z = R + iy, 0 \leqslant y \leqslant 2$，那么

$$|e^{-2\pi i z \xi}| \leqslant e^{4\pi |\xi|},$$

并且，

$$|\cosh \pi z| = \left| \frac{e^{\pi z} + e^{-\pi z}}{2} \right|$$

$$\geqslant \frac{1}{2} \left| |e^{\pi z}| - |e^{-\pi z}| \right|$$

$$\geqslant \frac{1}{2} (e^{\pi R} - e^{-\pi R})$$

$$\to +\infty \quad (\text{当 } R \to +\infty)$$

这就证明了当 $R \to +\infty$ 时，在矩形右侧垂直边上的积分趋于 0. 类似地也可以证明当 $R \to +\infty$ 时，在矩形左侧垂直边上的积分也趋于 0. 最后，如果 I 表示我们想要计算的积分，那么函数在矩形的顶边上的积分就等于 $-e^{4\pi \xi} I$，这里用到了函数 $\cosh \pi \zeta$ 的周期为 2i. 当 R 趋于无穷时取极限，留数公式为

$$I - e^{4\pi \xi} I = 2\pi i \left(\frac{e^{\pi \xi}}{\pi i} - \frac{e^{3\pi \xi}}{\pi i} \right)$$

$$= -2e^{2\pi \xi} (e^{\pi \xi} - e^{-\pi \xi}),$$

并且，因为 $1 - e^{4\pi \xi} = -e^{2\pi \xi} (e^{2\pi \xi} - e^{-2\pi \xi})$，我们发现

$$I = 2 \frac{e^{\pi \xi} - e^{-\pi \xi}}{e^{2\pi \xi} - e^{-2\pi \xi}} = 2 \frac{e^{\pi \xi} - e^{-\pi \xi}}{(e^{\pi \xi} - e^{-\pi \xi})(e^{\pi \xi} + e^{-\pi \xi})} = \frac{2}{e^{\pi \xi} + e^{-\pi \xi}} = \frac{1}{\cosh \pi \xi}.$$

类似地也可以计算下面的公式，

$$\int_{-\infty}^{+\infty} e^{-2\pi i x \xi} \frac{\sin \pi a}{\cosh \pi x + \cos \pi a} dx = \frac{2 \sinh 2\pi a \xi}{\sinh 2\pi \xi},$$

只要 $0 < a < 1$，且其中 $\sinh z = (e^z - e^{-z})/2$. 我们已经证明了上式中当 $a = 1/2$ 的情况. 这个等式可以用来证明带状泊松核的外推公式（见第一册第 5 章问题 3），或者证明平方和公式，将在第 10 章介绍.

3　奇异性与亚纯函数

前面的第一小节我们已经介绍了函数在极点附近的解析性质. 这一小节，我们将注意力转移到其他类型的孤立奇点上.

令函数 f 在开集 Ω 上除了点 z_0 处没定义之外是全纯的，如果重新定义函数 f 在

z_0 处的值，使它在整个 Ω 上都是全纯的，称奇点 z_0 为函数 f 的可去奇点.

定理 3.1（可去奇点处的黎曼定理） 假设函数 f 在开集 Ω 上除了点 z_0 处没定义之外是全纯的，如果函数 f 在 $\Omega-\{z_0\}$ 上是有界的，那么 z_0 是 f 的可去奇点.

证明 因为这是个局部问题，只要我们考虑以 z_0 为中心的小圆盘 D，其中圆盘 D 的闭包包含在 Ω 中. 令 C 表示圆盘 D 的边界圆周线并取正方向（顺时针方向）. 我们将证明，如果 $z \in D$ 并且 $z \neq z_0$，那么在定理的假设条件下有

$$f(z) = \frac{1}{2\pi i} \int_C \frac{f(\zeta)}{\zeta - z} \mathrm{d}\zeta. \qquad (4)$$

根据上一章定理 5.4 的应用就能证明，式（4）右边的积分，当 $z \neq z_0$ 时，定义了 D 上的全纯函数. 因此，定理得证.

为了证明式（4），取定 $z \in D$ 并且 $z \neq z_0$，应用如图 4 所示的周线类型.

多锁眼去掉了两个点 z 和 z_0. 将走廊的边封闭，最终相互交迭，取极限时积分相互抵消：

$$\int_C \frac{f(\zeta)}{\zeta - z} \mathrm{d}\zeta + \int_{\gamma_\varepsilon} \frac{f(\zeta)}{\zeta - z} \mathrm{d}\zeta + \int_{\gamma'_\varepsilon} \frac{f(\zeta)}{\zeta - z} \mathrm{d}\zeta = 0,$$

其中，γ_ε 和 γ'_ε 分别表示以 z 和 z_0 为中心，ε 为半径的两个小圆周，并取负方向. 根据第 2 章第 4 小节柯西积分公式的证明，我们发现

$$\int_{\gamma_\varepsilon} \frac{f(\zeta)}{\zeta - z} \mathrm{d}\zeta = -2\pi i f(z).$$

对于第二个积分，我们假设 f 是有界的，并且，因为 ε 很小，ζ 远离 z，因此，

$$\left| \int_{\gamma'_\varepsilon} \frac{f(\zeta)}{\zeta - z} \mathrm{d}\zeta \right| \leqslant C\varepsilon.$$

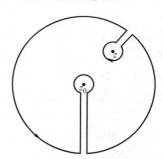

图 4 黎曼定理证明中的
多锁眼周线

令 ε 趋于 0 就能证明了.

令人惊讶的是，黎曼定理可以根据函数在奇点的某邻域内的一些表现来推导极点的特征.

推论 3.2 假设 z_0 是函数 f 的孤立奇点. 那么 z_0 是 f 的极点当且仅当 $z \to z_0$ 时 $|f(z)| \to +\infty$.

证明 如果 z_0 是极点，那么 z_0 就是函数 $1/f$ 的零点，因此，当 $z \to z_0$ 时 $|f(z)| \to +\infty$. 反之，假设当 $z \to z_0$ 时 $|f(z)| \to +\infty$，那么函数 $1/f$ 在 z_0 附近有界. $1/|f(z)| \to 0$. 因此，z_0 点是 $1/f$ 的可去奇点，因此称 z_0 为极点.

孤立奇点分为三类：

- 可去奇点（f 在 z_0 附近有界）
- 极点（当 $z \to z_0$ 时，$|f(z)| \to +\infty$）
- 本性奇点.

通常，只要奇点既不是可去奇点，又不是极点，那就定义为本性奇点. 例如，开始

第 1 小节讨论的函数 $e^{1/z}$ 在 $z=0$ 处是本性奇点. 我们已经观察到了函数在原点附近的这种本性. 全纯函数在可去奇点和极点处的表现是可控的, 但全纯函数在本性奇点附近却不同, 它的不规律性正是其典型特征. 下面的定理正说明这一点.

定理 3. 3 （Casorati-Weierstrass） 假设函数 f 在有孔圆盘 $D_r(z_0)-\{z_0\}$ 内是全纯的, 并且 z_0 点是它的本性奇点. 那么, 有孔圆盘 $D_r(z_0)-\{z_0\}$ 在函数 f 下的象在复平面上稠密.

证明 用反证法证明. 假设有孔圆盘 $D_r(z_0)-\{z_0\}$ 在函数 f 下的象不是稠密的, 那么存在 $w \in \mathbf{C}$ 和 $\delta > 0$ 使得对任意的 $z \in D_r(z_0)-\{z_0\}$ 都有

$$|f(z)-w| > \delta,$$

因此, 在 $D_r(z_0)-\{z_0\}$ 上定义一个新的函数

$$g(z) = \frac{1}{f(z)-w},$$

它是有孔圆盘上的全纯函数, 并且以 $1/\delta$ 为界. 因此根据定理 3.1, 点 z_0 是函数 g 的可去奇点. 如果 $g(z_0) \neq 0$, 那么函数 $f(z)-w$ 在点 z_0 处是全纯的, 这与原假设 z_0 是本性奇点矛盾. 又如果假设 $g(z_0)=0$, 那么函数 $f(z)-w$ 在点 z_0 处有极点, 这也与 z_0 是本性奇点矛盾. 这样证明就完全了.

事实上, Picard 证明了一个有力的结果. 他证明了在上述定理的假设下, 函数 f 可以取到每一个复值无穷多次, 至多有一个例外. 尽管我们不会证明这个重要的结论, 但是, 在后面的章节研究整函数时会给出简单的解释. 见第 5 章练习 11.

现在来讨论仅有唯一类型的孤立奇点——极点的函数. 函数 f 在开集 Ω 上是亚纯的, 即如果存在点列 $\{z_0, z_1, z_2, \cdots\}$ 在 Ω 上没有极限点, 并使得

（ⅰ） 函数 f 在 $\Omega - \{z_0, z_1, z_2, \cdots\}$ 上是全纯的;

（ⅱ） $\{z_0, z_1, z_2, \cdots\}$ 是函数 f 的极点.

在延拓的复平面上讨论函数是亚纯的也是很有用的. 如果当 z 很大之后函数是全纯的, 可以根据前面已经归类出来的三种极点特征来描述它在无穷远处的表现. 因此, 如果当 z 很大之后函数 f 是全纯的, 我们考虑 $F(z)=f(1/z)$, 则 F 在原点的去心邻域内是全纯的. 如果 F 在原点有极点, 那么说函数 f 在无穷大有极点. 类似地, 如果说 F 在原点有本性奇点或可去奇点, 则说函数 f 在无穷大有本性奇点或可去奇点. 定义在复平面上的亚纯函数当其满足在无穷大处是全纯的或者在无穷大处有极点时, 称函数在延拓的复平面上是全纯的.

此时, 回顾本章开始提到的定理, 能够给出它最简单的形式.

定理 3. 4 在延拓的复平面上的全纯函数是有理函数.

证明 假设在延拓的平面上函数 f 是全纯的. 那么函数 $f(1/z)$ 在原点或者有极点或者有可去奇点, 并且任何一个情况都能说明函数在原点的去心邻域内是全纯的. 因此, 函数 f 在平面上至多有有限个极点, 记为 $z_1, \cdots, z_n$. 用到的方法就是在极点处（包括无穷远处的）减去函数 f 的主要部分. 在每一个极点 $z_k \in \mathbf{C}$ 处可以

写成

$$f(z) = f_k(z) + g_k(z),$$

其中 $f_k(z)$ 是 f 在点 z_k 处的主要部分，并且 g_k 在 z_k 的整个邻域内是全纯的. 特别地，f_k 是关于 $1/(z-z_k)$ 的多项式. 类似地可记

$$f(1/z) = \widetilde{f}_\infty(z) + \widetilde{g}_\infty(z),$$

其中 $\widetilde{g}_\infty$ 在原点的邻域内是全纯的，$\widetilde{f}_\infty$ 是函数 $f(1/z)$ 在 0 点处的主要部分，因此它是 $1/z$ 的多项式. 最后，令 $f_\infty(z) = \widetilde{f}_\infty(1/z)$.

我们断言函数 $H = f - f_\infty - \sum_{k=1}^{n} f_k$ 是整函数并且有界. 事实上，在极点 z_k 附近减去函数 f 的主要部分，使得函数 H 在这个地方具有可去奇点. 并且，$H(1/z)$ 在 $z = 0$ 附近有界，因为我们减去了在 ∞ 处的极点的主要部分. 这样就证明了我们的论点，并且根据 Liouville 定理可以推出 H 是常数. 根据 H 的定义，函数 f 是有理函数，定理证毕.

注意到，作为一个推论，有理函数可以定义为描述了零点和极点的位置和重数再加上一个常数的函数.

黎曼球面

延拓的复平面，包括复数集 **C** 和无穷大点，它有一个很方便的几何解释，接下来对此进行简要讨论.

考虑欧几里得空间 $\mathbf{R}^3$，空间中的坐标为 (X, Y, Z)，其中 XY-平面就表示的是复数集 **C**. 我们记以点 $(0, 0, 1/2)$ 为球心，$1/2$ 为半径的球为 S；此球的直径为一个单位，它的一个顶点在复平面上的原点处，如图 5 所示. 并且，我们令 $N = (0, 0, 1)$ 为球的北极.

给定球面 S 上的点 $W = (X, Y, Z)$，且此点异于北极点，连接点 N 和 W 的直线与 XY-平面相交于唯一的一点，这一点记为 $w = x + \mathrm{i}y$；点 w 称为 W 的投影点（见图 5）. 反过来，任给复数集 **C** 上的一点 w，北极点 N 和点 $w = (x, y, 0)$ 的连线与球相交于异于北极点 N 的唯一一点，称此点为 W. 这个几何

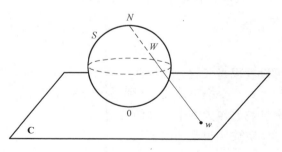

图 5　黎曼球 S 和投影

解释给出了一个关于有孔球面 S-$\{N\}$ 和复平面上的点的双射，这个双射的解析描述为：根据 W 表示 w 为

$$x = \frac{X}{1-Z}, \quad y = \frac{Y}{1-Z},$$

用 w 表示 W

$$X = \frac{x}{x^2 + y^2 + 1}, \quad Y = \frac{y}{x^2 + y^2 + 1}, \quad Z = \frac{x^2 + y^2}{x^2 + y^2 + 1}.$$

直观地看就是复平面可以覆盖在有孔球面 $S - \{N\}$ 之上.

随着点 w 在复平面上趋于无穷大（也就是 $|w| \to \infty$），对应着点 W 在球面上就无限靠近北极点 N. 简单地观察便可以看出，北极点 N 就是所谓的"无穷大点". 在球面 S 上定义北极点 N 为无穷大点，那么延拓的复平面就可以形象化为整个的二维球面 S，这就是黎曼球面. 因为这个解释使得只要无界集 $\mathbf{C}$ 上加一点就能映到紧集 S 上，黎曼球有时也称为复数集 $\mathbf{C}$ 的单点紧化.

这个解释的一个重要推论是：尽管球面上的无穷大点可以从复数集 $\mathbf{C}$ 中分离出来，需要得到特别的关注，但复数集 $\mathbf{C}$ 上的所有点都可以与球面 S 上的异于无穷大点的其他点一一对应起来. 特别是定义在延拓的复平面上的亚纯函数可以认为是球面 S 到它本身上的映射，其中极点的象在 S 上就成了容易处理的点，命名为北极点 N. 根据这些原因（还有其他的），黎曼球为复数集 $\mathbf{C}$ 的构成和亚纯函数定理提供了很好的几何解释.

4　辐角原理与应用

通过这一节的讨论，希望能对第 6 小节中对数的讨论有所帮助. 一般地，函数 $\log f(z)$ 是"多值的"，因为在集合 $f(z) \neq 0$ 中它不能被唯一定义. 虽然如此，但函数可以写成 $\log |f(z)| + \mathrm{i} \arg f(z)$，其中，$\log |f(z)|$ 是关于正数 $|f(z)|$ 的一个实变量的对数值（因此它是唯一确定的），只是 $\arg f(z)$ 需要讨论才能确定（它等于加上一个 2π 的整数倍）. 注意到，在任何情况下，函数 $\log f(z)$ 的导数都等于 $f'(z)/f(z)$，它是单值的，并且积分

$$\int_\gamma \frac{f'(z)}{f(z)} \mathrm{d}z$$

可以看成当变量 z 穿过曲线 γ 时，函数 f 的辐角的变换. 并且，假设曲线是封闭的，这个变换可以完全根据函数 f 在 γ 内部的零点和极点确定. 下面我们就推导这个结论，作为一个精确的定理.

首先，观察加法公式

$$\log(f_1 f_2) = \log f_1 + \log f_2,$$

此公式很一般，就是我们通常说的对数的性质，从这个加法公式中，可以想到函数相乘的导数公式. 观察下面的公式：

$$\frac{(f_1 f_2)'}{f_1 f_2} = \frac{f_1' f_2 + f_1 f_2'}{f_1 f_2} = \frac{f_1'}{f_1} + \frac{f_2'}{f_2},$$

更一般地可以推广为

$$\frac{\left(\prod\limits_{k=1}^{N} f_k\right)'}{\prod\limits_{k=1}^{N} f_k} = \sum_{k=1}^{N} \frac{f'_k}{f_k}.$$

下面我们就应用这个公式. 如果函数 f 是全纯的, 并且点 z_0 是它的 n 重零点, 我们可以写成

$$f(z) = (z - z_0)^n g(z),$$

其中 g 是全纯函数, 并且在 z_0 的邻域内无处为零, 因此,

$$\frac{f'(z)}{f(z)} = \frac{n}{z - z_0} + G(z),$$

其中 $G(z) = g'(z)/g(z)$. 得出结论是, 如果点 z_0 是函数 f 的 n 重零点, 那么 f'/f 在点 z_0 有单极点, 并且其留数为 n. 注意到, 类似的定理依然成立, 如果函数 f 在点 z_0 有 n 重极点, 也就是说, $f(z) = (z - z_0)^{-n} h(z)$, 那么

$$\frac{f'(z)}{f(z)} = \frac{-n}{z - z_0} + H(z).$$

因此, 如果函数 f 是亚纯的, 那么函数 f'/f 在 f 的零点和极点处有单极点, 其留数就等于 f 的零点的重数, 或 f 的极点阶数的负值. 作为结论, 关于留数公式的应用给出下面的定理.

定理 4.1（辐角原理） 假设函数 f 在包含圆周 C 及其内部的开集中是亚纯的, 如果函数 f 在圆周 C 上没有极点, 也没有零点, 那么

$$\frac{1}{2\pi i} \int_C \frac{f'(z)}{f(z)} dz = (f \text{ 在 } C \text{ 的内部零点的个数}) \text{ 减去 } (f \text{ 在 } C \text{ 的内部极点的个数}),$$

其中, 零点和极点按它们的重数计算.

推论 4.2 对于其他类型的周线, 上面的定理依然成立.

作为辐角原理的应用, 我们将证明三个感兴趣的定理. 首先是, Rouché 定理, 它是说全纯函数可以不改变零点的个数而进行细微扰动. 然后, 我们证明了开映射定理, 即全纯函数将开集映为开集, 这个重要性质是全纯函数的特有本性. 最后是最大模原理: 定义在开集 Ω 上的非常数全纯函数在 Ω 的内部不能获得它的最大值.

定理 4.3（Rouché 定理） 假设函数 f 和 g 都是定义在包含圆周 C 及其内部的开集上的全纯函数. 如果对所有的 $z \in C$ 有

$$|f(z)| > |g(z)|,$$

那么函数 f 和 $f + g$ 在圆周 C 的内部有相同的零点数.

证明 对 $t \in [0, 1]$ 定义

$$f_t(z) = f(z) + t g(z),$$

使得 $f_0 = f$ 且 $f_1 = f + g$. 令 n_t 表示函数 f_t 在圆周内部的零点个数（按重数计算）, 因此, n_t 是整数. 已知当 $z \in C$ 时, 满足 $|f(z)| > |g(z)|$, 从而知道 f_t 在圆周内没

有零点，并且根据辐角原理，可知

$$n_t = \frac{1}{2\pi i} \int_C \frac{f'_t(z)}{f_t(z)} dz.$$

要想证明 n_t 是常数，只要证明它是关于 t 的连续函数即可．用反证法，我们讨论如果 n_t 不是常数，根据介值定理，存在某个 $t_0 \in [0,1]$ 使得 n_{t_0} 不是整数，这与对所有的 t, $n_t \in \mathbf{Z}$ 矛盾．

为了证明 n_t 的连续性，观察到函数 $f'_t(z)/f_t(z)$ 对 $t \in [0,1]$ 和 $z \in C$ 是联合连续的．此联合连续性对它的分子和分母分别都成立，并且根据我们的假设条件，能保证 $f_t(z)$ 在圆周 C 上不等于零．因此，n_t 是整数值且是连续的，它一定是常数．只要令 $n_0 = n_1$，就是 Rouché 定理了．

下面，我们看全纯函数的一个很重要的几何性质，这个性质只有当把它们考虑成映射（复平面到复平面上的映射）的时候才能呈现出来．

如果映射是从开集映射到开集，那么此映射是开的．

定理 4.4（开映射定理）　如果 f 是定义在区域 Ω 上的全纯函数，且它不是常函数，那么 f 是开的．

证明　令 w_0 属于 f 的象，也就是说 $w_0 = f(z_0)$．我们证明所有 w_0 附近的点 w 也都是函数 f 的象．

定义 $g(z) = f(z) - w$ 并可以写成

$$g(z) = (f(z) - w_0) + (w_0 - w)$$
$$= F(z) + G(z).$$

现在选择 $\delta > 0$ 使得圆盘 $|z - z_0| \leqslant \delta$ 包含在 Ω 内，并且在圆周 $|z - z_0| = \delta$ 上 $f(z) \neq w_0$．然后我们选择 $\varepsilon > 0$ 使得在圆周 $|z - z_0| = \delta$ 上，$|f(z) - w_0| \geqslant \varepsilon$．现在如果 $|w - w_0| < \varepsilon$，在圆周 $|z - z_0| = \delta$ 上 $|F(z)| > |G(z)|$，并根据 Rouché 定理，因为 F 在圆周内有一个零点，我们推出 $g = F + G$ 在圆周内也只有一个零点．

下面的结论与全纯函数的大小有关．我们将涉及全纯函数 f 在开集 Ω 上的最大值与它的绝对值 $|f|$ 在 Ω 上的最大值一样．

定理 4.5（最大模原理）　如果 f 是定义在区域 Ω 上的非常数全纯函数，那么 f 在区域 Ω 上取不到最大值．

证明　用反证法，假设 f 在点 z_0 处获得了最大值．因为函数 f 是全纯的，它是一个开映射，因此，如果 $D \subset \Omega$ 是以 z_0 为中心的小圆盘，它的象 $f(D)$ 是开集，并且包含 $f(z_0)$．这就证明了存在点 $z \in D$ 使得 $|f(z)| > |f(z_0)|$，矛盾．

推论 4.6　假设区域 Ω 有紧闭包 $\overline{\Omega}$，如果函数 f 在 Ω 上是全纯的，并且在 $\overline{\Omega}$ 上连续，那么

$$\sup_{z \in \Omega} |f(z)| \leqslant \sup_{z \in \overline{\Omega} - \Omega} |f(z)|.$$

事实上，因为 $f(z)$ 在 $\overline{\Omega}$ 上连续，那么 $|f(z)|$ 在 $\overline{\Omega}$ 上可以获得最大值；如果 f

不是常函数，它在 Ω 上不能获得最大值. 如果 f 是常函数，那么推论也自然成立.

注意：假设 $\overline{\Omega}$ 是紧集（它是有界的）在推论中起着关键作用. 我们举个例子，第 4 章内容中将要用到. 令 Ω 是第一象限中的开集，以正实轴 $x \geqslant 0$ 和虚轴 $y \geqslant 0$ 为边界. 考虑函数 $F(z) = \mathrm{e}^{-\mathrm{i}z^2}$. 那么 F 是整的，并且在 $\overline{\Omega}$ 上是连续的. 虽然在边界线 $z = x$ 和 $z = \mathrm{i}y$ 上 $|F(z)| = 1$，但是 $F(z)$ 在 Ω 上是无界的，例如，如果 $z = r\sqrt{\mathrm{i}} = r\mathrm{e}^{\mathrm{i}\pi/4}$，$F(z) = \mathrm{e}^{r^2}$.

5 同伦和单连通区域

柯西定理的一般形式和多值函数分析的关键是了解一个给定的全纯函数在什么区域内可以定义原函数. 通过研究对数函数，知道对数函数就可以作为 $1/z$ 的原函数. 问题是，这不仅是个局部情况，而且还是全局的. 要解释这种情况，需要同伦的概念和单连通性的结论.

令 γ_0 和 γ_1 是开集 Ω 中具有相同的起止点的两条曲线. 因此 $\gamma_0(t)$ 和 $\gamma_1(t)$ 在区间 $[a,b]$ 上有两个参数化法，即

$$\gamma_0(a) = \gamma_1(a) = \alpha \text{ 和 } \gamma_0(b) = \gamma_1(b) = \beta.$$

这两条曲线在 Ω 上称为同伦的，即如果对任意 $0 \leqslant s \leqslant 1$，存在曲线 $\gamma_s \subset \Omega$，通过 $\gamma_s(t)$ 在区间 $[a,b]$ 上参数化法，使得对每一个 s 满足

$$\gamma_s(a) = \alpha \text{ 和 } \gamma_s(b) = \beta,$$

并对所有 $t \in [a,b]$ 满足

$$\gamma_s(t)\big|_{s=0} = \gamma_0(t) \text{ 和 } \gamma_s(t)\big|_{s=1} = \gamma_1(t).$$

并且，$\gamma_s(t)$ 在 $s \in [0,1]$ 和 $t \in [a,b]$ 上是联合连续的.

简单地说，两条曲线同伦是指，如果一条曲线可以通过连续地变换且不离开 Ω 而完全变成另一条曲线（见图 6）.

定理 5.1 如果函数 f 在 Ω 上是全纯的，那么

$$\int_{\gamma_0} f(z)\,\mathrm{d}z = \int_{\gamma_1} f(z)\,\mathrm{d}z,$$

其中两条曲线 γ_0 和 γ_1 在 Ω 上是同伦的.

证明 证明的关键在于两条曲线的选择，它们要具有相同的起止点，那么在这两条曲线上的积分就是相等的. 回忆定义，函数 $F(s,t) = \gamma_s(t)$ 在 $[0,1] \times [a,b]$ 上是连续的. 特别地，因为 F 的象，我们记为 K，是一个紧集，存在 $\varepsilon > 0$ 使得每

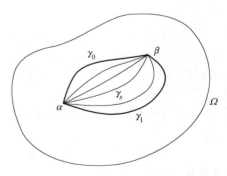

图 6 曲线的同伦

一个以 3ε 为半径，F 的象中的点为中心的圆盘完全包含在 Ω 内. 否则，对任意的 $\ell \geqslant 0$，存在点 $z_\ell \in K$ 和点 w_ℓ 属于 Ω 的余集，使得 $|z_\ell - w_\ell| < 1/\ell$. 根据 K 的紧性，

存在 $\{z_\ell\}$ 的子序列，记为 $\{z_{\ell_k}\}$，它收敛于点 $z \in K \subset \Omega$. 因此，我们也一定存在 $w_{\ell_k} \to z$，并且因为 $\{w_\ell\}$ 在 Ω 的余集中，Ω 的余集是闭的，所以有 $z \in \Omega^c$. 显然矛盾.

可以找到满足性质的 ε，根据 F 的一致收敛性，我们可以选择 δ 使得当 $|s_1 - s_2| < \delta$ 时，

$$\sup_{t \in [a,b]} |\gamma_{s_1}(t) - \gamma_{s_2}(t)| < \varepsilon.$$

确定 s_1 和 s_2 使得 $|s_1 - s_2| < \delta$. 然后我们选择以 2ε 为半径的圆盘 $\{D_0, \cdots, D_n\}$，并在 γ_{s_1} 上选择连续点 $\{z_0, \cdots, z_{n+1}\}$，在 γ_{s_2} 上选择连续点 $\{w_0, \cdots, w_{n+1}\}$，使得圆盘的并集覆盖这两条曲线，并且

$$z_i, z_{i+1}, w_i, w_{i+1} \in D_i.$$

这个情况如图 7 中所描述的.

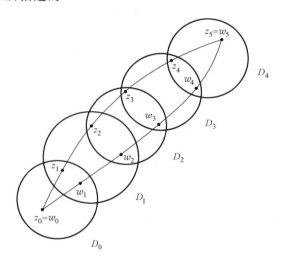

图 7　用圆盘覆盖两条邻近曲线

并且我们选择 $z_0 = w_0$ 作为两条曲线的起点，$z_{n+1} = w_{n+1}$ 作为两条曲线的终点. 在每一个圆盘 D_i 中，令 F_i 表示 f 的原函数（第 2 章中的定理 2.1）. 在 D_i 和 D_{i+1} 的交集中，F_i 和 F_{i+1} 是同一个函数的两个原函数，因此它们一定相差一个常数，记为 c_i. 因此，

$$F_{i+1}(z_{i+1}) - F_i(z_{i+1}) = F_{i+1}(w_{i+1}) - F_i(w_{i+1}),$$

并且，

$$F_{i+1}(z_{i+1}) - F_{i+1}(w_{i+1}) = F_i(z_{i+1}) - F_i(w_{i+1}). \tag{5}$$

这意味着

$$\int_{\gamma_{s_1}} f - \int_{\gamma_{s_2}} f = \sum_{i=0}^{n} [F_i(z_{i+1}) - F_i(z_i)] - \sum_{i=0}^{n} [F_i(w_{i+1}) - F_i(w_i)]$$

$$= \sum_{i=0}^{n} F_i(z_{i+1}) - F_i(w_{i+1}) - (F_i(z_i) - F_i(w_i))$$

$$= F_n(z_{n+1}) - F_n(w_{n+1}) - (F_0(z_0) - F_0(w_0)),$$

因为式（5）中间项都抵消掉了，就有了上面的等式．最后因为 γ_{s_1} 和 γ_{s_2} 有相同的起止点，我们就证明了

$$\int_{\gamma_{s_1}} f = \int_{\gamma_{s_2}} f.$$

通过将区间 $[0,1]$ 细分成区间长度小于 δ 的子区间 $[s_i, s_{i+1}]$，我们可以将上面的讨论连续应用有限多次，就变成了从 γ_0 到 γ_1 上的了．这样定理就得到了证明．

区域 Ω 在复平面中是单连通的，当且仅当 Ω 中任意两条具有相同起止点的曲线都是同伦的．

例 1　圆盘 D 是单连通的．事实上，如果 $\gamma_0(t)$ 和 $\gamma_1(t)$ 是圆盘 D 内的两条曲线，我们定义 $\gamma_s(t)$ 为

$$\gamma_s(t) = (1-s)\gamma_0(t) + s\gamma_1(t).$$

注意到，如果 $0 \leqslant s \leqslant 1$，那么对每一个 t，点 $\gamma_s(t)$ 一定在连接 $\gamma_0(t)$ 和 $\gamma_1(t)$ 的线段上，因此一定在 D 内．类似地，如果圆盘 D 替换成矩形区域，甚至更一般地，任意开凸集，结论依然成立．（见练习 21）

例 2　有裂缝的平面 $\Omega = \mathbf{C} - \{(-\infty, 0]\}$ 是单连通的．对于 Ω 内的两条曲线 γ_0 和 γ_1，我们记 $\gamma_j(t) = r_j(t)\mathrm{e}^{\mathrm{i}\theta_j(t)}$ $(j=0,1)$，其中 $r_j(t)$ 连续且是正的，$\theta_j(t)$ 连续且 $|\theta_j(t)| < \pi$．那么我们可以将 $\gamma_s(t)$ 定义为 $r_s(t)\mathrm{e}^{\mathrm{i}\theta_s(t)}$，其中，

$$r_s(t) = (1-s)r_0(t) + sr_1(t)$$

和

$$\theta_s(t) = (1-s)\theta_0(t) + s\theta_1(t).$$

当 $0 \leqslant s \leqslant 1$ 时就有 $\gamma_s(t) \in \Omega$．

例 3　做些许尝试就可以证明周线的内部是单连通的．只要将周线的内部分成若干子区域．它的一般形式将在练习 4 中给出．

例 4　与上面的例子不同，有孔平面 $\mathbf{C} - \{0\}$ 不是单连通的．直观地考虑两条将原点围在内部的曲线即可．只要不经过原点，一条曲线到另一条曲线不可能是连续的．要想得到严格的证明需要进一步的理论，由下面的定理给出．

定理 5.2　任何定义在单连通区域内的全纯函数都具有原函数．

证明　在 Ω 中取定点 z_0，并定义

$$F(z) = \int_\gamma f(w)\,\mathrm{d}w,$$

其中积分是在 Ω 中任意连接点 z_0 和 z 的曲线上进行的．这个定义不依赖于曲线的选择，因为 Ω 是单连通的，并且如果 $\tilde{\gamma}$ 是 Ω 中连接点 z_0 和 z 的另一条曲线，根据定理 5.1 有

$$\int_\gamma f(w)\,\mathrm{d}w = \int_{\tilde{\gamma}} f(w)\,\mathrm{d}w.$$

现在我们记

$$F(z+h) - F(z) = \int_\eta f(w)\,\mathrm{d}w,$$

其中 η 是连接 z 和 $z+h$ 的线段. 如同第 2 章中定理 2.1 的证明，我们发现

$$\lim_{h \to 0} \frac{F(z+h) - F(z)}{h} = f(z).$$

因此，我们获得了柯西定理的另一解释，即下面的推论.

推论 5.3 如果函数 f 在单连通区域 Ω 内是全纯的，那么对 Ω 内的任意闭曲线 γ 满足

$$\int_\gamma f(z)\,\mathrm{d}z = 0$$

这个推论可以根据原函数的存在直接得到.

关于有孔平面不是单连通的这个事实，可以通过观察函数 $1/z$ 在单位圆周上的积分得到，这个积分等于 $2\pi\mathrm{i}$，而不等于 0.

6 复对数

假设要定义一个非零复数的对数. 如果 $z = r\mathrm{e}^{\mathrm{i}\theta}$，并且希望这个对数是指数的逆运算，那么很自然地规定

$$\log z = \log r + \mathrm{i}\theta.$$

这里及接下来，我们将按照惯例定义 $\log r$ 为正数 r 的标准对数$^{\ominus}$. 在上面定义中，比较麻烦的是 θ，它是唯一的，只是再加上 2π 的整数倍. 可是，对于给定的复数 z，我们可以先定好 θ 的选择，并且，如果复数 z 变化很小，则与之相应的 θ 就是唯一的（假设我们要求 θ 的变化与 z 一致，都是连续的）. 因此，"局部上" 可以给对数一个明确的定义，但这个定义并不是 "全局的". 例如，z 从 1 开始，然后绕过原点再回到 1，这时它的对数却不能是原来的值，而是相差 $2\pi\mathrm{i}$ 的整数倍，因此，对数不是 "单值的". 为了使对数成为一个单值函数，必须在定义时就给出明确限制，这就是所谓的选择对数的一支或一叶.

根据前面我们讨论的单连通区域可以很自然地定义对数函数的一支.

定理 6.1 假设 Ω 是单连通区域，且 $1 \in \Omega, 0 \notin \Omega$. 那么在 Ω 内就存在对数 $F(z) = \log_\Omega(z)$ 的一支，使得

（ⅰ）F 在 Ω 上是全纯的；

（ⅱ）对任意的 $z \in \Omega$，$\mathrm{e}^{F(z)} = z$；

（ⅲ）当 r 为 1 附近的实数时，$F(r) = \log r$.

换句话说，$\log_\Omega(z)$ 的每一支都是定义在正数上的标准对数的推广.

证明 构造函数 F 是函数 $1/z$ 的原函数. 因为 $0 \notin \Omega$，所以函数 $f(z) = 1/z$ 在 Ω 上是全纯的. 定义

$\ominus$ 标准对数意思是指基础的微积分中所说的正数的自然对数.

$$\log_{\Omega}(z) = F(z) = \int_{\gamma} f(w)\,\mathrm{d}w,$$

其中 γ 是 Ω 中连接 1 和 z 的曲线. 因为 Ω 是单连通的, 这个定义不依赖于路径的选择. 仿照定理 5.2 的证明方法, 我们发现 F 是全纯的, 并且对任意的 $z \in \Omega$, $F'(z)=1/z$, 这就证明了（ⅰ）. 接下来证明（ⅱ）, 只要证明 $ze^{-F(z)}=1$ 就足够了. 为此, 我们对等式的左边求导得

$$\frac{\mathrm{d}}{\mathrm{d}z}(ze^{-F(z)}) = e^{-F(z)} - zF'(z)e^{-F(z)} = 1(1 - zF'(z))e^{-F(z)} = 0.$$

因为 Ω 是连通的, 根据第 1 章推论 3.4, $ze^{-F(z)}$ 是常数. 将 $z=1$ 带入计算指数值, 注意到 $F(1)=0$, 这个常数一定是 1.

最后, 如果 r 是趋于 1 的实数, 我们可以选择实轴上从 1 到 r 的线段作为积分路径, 那么根据标准对数的积分公式,

$$F(r) = \int_1^r \frac{\mathrm{d}x}{x} = \log r,$$

这样定理就完全得到了证明.

例如, 在裂纹平面 $\Omega = \mathbf{C} - \{(-\infty, 0]\}$ 中, 定义对数的主支
$$\log z = \log r + i\theta,$$
其中 $z = re^{i\theta}$, 而 $|\theta| < \pi$.（这里省略了下标 Ω, 只简单地写成 $\log z$.）为了证明它, 我们选择如图 8 所示的积分曲线 γ.

如果 $z = re^{i\theta}$, 且 $|\theta| < \pi$, 那么积分路径就由从 1 到 r 的直线段和从 r 到 z 的弧线 η 构成. 那么

$$\log z = \int_1^r \frac{\mathrm{d}x}{x} + \int_{\eta} \frac{\mathrm{d}w}{w}$$
$$= \log r + \int_0^{\theta} \frac{ire^{it}}{re^{it}}\mathrm{d}t$$
$$= \log r + i\theta.$$

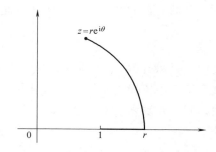

图 8　对数主支的积分路径

很重要的一点应该观察到, 在积分中
$$\log(z_1 z_2) \neq \log z_1 + \log z_2.$$
例如, 如果 $z_1 = e^{2\pi i/3} = z_2$, 那么对于对数的主支就有

$$\log z_1 = \log z_2 = \frac{2\pi i}{3},$$

并且因为 $z_1 z_2 = e^{-2\pi i/3}$, 所以

$$-\frac{2\pi i}{3} = \log(z_1 z_2) \neq \log z_1 + \log z_2.$$

最后, 对于对数的主支, 其泰勒展式依然成立, 即是对 $|z| < 1$, 存在

$$\log(1+z) = z - \frac{z^2}{2} + \frac{z^3}{3} - \cdots = -\sum_{n=1}^{+\infty} (-1)^n \frac{z^n}{n}, \tag{6}$$

事实上，上式中，等式两边的导数都等于 $1/(1+z)$，因此等式两边最多相差一个常数. 又因为当 $z=0$ 时，等式两边都等于 0，因此它们相差的常数就是 0，也就是说，式（6）的泰勒展式是成立的.

根据上面的讨论，在单连通区域上定义了一个对数函数，现在，对任意的 $\alpha \in \mathbf{C}$，我们定义幂函数 z^α. 如果 Ω 是单连通区域，且 $1 \in \Omega$，$0 \notin \Omega$，我们选择对数的一支，$\log 1 = 0$，并定义

$$z^\alpha = \mathrm{e}^{\alpha \log z}.$$

记 $1^\alpha = 1$，如果 $\alpha = 1/n$，那么

$$(z^{1/n})^n = \prod_{k=1}^n \mathrm{e}^{\frac{1}{n}\log z} = \mathrm{e}^{\sum_{k=1}^n \frac{1}{n}\log z} = \mathrm{e}^{\frac{n}{n}\log z} = \mathrm{e}^{\log z} = z.$$

现在，任意的非零复数 w 都可以写成 $w = \mathrm{e}^z$. 这个事实的一般化结论会在下面的定理中给出，定理讨论了当函数 f 不为零时 $\log f(z)$ 的存在.

定理 6.2　如果 f 是定义在单连通区域 Ω 内的处处不等于零的全纯函数，那么在区域 Ω 上一定存在一个全纯函数 g，使得

$$f(z) = \mathrm{e}^{g(z)}.$$

定理中函数 $g(z)$ 可以记为 $\log f(z)$，并定义了对数的一支.

证明　在 Ω 中取定一点 z_0，并定义函数

$$g(z) = \int_\gamma \frac{f'(w)}{f(w)} \mathrm{d}w + c_0,$$

其中 γ 是 Ω 中从点 z_0 到点 z 的任意路径，并且 c_0 是一个复数，能使得 $\mathrm{e}^{c_0} = f(z_0)$. 这个定义不依赖于路径 γ 的选择，因为 Ω 是单连通的. 根据第 2 章中定理 2.1 的证明，我们发现函数 g 是全纯的，且

$$g'(z) = \frac{f'(z)}{f(z)},$$

并且给出简单的推论，即

$$\frac{\mathrm{d}}{\mathrm{d}z}(f(z)\mathrm{e}^{-g(z)}) = 0,$$

所以 $f(z)\mathrm{e}^{-g(z)}$ 是常数. 求 z_0 处的值我们发现 $f(z_0)\mathrm{e}^{-c_0} = 1$，所以对所有 $z \in \Omega$，$f(z) = \mathrm{e}^{g(z)}$，定理证毕.

7　傅里叶级数和调和函数

在第 4 章我们将描述关于复函数定理与实轴上的傅里叶分析之间一些有趣的联系. 研究动机是来自定义在圆周上的傅里叶级数和圆盘上的全纯函数的幂级数展开之间所存在的简单而直接的关系，这正是我们现在要研究的.

假设函数 f 在圆盘 $D_R(z_0)$ 上是全纯的，使得 f 的幂级数展开式为

$$f(z) = \sum_{n=0}^{+\infty} a_n(z - z_0)^n,$$

此级数在圆盘内是收敛的.

定理 7.1 对任意的 $n \geq 0$ 和 $0 < r < R$，函数 f 的幂级数展开的系数为

$$a_n = \frac{1}{2\pi r^n} \int_0^{2\pi} f(z_0 + re^{i\theta}) e^{-in\theta} d\theta,$$

同时，当 $n < 0$ 时，

$$0 = \frac{1}{2\pi r^n} \int_0^{2\pi} f(z_0 + re^{i\theta}) e^{-in\theta} d\theta.$$

证明 因为 $f^{(n)}(z_0) = a_n n!$，根据柯西积分公式，有

$$a_n = \frac{1}{2\pi i} \int_\gamma \frac{f(\zeta)}{(\zeta - z_0)^{n+1}} d\zeta,$$

其中 γ 是半径为 $0 < r < R$，中心为 z_0 的正向圆周. 选择 $\zeta = z_0 + re^{i\theta}$ 作为圆周的参数化法，我们发现，对 $n \geq 0$，得到

$$a_n = \frac{1}{2\pi i} \int_0^{2\pi} \frac{f(z_0 + re^{i\theta})}{(z_0 + re^{i\theta} - z_0)^{n+1}} rie^{i\theta} d\theta$$

$$= \frac{1}{2\pi r^n} \int_0^{2\pi} f(z_0 + re^{i\theta}) e^{-i(n+1)\theta} e^{i\theta} d\theta$$

$$= \frac{1}{2\pi r^n} \int_0^{2\pi} f(z_0 + re^{i\theta}) e^{-in\theta} d\theta.$$

最后，当 $n < 0$ 时，经过计算表明，下面的等式

$$\frac{1}{2\pi r^n} \int_0^{2\pi} f(z_0 + re^{i\theta}) e^{-in\theta} d\theta = \frac{1}{2\pi i} \int_\gamma \frac{f(\zeta)}{(\zeta - z_0)^{n+1}} d\zeta$$

依然成立. 因为 $-n > 0$，函数 $f(\zeta)(\zeta - z_0)^{-n-1}$ 在圆盘上是全纯的，并根据柯西定理最后的积分为零.

接下来给出定理的解释. 考虑函数 $f(z_0 + re^{i\theta})$ 是定义在圆周上的全纯函数，且这个圆周是以 z_0 为中心，r 为半径的圆盘的闭包的边界. 那么如果 $n < 0$，它的傅里叶系数为零. 同时，当 $n \geq 0$ 时，它的傅里叶系数就等于全纯函数 f 的幂级数展开式的系数（直到 r^n 项）. 当 $n < 0$ 时傅里叶系数为零这个性质，表明了全纯函数的另一个特性（并且特别地是它是限制在任何圆周上的）.

接下来，因为 $a_0 = f(z_0)$，我们有了下面的推论.

推论 7.2（均值性质） 如果函数 f 在圆盘 $D_R(z_0)$ 上是全纯的，那么对任意的 $0 < r < R$，有

$$f(z_0) = \frac{1}{2\pi} \int_0^{2\pi} f(z_0 + re^{i\theta}) d\theta,$$

取等式两边的实数部分，可以获得下面的推论.

推论 7.3　如果函数 f 在圆盘 $D_R(z_0)$ 上是全纯的，并且 $u = \mathrm{Re}(f)$，那么对任意的 $0 < r < R$，有

$$u(z_0) = \frac{1}{2\pi}\int_0^{2\pi} u(z_0 + re^{i\theta})\,\mathrm{d}\theta,$$

回顾前面的内容，当 f 是全纯函数时，它的实部 u 是调和的。事实上，上面的推论只是定义在圆盘 $D_R(z_0)$ 上的调和函数的一个性质。这来自第 2 章的练习 12，该练习中表明，定义在圆盘上的任何调和函数都是该圆盘中的某个全纯函数的实部。

8　练习

1. 利用欧拉公式

$$\sin \pi z = \frac{e^{i\pi z} - e^{-i\pi z}}{2i},$$

表明 $\sin \pi z$ 的复零元都是正数，并且每个零元都是一阶的。

当 $z = n \in \mathbf{Z}$ 时计算 $1/\sin \pi z$ 的留数。

2. 计算积分

$$\int_{-\infty}^{+\infty} \frac{\mathrm{d}x}{1 + x^4}.$$

函数 $1/(1 + z^4)$ 的极点在哪？

3. 证明：对任意 $a > 0$ 有

$$\int_{-\infty}^{+\infty} \frac{\cos x}{x^2 + a^2}\mathrm{d}x = \pi\,\frac{e^{-a}}{a}.$$

4. 证明：对任意 $a > 0$ 有

$$\int_{-\infty}^{+\infty} \frac{x\sin x}{x^2 + a^2}\mathrm{d}x = \pi e^{-a}.$$

5. 应用周线积分法证明：对任意实数 ξ，有

$$\int_{-\infty}^{+\infty} \frac{e^{-2\pi ix\xi}}{(1 + x^2)^2}\mathrm{d}x = \frac{\pi}{2}(1 + 2\pi|\xi|)e^{-2\pi|\xi|}.$$

6. 证明：对于 $n \geq 1$，有

$$\int_{-\infty}^{+\infty} \frac{\mathrm{d}x}{(1 + x^2)^{n+1}} = \frac{1 \cdot 3 \cdot 5 \cdots (2n - 1)}{2 \cdot 4 \cdot 6 \cdots (2n)}\pi.$$

7. 证明：当 $a > 1$ 时，

$$\int_0^{2\pi} \frac{\mathrm{d}\theta}{(a + \cos\theta)^2} = \frac{2\pi a}{(a^2 - 1)^{3/2}}.$$

8. 如果 $a > |b|, a,b \in \mathbf{R}$，证明：

$$\int_0^{2\pi} \frac{\mathrm{d}\theta}{a + b\cos\theta} = \frac{2\pi}{\sqrt{a^2 - b^2}}.$$

9. 证明：

$$\int_0^1 \log(\sin\pi x)\,\mathrm{d}x = -\log 2.$$

【提示：应用图 9 中的周线.】

10. 证明：如果 $a > 0$，那么

$$\int_0^{+\infty} \frac{\log x}{x^2 + a^2}\mathrm{d}x = \frac{\pi}{2a}\log a.$$

【提示：用图 10 中的周线.】

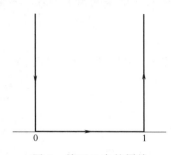

图 9　练习 9 中的周线

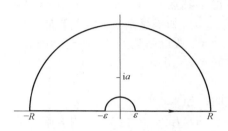

图 10　练习 10 中的周线

11. 证明：如果 $|a| < 1$，那么

$$\int_0^{2\pi} \log|1 - ae^{i\theta}|\,\mathrm{d}\theta = 0.$$

并证明如果假设 $|a| \leqslant 1$，那么上面的结论依然成立.

12. 假设 u 不是整数. 证明：

$$\sum_{n=-\infty}^{+\infty} \frac{1}{(u+n)^2} = \frac{\pi^2}{(\sin\pi u)^2}.$$

根据函数

$$f(z) = \frac{\pi\cot\pi z}{(u+z)^2}$$

在圆周 $|z| = R_N = N + 1/2$（N 是整数，且 $N \geqslant |u|$）上的积分，加上函数 f 在圆周内的留数，当 N 趋于无穷大时的极限值.

注意：这个恒等式有两个其他出处，应用傅里叶级数，在第一册中给出.

13. 假设函数 $f(z)$ 在有孔圆盘 $D_r(z_0) - \{z_0\}$ 上是全纯的. 并假设对某个 $\varepsilon > 0$，z 在 z_0 附近满足不等式

$$|f(z)| \leqslant A|z - z_0|^{-1+\varepsilon},$$

证明：点 z_0 是函数 f 的可去奇点.

14. 证明：任何整函数都是单射，可以表示为线性函数 $f(z) = az + b$ 的形式，其中，$a, b \in \mathbf{C}$，并且 $a \neq 0$.

【提示：对函数 $f(1/z)$ 应用 Casorati-Weierstrass 定理】

15. 用柯西不等式或最大模原理证明下面的问题.

（a）证明：如果 f 是整函数，并满足

$$\sup_{|z|=R} |f(z)| \leqslant AR^k + B,$$

其中 $R>0, k \geqslant 0$ 是某个整数，$A, B>0$ 是某常数，那么 f 是阶数小于等于 k 的多项式.

（b）证明：如果函数 f 是定义在单位圆盘内的全纯函数，并且函数有界，在扇形区域 $\theta < \arg z < \varphi$ 内当 $|z| \to 1$ 时一致收敛于 0，那么 $f=0$.

（c）令 $w_1, \cdots, w_n$ 是复平面上单位圆盘上的点. 证明：在单位圆周上存在一点 z 使得 z 到点 $w_j (1 \leqslant j \leqslant n)$ 的距离的乘积至少是 1. 并证明在单位圆周上存在一点 w 使得 w 到点 $w_j (1 \leqslant j \leqslant n)$ 的距离的乘积正好等于 1.

（d）如果整函数 f 的实部是有界的，那么函数 f 是常数.

16. 假设函数 f 和 g 在包含圆盘 $|z| \leqslant 1$ 的区域内是全纯的. 假设函数 f 的唯一零元在 $z=0$ 处，圆盘 $|z| \leqslant 1$ 内的其他点都不为零. 令

$$f_\varepsilon(z) = f(z) + \varepsilon g(z).$$

证明：如果 ε 足够小，那么

（a）$f_\varepsilon(z)$ 在 $|z| \leqslant 1$ 内有唯一的零元，并且

（b）如果 z_ε 是这个零元，映射 $\varepsilon \mapsto z_\varepsilon$ 是连续的.

17. 令 f 不是常函数，并且在包含单位圆盘的闭包的开集中是全纯的.

（a）证明：如果当 $|z|=1$ 时 $|f(z)|=1$，那么函数 f 的象包含在单位圆盘中.【提示：必须证明 $f(z)=w_0$，对任意 $w_0 \in D$ 都有一个根. 由此，就足以证明 $f(z)=0$ 有一个根，为什么呢？用最大模原理能推出.】

（b）如果当 $|z|=1$ 时 $|f(z)| \geqslant 1$，并且，存在点 $z_0 \in D$ 使得 $|f(z_0)| < 1$，那么 f 的象包含在单位圆盘中.

18. 应用同伦曲线重新证明：

$$f(z) = \frac{1}{2\pi i} \int_C \frac{f(\zeta)}{\zeta - z} d\zeta$$

柯西积分公式.

【提示：圆周 C 是以 z 为中心的小圆周，并注意到差分 $(f(\zeta) - f(z))/(\zeta - z)$ 是有界的.】

19. 证明：调和函数的最大值原理，也就是：

（a）如果 u 是定义在区域 Ω 上的非常数实值调和函数，那么 u 在区域 Ω 上不能达到最大值（或最小值）.

（b）假设区域 Ω 的紧闭包是 $\overline{\Omega}$，如果函数 u 在 Ω 上是调和的，且在 $\overline{\Omega}$ 上连续，那么

$$\sup_{z \in \Omega} |u(z)| \leqslant \sup_{z \in \overline{\Omega} - \Omega} |u(z)|.$$

【提示：要证明第一部分，假设 u 在 z_0 点取得极大值. 取函数 f 在 z_0 附近是全纯的，且 $u = \mathrm{Re}(f)$，并证明 f 不是开的. 第二部分可以直接由第一部分得到.】

20. 这个练习表明了均方收敛在解析函数的一致收敛中有着重要地位. 如果 U

是复数集 **C** 的开子集，均方泛数定义为

$$\|f\|_{L^2(U)} = \left(\int_U |f(z)|^2 \mathrm{d}x\mathrm{d}y \right)^{1/2},$$

并且，上确界泛数为

$$\|f\|_{L+\infty(U)} = \sup_{z \in U} |f(z)|.$$

（a）如果函数 f 在圆盘 $D_r(z_0)$ 的某邻域内是全纯的，证明：对任意的 $0 < s < r$，存在常数 $C > 0$（依赖于 s 和 r）使得

$$\|f\|_{L+\infty(D_s(z_0))} \leqslant C\|f\|_{L^2(D_r(z_0))}.$$

（b）证明：如果 $\{f_n\}$ 是由均方泛数 $\|\cdot\|_{L^2(U)}$ 定义的全纯函数的柯西列，那么序列 $\{f_n\}$ 在 U 的每个紧子集中都一致收敛于一个全纯函数.

【提示：应用均值性质.】

21. 若某集合具有几何性质，那么能保证这个集合是单连通的.

（a）开集 $\Omega \subset \mathbf{C}$ 是凸的，即如果 Ω 中的任意两点的连线段都包含在 Ω 内. 证明：凸开集是单连通的.

（b）更一般地，开集 $\Omega \subset \mathbf{C}$ 是星形的，如果存在点 $z_0 \in \Omega$ 使得对任意 $z \in \Omega$，两点间的连线都包含在 Ω 内. 证明：星形的开集是单连通的. 推断半平面 $\mathbf{C} - \{(-\infty, 0]\}$（更一般的任何扇形、凸的或非凸的）是单连通的.

（c）还有哪些其他的开集也是单连通的？

22. 证明：不存在这样的全纯函数 f，它是定义在单位圆盘 D 上的，并在 D 的边界 ∂D 上广义连续，使得对 $z \in \partial D$ 满足 $f(z) = 1/z$.

9 问题

1. * 考虑定义在单位圆盘上的全纯映射：$f: D \to \mathbf{C}$，且满足 $f(0) = 0$. 根据开映射定理，象 $f(D)$ 包含了一个以原点为中心的小圆盘. 问题是：是否存在 $r > 0$ 使得对所有的 $f: D \to \mathbf{C}$ 满足 $f(0) = 0$，都有 $D_r(0) \subset f(D)$？

（a）证明：如果函数 f 没有更多的约束条件，则不存在这样的 r. 只要找到 D 上的全纯函数列 $\{f_n\}$ 使得 $1/n \notin f(D)$. 计算 $f'_n(0)$，并讨论.

（b）假设给函数 f 附加条件，使其满足 $f'(0) = 1$. 证明：虽然有这个假设，仍然不存在满足条件的 r.

【提示：试试 $f_\varepsilon(z) = \varepsilon(e^{z/\varepsilon} - 1)$.】

根据 Koebe-Bieberbach 定理，如果加上条件 $f(0) = 0$ 和 $f'(0) = 1$，并假设 f 为单射，那么就存在这样的 r，并且，最优值就是 $r = 1/4$.

（c）第一步，证明如果 $h(z) = \dfrac{1}{z} + c_0 + c_1 z + c_2 z^2 + \cdots$ 是解析的并且是单射，当 $0 < |z| < 1$，有 $\displaystyle\sum_{n=1}^{+\infty} n|c_n|^2 \leqslant 1$.

【提示：计算 $h(D_\rho(0)-\{0\})$，其中，$0<\rho<1$，并令 $\rho\to1$．】

（d）如果 $f(z)=z+a_2z^2+\cdots$ 满足定理的假设，证明存在另一个函数 g 使得 $g^2(z)=f(z^2)$ 也满足定理的假设．

【提示：函数 $f(z)/z$ 没有零点，因此存在 ψ 使得 $\psi^2(z)=f(z)/z$，并且 $\psi(0)=1$．可以确定，函数 $g(z)=z\psi(z^2)$ 是单射．】

（e）注意到，上一个问题中，$|a_2|\leqslant2$，并且，当且仅当对某个 $\theta\in\mathbf{R}$ 满足

$$f(z)=\frac{z}{(1-e^{i\theta}z)^2}$$

时，上个问题中的等式仍然成立．

【提示：如何将函数 $1/g(z)$ 展成幂级数？用（c）部分．】

（f）如果函数 $h(z)=\dfrac{1}{z}+c_0+c_1z+c_2z^2+\cdots$ 是定义在 D 上的单射，除了 z_1 和 z_2 两点外，证明 $|z_1-z_2|\leqslant4$．

【提示：看函数 $1/(h(z)-z_j)$ 的幂级数的展开式的第二个系数．】

（g）完善定理的证明．

【提示：如果函数 f 避开 w，那么 $1/f$ 就没有零点和 $1/w$．】

2. 令 u 是定义在单位圆盘上的调和函数，并且在其闭包上是连续的．在 $|z_0|<1$ 时推断泊松积分公式

$$u(z_0)=\frac{1}{2\pi}\int_0^{2\pi}\frac{1-|z_0|^2}{|e^{i\theta}-z_0|^2}u(e^{i\theta})\mathrm{d}\theta,$$

在特殊的情况 $z_0=0$（均值定理）下，证明如果 $z_0=re^{i\varphi}$，那么

$$\frac{1-|z_0|^2}{|e^{i\theta}-z_0|^2}=\frac{1-r^2}{1-2r\cos(\theta-\varphi)+r^2}=P_r(\theta-\varphi),$$

【提示：集 $u_0(z)=u(T(z))$，其中

$$T(z)=\frac{z_0-z}{1-\bar{z}_0z}.$$

证明 u_0 是全纯的．然后对 u_0 应用均值定理，并且积分时进行变量代换．】

3. 如果 $f(z)$ 在去心邻域 $\{0<|z-z_0|<r\}$ 中是全纯的，并且 z_0 是它的 k 阶极点，那么函数可以写成

$$f(z)=\frac{a-k}{(z-z_0)k}+\cdots+\frac{a-1}{(z-z_0)}+g(z),$$

其中 g 在圆盘 $\{|z-z_0|<r\}$ 内是全纯的．

令 f 在包含圆环区域 $\{z:r_1\leqslant|z-z_0|\leqslant r_2\}$ 的区域内是全纯的，其中，$0<r_1<r_2$．那么

$$f(z)=\sum_{n=-\infty}^{+\infty}a_n(z-z_0)^n.$$

这个级数在圆周内部是绝对收敛的. 想要证明它, 只要证明

$$f(z) = \frac{1}{2\pi i}\int_{C_{r_2}}\frac{f(\zeta)}{\zeta - z}\mathrm{d}\zeta - \frac{1}{2\pi i}\int_{C_{r_1}}\frac{f(\zeta)}{\zeta - z}\mathrm{d}\zeta,$$

其中 $r_1 < |z - z_0| < r_2$, 并且讨论方法与第 2 章定理 4.4 中的证明类似. 这里 C_{r_1} 和 C_{r_2} 是圆环的边界圆周.

4. * 假设 Ω 是有界区域. 令 L 是一条直线 (双向无穷大), 与 Ω 相交. 假设 $\Omega \bigcap L$ 是区间 I. 为直线 L 选择一个方向, 并定义 Ω_l 和 Ω_r 分别表示集合 Ω 被直线 L 分成的左、右子区域, 即 $\Omega = \Omega_l \bigcup I \bigcup \Omega_r$ 是不相交的并集. 如果 Ω_l 和 Ω_r 是单连通的, 那么 Ω 是单连通的.

5. * 令

$$g(z) = \frac{1}{2\pi i}\int_{-M}^{M}\frac{h(x)}{x - z}\mathrm{d}x,$$

其中 h 是连续的, 且在区间 $[-M, M]$ 上是支撑函数.

（a）证明: 函数 g 在 $\mathbf{C}[-M, M]$ 上是全纯的, 并且在无穷大处趋于零, 也就是 $\lim\limits_{|z|\to +\infty}|g(z)| = 0$. 而且函数 g 穿过区间 $[-M, M]$ 时的转移函数就是 h, 也就是说

$$h(x) = \lim\limits_{\varepsilon\to 0,\,\varepsilon > 0} g(x + i\varepsilon) - g(x - i\varepsilon).$$

【提示: 按照 h 的卷积泊松核表达增量 $g(x + i\varepsilon) - g(x - i\varepsilon)$. 】

（b）如果 h 满足轻微光滑条件, 例如指数为 α 的 Hölder 条件, 也就是说对某个常数 $C > 0$, 对任意的 $x, y \in [-M, M]$ 满足 $|h(x) - h(y)| \leqslant C |x - y|^{\alpha}$, 那么当 $\varepsilon \to 0$ 时, $g(x + i\varepsilon)$ 和 $g(x - i\varepsilon)$ 一致收敛于 $g_+(x)$ 和 $g_-(x)$. 那么 g 满足以下条件:

（i）g 在区间 $[-M, M]$ 外是全纯的;

（ii）在无穷远处 g 趋于零;

（iii）当 $\varepsilon \to 0$ 时, $g(x + i\varepsilon)$ 和 $g(x - i\varepsilon)$ 一致收敛于 $g_+(x)$ 和 $g_-(x)$, 且

$$g_+(x) - g_-(x) = h(x).$$

且满足上述条件的全纯函数 g 是唯一的.

【提示: 如果 G 是另一个满足上述条件的全纯函数, 那么 $g - G$ 是整函数. 】

77

第 4 章 傅里叶变换

如果定义在实数集 $\mathbf{R}$ 上的函数 f 满足恰当的规律和衰退条件，那么它的傅里叶变换定义为

$$\widehat{f}(\xi) = \int_{-\infty}^{+\infty} f(x) \mathrm{e}^{-2\pi \mathrm{i} x \xi} \mathrm{d}x, \xi \in \mathbf{R}.$$

对应的，它的傅里叶反演公式为

$$f(x) = \int_{-\infty}^{+\infty} \widehat{f}(\xi) \mathrm{e}^{2\pi \mathrm{i} x \xi} \mathrm{d}\xi, x \in \mathbf{R}.$$

读过本书第一册的读者知道，傅里叶变换（包含它的 d-维变式）在分析中起

着根本性的作用. 这里我们想深刻且准确地阐述傅里叶变换的一维理论和复分析之间的关系. 主要问题（可能不是很准确）是：函数 f 开始是定义在实数上的, 它是否能延拓成全纯函数与它的傅里叶变换 $\hat{f}$ 在无穷大处趋于零的速度（例如指数）密切相关. 解决这个问题分为两个步骤.

第一步, 假设函数 f 在包含实轴的水平带形区域内是可以解析延拓的, 并且在无穷大处 "微减"$^{\ominus}$, 使得积分定义的傅里叶变换 $\hat{f}$ 收敛. 结果推出函数 $\hat{f}$ 在无穷远处以指数速度减小, 并推断出傅里叶反演公式也成立. 另外, 也很容易获得泊松求和公式 $\sum_{n \in \mathbf{Z}} f(n)$, $\sum_{n \in \mathbf{Z}} \hat{f}(n)$. 这些定理都是周线积分法的简单推论.

第二步, 首先将着眼点放在傅里叶反演公式上, 假设 f 和 $\hat{f}$ 都是微减的, 而对 f 的解析性不进行任何假设. 一个简单而又实际的问题是：函数 f 满足什么条件时, 它的傅里叶变换的支撑在有界区间 $[-M, M]$ 上？这是一个基本问题, 值得注意的是, 这里并没有涉及任何复分析的概念. 但是, 它可以仅根据函数 f 的全纯性质得到解决. 这个条件, 由 Paley-Wiener 定理给出, 是指函数 f 可以延拓成复数集 $\mathbf{C}$ 上的全纯函数, 该函数满足增长条件

$$|f(z)| \leqslant A \mathrm{e}^{2\pi M|z|},$$

其中 A 为大于零的常数. 满足此条件的函数称为指数型的.

注意到, 函数 $\hat{f}$ 在紧集外部趋于零这个条件可以解释为无穷远处的衰退性质, 而且很明显这个性质在上下文中起到了承前启后的作用.

所有这些问题的关键是寻找一个巧妙的积分围线, 即实线, 使其落在一个水平带形区域内. 这里将利用函数 $\mathrm{e}^{-2\pi i z \xi}$ 当变量 z 具有非零虚部时的特殊性质. 事实上, 当 z 为实数时, 指数将是有界且振荡的, 但同时, 若 $\mathrm{Im}(z) \neq 0$, 那么该函数会根据乘积 $\xi \mathrm{Im}(z)$ 是负的或正的来分别呈现指数型衰退或指数型增长模式.

1　F 类

第一册中的傅里叶变换中所研究的施加于函数上的最弱的衰退条件就是微减. 这里若假设 f 和 $\hat{f}$ 满足条件

$$|f(x)| \leqslant \frac{A}{1+x^2}, \quad |\hat{f}(\xi)| \leqslant \frac{A'}{1+\xi^2},$$

其中 A, A' 为某正常数, $x, \xi \in \mathbf{R}$. 我们证明了傅里叶反演公式和泊松求和公式. 根据各种各样的例子, 可以考虑这样一类函数, 例如泊松核

$\ominus$ 函数 f 微减是指, 如果函数 f 连续, 并且存在正数 $A > 0$, 使得所有的实数 $x \in \mathbf{R}$, 满足 $|f(x)| \leqslant A/(1+x^2)$. 更进一步的约束条件是函数 $f \in S$, 其中 S 是指测试函数的 Schwartz 空间, 这也意味着 $\hat{f}$ 也属于这个空间. 详见第一册.

$$P_y(x) = \frac{1}{\pi} \frac{y}{y^2 + x^2},$$

其中 $y > 0$，它在关于上半平面中的稳态热方程的 Dirichlet 问题的解中起着基础性的作用．这里我们有 $\hat{P}_y(\xi) = e^{-2\pi y |\xi|}$．

纵观上下文，我们引入一个函数类，这类函数的显著特征是其必须能满足我们要达到的目标：应用复分析证明关于傅里叶变换的定理．并且，这个函数类可以足够包含我们所提到的很多重要应用．

对任意的 $a > 0$，记 F_a 为所有满足以下两个条件的函数 f 的函数类：

（ⅰ）函数 f 在水平带形区域

$$S_a = \{z \in \mathbf{C} : |\mathrm{Im}(z)| < a\}$$

内是全纯的．

（ⅱ）存在常数 $A > 0$，对所有的 $x \in \mathbf{R}$ 且 $|y| < a$ 满足

$$|f(x + \mathrm{i}y)| \leqslant \frac{A}{1 + x^2}.$$

换句话说，F_a 就是由定义在 S_a 上的全纯函数组成，并且这些函数在任意水平线 $\mathrm{Im}(z) = y$ 上都是微减的，且在 $-a < y < a$ 时是一致的．例如，$f(z) = e^{-\pi z^2}$，对所有的 a，都属于函数类 F_a．并且，函数

$$f(z) = \frac{1}{\pi} \frac{c}{c^2 + z^2},$$

具有单极点 $z = \pm ci$，对所有的 $0 < a < c$，它属于函数类 F_a．

另一个例子是函数 $f(z) = 1/\cosh \pi z$，当 $|a| < 1/2$ 时它属于函数类 F_a．这个函数和它的一个很重要的性质已经在第 3 章 2.1 节中的例 3 中讨论过了．

并且注意到，柯西积分公式的简单应用表明，如果函数 $f \in F_a$，那么对任意的 n，函数的 n 阶导数一定属于函数类 F_b，其中，$0 < b < a$（练习 2）．

最后，对某个 a，所有属于函数类 F_a 的所有函数记为 F 类．

注意：递减的条件有时可以被弱化，函数 $A/(1 + x^2)$ 减少的阶可以由 $A/(1 + |x|^{1+\varepsilon})$ 替代，其中 $\varepsilon > 0$ 是任意的．读者会注意到，接下来讨论的许多结论当限制条件减少时，结论依然是成立的．

2　作用在 F 类上的傅里叶变换

这里将证明三个定理，其中包括傅里叶反演公式和泊松求和公式．三个定理的证明思路都是一致的：周线积分．因此所用的方法可能与本书第一册中的相应的结果不同．

定理 2.1　如果对某个 $a > 0$，函数 f 属于 F_a，那么对任意的 $0 \leqslant b \leqslant a$ 满足

$$|\hat{f}(\xi)| \leqslant B e^{-2\pi b |\xi|}.$$

证明 回顾前面的内容 $\hat{f}(\xi) = \int_{-\infty}^{+\infty} f(x)\mathrm{e}^{-2\pi\mathrm{i}x\xi}\mathrm{d}x$，根据积分定义 $\hat{f}$，当 $b = 0$ 时，容易得到 $\hat{f}$ 有界，如果 f 是微减的，则 $\hat{f}$ 为指数函数，它的界为 1.

现在假设 $0 < b < a$，并且首先假设 $\xi > 0$. 主要的步骤就是选定合适的周线积分. 选择实轴，与实轴下方 b 个单位的矩形周线. 正好考虑图 1 中的周线，并且函数选择 $g(z) = f(z)\mathrm{e}^{-2\pi\mathrm{i}z\xi}$.

当要求 R 趋于无穷大时，函数 g 在两个铅垂边上的积分就收敛于零. 例如，在铅垂的靠右边的一条边上的积分可以估值为

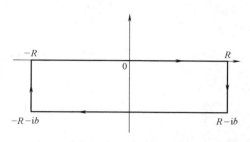

图 1 定理 2.1 中的证明中当 $\xi > 0$ 时的周线

$$\left| \int_{-R-\mathrm{i}b}^{-R} g(z)\mathrm{d}z \right| \leqslant \int_0^b \left| f(-R-\mathrm{i}t)\mathrm{e}^{-2\pi\mathrm{i}(-R-\mathrm{i}t)\xi} \right|\mathrm{d}t$$

$$\leqslant \int_0^b \frac{A}{R^2}\mathrm{e}^{-2\pi t\xi}\mathrm{d}t$$

$$= O(1/R^2).$$

对于周线中靠左边的铅垂边上的积分可以有类似的估值. 因此，通过在大的矩形周线上应用柯西定理，我们发现当 R 趋于无穷大时的极限值就是

$$\hat{f}(\xi) = \int_{-\infty}^{+\infty} f(x-\mathrm{i}b)\mathrm{e}^{-2\pi\mathrm{i}(x-\mathrm{i}b)\xi}\mathrm{d}x, \tag{1}$$

它有估值

$$|\hat{f}(\xi)| \leqslant \int_{-\infty}^{+\infty} \frac{A}{1+x^2}\mathrm{e}^{-2\pi b\xi}\mathrm{d}x \leqslant B\mathrm{e}^{-2\pi b\xi},$$

其中 B 是个合适的常数. 当 $\xi < 0$ 时讨论是类似的，只是选择的周线是高于实轴 b 个单位，这样就可以完成定理的证明.

这个结论是说，当 $f \in F$ 时，在无穷远处 $\hat{f}$ 会快速趋于零. 我们注意到，进一步的研究可以扩充 f 所属的函数类（也就是说将 a 扩大），那么 b 选择的越大，衰退会越快. 我们将会用到第 3 小节中圆周的思路，描述函数 f 下的 $\hat{f}$ 的主要的衰退条件：紧支柱.

因为 $\hat{f}$ 在实数集 **R** 上迅速减小，所以傅里叶反演公式的积分有意义，并且回到这个恒等式的复分析证明中.

定理 2.2 如果 $f \in F$，那么傅里叶反演公式成立，对所有的 $x \in \mathbf{R}$ 满足

$$f(x) = \int_{-\infty}^{+\infty} \hat{f}(\xi)\mathrm{e}^{2\pi\mathrm{i}x\xi}\mathrm{d}\xi.$$

除了周线积分以外，定理的证明还要用到一个简单的等式.

引理 2.3 如果 A 是正数, B 是实数, 那么

$$\int_0^{+\infty} \mathrm{e}^{-(A+iB)\xi} \mathrm{d}\xi = \frac{1}{A+iB}.$$

证明 因为 $A > 0$ 且 $B \in \mathbf{R}$, 我们有 $|\mathrm{e}^{-(A+Bi)\xi}| = \mathrm{e}^{-A\xi}$, 并且积分收敛. 所以根据定义

$$\int_0^{+\infty} \mathrm{e}^{-(A+iB)\xi} \mathrm{d}\xi = \lim_{R\to+\infty} \int_0^R \mathrm{e}^{-(A+iB)\xi} \mathrm{d}\xi.$$

但是

$$\int_0^R \mathrm{e}^{-(A+iB)\xi} \mathrm{d}\xi = \left[-\frac{\mathrm{e}^{-(A+iB)\xi}}{A+iB} \right]_0^R,$$

当 R 趋于无穷时, 积分趋于 $1/(A+Bi)$.

现在证明反演定理. 同样是要讨论 ξ 的符号, 首先将积分写成

$$\int_{-\infty}^{+\infty} \hat{f}(\xi) \mathrm{e}^{2\pi ix\xi} \mathrm{d}\xi = \int_{-\infty}^0 \hat{f}(\xi) \mathrm{e}^{2\pi ix\xi} \mathrm{d}\xi + \int_0^{+\infty} \hat{f}(\xi) \mathrm{e}^{2\pi ix\xi} \mathrm{d}\xi.$$

先讨论第二个积分. 因为 $f \in F_a$ 且选择 $0 < b < a$. 重复定理 2.1 的证明, 或简单地应用公式 (1), 我们得到

$$\hat{f}(\xi) = \int_{-\infty}^{+\infty} f(u-ib) \mathrm{e}^{-2\pi i(u-ib)\xi} \mathrm{d}u,$$

因此, 应用引理和积分关于 ξ 的收敛性, 我们发现

$$\int_0^{+\infty} \hat{f}(\xi) \mathrm{e}^{2\pi ix\xi} \mathrm{d}\xi = \int_0^{+\infty} \int_{-\infty}^{+\infty} f(u-ib) \mathrm{e}^{-2\pi i(u-ib)\xi} \mathrm{e}^{2\pi ix\xi} \mathrm{d}u \mathrm{d}\xi$$

$$= \int_{-\infty}^{+\infty} f(u-ib) \int_0^{+\infty} \mathrm{e}^{-2\pi i(u-ib-x)\xi} \mathrm{d}\xi \mathrm{d}u$$

$$= \int_{-\infty}^{+\infty} f(u-ib) \frac{1}{2\pi b + 2\pi i(u-x)} \mathrm{d}u$$

$$= \frac{1}{2\pi i} \int_{-\infty}^{+\infty} \frac{f(u-ib)}{u-ib-x} \mathrm{d}u$$

$$= \frac{1}{2\pi i} \int_{L_1} \frac{f(\zeta)}{\zeta-x} \mathrm{d}\zeta,$$

其中 L_1 表示直线 $\{u-ib : u \in \mathbf{R}\}$, 方向是从左至右 (也就是说, L_1 是低于实轴 b 个单位的实线). 对于积分, 当 $\xi < 0$ 时, 类似的推论有

$$\int_{-\infty}^0 \hat{f}(\xi) \mathrm{e}^{2\pi ix\xi} \mathrm{d}\xi = -\frac{1}{2\pi i} \int_{L_2} \frac{f(\zeta)}{\zeta-x} \mathrm{d}\zeta,$$

其中, L_2 是高于实轴 b 个单位的实线, 方向也是从左至右. 现在任给 $x \in \mathbf{R}$, 考虑图 2 中的周线 γ_R.

函数 $f(\zeta)/(\zeta-x)$ 在 x 处有单极点, 其留数为 $f(x)$, 因此, 留数公式为

$$f(x) = \frac{1}{2\pi i} \int_{\gamma_R} \frac{f(\zeta)}{\zeta-x} \mathrm{d}\zeta.$$

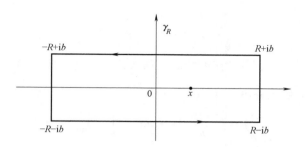

图 2　定理 2.2 的证明中的周线 γ_R

令 R 趋于无穷大，很容易知道在铅垂边上的积分趋于 0，因此，结合前面的结论得到

$$f(x) = \frac{1}{2\pi i} \int_{L_1} \frac{f(\zeta)}{\zeta - x} \mathrm{d}\zeta - \frac{1}{2\pi i} \int_{L_2} \frac{f(\zeta)}{\zeta - x} \mathrm{d}\zeta$$

$$= \int_0^{+\infty} \hat{f}(\xi) \mathrm{e}^{2\pi i x \xi} \mathrm{d}\xi + \int_{-\infty}^0 \hat{f}(\xi) \mathrm{e}^{2\pi i x \xi} \mathrm{d}\xi$$

$$= \int_{-\infty}^{+\infty} \hat{f}(\xi) \mathrm{e}^{2\pi i x \xi} \mathrm{d}\xi \,,$$

则定理得证.

三个定理中的最后一个定理是泊松求和公式.

定理 2.4　如果 $f \in F$，那么

$$\sum_{n \in \mathbf{Z}} f(n) = \sum_{n \in \mathbf{Z}} \hat{f}(n).$$

证明　因为 $f \in F_a$，并且选择某个 b 满足 $0 < b < a$. 函数 $1/(\mathrm{e}^{2\pi i z} - 1)$ 有整数的单极点，并且对应留数为 $1/(2\pi i)$. 因此函数 $f(z)/(\mathrm{e}^{2\pi i z} - 1)$ 在整数 n 处有单极点，留数为 $f(n)/2\pi i$. 因此，我们可以用图 3 中的周线应用留数公式，其中 N 是个整数.

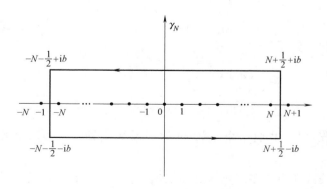

图 3　定理 2.4 的证明中的周线 γ_N

因此得到

$$\sum_{|n|\leqslant N} f(n) = \int_{\gamma_N} \frac{f(z)}{e^{2\pi iz}-1} dz.$$

令 N 趋于无穷大，并且因为 f 是微减的，那么这个和就收敛于 $\sum_{n\in\mathbf{Z}} f(n)$，并且可以知道在垂直线段上的积分趋于 0. 因此取极限得

$$\sum_{n\in\mathbf{Z}} f(n) = \int_{L_1} \frac{f(z)}{e^{2\pi iz}-1} dz - \int_{L_2} \frac{f(z)}{e^{2\pi iz}-1} dz, \qquad (2)$$

其中 L_1 和 L_2 分别是低于实轴和高于实轴 b 个单位的实线.

　　现在，根据结论：如果 $|w|>1$，那么

$$\frac{1}{w-1} = w^{-1}\sum_{n=0}^{+\infty} w^{-n},$$

因此在 L_1 上 (当 $|e^{2\pi iz}|>1$) 有

$$\frac{1}{e^{2\pi iz}-1} = e^{-2\pi iz}\sum_{n=0}^{+\infty} e^{-2\pi inz}.$$

并且，如果 $|w|<1$，那么

$$\frac{1}{w-1} = -\sum_{n=0}^{+\infty} w^n$$

使得在 L_2 上

$$\frac{1}{e^{2\pi iz}-1} = -\sum_{n=0}^{+\infty} e^{2\pi inz}.$$

将上面的结论替换到式（2）中得到

$$\begin{aligned}
\sum_{n\in\mathbf{Z}} f(n) &= \int_{L_1} f(z)\Big(e^{-2\pi iz}\sum_{n=0}^{+\infty} e^{-2\pi inz}\Big) dz + \int_{L_2} f(z)\Big(\sum_{n=0}^{+\infty} e^{2\pi inz}\Big) dz \\
&= \sum_{n=0}^{+\infty} \int_{L_1} f(z) e^{-2\pi i(n+1)z} dz + \sum_{n=0}^{+\infty} \int_{L_2} f(z) e^{2\pi inz} dz \\
&= \sum_{n=0}^{+\infty} \int_{-\infty}^{+\infty} f(x) e^{-2\pi i(n+1)x} dx + \sum_{n=0}^{+\infty} \int_{-\infty}^{+\infty} f(x) e^{2\pi inx} dz \\
&= \sum_{n=0}^{+\infty} \hat{f}(n+1) + \sum_{n=0}^{+\infty} \hat{f}(-n) \\
&= \sum_{n\in\mathbf{Z}} \hat{f}(n),
\end{aligned}$$

其中，根据方程（1）我们已经将 L_1 和 L_2 移动到实轴，与移动到下方的情况是类似的.

　　泊松求和公式还有许多影响深远的推论，我们通过推导出几个重要的恒等式来结束这一小节，这几个恒等式在接下来的应用中起着重要作用.

首先回忆第 2 章中例 1 中的计算，它表明，函数 $e^{-\pi x^2}$ 是它自己的傅里叶变换：

$$\int_{-\infty}^{+\infty} e^{-\pi x^2} e^{-2\pi i x\xi} dx = e^{-\pi\xi^2}.$$

对于任意给定的 $t > 0$ 和 $a \in \mathbf{R}$，在上面的积分中用变量代换 $x \mapsto t^{1/2}(x + a)$ 就能证明函数 $f(x) = e^{-\pi t(x+a)^2}$ 的傅里叶变换是 $\hat{f}(\xi) = t^{-1/2} e^{-\pi\xi^2/t} e^{2\pi i a\xi}$. 对两个函数 f 和 $\hat{f}$（它们都属于函数类 F）应用泊松求和公式得到下面的关系式：

$$\sum_{n=-\infty}^{+\infty} e^{-\pi t(n+a)^2} = \sum_{n=-\infty}^{+\infty} t^{-1/2} e^{-\pi n^2/t} e^{2\pi i n a}. \tag{3}$$

这个恒等式很显然是收敛的. 例如，特例当 $a = 0$ 时，这个变换就是"theta 函数"：如果对于 $t > 0$，定义 ϑ 为级数 $\vartheta(t) = \sum_{n=-\infty}^{+\infty} e^{-\pi n^2 t}$，那么式（3）正好表示为

$$\vartheta(t) = t^{-1/2} \vartheta(1/t), \tag{4}$$

其中 $t > 0$. 这个等式将在第 6 章中用到，用于推导黎曼 zeta 函数的主要泛函方程，而且可以得出黎曼 zeta 函数的解析连续性. 对一般情况 $a \in \mathbf{R}$，将在第 10 章用来确定更普通的一种 Jacobi theta 函数 Θ.

作为泊松求和公式的另一个应用，我们可以回顾第 3 章中的例 3，也就是函数 $1/\cosh\pi x$ 也是它自己的傅里叶变换，即

$$\int_{-\infty}^{+\infty} \frac{e^{-2\pi i x\xi}}{\cosh\pi x} dx = \frac{1}{\cosh\pi\xi}.$$

这就意味着，如果 $t > 0$ 且 $a \in \mathbf{R}$，那么函数 $f(x) = e^{-2\pi i a x}/\cosh(\pi x/t)$ 的傅里叶变换就是 $\hat{f}(\xi) = t/\cosh(\pi(\xi + a)t)$，并且泊松求和公式为

$$\sum_{n=-\infty}^{+\infty} \frac{e^{-2\pi i a n}}{\cosh(\pi n/t)} = \sum_{n=-\infty}^{+\infty} \frac{t}{\cosh(\pi(n+a)t)}. \tag{5}$$

这个定理将用在第 10 章中的二平方定理.

3　Paley-Wiener 定理

这一小节我们转变一下思路：不去假设函数 f 的解析性，而是假设傅里叶反演公式

$$f(x) = \int_{-\infty}^{+\infty} \hat{f}(\xi) e^{2\pi i x\xi} d\xi$$

的正确性，其中，在满足条件 $|f(x)| \leqslant A/(1 + x^2)$ 和 $|\hat{f}(\xi)| \leqslant A'/(1 + \xi^2)$ 时，

$$\hat{f}(\xi) = \int_{-\infty}^{+\infty} f(x) e^{-2\pi i x\xi} dx.$$

关于反演公式在此条件下的证明请读者参见第一册第 5 章.

首先指出，定理 2.1 在局部范围内是可逆的.

定理 3.1　假设函数 $\hat{f}$ 满足衰退条件 $|\hat{f}(\xi)| \leqslant A e^{-2\pi a|\xi|}$，其中常数 $a, A > 0$. 那么对任意的 $0 < b < a$，函数 $f(z)$ 在带形区域 $S_b = \{z \in \mathbf{C} : |\operatorname{Im}(z)| < b|\}$ 上是全纯的，函数 $f(x)$ 是定义在实数集 $\mathbf{R}$ 上的.

证明　定义

$$f_n(z) = \int_{-n}^{n} \hat{f}(\xi) e^{2\pi i \xi z} d\xi,$$

根据第 2 章中的定理 5.4，函数 f_n 是整函数. 并注意到函数 $f(z)$ 在带形区域 S_b 上定义为

$$f(z) = \int_{-\infty}^{+\infty} \hat{f}(\xi) e^{2\pi i \xi z} d\xi,$$

因为在对 $\hat{f}$ 的假设条件下，积分是绝对收敛的，它可以优化为

$$A \int_{-\infty}^{+\infty} e^{-2\pi a|\xi|} e^{2\pi b|\xi|} d\xi,$$

当 $b < a$ 时它是有限的. 并且对于 $z \in S_b$，有

$$|f(z) - f_n(z)| \leqslant A \int_{|\xi| \geqslant n} e^{-2\pi a|\xi|} e^{2\pi b|\xi|} d\xi$$

$$\to 0 \text{ 当 } n \to +\infty,$$

因此序列 $\{f_n\}$ 在 S_b 上一致收敛于 f，这样，根据第 2 章中定理 5.2，上述定理得证.

我们暂时离开主题注意下面的事实.

推论 3.2　如果对某个实数 $a > 0$，函数 $\hat{f}(\xi) = O(e^{-2\pi a|\xi|})$，并且函数 f 在非空开区间内会趋于零，那么 $f = 0$.

因为，根据定理函数 f 在包含实线的区域内是解析的，所以这个推论就是第 2 章中定理 4.8 的推论. 特别地，我们在第一册第 5 章中练习 21 中已经证明了，称函数 f 和 $\hat{f}$ 都没有紧支撑，除非 $f = 0$.

Paley-Wiener 定理比前面的定理更深入，并且它描述出了函数的傅里叶变换的本性，即这些傅里叶变换在给定区间 $[-M, M]$ 上支撑.

定理 3.3　假设函数 f 是连续的，并在实数集 $\mathbf{R}$ 上微减. 那么函数 f 扩充到复平面上是整函数，并且满足 $|f(z)| \leqslant A e^{2\pi M|z|}$，其中 $A > 0$，当且仅当 $\hat{f}$ 在区间 $[-M, M]$ 上是支撑的.

方法很简单，假设 $\hat{f}$ 在区间 $[-M, M]$ 上是支撑的. 那么函数 f 和 $\hat{f}$ 都是微减的，并且傅里叶反演公式表示为

$$f(x) = \int_{-M}^{M} \hat{f}(\xi) e^{2\pi i \xi x} d\xi.$$

因为积分是有界的，我们可以将积分中的变量 x 代换为复变量 z，因此在复数集 $\mathbf{C}$

上定义一个复值函数

$$g(z) = \int_{-M}^{M} \hat{f}(\xi) \, e^{2\pi i \xi x} d\xi.$$

也就是说，当 z 是实数时，$g(z) = f(z)$，并且根据第 2 章定理 5.4 函数 g 是全纯的. 最后，如果 $z = x + \mathrm{i}y$，有

$$|g(z)| \leqslant \int_{-M}^{M} \hat{f}(\xi) \, e^{-2\pi \xi y} d\xi$$
$$\leqslant A e^{2\pi M |z|}.$$

反之，函数 f 扩充到复平面上时是整函数，并且满足 $|f(z)| \leqslant A e^{2\pi M |z|}$（其中 $A > 0$）时，证明稍微复杂些. 首先注意到，如果函数 $\hat{f}$ 在区间 $[-M, M]$ 上支撑，那么函数就是强有界的 $|f(z)| \leqslant A e^{2\pi |y|}$，而不是假设有界 $|f(z)| \leqslant A e^{2\pi |z|}$. 这就要求我们归纳出更强的条件，使得这个强有界成立. 虽然如此，这依然不足以证明结论，因为我们还需要当 $x \to +\infty$ 时的衰退条件（当 $y \neq 0$ 时），由此来确保积分在无穷远处的收敛性. 因此，首先要假设函数 f 具有更好的性质，然后，在每一步的证明中再把附加条件去掉.

第一步，我们首先假设函数 f 在复平面上是全纯的，并满足条件，关于变量 x 是衰退的，关于变量 y 是增长的：

$$|f(x + \mathrm{i}y)| \leqslant A' \frac{e^{2\pi M |y|}}{1 + x^2}. \tag{6}$$

那么在这种强假设的条件下证明如果 $|\xi| > M$，那么 $\hat{f}(\xi) = 0$. 为了证明，首先假设 $\xi > M$，并写出

$$\hat{f}(\xi) = \int_{-\infty}^{+\infty} f(x) \, e^{-2\pi i \xi x} dx$$
$$= \int_{-\infty}^{+\infty} f(x - \mathrm{i}y) \, e^{-2\pi i \xi (x - \mathrm{i}y)} dx \, .$$

这里已经将实轴下移了 $y > 0$ 个单位，如同式（1）中的讨论. 其绝对值是有界的

$$|\hat{f}(\xi)| \leqslant A' \int_{-\infty}^{+\infty} \frac{e^{2\pi M y - 2\pi \xi y}}{1 + x^2} dx$$
$$\leqslant C e^{-2\pi y (\xi - M)}.$$

令 y 趋于无穷大，并因为 $\xi - M > 0$，证明出 $\hat{f}(\xi) = 0$. 类似地可以讨论将实轴上移 $y > 0$ 个单位时，当 $\xi < -M$ 时 $\hat{f}(\xi) = 0$.

第二步，我们弱化条件（6），仅仅是假设函数 f 满足

$$|f(x + \mathrm{i}y)| \leqslant A e^{2\pi M |y|}. \tag{7}$$

在定理中这仍然是个很强的条件，但是比条件（6）弱些. 首先假设 $\xi > M$，对 $\varepsilon > 0$ 考虑下面的辅助函数

$$f_{\varepsilon}(z) = \frac{f(z)}{(1 - \mathrm{i}\varepsilon z)^2}.$$

观察到数量 $1/(1-\mathrm{i}\varepsilon z)^2$ 的绝对值在下半平面（包含实轴）的闭包内小于等于 1，并且当 ε 趋于 0 时它会收敛于 1. 特别地，这就能证明当 $\varepsilon \to 0$ 时，$\hat{f}_\varepsilon(\xi) \to \hat{f}(\xi)$，这是因为

$$|\hat{f}_\varepsilon(\xi) - \hat{f}(\xi)| \leqslant \int_{-\infty}^{+\infty} |f(x)| \left[\frac{1}{(1-\mathrm{i}\varepsilon x)^2} - 1 \right] \mathrm{d}x,$$

再加上函数 f 在实数集 **R** 上微减.

对于任意的 ε，我们有

$$|f_\varepsilon(x+\mathrm{i}y)| \leqslant A'' \frac{\mathrm{e}^{2\pi M |y|}}{1+x^2},$$

因此，根据第一步，通过求 $\varepsilon \to 0$ 时的极限必有 $\hat{f}_\varepsilon(\xi) = 0$，因此 $\hat{f}(\xi) = 0$. 类似地可以讨论 $\xi < -M$ 的情况，这时我们就要在上半平面讨论，并且讨论的因子换为 $1/(1-\mathrm{i}\varepsilon z)^2$.

第三步，要想证明定理，只要证明第二步中的条件（7）成立就足够了. 事实上，只要取出适当的常数，证明对任意的实数 x 满足 $|f(x)| \leqslant 1$，对任意的复数 z 满足 $|f(z)| \leqslant \mathrm{e}^{2\pi M |z|}$，那么就有

$$|f(x+\mathrm{i}y)| \leqslant \mathrm{e}^{2\pi M |y|}.$$

证明此结论需要用到一个很有创意也很有价值的理论，就是 Phragmén 和 Lindelöf 所提出的如何使得函数在各种大的区域上满足最大模原理. 下面我们就来介绍这个特殊的结论.

定理 3.4　假设 F 在扇形区域

$$S = \{z : -\pi/4 < \arg z < \pi/4\}$$

内是全纯函数，且它在 S 的闭包上是连续的. 假设在扇形区域的边界上满足 $|F(z)| \leqslant 1$，并且存在常数 $C, c > 0$ 使得对扇形区域内的所有 z 满足 $|F(z)| \leqslant C\mathrm{e}^{c|z|}$. 那么对任意 $z \in S$，有

$$|F(z)| \leqslant 1$$

换句话说，如果 F 在 S 的边界上有界且界为 1，并且只是有简单的增长，那么 F 在整个区域上都以 1 为界. 通过接下来简单的观察，对函数 F 进行一定的限制是必要的. 考虑函数 $F(z) = \mathrm{e}^{z^2}$. 那么函数在 S 的边界是以 1 为界，但是如果 x 是实数，当 $x \to +\infty$ 时 $F(x)$ 是无界的. 下面给出定理 3.4 的证明.

证明　我们的想法是将函数 e^{z^2} 中的"弊"转化成"利". 简言之，将 e^{z^2} 修改成 e^{z^α}，其中 $\alpha < 2$. 为了简单，我们先令 $\alpha = 3/2$.

如果 $\varepsilon > 0$，令

$$F_\epsilon(z) = F(z)\mathrm{e}^{-\epsilon z^{3/2}}.$$

这里选择对数的主要分支来定义 $z^{3/2}$ 使得如果 $z = r\mathrm{e}^{\mathrm{i}\theta}$（其中 $-\pi < \theta < \pi$），那么 $z^{3/2} = r^{3/2}\mathrm{e}^{3\mathrm{i}\theta/2}$. 因此，$F_\varepsilon$ 在 S 内是全纯的，并且直到 S 的边界都是连续的. 另外，

$$\left| \varepsilon^{-\varepsilon z^{3/2}} \right| = \varepsilon^{-\varepsilon r^{3/2} \cos(3\theta)/2},$$

因为在扇形上 $-\pi/4 < \theta < \pi/4$，所以给出不等式

$$-\frac{\pi}{2} < -\frac{3\pi}{8} < \frac{3\theta}{2} < \frac{3\pi}{8} < \frac{\pi}{2},$$

因此 $\cos(3\theta/2)$ 在扇形上都是正的. 再加上 $|F(z)| \leqslant Ce^{c|z|}$，就能证明当 $|z| \to +\infty$ 时，$F_\varepsilon(z)$ 在闭的扇形内迅速减少，特别地，F_ε 是有界的. 我们有这样的结论，对所有的 $z \in \overline{S}$ 满足 $|F_\varepsilon(z)| \leqslant 1$，其中 $\overline{S}$ 表示 S 的闭包. 为了证明这个结论，我们定义

$$M = \sup_{z \in \overline{S}} |F_\varepsilon(z)|.$$

假设 F 不等于零，令 $\{w_j\}$ 为点列，使得 $|F_\varepsilon(w_j)| \to M$. 因为 $M \neq 0$，且当 $|z|$ 在扇形上逐渐变大时 F_ε 会趋于零，因此 w_j 不能趋于无穷大，并且我们推断出此序列会趋于定点 $w \in \overline{S}$. 根据最大模原理，w 不会是 S 的内点，因此 w 位于 S 的边界上. 但是在边界上首先有假设的 $|F(z)| \leqslant 1$，其次有 $|e^{-\varepsilon z^{3/2}}| \leqslant 1$，所以 $M \leqslant 1$，上面的结论就证明了.

最后，我们可以令 ε 趋于零来推断定理的证明.

关于 Phragmén – Lindelöf 定理的进一步概括会在练习 9 和问题 3 中涉及.

现在我们必须利用这个结论来证明 Paley-Wiener 定理，也就是证明如果 $|f(z)| \leqslant 1$，$|f(z)| \leqslant e^{2\pi M|z|}$，那么 $|f(z)| \leqslant e^{2\pi M|y|}$. 首先，将 Phragmén – Lindelöf 定理中的扇形旋转到第一象限，也就是 $Q = \{z = x + iy: x > 0, y > 0\}$，结论仍然成立. 那么，我们考虑函数

$$F(z) = f(z) e^{2\pi iMz},$$

并注意到函数 F 在正实轴和正虚轴上以 1 为界. 因为在这个象限中 $|F(z)| \leqslant Ce^{c|z|}$，根据 Phragmén – Lindelöf 定理推导出对 Q 中的所有 z 都满足 $|F(z)| \leqslant 1$，这就意味着 $|f(z)| \leqslant e^{2\pi My}$. 类似地可以在其他象限中推导第三步并证明 Paley-Wiener 定理.

在 Paley-Wiener 定理之后，还可以用另一种方法证明，此时，函数的特征是其傅里叶变换对所有的负数 ξ 都等于零.

定理 3.5 假设函数 f 和 $\hat{f}$ 微减. 那么对任意的 $\xi < 0$，$\hat{f}(\xi) = 0$，当且仅当 f 可以延拓成在上半闭平面 $\{z = x + iy : y \geqslant 0\}$ 上的连续有界函数，且 f 本身在其内部是全纯函数.

证明 首先假设对 $\xi < 0$，满足 $\hat{f}(\xi) = 0$. 根据傅里叶反演公式

$$f(x) = \int_0^{+\infty} \hat{f}(\xi) e^{2\pi ix\xi} d\xi,$$

并且，我们根据 $z = x + iy$，$y \geqslant 0$，函数 f 延拓成

$$f(z) = \int_0^{+\infty} \hat{f}(\xi) \, \mathrm{e}^{2\pi \mathrm{i} z \xi} \, \mathrm{d}\xi.$$

注意到，上面的积分是收敛的，并且

$$|f(z)| \leqslant A \int_0^{+\infty} \frac{\mathrm{d}\xi}{1+\xi^2} < +\infty \, ,$$

要证明的就是 f 的有界性. 函数

$$f_n(z) = \int_0^n \hat{f}(\xi) \, \mathrm{e}^{2\pi \mathrm{i} x \xi} \, \mathrm{d}\xi$$

在上半平面的闭包中一致收敛于函数 $f(z)$，其中函数 f 连续，且在上半平面的内部是全纯的.

反过来，考虑定理 3.3 证明的实质. 对 ε 和 δ 取正值时，我们记

$$f_{\varepsilon, \delta}(z) = \frac{f(z + \mathrm{i}\delta)}{(1 - \mathrm{i}\varepsilon z)^2}.$$

那么 $f_{\varepsilon, \delta}$ 在包含上半平面的闭包的区域上是全纯的. 应用柯西定理已经证实，对任意的 $\xi < 0, \hat{f}_{\varepsilon, \delta}(\xi) = 0$. 然后，通过求极限，对于 $\xi < 0$ 的情况满足 $\hat{f}_{\varepsilon, 0}(\xi) = 0$ 最后对任意的 $\xi < 0, \hat{f}(\xi) = \hat{f}_{0, 0}(\xi) = 0$.

注意：读者可能会注意到上述定理与第 3 章中定理 7.1 有些类似. 这里我们讨论的是定义在上半平面的全纯函数，而前面则讨论的是定义在一个圆盘上的全纯函数. 并且，现在讨论的是当 $\xi < 0$ 时，傅里叶变换等于零，而之前讨论的则是当 $n < 0$ 时，傅里叶系数等于零.

4　练习

1. 假设函数 f 连续且微减，且对所有的 $\xi \in \mathbf{R}$ 满足 $\hat{f}(\xi) = 0$. 逐步完成以下证明过程，并最终证明 $f = 0$.

（a）对任意给定的实数 t 考虑两个函数

$$A(z) = \int_{-\infty}^t f(x) \, \mathrm{e}^{-2\pi \mathrm{i} z(x - t)} \, \mathrm{d}x$$

和

$$B(z) = -\int_t^{+\infty} f(x) \, \mathrm{e}^{-2\pi \mathrm{i} z(x - t)} \, \mathrm{d}x.$$

对任意的 $\xi \in \mathbf{R}$，证明：$A(\xi) = B(\xi)$.

（b）证明：若函数 F 在上半平面的闭包内等于函数 A，在下半平面等于 B，那么函数 F 是整的且有界的，当然也是连续的. 事实上，这样的函数 $F = 0$.

（c）推导：对所有 t，

$$\int_{-\infty}^t f(x) \, \mathrm{d}x = 0,$$

并最终推导出 $f = 0$.

2. 如果 $f \in F_a$，其中 $a > 0$，那么对任意的正整数 n，当 $0 \leqslant b < a$ 时，$f^{(n)} \in F_b$.

【提示：参照第 2 章练习 8 的解决方法.】

3. 证明：根据围线积分，如果 $a > 0$ 且 $\xi \in \mathbf{R}$，那么

$$\frac{1}{\pi} \int_{-\infty}^{+\infty} \frac{a}{a^2 + x^2} e^{-2\pi i x \xi} dx = e^{-2\pi a |\xi|},$$

并证明

$$\int_{-\infty}^{+\infty} e^{-2\pi a |\xi|} e^{2\pi i \xi x} d\xi = \frac{1}{\pi} \frac{a}{a^2 + x^2}.$$

4. 假设 Q 至少是 2 阶多项式，且具有不同的根，且不在实轴上. 根据 Q 的根计算积分

$$\int_{-\infty}^{+\infty} \frac{e^{-2\pi i x \xi}}{Q(x)} dx \quad \xi \in \mathbf{R}.$$

当几个根重合时，会怎样？

【提示：分别讨论 $\xi < 0$，$\xi = 0$ 和 $\xi > 0$ 的情况. 应用留数.】

5. 更一般地，令 $R(x) = P(x)/Q(x)$ 是有理函数，其中多项式 Q 的阶数比多项式 R 的阶数至少高两阶，且在实轴上 $Q(x) \neq 0$.

（a）证明：如果 $\alpha_1, \cdots, \alpha_k$ 是 Q 在上半平面的根，那么存在多项式 $P_j(\xi)$，其阶数低于 α_j 的重数，使得当 $\xi < 0$ 时，有

$$\int_{-\infty}^{+\infty} R(x) e^{-2\pi i x \xi} dx = \sum_{j=1}^{k} P_j(\xi) e^{-2\pi i \alpha_j \xi},$$

（b）特别地，如果函数 $Q(z)$ 在上半平面没有零点，那么对 $\xi < 0$ 有

$$\int_{-\infty}^{+\infty} R(x) e^{-2\pi i x \xi} dx = 0.$$

（c）当 $\xi > 0$ 时，证明类似的结论.

（d）证明：

$$\int_{-\infty}^{+\infty} R(x) e^{-2\pi i x \xi} dx = O(e^{-a|\xi|}) \quad \xi \in \mathbf{R},$$

其中，$a > 0$ 是某个常数，并令 $|\xi| \to +\infty$. 最好根据 R 的根定义常数 a.

【提示：部分（a）用留数. 当函数 $f(z) = R(z) e^{-2\pi i z \xi}$ 求微分时 ξ 会出现（如同上一章中定理 1.4 中的公式）. 对于部分（c）在下半平面讨论.】

6. 证明：当 $a > 0$ 时，有

$$\frac{1}{\pi} \sum_{n=-\infty}^{+\infty} \frac{a}{a^2 + n^2} = \sum_{n=-\infty}^{+\infty} e^{-2\pi a |n|},$$

因此证明和式等于 $\coth \pi a$.

7. 泊松求和公式可以应用于一些特殊的例子，这些例子通常可以提供一些有趣的等式.

（a）令 τ 是个定值，其中 $\mathrm{Im}(\tau) > 0$. 对函数

$$f(z) = (\tau + z)^{-k}$$

应用泊松求和公式，其中 k 是个整数，大于等于 2，则获得等式

$$\sum_{n=-\infty}^{+\infty} \frac{1}{(\tau+n)^k} = \frac{(-2\pi i)^k}{(k-1)!} \sum_{m=1}^{+\infty} m^{k-1} e^{2\pi im\tau}.$$

（b）在上面公式中，令 $k=2$，证明：如果 $\operatorname{Im}(\tau) > 0$，那么

$$\sum_{n=-\infty}^{+\infty} \frac{1}{(\tau+n)^2} = \frac{\pi^2}{\sin^2(\pi\tau)}.$$

（c）推导当 τ 是任意复数而不是整数时上述等式是否依然成立？

【提示：对于（a）可以应用留数，当 $\xi < 0$ 时 $\hat{f}(\xi) = 0$，当 $\xi > 0$ 时，$\hat{f}(\xi) = \dfrac{(-2\pi i)^k}{(k-1)!} \xi^{k-1} e^{2\pi i\xi\tau}.$】

92

8. 假设 $\hat{f}$ 在区间 $[-M, M]$ 内具有紧支撑，并令 $f(z) = \displaystyle\sum_{n=0}^{+\infty} a_n z^n$．证明：

$$a_n = \frac{(2\pi i)^n}{n!} \int_{-M}^{M} \hat{f}(\xi) \xi^n d\xi,$$

由此推出

$$\lim_{n \to +\infty} \sup(n! \,|a_n|)^{1/n} \leqslant 2\pi M.$$

反过来，令 f 是任意幂级数 $f(z) = \displaystyle\sum_{n=0}^{+\infty} a_n z^n$，且满足 $\displaystyle\lim_{n \to +\infty} \sup(n!\,|a_n|)^{1/n} \leqslant 2\pi M.$ 那么，f 在复平面上是全纯的，并且，对任意的 $\varepsilon > 0$，存在 $A_\varepsilon > 0$ 使得

$$|f(z)| \leqslant A_\varepsilon e^{2\pi(M+\varepsilon)|z|}.$$

9. 此问题是类似于 Phragmén-Lindelöf 定理的进一步结论．

（a）令 F 是定义在右半平面上的全纯函数，并且可以延拓到其边界，即虚轴上．假设对任意的 $y \in \mathbf{R}$ 都有 $|F(iy)| \leqslant 1$，那么

$$|F(z)| \leqslant Ce^{c|z|^\gamma},$$

其中 $c, C > 0, \gamma < 1$．证明：在整个右半平面上，对所有的 z 满足 $|F(z)| \leqslant 1$．

（b）更一般地，令 S 是扇形区域，顶点在原点，顶角为 π/β．令 F 是定义在 S 上的全纯函数，且在 S 的闭包上连续，从而在 S 的边界上 $|F(z)| \leqslant 1$，并且对任意 $z \in S$，有

$$|F(z)| \leqslant Ce^{c|z|^\alpha},$$

其中 $c, C > 0, 0 < \alpha < \beta$．证明：对任意 $z \in S$，$|F(z)| \leqslant 1$．

10. 我们知道，函数 $e^{-\pi x^2}$ 本身就是它的傅里叶变换，根据这一点，此练习概括了该函数的几个性质．

假设 $f(z)$ 是整函数，且满足

$$|f(x+iy)| \leqslant ce^{-ax^2+by^2},$$

其中 $a, b, c > 0$．令

$$\hat{f}(\zeta)=\int_{-\infty}^{+\infty}f(x)\mathrm{e}^{-2\pi\mathrm{i}x\zeta}\,\mathrm{d}x.$$

那么，$\hat{f}$ 是关于变量 ζ 的整函数，满足

$$|\hat{f}(\xi+\mathrm{i}\eta)|\leqslant c'\mathrm{e}^{-a'\xi^2+b'\eta^2},$$

其中 $a',b',c'>0$.

【提示：证明如果假设 $\xi>0$，那么 $\hat{f}(\xi)=O(\mathrm{e}^{-a'\xi^2})$，并对于固定的 $y>0$，将积分周线改为 $x-\mathrm{i}y$，并且 $-\infty<x<+\infty$. 那么

$$\hat{f}(\xi)=O(\mathrm{e}^{-2\pi y\xi}\mathrm{e}^{by^2}).$$

最后，选择 $y=d\xi$，其中 d 是很小的常量.】

11. 通过证明下面的事实，可以得到比练习 10 中更工整的公式.

假设 $f(z)$ 是二阶的整函数，也就是说

$$f(z)=O(\mathrm{e}^{c_1|z|^2}),$$

其中 $c_1>0$. 假设 x 为实数时，有

$$f(x)=O(\mathrm{e}^{-c_2|x|^2}),$$

其中 $c_2>0$. 那么

$$|f(x+\mathrm{i}y)|=O(\mathrm{e}^{-ax^2+by^2}),$$

其中 $a,b>0$. 反之显然也是正确的.

12. 一个函数和它的傅里叶变换在无穷远处不能同时很小，这个原则将由下面讨论的 Hardy 定理给出.

如果 f 是定义在实数集 $\mathbf{R}$ 上的函数，满足

$$f(x)=O(\mathrm{e}^{-\pi x^2})\text{ 和 }\hat{f}(\xi)=O(\mathrm{e}^{-\pi\xi^2}),$$

那么，f 是函数 $\mathrm{e}^{-\pi x^2}$ 的常数倍. 结果，如果 $f(x)=O(\mathrm{e}^{-\pi Ax^2})$，并且 $\hat{f}(\xi)=O(\mathrm{e}^{-\pi B\xi^2})$，其中 $AB>1$，且 A，$B>0$，那么函数 f 恒等于零.

（a）如果 f 是偶函数，证明：$\hat{f}$ 延拓成偶的整函数. 并且，如果 $g(z)=\hat{f}(z^{1/2})$，那么 g 满足

$$|g(x)|\leqslant c\mathrm{e}^{-\pi x}\text{ 和 }|g(z)|\leqslant c\mathrm{e}^{\pi R\sin^2(\theta/2)}\leqslant c\mathrm{e}^{\pi|z|},$$

其中 $x\in\mathbf{R}$ 且 $z=R\mathrm{e}^{\mathrm{i}\theta}$，$R\geqslant0$，$\theta\in\mathbf{R}$.

（b）将 Phragmén-Lindelöf 原则应用于函数

$$F(z)=g(z)\mathrm{e}^{\gamma z},$$

其中，

$$\gamma=\mathrm{i}\pi\frac{\mathrm{e}^{-\mathrm{i}\pi/(2\beta)}}{\sin\pi/(2\beta)},$$

并且扇形 $0\leqslant\theta\leqslant\pi/\beta<\pi$，并且令 $\beta\to\pi$ 推出 $\mathrm{e}^{\pi z}g(z)$ 在上半平面的闭包中是有界的. 此结论在下半平面中也适用，因此，根据 Liouville 定理，$\mathrm{e}^{\pi z}g(z)$ 是常数.

（c）如果 f 是奇函数，那么 $\hat{f}(0)=0$，并对函数 $\hat{f}(z)/z$ 应用上面的讨论可以推断出 $f=\hat{f}=0$. 最后，任意的函数 f 都可以适当地写成一个偶函数和一个奇函数之和.

5　问题

1. 假设当 $|\xi|\to+\infty$ 时，$\hat{f}(\xi)=O(\mathrm{e}^{-a|\xi|^p})$，其中 $p>1$. 对所有的 z，函数 f 是全纯的，并满足增长条件

$$|f(z)|\leqslant A\mathrm{e}^{a|z|^q},$$

其中 $1/p+1/q=1$.

注意到，一方面当 $p\to+\infty$ 时 $q\to1$，这个极限情况可以由定理 3.3 解释；另一方面，当 $p\to1$ 时 $q\to+\infty$，这种情况参看定理 2.1 即可.

【提示：证明上面的结论要用到不等式 $-\xi^p+\xi u\leqslant u^q$，其中 ξ 和 u 都是非负的. 证明这个不等式要分别讨论 $\xi^p\geqslant\xi u$ 和 $\xi^p<\xi u$ 两种情况；同时我们注意到，函数 $\xi=u^{q-1}$ 和 $u=\xi^{p-1}$ 互为反函数，因为 $(p-1)(q-1)=1$.】

2. 此问题旨在求解微分方程

$$a_n\frac{\mathrm{d}^n}{\mathrm{d}t^n}u(t)+a_{n-1}\frac{\mathrm{d}^{n-1}}{\mathrm{d}t^{n-1}}u(t)+\cdots+a_0u(t)=f(t),$$

其中 $a_0,a_1,\cdots,a_n$ 都是复常数，f 是给定的函数. 这里我们假设 f 是有界支撑函数，且光滑（属于 C^2 类）.

（a）令

$$\hat{f}(z)=\int_{-\infty}^{+\infty}f(t)\mathrm{e}^{-2\pi izt}\mathrm{d}t.$$

注意到 $\hat{f}$ 是整函数，并利用积分证明对任意给定的 $a\geqslant0$，如果 $|y|\leqslant a$，那么

$$|\hat{f}(x+\mathrm{i}y)|\leqslant\frac{A}{1+x^2}.$$

（b）写出

$$P(z)=a_n(2\pi\mathrm{i}z)^n+a_{n-1}(2\pi\mathrm{i}z)^{n-1}+\cdots+a_0.$$

寻找实数 c 使得函数 $P(z)$ 在直线

$$L=\{z:z=x+\mathrm{i}c,x\in\mathbf{R}\}$$

上不等于零.

（c）记

$$u(t)=\int_L\frac{\mathrm{e}^{2\pi izt}}{P(z)}\hat{f}(z)\mathrm{d}z.$$

验证：

$$\sum_{j=0}^n a_j\left(\frac{\mathrm{d}}{\mathrm{d}t}\right)^j u(t)=\int_L\mathrm{e}^{2\pi izt}\hat{f}(z)\mathrm{d}z$$

且

$$\int_L e^{2\pi i z t}\hat{f}(z)\,\mathrm{d}z = \int_{-\infty}^{+\infty} e^{2\pi i x t}\hat{f}(z)\,\mathrm{d}x.$$

根据傅里叶反演定理推导出

$$\sum_{j=0}^{n} a_j\left(\frac{\mathrm{d}}{\mathrm{d}t}\right)^j u(t) = f(t).$$

注意到解 u 依赖于 c 的选择.

3.* 这个问题里，我们研究定义在带形区域上的有界全纯函数的一些表现. 这里所描述的特殊的结果有时也称为三线引理.

（a）假设 $F(z)$ 在带形区域 $0 < \mathrm{Im}(z) < 1$ 上是全纯有界的，且在其闭包上连续. 如果在边界线上 $|F(z)| \leqslant 1$，那么在整个带形区域上 $|F(z)| \leqslant 1$.

（b）对于更一般的 F，令 $\sup_{x\in\mathbf{R}}|F(x)| = M_0$，且 $\sup_{x\in\mathbf{R}}|F(x+\mathrm{i})| = M_1$. 那么，

$$\sup_{x\in\mathbf{R}}|F(x+\mathrm{i}y)| \leqslant M_0^{1-y}M_1^{y} \quad 0\leqslant y\leqslant 1.$$

（c）作为推论，证明：当 $0\leqslant y\leqslant 1$ 时，$\log\sup_{x\in\mathbf{R}}|F(x+\mathrm{i}y)|$ 是关于 y 的凸函数.

【提示：对部分（a），对函数 $F_\varepsilon(z) = F(z)e^{-\varepsilon z^2}$ 应用最大模原理. 对部分（b），考虑 $M_0^{z-1}M_1^{-z}F(z)$.】

95

4.* Paley-Wiener 定理与早期的 E. Borel 的观点之间存在联系.

（a）函数 $f(z)$，对所有的 z 是全纯的，对所有的 ε 满足 $|f(z)| \leqslant A_\varepsilon e^{2\pi(M+\epsilon)|z|}$，当且仅当它可以写成以下形式

$$f(z) = \int_C e^{2\pi i z w}g(w)\,\mathrm{d}w,$$

其中 g 是全纯函数，定义在以 M 为半径，原点为中心的圆周之外，并且在无穷远处 g 趋于零. 这里 C 是圆心在原点半径大于 M 的任意圆周. 事实上，如果 $f(z) = \sum a_n z^n$，那么 $g(w) = \sum_{n=0}^{+\infty} A_n w^{-n-1}$，其中 $a_n = A_n(2\pi i)^{n+1}/n!$.

（b）下面是与定理 3.3 的联系. 对这些函数 f（f 和 $\hat{f}$ 在实轴上都是微减的），可以断言，上述的函数 g 在更大的区域上是全纯的，这个大区域是由有缝平面 $\mathbf{C}-[-M,M]$ 构成. 同时，函数 g 和傅里叶变换 $\hat{f}$ 的关系是

$$g(z) = \frac{1}{2\pi i}\int_{-M}^{M}\frac{\hat{f}(\xi)}{\xi-z}\,\mathrm{d}\xi,$$

所以说 $\hat{f}$ 相当于函数 g 穿过区间 $[-M,M]$ 时突然跳动，也就是说，

$$\hat{f}(x) = \lim_{\varepsilon\to 0,\varepsilon>0} g(x+\mathrm{i}\varepsilon) - g(x-\mathrm{i}\varepsilon).$$

参见第 3 章问题 5.

第5章 整 函 数

在这一章，将研究定义在整个复平面上的全纯函数，就是所谓的整函数. 我们的着眼点将围绕以下三个问题进行.

1. 这样的函数在什么时候会趋于零？很显然，它的充分必要条件是如果 $\{z_n\}$ 是复平面上的任意序列，且该序列在复数集 $\mathbf{C}$ 内没有极限点，那么就存在整函数使得它在序列中的点处刚好等于零. 想要得到这个整函数，就要借助于关于 $\sin\pi z$ 的欧拉求积公式（原型案例就是当 $\{z_n\}$ 是整数时），但是，还要加一个辅助条件：Weierstrass 典范函子.

2. 这样的函数在无穷远处如何增长？这个事实源于一个重要原则：函数越大，其零点越多. 这个原则可以由多项式函数为例得到简单的证明. 根据代数学的基本定理，d 阶多项式函数 P 的零点个数刚好是 d 个，也就是说，阶数越高，函数越大，零点个数越多. 并且多项式函数 P 也是成指数型增长的，也就是，当 $R\to+\infty$ 时，

$$\sup_{|z|=R}|P(z)|\approx R^d.$$

这个一般性原则的合理解释可以包含在 Jensen 公式中，此公式将在第 1 小节证明. 且此公式是本章很多定理的核心，它证明了圆盘上的函数的零点个数与函数在圆环上的（对数）平均值之间的深刻联系. 事实上，Jensen 公式不但为我们的研究起了个好头，而且还能推导出内容丰富的值分布定理，此定理被称为 Nevanlinna 定理（这里我们并没有提到此定理）.

3. 这些函数从多大程度上被它的零点所确定？它证明了如果整函数具有有限

阶（指数型）增长，那么这个整函数就可以由它的零点再加上与一个简单因子相乘所确定．这个命题描述的是 Hadamard 因子分解定理的内容．这个命题也可以看作是一般原则的又一个例子，而且，它已在第 3 章中详细地阐述了，也就是，在合适的条件下，全纯函数必然会由它的零点所决定．

1 Jensen 公式

在这一小节中，我们分别用 D_R 和 C_R 表示以原点为中心，R 为半径的开圆盘和圆周．并且，在本章的最后，我们将排除那些恒等于零的（使得函数毫无价值的）情况．

定理 1.1 令 Ω 表示包含圆盘 D_R 的闭包的开集，并假设函数 f 在 Ω 上是全纯的，$f(0) \neq 0$，且在圆周 C_R 上都不等于零．如果 $z_1, \cdots, z_N$ 表示函数 f 在圆盘内的零点（包含零元的重数）$^{\ominus}$，那么

$$\log|f(0)| = \sum_{k=1}^{N} \log\left(\frac{|z_k|}{R}\right) + \frac{1}{2\pi} \int_0^{2\pi} \log|f(Re^{i\theta})| \, d\theta. \tag{1}$$

此定理的证明包含几个步骤．

第一步，首先注意到，如果 f_1 和 f_2 是满足假设的两个函数，且满足定理的结论，那么两个函数的乘积 $f_1 f_2$ 同样满足定理的假设和公式（1）．这一点可以根据 $\log xy = \log x + \log y$ 简单地推导出来，其中 x 和 y 是正数．并且函数 $f_1 f_2$ 的零点是函数 f_1 和 f_2 的零点之和．

第二步，函数

$$g(z) = \frac{f(z)}{(z - z_1) \cdots (z - z_N)}$$

定义在 $\Omega - \{z_1, \cdots, z_N\}$ 上，该函数在每个 z_j 附近有界．因此，每个 z_j 都是可去奇点，那么函数可以表达为

$$f(z) = (z - z_1) \cdots (z - z_N) g(z),$$

其中 g 在 Ω 上是全纯的，并且在 D_R 的闭包上没有零点．根据第一步，就足以证明函数 g 满足 Jensen 公式，形如 $z - z_j$ 的函数也满足 Jensen 公式．

第三步，首先证明在 D_R 的闭包上没有零点的函数 g 满足式（1）．进一步，我们必须令下面的等式成立，

$$\log|g(0)| = \frac{1}{2\pi} \int_0^{2\pi} \log|g(Re^{i\theta})| \, d\theta.$$

在一个稍微大点的圆盘上记 $g(z) = e^{h(z)}$，其中 h 在圆盘上是全纯的．这可能是因为圆盘是单连通的，且可以定义 $h = \log g$（见第 3 章定理 6.2）．现在我们注意到

$\ominus$　就是说每个零点出现的次数称为该零点的重数．

$$|g(z)| = |e^{h(z)}| = |e^{\text{Re}(h(z)) + i\text{Im}(h(z))}| = e^{\text{Re}(h(z))}$$

使得 $|g(z)| = \text{Re}(h(z))$. 再根据平均值性质（第 3 章的命题 7.3）就可以证明函数 g 满足式（1）.

第四步，最后一步来证明函数形如 $f(z) = z - w$ 满足式（1），其中 $w \in D_R$. 也就是要证明

$$\log|w| = \log\left(\frac{|w|}{R}\right) + \frac{1}{2\pi}\int_0^{2\pi}\log|Re^{i\theta} - w|\,d\theta.$$

因为 $\log(|w|/R) = \log|w| - \log R$，$\log|Re^{i\theta} - w| = \log R + \log|e^{i\theta} - w/R|$，只要证明当 $|a| < 1$ 时，有

$$\int_0^{2\pi}\log|e^{i\theta} - a|\,d\theta = 0$$

即可. 这等价于当 $|a| < 1$ 时，

$$\int_0^{2\pi}\log|1 - ae^{i\theta}|\,d\theta = 0,$$

这里只要进行变量代换 $\theta \mapsto -\theta$ 就可以了.

为了证明它，应用函数 $F(z) = 1 - az$，此函数在单位圆盘的闭包中没有零点. 作为一个推论，在半径略大于 1 的圆盘中存在全纯函数 G 使得 $F(z) = e^{G(z)}$，那么 $|F| = e^{\text{Re}(G)}$，因此 $\log|F| = \text{Re}(G)$. 因为 $F(0) = 1$，所以 $\log|F(0)| = 0$，并且调和函数 $\log|F(z)|$ 应用平均值性质（第 3 章中命题 7.3）就能证明定理.

Jensen 公式可以推导出全纯函数的增长与其在一个圆盘中的零元的个数之间联系的恒等式. 如果 f 是定义在圆盘 D_R 的闭包内的全纯函数，记 $n(r)$（或者当问题中需要指出函数时用 $n_f(r)$ 表示）表示函数 f 在圆盘 D_r 中的零元个数（包括零元的重数），其中 $0 < r < R$. 注意到，$n(r)$ 是关于变量 r 的非减函数，这一点既简单又有用.

可以肯定，如果 $f(0) \neq 0$，且 f 在圆周 C_R 上不为零，那么

$$\int_0^R n(r)\frac{dr}{r} = \frac{1}{2\pi}\int_0^{2\pi}\log|f(Re^{i\theta})|\,d\theta - \log|f(0)|. \tag{2}$$

这个公式可以由 Jensen 等式和下面的引理直接证明.

引理 1.2　如果 $z_1, \cdots, z_N$ 是 f 在圆盘 D_R 内的零元，那么

$$\int_0^R n(r)\frac{dr}{r} = \sum_{k=1}^N \log\left|\frac{R}{z_k}\right|.$$

证明　首先我们有

$$\sum_{k=1}^N \log\left|\frac{R}{z_k}\right| = \sum_{k=1}^N \int_{|z_k|}^R \frac{dr}{r}.$$

如果我们定义特征函数

$$\eta_k(r) = \begin{cases} 1 & r > |z_k|, \\ 0 & r \leqslant |z_k|, \end{cases}$$

那么 $\sum\limits_{k=1}^{N}\eta_k(r)=n(r)$，且引理可以由公式

$$\sum_{k=1}^{N}\int_{|z_k|}^{R}\frac{\mathrm{d}r}{r}=\sum_{k=1}^{N}\int_{0}^{R}\eta_k(r)\frac{\mathrm{d}r}{r}=\int_{0}^{R}\left(\sum_{k=1}^{N}\eta_k(r)\right)\frac{\mathrm{d}r}{r}=\int_{0}^{R}n(r)\frac{\mathrm{d}r}{r}$$

证明.

2　有限阶函数

令 f 是整函数. 如果存在正数 ρ 和常数 $A,B>0$ 使得对任意的 $z\in\mathbf{C}$ 满足

$$|f(z)|\leqslant Ae^{B|z|^{\rho}},$$

那么我们说函数 f 的增长阶小于等于 ρ. 我们定义 f 的增长阶为

$$\rho_f=\inf\rho,$$

其中关于 $\rho>0$ 的下确界就能保证 f 的增长阶小于等于 ρ.

例如，函数 e^{z^2} 的增长阶为 2.

定理 2.1　如果 f 是增长阶 $\leqslant\rho$ 的整函数，那么

（ⅰ）对常数 $C>0$ 和任意足够大的 r，满足 $n(r)\leqslant Cr^{\rho}$.

（ⅱ）如果 $z_1,z_2,\cdots$ 表示 f 的零元，并且 $z_k\neq0$，那么对任意 $s>\rho$ 我们有

$$\sum_{k=1}^{+\infty}\frac{1}{|z_k|^{s}}<+\infty.$$

证明　当 $f(0)\neq0$ 时，只要对 $n(r)$ 进行估值就足够证明定理了. 事实上，考虑函数 $F(z)=f(z)/z^l$，其中 ℓ 表示函数 f 在区域内零元的个数. 那么 $n_f(r)$ 和 $n_F(r)$ 仅仅差一个常数，并且 F 的增长阶小于等于 ρ.

如果 $f(0)\neq0$ 应用式（2），也就是

$$\int_{0}^{R}n(x)\frac{\mathrm{d}x}{x}=\frac{1}{2\pi}\int_{0}^{2\pi}\log|f(Re^{i\theta})|\,\mathrm{d}\theta-\log|f(0)|.$$

选择 $R=2r$，这个公式就意味着

$$\int_{r}^{2r}n(x)\frac{\mathrm{d}x}{x}\leqslant\frac{1}{2\pi}\int_{0}^{2\pi}\log|f(Re^{i\theta})|\,\mathrm{d}\theta-\log|f(0)|.$$

一方面，因为 $n(r)$ 是增长的，我们有

$$\int_{r}^{2r}n(x)\frac{\mathrm{d}x}{x}\geqslant n(r)\int_{r}^{2r}\frac{\mathrm{d}x}{x}=n(r)[\log2r-\log r]=n(r)\log2,$$

另一方面，f 的增长条件给出

$$\int_{0}^{2\pi}\log|f(Re^{i\theta})|\,\mathrm{d}\theta\leqslant\int_{0}^{2\pi}\log|Ae^{BR^{\rho}}|\,\mathrm{d}\theta\leqslant C'r^{\rho},$$

其中 r 是任意大数. 因此对某个合适的常数 $C>0$ 和足够大的数 r 就满足 $n(r)\leqslant Cr^{\rho}$.

下面的估值用来证明定理的第二部分.

$$\sum_{|z_k|\geqslant 1}|z_k|^{-s}=\sum_{j=0}^{+\infty}\Big(\sum_{2^j\leqslant|z_k|<2^{j+1}}|z_k|^{-s}\Big)$$

$$\leqslant\sum_{j=0}^{+\infty}2^{-js}n(2^{j+1})$$

$$\leqslant c\sum_{j=0}^{+\infty}2^{-js}2(j+1)\rho$$

$$\leqslant c'\sum_{j=0}^{+\infty}(2^{\rho-s})^j$$

$$<+\infty.$$

因为 $s>\rho$，所以上式中最后的级数是收敛的.

定理的（ii）部分是一个值得注意的事实，将在本章的下一小节中用到.

这里可以给出定理的两个简单例子，每个例子都没有得到改善，必须要满足条件 $s>\rho$.

例 1 考虑函数 $f(z)=\sin\pi z$. 回顾欧拉公式，也就是

$$f(z)=\frac{e^{i\pi z}-e^{-i\pi z}}{2i},$$

这也就意味着 $|f(z)|\leqslant e^{\pi|z|}$，并且 f 的增长阶 $\leqslant 1$. 只要令 $z=ix$，其中 $x\in\mathbf{R}$，很明显函数 f 的增长阶刚好等于 1. 但是在每个整数 $z=n$ 点处函数 f 都为零，并且当 $s>1$ 时 $\sum_{n\neq 0}1/|n|^s<+\infty$.

例 2 考虑函数 $f(z)=\cos z^{1/2}$，其级数定义为

$$\cos z^{1/2}=\sum_{n=0}^{+\infty}(-1)^n\frac{z^n}{(2n)!}.$$

那么 f 是整函数，并且很容易看到

$$|f(z)|\leqslant e^{|z|},$$

且函数 f 的增长阶是 $1/2$. 此外，当 $z_n=((n+1/2)\pi)^2$ 时 $f(z)=0$，同时当 $s>1/2$ 时，$\sum_n 1/|z_n|^s<+\infty$.

很实际的问题是，是否对任意复数列 $z_1,z_2,\cdots$ 总存在整函数 f 恰好以该序列中的点为零元. 其中，一个必要条件是序列 $z_1,z_2,\cdots$ 是不可积的，也就是说

$$\lim_{k\to+\infty}|z_k|=+\infty,$$

否则，根据第 2 章定理 4.8，函数 f 会恒等于零. Weierstrass 已经证明此条件亦是充分条件，只要构造合适的函数，使函数刚好具有指定的零点即可. 首先构造以下乘积形式的函数

$$(z-z_1)(z-z_2)\cdots,$$

当零元序列是有限个时，上面的这个特例就提供了一种解决问题的方法. 通常，

Weierstrass 表明如何在上面的乘积中插入因子以保证序列是收敛的，但是又不会引入新的零点.

在一般性构造函数之前，我们先来回顾无穷乘积并研究一个基本案例.

3 无穷乘积

3.1 一般性

给出复数序列 $\{a_n\}_{n=1}^{+\infty}$，我们说乘积

$$\prod_{n=1}^{+\infty} (1 + a_n)$$

是收敛的，只要部分乘积的极限

$$\lim_{N \to +\infty} \prod_{n=1}^{N} (1 + a_n)$$

存在.

下面的命题是保证乘积存在的必要条件.

命题 3.1 如果 $\sum |a_n| < +\infty$，那么乘积 $\prod_{n=1}^{+\infty}(1 + a_n)$ 是收敛的. 并且，当且仅当其中一个因子为零时该乘积会收敛于零.

这就是第一册中第 8 章命题 1.9，下面重述这个证明.

证明 如果 $\sum |a_n|$ 收敛，那么对任意足够大的整数 n 必有 $|a_n| < 1/2$. 如果有必要可以忽略有限项，我们可以假设对所有的 n 不等式成立. 特别地，我们可以用通常的幂级数定义 $\log (1 + a_n)$（见第 3 章式 (6)），并且此对数只要 $|z| < 1$ 就满足 $1 + z = \mathrm{e}^{\log(1+z)}$. 因此，我们可以将部分乘积写成

$$\prod_{n=1}^{N} (1 + a_n) = \prod_{n=1}^{N} \mathrm{e}^{\log(1 + a_n)} = \mathrm{e}^{B_N},$$

其中 $B_n = \sum_{n=1}^{N} b_n$，而 $b_n = \log(1 + a_n)$. 根据幂级数展开知道，如果 $|z| < 1/2$，那么 $|\log (1 + z)| \leqslant 2|z|$. 因此，$|b_n| \leqslant 2|a_n|$，当 $N \to +\infty$ 时，B_N 收敛于复数，记为 B. 又因为指数函数是连续的，所以推断出当 $N \to +\infty$ 时，e^{B_N} 收敛于 e^B，这就证明了命题的第一个结论. 同时注意到，如果对所有的 n 都有 $1 + a_n \neq 0$，那么，乘积就收敛于非零极限，因为极限值可以表达成 e^B.

更一般地，可以考虑全纯函数的乘积.

命题 3.2 假设 $\{F_n\}$ 是定义在开集 Ω 内的全纯函数序列. 如果存在常数 $c_n > 0$ 使得对任意的 $z \in \Omega$ 满足

$$\sum c_n < +\infty \quad \text{和} \quad |F_n(z) - 1| \leqslant c_n,$$

那么，有

（ⅰ）乘积 $\prod\limits_{n=1}^{+\infty} F_n(z)$ 在 Ω 内一致收敛于全纯函数 $F(z)$.

（ⅱ）如果 $F_n(z)$ 对任意的 n 都不会为零，那么

$$\frac{F'(z)}{F(z)} = \sum_{n=1}^{+\infty} \frac{F'_n(z)}{F_n(z)}.$$

证明　先证明第一部分，注意到对任意的 z 可以按照前一个命题的讨论，记 $F_n(z) = 1 + a_n(z)$，其中 $|a_n(z)| \leqslant c_n$. 那么，这个估值对于 z 是一致成立的，因为 c_n 是连续的. 因此，这个乘积一致收敛于一个全纯函数，记这个函数为 $F(z)$.

下面证明定理的第二部分. 假设 K 是 Ω 内的紧子集，并令

$$G_N(z) = \sum_{n=1}^{N} F_n(z).$$

我们已经证明了在 Ω 上 $G_n \to F$ 是一致的，因此根据第 2 章中的定理 5.3，序列 $\{G'_N\}$ 在 K 上一致收敛于 F'. 因为 G_N 在 K 上是一致有界的，可以推导出在 K 上 $G'_N/G_N \to F'/F$ 是一致的. 又因为 K 是 Ω 中的任意紧子集，则 Ω 中的任意点极限都存在. 此外，如同第 3 章第 4 小节中看到的那样，

$$\frac{G'_N}{G_N} = \sum_{n=1}^{N} \frac{F'_n}{F_n},$$

因此，该定理的第二部分也得到了证明.

3.2　例子　正弦函数的乘积公式

在应用 Weierstrass 乘积的一般理论之前，我们先来考虑下面这个关键的例子，就是关于正弦函数的乘积公式

$$\frac{\sin \pi z}{\pi} = z \prod_{n=1}^{+\infty} \left(1 - \frac{z^2}{n^2}\right). \tag{3}$$

这个等式来源于余切函数的求和公式（$\cot \pi z = \cos \pi z / \sin \pi z$），即

$$\pi \cot \pi z = \sum_{n=-\infty}^{+\infty} \frac{1}{z+n} = \lim_{N \to +\infty} \sum_{|n| \leqslant N} \frac{1}{z+n} = \frac{1}{z} + \sum_{n=1}^{+\infty} \frac{2z}{z^2 - n^2}. \tag{4}$$

第一个公式对所有的复数 z 都满足，而第二个公式则要求当 z 不能是整数时成立. 要对求和 $\sum\limits_{-\infty}^{+\infty} \frac{1}{z+n}$ 有恰当的理解，如果将和式平分为两部分，一部分的 n 是正的，另一部分是负的，那么两部分将都不收敛. 只有将两部分极限 $\lim\limits_{N \to +\infty} \sum\limits_{|n| \leqslant N} \frac{1}{z+n}$ 抵消，才能保证同上面式（4）中的级数那样是收敛的.

要证明式（4）不但要用函数 $\pi \cot \pi z$，还要用到级数具有一样的结构性质. 事实上，注意到，如果设 $F(z) = \pi \cot \pi z$，那么函数 F 具有下列性质：

（ⅰ）当 z 不是整数时 $F(z+1) = F(z)$；

（ⅱ）$F(z)=\dfrac{1}{z}+F_0(z)$，其中 F_0 在 0 附近是解析的；

（ⅲ）$F(z)$ 在整数处取得单极点，并且没有其他的奇点. 那么，我们注意到函数

$$\sum_{n=-\infty}^{+\infty}\frac{1}{z+n}=\lim_{N\to+\infty}\sum_{|n|\leqslant N}\frac{1}{z+n}$$

也同样满足上述三个性质. 事实上，性质（ⅰ）很简单，通过观察发现，从 z 到 $z+1$ 仅仅是将无穷和中的项推移了一项而已. 简言之

$$\sum_{|n|\leqslant N}\frac{1}{z+1+n}=\frac{1}{z+1+N}-\frac{1}{z-N}+\sum_{|n|\leqslant N}\frac{1}{z+n}.$$

令 N 趋于无穷大来证明性质（ⅰ）. 性质（ⅱ）和性质（ⅲ）也是很明显的，因为和可以表达成 $\dfrac{1}{z}+\displaystyle\sum_{n=1}^{+\infty}\frac{2z}{z^2-n^2}$.

因此，函数定义为

$$\Delta(z)=F(z)-\sum_{n=-\infty}^{+\infty}\frac{1}{z+n},$$

其是周期的，因为 $\Delta(z+1)=\Delta(z)$，并且根据性质（ⅱ），Δ 在原点处的奇点是可去的，另外，根据周期性，它在任何整数处的奇点也都是可去的，这就是说 Δ 是整函数.

要证明我们的公式，只要证明函数 Δ 在复平面上是有界的就足够了. 根据上面的周期性，只要在带形区域 $|\mathrm{Re}(z)|\leqslant 1/2$ 内证明就可以. 这是因为任意的 $z'\in\mathbf{C}$，都可以写成 $z'=z+k$ 的形式，其中 z 在带形区域内，k 是一个整数. 因为 Δ 是全纯的，它在矩形区域 $|\mathrm{Im}(z)|\leqslant 1$ 上是有界的，我们只要控制 $|\mathrm{Im}(z)|>1$ 时的函数表现即可. 如果 $\mathrm{Im}(z)>1$，并且 $z=x+iy$，那么

$$\cot\pi z=i\frac{e^{i\pi z}+e^{-i\pi z}}{e^{i\pi z}-e^{-i\pi z}}=i\frac{e^{-2\pi y}+e^{-2\pi ix}}{e^{-2\pi y}-e^{-2\pi ix}},$$

且这个数量的绝对值是有界的. 又因为

$$\frac{1}{z}+\sum_{n=1}^{+\infty}\frac{2z}{z^2-n^2}=\frac{1}{x+iy}+\sum_{n=1}^{+\infty}\frac{2(x+iy)}{x^2-y^2-n^2+2ixy},$$

因此，如果 $y>1$，我们有

$$\left|\frac{1}{z}+\sum_{n=1}^{+\infty}\frac{2z}{z^2-n^2}\right|\leqslant C+C\sum_{n=1}^{+\infty}\frac{y}{y^2+n^2}.$$

上式中等号右边的和式可以由积分

$$\int_0^{+\infty}\frac{y}{y^2+x^2}\mathrm{d}x$$

表示，因为函数 $y/(y^2+x^2)$ 关于变量 x 是递减的，再者，当变量变换为 $x\mapsto yx$ 时，

103

积分与 y 无关，因此是有界的．类似地，也可以讨论当 $\mathrm{Im}(z)<-1$ 时 Δ 也是有界的．从而证明了在带形区域 $|\mathrm{Re}(z)|\leqslant 1/2$ 内 Δ 是有界的．因此 Δ 在整个复数集 **C** 上是有界的，再根据 Liouville 定理，$\Delta(z)$ 是个常数．通过观察又发现 Δ 是奇函数，那么这个常数一定是零，这就证明了式（4）．

接下来证明式（3），我们令

$$G(z)=\frac{\sin\pi z}{\pi}\ \text{和}\ P(z)=z\prod_{n=1}^{+\infty}\left(1-\frac{z^2}{n^2}\right).$$

由命题 3.2 和我们已知的级数 $\sum 1/n^2<+\infty$，保证了乘积 $P(z)$ 是收敛的，并且，不考虑整数我们有

$$\frac{P'(z)}{P(z)}=\frac{1}{z}+\sum_{n=1}^{+\infty}\frac{2z}{z^2-n^2}.$$

因为 $G'(z)/G(z)=\pi\cot\pi z$，余切公式（4）给出

$$\left(\frac{P(z)}{G(z)}\right)'=\frac{P(z)}{G(z)}\left[\frac{P'(z)}{P(z)}-\frac{G'(z)}{G(z)}\right]=0,$$

因此 $P(z)=cG(z)$，其中 c 是某个常数．将公式除以 z 并考虑 $z\to0$ 时的极限，发现 $c=1$．

注意：关于式（4）和式（3）的其他证明方法，如通过与 $\pi^2/(\sin\pi z)^2$ 类似的等式积分来证明，在第 3 章练习 12 中和第 4 章练习 7 中均已给出．此外，还可以应用傅里叶级数证明，详见第一册第 3 章和第 5 章的练习．

4　Weierstrass 无穷乘积

现在，我们转到 **Weierstrass** 构造指定零点的整函数．

定理 4.1　给定任意复数列 $\{a_n\}$，其中，当 $n\to+\infty$ 时，$|a_n|\to+\infty$，存在整函数 f，满足在点 $z=a_n$ 处为零，且没有其他的零点．任意其他的整函数都可以写成 $f(z)\mathrm{e}^{g(z)}$ 的形式，其中 g 是整函数．

回顾前面的内容，如果全纯函数 f 在点 $z=a$ 处等于零，那么零点 a 的重数是整数 m，使得

$$f(z)=(z-a)^m g(z),$$

其中 g 是全纯的，并且在 a 的某个邻域内没有其他的零点．或者说 m 是函数 f 在点 a 处展开成幂级数的最小的非零幂次．根据前面的知识，由于我们允许数列 $\{a_n\}$ 的重复出现，这样，定理就能保证规定了零点及零点的重数的整函数的存在性．

回到证明的开始，首先注意到，如果 f_1 和 f_2 是两个整函数，并且 $z=a_n$ 是它们有且仅有的零点，那么函数 f_1/f_2 在所有的 $z=a_n$ 处，有它的可去奇点．因此 f_1/f_2 是整函数，且处处无零点，以至于存在整函数 g 使得 $f_1(z)/f_2(z)=\mathrm{e}^{g(z)}$，这如同第 3 章第 6 小节的内容．因此 $f_1(z)=f_2(z)\mathrm{e}^{g(z)}$，定理最终得到了证明．

定理得到了证明，我们就无需再关注于将函数构造成有且仅有数列 $\{a_n\}$ 作为其零点的整函数. 下面我们要关注的是，函数 $\sin\pi z$ 的乘积公式 $\prod\limits_{n}(1-z/a_n)$ 带给我们的启示. 问题是此乘积只有当取得合适的 $\{a_n\}$ 时才是收敛的，因此我们要通过在其中插入指数因子进行调整. 这些因子既可以保证乘积的收敛性，同时又不增加新的零点.

对任意的整数 $k \geqslant 0$ 我们定义典范因子
$$E_0(z)=1-z \text{ 和 } E_k(z)=(1-z)\mathrm{e}^{z+z^2/2+\cdots+z^k/k},$$
整数 k 称为典范因子的度.

引理 4.2 如果 $|z| \leqslant 1/2$，那么 $|1-E_k(z)| \leqslant c|z|^{k+1}$，其中 c 是大于零的某个常数.

证明 如果 $|z| \leqslant 1/2$，那么按照幂级数定义对数，我们有 $1-z=\mathrm{e}^{\log(1-z)}$，因此，
$$E_k(z)=\mathrm{e}^{\log(1-z)+z+z^2/2+\cdots+z^k/k}=\mathrm{e}^w,$$
其中 $w=-\sum\limits_{n=k+1}^{+\infty}z^n/n$. 注意到，因为 $|z| \leqslant 1/2$，所以
$$|w| \leqslant |z|^{k+1}\sum_{n=k+1}^{+\infty}|z|^{n-k-1}/n \leqslant |z|^{k+1}\sum_{j=0}^{+\infty}2^{-j} \leqslant 2|z|^{k+1}.$$
特别地，我们有 $|w| \leqslant 1$，这就意味着
$$|1-E_k(z)|=|1-\mathrm{e}^w| \leqslant c'|w| \leqslant c|z|^{k+1}.$$

注意：非常重要的一点是，引理的证明中的常数 c 的选择并不依赖于整数 k. 事实上，仔细观察证明过程会发现，如果我们令 $c'=\mathrm{e}$，那么 $c=2\mathrm{e}$.

假设我们给定一个函数以原点为 m 阶零点，并且在点 $a_1,a_2,\cdots$ 处是非零的零点. 定义 Weierstrass 乘积
$$f(z)=z^m\prod_{n=1}^{+\infty}E_n(z/a_n).$$

我们断定此函数具有我们想要的性质. 也就是说 f 是个整函数，原点是它的 m 阶零点，数列 $\{a_n\}$ 的点都是它的零点，并且 f 在其他地方都不等于零.

固定 $R>0$，并假设 z 属于圆盘 $|z|<R$. 我们将证明 f 在圆盘内具有我们所有想要的性质，并且因为 R 的任意性，这样定理就将得到证明.

我们可以在 f 的公式中考虑两类因子，并根据 $|a_n| \leqslant 2R$ 和 $|a_n|>2R$ 两种情况进行选择. 第一种情况 $|a_n| \leqslant 2R$ 仅仅存在有限项（因为 $|a_n| \to +\infty$），并且我们看到这有限项的乘积在点 $z=a_n$ 处都等于零，其中 $|a_n|<R$. 如果 $|a_n| \geqslant 2R$，我们有 $|z/a_n| \leqslant 1/2$，那么前面的引理意味着
$$\left|1-E_n(z/a_n)\right| \leqslant c\left|\frac{z}{a_n}\right|^{n+1} \leqslant \frac{c}{2^{n+1}}.$$

注意到根据前面的内容，c 不依赖于 n. 因此，乘积

$$\prod_{|a_n|\geqslant 2R} E_n(z/a_n)$$

当 $|z| < R$ 时就定义了一个全纯函数，并且根据第 3 节中的命题，此函数在圆盘中不为零. 这就证明了函数 f 具有我们想要的性质，并且 Weierstrass 定理的证明也就完善了.

5　Hadamard 因子分解定理

本节的定理是结合函数的增长和零点个数的关系与前面的乘积定理而进行讨论的. Weierstrass 定理表明，一个函数以点 $a_1, a_2, \cdots$ 为零点，就有下面的形式

$$e^{g(z)} z^m \prod_{n=1}^{+\infty} E_n(z/a_n).$$

Hadamard 通过证明有限阶函数的情况将上面的结果进行改善，典范因子的度可以是一个常数，那么 g 是多项式.

回顾前面的知识，一个整函数具有小于等于 ρ 的增长阶，即如果

$$|f(z)| \leqslant A e^{B|z|^\rho},$$

并且 f 的增长阶 ρ_0 是这样的 ρ 的上确界.

之前我们已经证明了的一个基本结论是，如果 f 的增长阶 $\leqslant \rho$，那么对所有大的 r 满足

$$n(r) \leqslant C r^\rho,$$

并且如果 $a_1, a_2, \cdots$ 是 f 的非零零点，$s > \rho$，那么

$$\sum |a_n|^{-s} < +\infty.$$

定理 5.1　假设 f 是整函数，具有 ρ_0 阶增长阶. 令 k 是整数，使得 $k \leqslant \rho_0 < k+1$. 如果 $a_1, a_2, \cdots$ 表示 f 的零点（非零），那么

$$f(z) = e^{P(z)} z^m \prod_{n=1}^{+\infty} E_k(z/a_n),$$

其中，P 是小于等于 k 阶的多项式，m 是函数 f 在 $z=0$ 点的零点的阶数.

重要引理

这里我们收集了几个引理，将在 Hadamard 定理的证明中用到.

引理 5.2　典范乘积满足如果 $|z| \leqslant 1/2$，那么

$$|E_k(z)| \geqslant e^{-c|z|^{k+1}},$$

并且如果 $|z| \geqslant 1/2$，那么

$$|E_k(z)| \geqslant |1-z| e^{-c'|z|^k}.$$

证明　如果 $|z| \leqslant 1/2$，我们可以用幂级数定义 $1-z$ 的对数，使得

$$E_k(z) = e^{\log(1-z) + \sum_{n=1}^{k} z^n/n} = e^{-\sum_{n=k+1}^{+\infty} z^n/n} = e^w.$$

因为 $|\mathrm{e}^{w}| \geqslant \mathrm{e}^{-|w|}$，且 $|w| \leqslant c|z|^{k+1}$，引理的第一部分就证明了. 对于第二部分，如果 $|z| \geqslant 1/2$，那么

$$|E_k(z)| = |1-z| |\mathrm{e}^{z+z^2/2+\cdots+z^k/k}|,$$

并且存在 $c' > 0$，使得

$$|\mathrm{e}^{z+z^2/2+\cdots+z^k/k}| \geqslant \mathrm{e}^{-|z+z^2/2+\cdots+z^k/k|} \geqslant \mathrm{e}^{-c'|z|^k}.$$

那么当 $|z| \geqslant 1/2$ 时引理中的不等式就得到了证明.

当 z 远离零点 $\{a_n\}$ 取值时，Hadamard 定理的关键包括找到典范因子的乘积的下界. 因此，我们接下来可以首先在以 $\{a_n\}$ 中的点为中心的小圆盘的余集上估计这个乘积.

引理 5.3 对任意的 s，满足 $\rho_0 < s < k+1$，我们有

$$\left| \prod_{n=1}^{+\infty} E_k(z/a_n) \right| \geqslant \mathrm{e}^{-c|z|^s},$$

这里的 z 是属于以 a_n 为中心，$|a_n|^{-k-1}$ 为半径的小圆盘的余集，其中 $n = 1, 2, 3, \cdots$.

证明 这个引理的证明非常的巧妙. 首先乘积写成

$$\prod_{n=1}^{+\infty} E_k(z/a_n) = \prod_{|a_n| \leqslant 2|z|} E_k(z/a_n) \prod_{|a_n| > 2|z|} E_k(z/a_n).$$

上式中第二个乘积的估值与 z 无关. 事实上，根据前面的引理

$$\left| \prod_{|a_n| > 2|z|} E_k(z/a_n) \right| = \prod_{|a_n| > 2|z|} E_k(z/a_n)$$

$$\geqslant \prod_{|a_n| > 2|z|} \mathrm{e}^{-c|z/a_n|^{k+1}}$$

$$\geqslant \mathrm{e}^{-c|z|^{k+1} \sum_{|a_n| > 2|z|} |a_n|^{-k-1}}.$$

但是 $|a_n| > 2|z|$，并且 $s < k+1$，所以我们必有

$$|a_n|^{-k-1} = |a_n|^{-s} |a_n|^{s-k-1} \leqslant C |a_n|^{-s} |z|^{s-k-1}.$$

因此，级数 $\sum |a_n|^{-s}$ 收敛就意味着

$$\left| \prod_{|a_n| > 2|z|} E_k(z/a_n) \right| \geqslant \mathrm{e}^{-c|z|^s},$$

其中 $c > 0$.

为了估计第一个乘积，我们应用引理 5.2 的第二部分，并写成

$$\left| \prod_{|a_n| \leqslant 2|z|} E_k(z/a_n) \right| \geqslant \prod_{|a_n| \leqslant 2|z|} \left| 1 - \frac{z}{a_n} \right| \prod_{|a_n| \leqslant 2|z|} \mathrm{e}^{-c'|z/a_n|^k}. \tag{5}$$

现在注意到

$$\prod_{|a_n| \leqslant 2|z|} \mathrm{e}^{-c'|z/a_n|^k} = \mathrm{e}^{-c'|z|^k \sum_{|a_n| \leqslant 2|z|} |a_n|^{-k}},$$

此外，我们有 $|a_n|^{-k}=|a_n|^{-s}|a_n|^{s-k}\leqslant C|a_n|^{-s}|z|^{s-k}$，因此证明了

$$\prod_{|a_n|\leqslant 2|z|}\mathrm{e}^{-c'|z/a_n|}\geqslant\mathrm{e}^{-c|z|^s}.$$

这就是式（5）的右边第一个乘积的估计，此处应用引理时对 z 是有限制的．事实上，当 z 不属于以 a_n 为中心，$|a_n|^{-k-1}$ 为半径的圆盘时，必有 $|a_n-z|\geqslant$ $|a_n|^{-k-1}$．因此，

$$\prod_{|a_n|\leqslant 2|z|}\left|1-\frac{z}{a_n}\right|=\prod_{|a_n|\leqslant 2|z|}\left|\frac{a_n-z}{a_n}\right|$$

$$\geqslant\prod_{|a_n|\leqslant 2|z|}|a_n|^{-k-1}|a_n|^{-1}$$

$$=\prod_{|a_n|\leqslant 2|z|}|a_n|^{-k-2}.$$

最后，对第一个乘积的估计是因为对任意的 $s'>s$，有

$$(k+2)\prod_{|a_n|\leqslant 2|z|}\log|a_n|\leqslant(k+2)n(2|z|)\log 2|z|$$

$$\leqslant c|z|^s\log 2|z|$$

$$\leqslant c'|z|^{s'},$$

同时，第二个乘积是根据定理 2.1 有 $n(2|z|)\leqslant c|z|^s$．因为我们限制 s 满足 $s>$ ρ_0，且选择 s 的初值足够接近 ρ_0，使得引理的结论能成立（将 s 用 s' 代替）．

推论 5.4　存在半径序列 $r_1,r_2,\cdots$，其中 $r_m\to+\infty$，使得

$$\left|\prod_{n=1}^{+\infty}E_k(z/a_n)\right|\geqslant\mathrm{e}^{-c|z|^s}|z|=r_m.$$

证明　因为 $\sum|a_n|^{-k-1}<+\infty$，存在一个整数 N 使得

$$\sum_{n=N}^{+\infty}|a_n|^{-k-1}<1/10.$$

因此，给定任意两个足够大的整数 L 和 $L+1$，总能找到正数 r 满足 $L\leqslant r\leqslant L+1$，使得以原点为圆心 r 为半径的圆周与引理 5.3 中闭的圆盘没有交集．否则，区间的并集为

$$I_n=\left[|a_n|-\frac{1}{|a_n|^{k+1}},|a_n|+\frac{1}{|a_n|^{k+1}}\right]$$

（其区间长度为 $2|a_n|^{-k-1}$）将会覆盖整个区间 $[L,L+1]$（见图 1）．这也就意味着 $2\sum\limits_{n=N}^{+\infty}|a_n|^{-k-1}\geqslant 1$，这与已知矛盾．那么根据前面的引理，当 $|z|=r$ 时就可以证明推论了．

Hadamard 定理的证明

令

$$E(z)=z^m\prod_{n=1}^{+\infty}E_k(z/a_n).$$

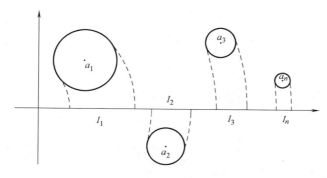

图 1 区间 I_n

要证明 E 是整函数，我们重复定理 4.1 的证明．根据引理 4.2，对任意足够大的整数 n，有

$$\left| 1 - E_k(z/a_n) \right| \leqslant c \left| \frac{z}{a_n} \right|^{k+1},$$

并且级数 $\sum \left| a_n \right|^{-k-1}$ 收敛．（回顾条件 $\rho_0 < s < k+1$）函数 E 有 f 的零点，所以，f/E 是全纯的并且没有零点．因此，

$$\frac{f(z)}{E(z)} = \mathrm{e}^{g(z)},$$

其中 g 是某个整函数．事实上 f 具有 ρ_0 阶的增长，并且因为在推论 5.4 中对函数 E 的估计，我们有

$$\mathrm{e}^{\mathrm{Re}(g(z))} = \left| \frac{f(z)}{E(z)} \right| \leqslant c' \mathrm{e}^{c |z|^s},$$

其中 $|z| = r_m$．这就证明了

$$\mathrm{Re}(g(z)) \leqslant C |z|^s, \quad |z| = r_m.$$

再加上接下来的引理，Hadamard 定理的证明就完整了．

引理 5.5 假设 g 是整函数，并且 $u = \mathrm{Re}(g)$，当 $|z| = r$ 时满足

$$u(z) \leqslant Cr^s.$$

对一系列正实数 r 直到它趋于无穷大都是成立的．那么 g 是不大于 s 阶的多项式．

证明 我们可以将函数 g 在原点处展成幂级数

$$g(z) = \sum_{n=0}^{+\infty} a_n z^n.$$

在第 3 章的最后一节已经证明（作为柯西积分公式的一个简单应用）

$$\frac{1}{2\pi} \int_0^{2\pi} g(r\mathrm{e}^{\mathrm{i}\theta}) \mathrm{e}^{\mathrm{i}n\theta} \mathrm{d}\theta = \begin{cases} a_n r^n & n \geqslant 0 \\ 0 & n < 0. \end{cases} \tag{6}$$

取复数共轭会发现当 $n > 0$ 时，

$$\frac{1}{2\pi}\int_0^{2\pi}\overline{g(re^{i\theta})}e^{-in\theta}d\theta=0, \tag{7}$$

并且因为 $2u=g+\bar{g}$，结合等式（6）和等式（7）可以获得当 $n>0$ 时，有

$$a_n r^n=\frac{1}{\pi}\int_0^{2\pi}u(re^{i\theta})e^{-in\theta}d\theta,$$

当 $n=0$ 时只有将等式（6）两边分别取实部就会发现

$$2\mathrm{Re}(a_0)=\frac{1}{\pi}\int_0^{2\pi}u(re^{i\theta})d\theta.$$

当 $n\neq0$ 时，我们回顾前面一个简单的事实，函数 $e^{-in\theta}$ 在任意以原点为圆心的圆周上的积分都会等于零．因此，当 $n>0$ 时，有

$$a_n=\frac{1}{\pi r^n}\int_0^{2\pi}[u(re^{i\theta})-Cr^s]e^{-in\theta}d\theta,$$

因此，

$$|a_n|\leqslant\frac{1}{\pi r^n}\int_0^{2\pi}[Cr^s-u(re^{i\theta})]d\theta\leqslant2Cr^{s-n}-2\mathrm{Re}(a_0)r^{-n}.$$

令 r 趋于无穷，并且是沿着引理证明的假设中给出的序列，这样就可以证明对 $n>s$ 有 $a_n=0$．此时引理和 Hadamard 定理的证明完毕．

6 练习

1. 给出 Jensen 公式的另一种证明方法，在单位圆盘上用函数（称为 Blaschke 因子）

$$\psi_\alpha(z)=\frac{\alpha-z}{1-\bar{\alpha}z}.$$

【提示：函数 $f/(\psi_{z_1}\cdots\psi_{z_N})$ 没有零点．】

2. 找出下列整函数的增长阶：

（a）$p(z)$，这里 p 是一个多项式．

（b）e^{bz^n}，其中 $b\neq0$．

（c）e^{e^z}．

3. 证明：如果 τ 给定，且 $\mathrm{Im}(\tau)>0$，那么 Jacobi theta 函数

$$\Theta(z/\tau)=\sum_{n=-\infty}^{+\infty}e^{\pi in^2\tau}e^{2\pi inz}$$

是 2 阶的关于 z 的函数．关于 Θ 的更深的性质将在第 10 章研究．

【提示：当 $t>0$，$n\geqslant4|z|/t$ 时，$-n^2t+2n|z|\leqslant-n^2t/2$．】

4. 给定 $t>0$，并定义 $F(z)$ 为

$$F(z)=\prod_{n=1}^{+\infty}(1-e^{-2\pi nt}e^{2\pi iz}).$$

那么这个乘积就定义了一个关于 z 的整函数．

（a）证明：$|F(z)| \leqslant A e^{a|z|^2}$，因此 F 是 2 阶的.

（b）点 $z = -int + m$ 是函数 F 的所有零点，其中 $n \geqslant 1$ 且 m, n 都是整数. 因此如果 z_n 是零点的列举，我们有

$$\sum \frac{1}{|z_n|^2} = +\infty \text{ 但是 } \sum \frac{1}{|z_n|^{2+\varepsilon}} < +\infty.$$

【提示：要证明（a）需要将 $F(z)$ 写成 $F(z) = F_1(z) F_2(z)$，其中

$$F_1(z) = \prod_{n=1}^{N} (1 - e^{-2\pi nt} e^{2\pi iz}) \text{ 和 } F_2(z) = \prod_{n=N+1}^{+\infty} (1 - e^{-2\pi nt} e^{2\pi iz}).$$

选择 $N \approx c|z|$，其中 c 适当的大. 那么，因为

$$\left(\sum_{N+1}^{+\infty} e^{-2\pi nt} \right) e^{2\pi|z|} \leqslant 1,$$

就有 $|F_2(z)| \leqslant A$. 然而

$$|1 - e^{-2\pi nt} e^{2\pi iz}| \leqslant 1 + e^{2\pi|z|} \leqslant 2 e^{2\pi|z|}.$$

因此，$|F_1(z)| \leqslant 2^N e^{2\pi N|z|} \leqslant e^{c'|z|^2}$. 注意到，函数 F 的单变量是以 Jacobi theta 函数的三重积分公式的一个因子出现的，第 10 章中会提到.】

111

5. 证明：如果 $\alpha > 1$，那么

$$F_\alpha(z) = \int_{-\infty}^{+\infty} e^{-|t|^\alpha} e^{2\pi izt} dt$$

是增长阶为 $\alpha/(\alpha - 1)$ 的整函数.

【提示：通过考虑 $|t|^{\alpha-1} \leqslant A|z|$ 和 $|t|^{\alpha-1} \geqslant A|z|$ 两种情况，证明：

$$-\frac{|t|^\alpha}{2} + 2\pi|z||t| \leqslant c|z|^{\alpha/(\alpha-1)},$$

其中 A 是某个合适的常数.】

6. 证明：Wallis 乘积公式

$$\frac{\pi}{2} = \frac{2 \cdot 2}{1 \cdot 3} \cdot \frac{4 \cdot 4}{3 \cdot 5} \cdots \frac{2m \cdot 2m}{(2m-1) \cdot (2m+1)} \cdots.$$

【提示：应用函数 $\sin z$ 在 $z = \pi/2$ 的乘积公式.】

7. 确定下面的无穷乘积的性质.

（a）证明：如果 $\sum |a_n|^2$ 收敛且 $a_n \neq -1$，那么当且仅当 $\sum a_n$ 收敛时乘积 $\prod (1 + a_n)$ 收敛于非零极限.

（b）找一个复数列 $\{a_n\}$ 使得 $\sum a_n$ 收敛但是 $\prod (1 + a_n)$ 发散.

（c）找到一个例子使得 $\prod (1 + a_n)$ 收敛但是 $\sum a_n$ 发散.

8. 证明：对任意的 z 下面的乘积都收敛，并且

$$\cos(z/2) \cos(z/4) \cos(z/8) \cdots = \prod_{k=1}^{+\infty} \cos(z/2^k) = \frac{\sin z}{z}.$$

【提示：应用倍角公式 $\sin 2z = 2\sin z\cos z$.】

9. 证明：如果 $|z| < 1$，那么

$$(1+z)(1+z^2)(1+z^4)(1+z^8)\cdots = \prod_{k=0}^{+\infty}(1+z^{2^k}) = \frac{1}{1-z}.$$

10. 寻找下面函数的 Hadamard 乘积：

（a）$e^z - 1$；

（b）$\cos \pi z$.

【提示：答案分别是 $e^{z/2}z\prod_{n=1}^{+\infty}(1+z^2/4n^2\pi^2)$ 和 $\prod_{n=0}^{+\infty}(1-4z^2/(2n+1)^2)$.】

11. 证明：如果 f 减去两个值后均为有限阶的整函数，那么 f 是常数．此结论对任意整函数都成立，这就是所谓的 Picard 定理．

【提示：如果 f 减去 a，那么 $f(z) - a$ 可以表达成 $e^{p(z)}$，其中 p 是一个多项式．】

12. 假设 f 是整函数并且没零点，注意到 f 的高阶导数恒为零．证明：如果 f 也是有限阶的，那么 $f(z) = e^{az+b}$，其中 a，b 是两个常数．

13. 证明：方程 $e^z - z = 0$ 在复数集 $\mathbf{C}$ 上有无穷个解．

【提示：应用 Hadamard 定理．】

14. 根据 Hadamard 定理推导如果 F 是整函数且其增长阶 ρ 非整数，那么 F 具有无穷多个零点．

15. 证明：每一个复数集上的亚纯函数都可以表示成两个整函数的商．并且如果 $\{a_n\}$ 和 $\{b_n\}$ 是两个分离序列，没有有限的极限点，那么在整个复平面上存在一个亚纯函数使得 $\{a_n\}$ 正好是它的零点，$\{b_n\}$ 正好是它的极点．

16. 假设给定多项式

$$Q_n(z) = \sum_{k=1}^{N_n} c_k^n z^k,$$

$n = 1, 2, \cdots$．并且假设给定复数列 $\{a_n\}$，它没有极限点．证明：存在亚纯函数 $f(z)$ 使得它的极点恰好是 $\{a_n\}$，使得对每一个 n 差分

$$f(z) - Q_n\left(\frac{1}{z - a_n}\right)$$

在 a_n 附近是全纯的．也就是说，f 具有指定的极点，并且具有那些极点处的主要部分．这个结果得出了 Mittag-Leffler 定理．

17. 给定两个可数无限复数列 $\{a_k\}_{k=0}^{+\infty}$ 和 $\{b_k\}_{k=0}^{+\infty}$，其中 $\lim_{k\to+\infty}|a_k| = +\infty$，那么可以找到一个整函数 F 满足 $F(a_k) = b_k (k = 0, 1, \cdots)$.

（a）给定 n 个确定的复数 $a_1, \cdots, a_n$ 和另外 n 个复数 $b_1, \cdots, b_n$，构造不大于 $n-1$ 阶的多项式 P 使得

$$P(a_i) = b_i \quad i = 1, \cdots, n.$$

（b）令 $\{a_k\}_{k=0}^{+\infty}$ 是一个确定的复数列，使得 $a_0 = 0$，$\lim_{k\to\infty} |a_k| = +\infty$，令 $E(z)$ 表示 $\{a_k\}$ 的 Weierstrass 乘积. 给定复数列 $\{b_k\}_{k=0}^{+\infty}$，证明：存在整数 $m_k \geqslant 1$ 使得级数

$$F(z) = \frac{b_0}{E'(z)} \frac{E(z)}{z} + \sum_{k=1}^{+\infty} \frac{b_k}{E'(a_k)} \frac{E(z)}{z-a_k} \left(\frac{z}{a_k}\right)^{m_k}$$

定义了一个整函数，且满足对任意的 $k \geqslant 0$，存在

$$F(a_k) = b_k,$$

这就是已知的 Pringsheim 插值公式.

7 问题

1. 证明：如果 f 是定义在单位圆盘上的全纯函数，它有界且不恒等于零，并且点 $z_1, z_2, \cdots, z_n, \cdots$ 是它的零点（$|z_k| < 1$），那么

$$\sum_n (1 - |z_n|) < +\infty.$$

【提示：用 Jensen 公式.】

2. * 在这个问题中，我们讨论了 Blaschke 乘积，它是有界的. 类似于整函数在圆盘上的 Weierstrass 乘积.

（a）证明：当 $0 < |\alpha| < 1$，$|z| \leqslant r < 1$ 时，不等式

$$\left| \frac{\alpha + |\alpha| z}{(1 - \bar{\alpha}z)\alpha} \right| \leqslant \frac{1+r}{1-r}$$

成立.

（b）令 $\{\alpha_n\}$ 是定义在单位圆盘上的数列，使得 $\alpha_n \neq 0$ 对所有的 n 都成立，并且

$$\sum_{n=1}^{+\infty} (1 - |\alpha_n|) < +\infty.$$

这样的情况，如果 $\{\alpha_n\}$ 是某个定义在单位圆盘上的全纯函数的零点（见问题 1）.

证明：乘积

$$f(z) = \prod_{n=1}^{+\infty} \frac{\alpha_n - z}{1 - \bar{\alpha}_n z} \frac{|\alpha_n|}{\alpha_n}$$

当 $|z| \leqslant r < 1$ 时一致收敛，并且它定义了单位圆盘上的全纯函数，α_n 是它有且仅有的零点.

证明：$|f(z)| \leqslant 1$.

3. * 证明：$\sum \dfrac{z^n}{(n!)^\alpha}$ 是一个 $1/\alpha$ 阶的整函数.

4. * 令 $F(z) = \sum_{n=0}^{+\infty} a_n z^n$ 是一个有限阶的整函数. 那么 F 的增长阶与级数的系数 a_n 当 $n \to +\infty$ 时的增长有关. 事实上，

（a）假设 $|F(z)| \leqslant A\mathrm{e}^{a|z|^p}$，那么

$$\limsup_{n \to +\infty} |a_n|^{1/n} n^{1/p} < +\infty.\tag{8}$$

（b）反过来，如果式（8）成立，那么对任意的 $\varepsilon > 0$ 有 $|F(z)| \leqslant A_\varepsilon \mathrm{e}^{a_\varepsilon |z|^{p+\varepsilon}}$.

【提示：证明（a）用柯西不等式

$$|a_n| \leqslant \frac{A}{r^n}\mathrm{e}^{ar^p}$$

和一个事实，即函数 $u^{-n}\mathrm{e}^{u^p}(0 < u < \rho)$ 在点 $u = n^{1/\rho}/\rho^{1/\rho}$ 处可以达到它的最小值 $\mathrm{e}^{n/\rho}(\rho/n)^{n/\rho}$. 那么，可以根据 n 选择 r 来达到这个最小值.

要证明（b），注意到对 $|z| = r$，因为 $n^n \geqslant n!$，所以

$$|F(z)| \leqslant \sum \frac{c^n r^n}{n^{n/\rho}} \leqslant \sum \frac{c^n r^n}{(n!)^{1/\rho}},$$

其中 c 是某个常数. 因此这也是问题 3 的简化.】

114

第 6 章　Gamma 函数和 Zeta 函数

毋庸置疑，在数学中 Gamma 函数和 Zeta 函数是两个最重要的非初等函数. 实际上，Gamma 函数 Γ 是普遍存在的. 它会出现在大量的计算中，并且由大量恒等式表征. Gamma 函数的部分解释来自它的基本结构性质，也是它的基本特征：$1/\Gamma(s)$ 是（最简单的）整函数[⊖]，它的零点恰好在 $s=0,-1,-2,\cdots$ 处.

Zeta 函数 ζ（关于此函数的研究和 Gamma 函数一样是由欧拉发起的）在大量的分析理论中起着重要的作用. 它与素数的紧密联系来自下面关于 $\zeta(s)$ 的等式，

$$\prod_p \frac{1}{1-p^{-s}} = \sum_{n=1}^{+\infty} \frac{1}{n^s},$$

其中的乘积是对所有的素数而言的. 欧拉利用函数 $\zeta(s)$ 当 $s>1$ 且 s 趋于 1 时的表现，得到级数 $\sum_p 1/p$ 是发散的. 并且，关于 L 函数也有类似的论证，是在关于素数的算术级数的 *Dirichlet* 定理的证明中出现的，详细情况可参见第一册.

当 $\mathrm{Re}(s)>1$ 时，不难给出 $\zeta(s)$ 很好的定义和分析，关于素数的研究，黎曼付出了很大的努力，他意识到，深入研究素数的基础是 ζ 可以解析（事实上，只要是亚纯的即可）延拓到剩下的复平面上. 除此之外，我们也考虑了它的显著的泛函方程，该方程显示了关于直线 $\mathrm{Re}(s)=1/2$ 的对称性，对这一点的证明是以 theta 函数的一个恒等式为基础的. 进一步地，我们也对函数 $\zeta(s)$ 在直线 $\mathrm{Re}(s)=1$ 附近的增长问题进行了详细研究，此研究对于下一章要介绍的素数定理的证明是非常必要的.

1　Gamma 函数

对 $s>0$，Gamma 函数定义为

$$\Gamma(s)=\int_0^{+\infty} \mathrm{e}^{-t}t^{s-1}\mathrm{d}t. \tag{1}$$

上述积分对任意的正数 s 都收敛，因为，在 $t=0$ 附近，函数 t^{s-1} 是可积的，并且对于 t 的增大，使得被积函数以指数形式递减，这就保证了积分的收敛性. 这一点使得我们能将 Γ 函数延拓到更广的定义域上.

命题 1.1　Gamma 函数可以延拓到上半平面 $\mathrm{Re}(s)>0$ 上的解析函数，并且对于积分公式（1）也成立.

证明　只要证明积分在任意带形区域

⊖　与学科标准一致，我们在讨论函数 Γ 和 ζ 时，变量用 S 表示，而不用 z 表示.

$$S_{\delta,M}=\{\delta<\mathrm{Re}(s)<M\}$$

上都定义了全纯函数，其中 $0<\delta<M<+\infty$. 注意到，若记 σ 表示 s 的实部，那么 $|\,\mathrm{e}^{-t}t^{s-1}\,|=\mathrm{e}^{-t}t^{\sigma-1}$，使得积分

$$\Gamma(s)=\int_0^{+\infty}\mathrm{e}^{-t}t^{s-1}\mathrm{d}t$$

可以由极限 $\lim\limits_{\varepsilon\to0}\int_{\varepsilon}^{1/\varepsilon}\mathrm{e}^{-t}t^{s-1}\mathrm{d}t$ 定义，对任意的 $s\in S_{\delta,M}$ 都收敛. 对 $\varepsilon>0$，令

$$F_{\varepsilon}(s)=\int_{\varepsilon}^{1/\varepsilon}\mathrm{e}^{-t}t^{s-1}\mathrm{d}t.$$

根据第 2 章定理 5.4，函数 F_{ε} 在带形区域 $S_{\delta,M}$ 上是全纯的. 还根据第 2 章定理 5.2，只要证明 F_{ε} 在带形区域 $S_{\delta,M}$ 上一致收敛于 Γ 即可. 此时，我们首先会注意到

$$|\,\Gamma(s)-F_{\varepsilon}(s)\,|\leqslant\int_0^{\varepsilon}\mathrm{e}^{-t}t^{\sigma-1}\mathrm{d}t+\int_{1/\varepsilon}^{+\infty}\mathrm{e}^{-t}t^{\sigma-1}\mathrm{d}t.$$

不等式右边的第一个积分当 ε 趋于 0 时，一致收敛于 0，因为当 $0<\varepsilon<1$ 时，它可以简单地估值为 $\varepsilon^{\delta}/\delta$. 第二个积分也一致收敛于 0，因为

$$\left|\int_{1/\varepsilon}^{+\infty}\mathrm{e}^{-t}t^{\sigma-1}\mathrm{d}t\right|\leqslant\int_{1/\varepsilon}^{+\infty}\mathrm{e}^{-t}t^{M-1}\mathrm{d}t\leqslant C\int_{1/\varepsilon}^{+\infty}\mathrm{e}^{-t/2}\mathrm{d}t\to0,$$

因此，命题得到了证明.

116

1.1　解析延拓

虽然我们知道，由积分定义的函数 Γ 对其他的 s 并不是绝对收敛的，但是可以进一步地研究并证明存在定义在复数集 $\mathbf{C}$ 上的亚纯函数，在半平面 $\mathrm{Re}(s)>0$ 上等于函数 Γ. 与第 2 章中的理解类似，这个函数是函数 Γ 的解析延拓$^{\ominus}$，因此，我们可以继续用 Γ 来定义这个函数.

为了证明上述论断：解析延拓成亚纯函数，我们需要一个引理，并顺便给出 Γ 函数的一个重要性质.

引理 1.2　如果 $\mathrm{Re}(s)>0$，那么

$$\Gamma(s+1)=s\Gamma(s). \tag{2}$$

结果推出 $\Gamma(n+1)=n!$，其中 $n=0,1,2,\cdots$.

证明　将有限的积分分部积分，

$$\int_{\varepsilon}^{1/\varepsilon}\frac{\mathrm{d}}{\mathrm{d}t}(\mathrm{e}^{-t}t^s)\mathrm{d}t=-\int_{\varepsilon}^{1-\varepsilon}\mathrm{e}^{-t}t^s\mathrm{d}t+s\int_{\varepsilon}^{1/\varepsilon}\mathrm{e}^{-t}t^{s-1}\mathrm{d}t,$$

并通过令 ε 趋于 0 得到公式（2），因为当 t 趋于 0 或 $+\infty$ 时 $\mathrm{e}^{-t}t^s\to0$，所以注意到左边的积分是趋于零的. 现在只要能证明

$$\Gamma(1)=\int_0^{+\infty}\mathrm{e}^{-t}\mathrm{d}t=[-\mathrm{e}^{-t}]_0^{+\infty}=1,$$

$\ominus$　亚纯函数的极点的余集是连通集合，保证了解析延拓的唯一性.

并连续应用公式（2）就能证明 $\Gamma(n+1)=n!$.

要完全地证明引理中公式（2）需要首先证明下面的定理.

定理 1.3 函数 $\Gamma(s)$ 首先是定义在 $\text{Re}(s)>0$ 上的，它可以解析延拓到整个复数集 $\mathbf{C}$ 上的亚纯函数，它的极点都是单极点，并且就是负整数 $s=0,-1,\cdots$. 函数 Γ 在极点 $s=-n$ 处的留数为 $(-1)^n/n!$.

证明 只要证明函数 Γ 能延拓到任意半平面 $\text{Re}(s)>-m$，其中 $m\geqslant 1$ 是一个整数. 对于 $\text{Re}(s)>-1$ 我们定义

$$F_1(s)=\frac{\Gamma(s+1)}{s}.$$

因为在 $\text{Re}(s)>-1$ 上，函数 $\Gamma(s+1)$ 是全纯的，那么函数 F_1 在这个半平面上是亚纯的，$s=0$ 是它的唯一的单奇点. 事实上 $\Gamma(1)=1$ 就证明了 F_1 在点 $s=0$ 处有单奇点，留数为 1. 此外，如果 $\text{Re}(s)>0$，那么

$$F_1(s)=\frac{\Gamma(s+1)}{s}=\Gamma(s)$$

根据前面的引理其是成立的. 因此函数 F_1 将函数 Γ 延拓成半平面 $\text{Re}(s)>-1$ 上的亚纯函数. 类似地，我们继续定义半平面 $\text{Re}(s)>-m$ 上的亚纯函数 F_m，它是根据定义在半平面 $\text{Re}(s)>0$ 上的函数 Γ 定义的. 对于 $\text{Re}(s)>-m$，其中 m 是一个大于或等于 1 的整数，定义

$$F_m(s)=\frac{\Gamma(s+m)}{(s+m-1)(s+m-2)\cdots s}.$$

函数 F_m 在 $\text{Re}(s)>-m$ 上是亚纯的，并且点 $s=0,-1,-2,\cdots,-m+1$ 是其单奇点，其留数为

$$
\begin{aligned}
\operatorname*{res}_{s=-n} F_m(s) &= \frac{\Gamma(-n+m)}{(m-1-n)!(-1)(-2)\cdots(-n)} \\
&= \frac{(m-n-1)!}{(m-1-n)!(-1)(-2)\cdots(-n)} \\
&= \frac{(-1)^n}{n!}.
\end{aligned}
$$

连续地应用上面的引理就能证明当 $\text{Re}(s)>0$ 时 $F_m(s)=\Gamma(s)$. 根据唯一性，这就意味着对于 $1\leqslant k\leqslant m$ 在 F_k 的定义域内都有 $F_m=F_k$. 因此，我们就能获得延拓函数 Γ.

注意：当 $\text{Re}(s)>0$ 时我们已经证明了 $\Gamma(s+1)=s\Gamma(s)$. 事实上，通过解析延拓，即使 $s\neq 0,-1,-2,\cdots$，也就是说 s 不是 Γ 的极点，这个公式也依然是成立的. 这是因为公式的两边在 Γ 的极点的余集上都是全纯函数，并且当 $\text{Re}(s)>0$ 时是相等的. 事实上，我们进一步地会注意到，如果 s 是负整数 $s=-n$，其中 $n\geqslant 1$，那么公式的两边都是无穷大，并且

$$\operatorname*{res}_{s=-n}\Gamma(s+1)=-n\operatorname*{res}_{s=-n}\Gamma(s).$$

最后注意到，当 $s=0$ 时，我们有 $\Gamma(1)=\lim\limits_{s\to 0}s\Gamma(s)$.

定理 1.3 的证明是一个交替重复的过程，应该是一种递推归纳，它的思想就是对右边进行反复递推，很快地得到定义在 $\mathrm{Re}(s)>0$ 上的函数 $\Gamma(s)$ 的积分形式：

$$\Gamma(s)=\int_0^1 \mathrm{e}^{-t}t^{s-1}\mathrm{d}t+\int_1^{+\infty}\mathrm{e}^{-t}t^{s-1}\mathrm{d}t.$$

上式右边的第二个积分定义了一个整函数，而第一个积分，因为 e^{-t} 可展成幂级数并逐项积分得到，则

$$\int_0^1 \mathrm{e}^{-t}t^{s-1}\mathrm{d}t=\sum_{n=0}^{+\infty}\frac{(-1)^n}{n!(n+s)}.$$

因此，

$$\Gamma(s)=\sum_{n=0}^{+\infty}\frac{(-1)^n}{n!(n+s)}+\int_1^{+\infty}\mathrm{e}^{-t}t^{s-1}\mathrm{d}t\quad \mathrm{Re}(s)>0. \tag{3}$$

最后，这个级数定义了复数集 $\mathbf{C}$ 上的亚纯函数，它的极点就在负整数点处，对应的 $s=-n$ 处的留数为 $(-1)^n/n!$. 为了证明这一点，我们讨论下面的事实. 对于任意给定的 $R>0$ 我们可以将无穷级数的和分成两部分

$$\sum_{n=0}^{+\infty}\frac{(-1)^n}{n!(n+s)}=\sum_{n=0}^{N}\frac{(-1)^n}{n!(n+s)}+\sum_{n=N+1}^{+\infty}\frac{(-1)^n}{n!(n+s)},$$

其中 N 是个选定的整数，只要满足 $N>2R$ 即可. 等式右边的第一个和是有限项之和，当然是有限的，它是定义在圆盘 $|s|<R$ 上的亚纯函数，其极点以及极点处对应的留数就是我们想要的结论. 第二个和式在圆盘上是一致收敛的，因此，它定义了一个全纯函数，所以 $n>N>2R$ 和 $|n+s|\geqslant R$ 就意味着

$$\left|\frac{(-1)^n}{n!(n+s)}\right|\leqslant\frac{1}{n!R}.$$

因为 R 是任意的，就能推出式（3）中的级数具有我们希望的性质.

事实上，式（3）在整个复数集 $\mathbf{C}$ 上都成立.

1.2　Γ 函数的性质

下面的等式显示了 Γ 函数关于直线 $\mathrm{Re}(s)=1/2$ 的对称性.

定理 1.4　对所有的 $s\in\mathbf{C}$，有

$$\Gamma(s)\Gamma(1-s)=\frac{\pi}{\sin\pi s}. \tag{4}$$

注意到，函数 $\Gamma(1-s)$ 在正整数点 $s=1,2,3,\cdots$ 处存在单极点，使得 $\Gamma(s)\Gamma(1-s)$ 是定义在复数集 $\mathbf{C}$ 上的亚纯函数，并且所有的整数点是它的单极点，这个性质也可以通过函数 $\pi/\sin\pi s$ 体现出来.

要证明上面的等式，只要证明当 $0<s<1$ 时等式成立，因为它可以解析延拓到整个复数集 $\mathbf{C}$ 上.

引理 1.5　对 $0<a<1$，有

$$\int_0^{+\infty} \frac{v^{a-1}}{1+v} \mathrm{d}v = \frac{\pi}{\sin \pi a}.$$

证明 我们首先会注意到

$$\int_0^{+\infty} \frac{v^{a-1}}{1+v} \mathrm{d}v = \int_{-\infty}^{+\infty} \frac{\mathrm{e}^{ax}}{1+\mathrm{e}^x} \mathrm{d}x,$$

其中等号右边的积分是等号左边的积分进行变量代换 $v = \mathrm{e}^x$ 后得来的. 但是根据周线积分, 参见第 3 章 2.1 小节的例 2, 第二个积分就等于 $\pi/\sin \pi a$, 这就是我们想要证明的.

为了更进一步地证明定理, 我们首先注意到, 当 $0 < s < 1$ 时等式

$$\Gamma(1-s) = \int_0^{+\infty} \mathrm{e}^{-u} u^{-s} \mathrm{d}u = t \int_0^{+\infty} \mathrm{e}^{-vt}(vt)^{-s} \mathrm{d}v$$

成立, 其中 $t > 0$, 积分中进行了变量代换 $vt = u$. 这样通过计算就得到

$$
\begin{aligned}
\Gamma(1-s)\Gamma(s) &= \int_0^{+\infty} \mathrm{e}^{-t} t^{s-1} \Gamma(1-s) \mathrm{d}t \\
&= \int_0^{+\infty} \mathrm{e}^{-t} t^{s-1} \left(t \int_0^{+\infty} \mathrm{e}^{-vt}(vt)^{-s} \mathrm{d}v \right) \mathrm{d}t \\
&= \int_0^{+\infty} \int_0^{+\infty} \mathrm{e}^{-t(1+v)} v^{-s} \mathrm{d}v \mathrm{d}t \\
&= \int_0^{+\infty} \frac{v^{-s}}{1+v} \mathrm{d}v \\
&= \frac{\pi}{\sin \pi(1-s)} \\
&= \frac{\pi}{\sin \pi s},
\end{aligned}
$$

定理证毕.

特别地, 当取定 $s = 1/2$ 时, 已知 $s > 0$ 时 $\Gamma(s) > 0$, 我们发现

$$\Gamma(1/2) = \sqrt{\pi}.$$

通过考虑它的倒数继续研究 Gamma 函数, 可以证明其逆函数是整函数, 并且具有显著的简单性质.

定理 1.6 函数 Γ 具有下列性质:

（ⅰ） $1/\Gamma(s)$ 是一个整函数, 整数 $s = 0, -1, -2, \cdots$ 是它的单零点, 并且它不存在其他的零点.

（ⅱ）函数 $1/\Gamma(s)$ 是指数增长的, 存在

$$\left| \frac{1}{\Gamma(s)} \right| \leqslant c_1 \mathrm{e}^{c_2|s||\log|s||}.$$

因此, $1/\Gamma(s)$ 是一阶的, 意思是说对任意的 $\varepsilon > 0$, 存在一个有界数 $c(\varepsilon)$ 使得

$$\left| \frac{1}{\Gamma(s)} \right| \leqslant c(\varepsilon) \mathrm{e}^{c_2|s|^{1+\epsilon}}.$$

证明　通过定理可以写出

$$\frac{1}{\Gamma(s)} = \Gamma(1-s)\frac{\sin\pi s}{\pi},\tag{5}$$

因此函数 $\Gamma(1-s)$ 在点 $s=1,2,3,\cdots$ 处的单极点和函数 $\sin\pi s$ 的单零点抵消了，因此 $1/\Gamma(s)$ 是个整函数，且只有点 $s=0,-1,-2,-3,\cdots$ 是它的单零点.

为了证明（ii）中的估值，我们先看下面的估值，只要，$\sigma = \mathrm{Re}(s)$ 是正的，

$$\int_1^{+\infty} \mathrm{e}^{-t} t^\sigma \mathrm{d}t \leqslant \mathrm{e}^{(\sigma+1)\log(\sigma+1)}$$

成立. 选择 n 使得 $\sigma \leqslant n \leqslant \sigma+1$. 那么

$$\begin{aligned}
\int_1^{+\infty} \mathrm{e}^{-t} t^\sigma \mathrm{d}t &\leqslant \int_0^{+\infty} \mathrm{e}^{-t} t^n \mathrm{d}t \\
&= n! \\
&\leqslant n^n \\
&= \mathrm{e}^{n\log n} \\
&\leqslant \mathrm{e}^{(\sigma+1)\log(\sigma+1)}.
\end{aligned}$$

因为式（3）在整个复数集 **C** 上都是成立的，通过式（5）得到

$$\frac{1}{\Gamma(s)} = \left(\sum_{n=0}^{+\infty} \frac{(-1)^n}{n!(n+1-s)} \right) \frac{\sin\pi s}{\pi} + \left(\int_1^{+\infty} \mathrm{e}^{-t} t^{-s} \mathrm{d}t \right) \frac{\sin\pi s}{\pi}.$$

但是，根据前面的知识，有

$$\left| \int_1^{+\infty} \mathrm{e}^{-t} t^{-s} \mathrm{d}t \right| \leqslant \int_1^{+\infty} \mathrm{e}^{-t} t^{|\sigma|} \mathrm{d}t \leqslant \mathrm{e}^{(|\sigma|+1)\log(|\sigma|+1)},$$

并且因为 $|\sin\pi s| \leqslant \mathrm{e}^{\pi|s|}$（根据正弦函数的欧拉公式），我们发现 $1/\Gamma(s)$ 的公式中的第二项由 $c\mathrm{e}^{(|s|+1)\log(|s|+1)} \mathrm{e}^{\pi|s|}$ 所控制，此函数可以优化为 $c_1\mathrm{e}^{c_2|s|\log|s|}$. 接下来我们考虑这一项

$$\sum_{n=0}^{+\infty} \frac{(-1)^n}{n!(n+1-s)} \frac{\sin\pi s}{\pi}.$$

这里存在两种情况：$|\mathrm{Im}(s)| > 1$ 和 $|\mathrm{Im}(s)| \leqslant 1$. 在第一种情况下，表达式的绝对值以 $c\mathrm{e}^{\pi|s|}$ 为界. 如果 $|\mathrm{Im}(s)| \leqslant 1$，我们选择整数 k 使得 $k-1/2 \leqslant \mathrm{Re}(s) < k+1/2$. 那么如果 $k \geqslant 1$，则

$$\begin{aligned}
\sum_{n=0}^{+\infty} \frac{(-1)^n}{n!(n+1-s)} \frac{\sin\pi s}{\pi} = {}&(-1)^{k-1} \frac{\sin\pi s}{(k-1)!(k-s)\pi} + \\
&\sum_{n \neq k-1} (-1)^n \frac{\sin\pi s}{n!(n+1-s)\pi}.
\end{aligned}$$

等号右边的两项都是有界的. 第一项是因为当 $s = k$ 时 $\sin\pi s$ 为零, 第二项则是因为和式可以优化为 $c\sum 1/n!$.

当 $k \leqslant 0$ 时, 根据我们的假设 $\mathrm{Re}(s) < 1/2$, 并且根据以级数 $c\sum 1/n!$ 为界, 级数 $\displaystyle\sum_{n=0}^{+\infty} \frac{(-1)^n}{n!\,(n+1-s)}$ 也是有界的.

事实上, 函数 $1/\Gamma$ 满足这样的增长条件已经在第 5 章中讨论过了, 关于函数 $1/\Gamma$ 的乘积公式也是成立的, 下面对此进行讨论.

定理 1.7　对任意的 $s \in \mathbf{C}$, 有

$$\frac{1}{\Gamma(s)} = e^{\gamma s} \prod_{n=1}^{+\infty} \left(1 + \frac{s}{n}\right) e^{-s/n}.$$

实数 γ 是我们熟悉的欧拉常数, 定义为

$$\gamma = \lim_{N \to +\infty} \sum_{n=1}^{N} \frac{1}{n} - \log N.$$

极限的存在性在第一册的第 8 章命题 3.10 中已经证明过, 但是为了证明的完整性, 这里我们再次回顾一下讨论过程. 注意到

$$\sum_{n=1}^{N} \frac{1}{n} - \log N = \sum_{n=1}^{N} \frac{1}{n} - \int_{1}^{N} \frac{1}{x}\mathrm{d}x = \sum_{n=1}^{N-1} \int_{n}^{n+1} \left[\frac{1}{n} - \frac{1}{x}\right]\mathrm{d}x + \frac{1}{N},$$

并且函数 $f(x) = 1/x$ 应用均值定理, 对任意的 $n \leqslant x \leqslant n+1$, 都有

$$\left|\frac{1}{n} - \frac{1}{x}\right| \leqslant \frac{1}{n^2},$$

因此,

$$\sum_{n=1}^{+\infty} \frac{1}{n} - \log N = \sum_{n=1}^{N-1} a_n + \frac{1}{N},$$

其中 $|a_n| \leqslant 1/n^2$. 因此 $\sum a_n$ 收敛, 这就证明了极限定义的 γ 是存在的. 接下来我们证明函数 $1/\Gamma$ 的因式分解.

证明　根据 Hadamard 因式分解定理和函数 $1/\Gamma$ 是整函数, 且是 1 阶增长的, 以及点 $s = 0, -1, -2, \cdots$ 是它的单零点, 我们可以将 $1/\Gamma$ 展成 Weierstrass 乘积形式

$$\frac{1}{\Gamma(s)} = e^{As+B} s \prod_{n=1}^{+\infty} \left(1 + \frac{s}{n}\right) e^{-s/n}.$$

这里 A 和 B 是常数. 根据前面的知识知道, 当 $s \to 0$ 时, $s\Gamma(s) \to 1$, 我们发现 $B = 0$ (或者等于 $2\pi\mathrm{i}$ 的整数倍, 这也能得到相同的结论). 令 $s = 1$, 并知道此时 $\Gamma(1) = 1$, 所以

$$e^{-A} = \prod_{n=1}^{+\infty} \left(1 + \frac{1}{n}\right) e^{-1/n}$$

$$= \lim_{N \to +\infty} \prod_{n=1}^{N} \left(1 + \frac{1}{n}\right) e^{-1/n}$$

$$= \lim_{N \to +\infty} e \sum_{n=1}^{N} \left[\log(1 + 1/n) - 1/n \right]$$

$$= \lim_{N \to +\infty} e\left(\sum_{n=1}^{N} 1/n \right) + \log N + \log(1 + 1/N)$$

$$= e^{-\gamma}.$$

因此 $A = \gamma + 2\pi i k$，其中 k 是某个整数. 因为当 s 为实数的时候，$\Gamma(s)$ 也是实数，所以整数 k 只能等于 0，即 $A = \gamma$，证毕.

注意到，上述证明表明了函数 $1/\Gamma$ 作为整函数的本质特征（加上两个正规化常数）：

（ⅰ）$s = 0, -1, -2, \cdots$ 是其单零点，且不存在其他的零点；

（ⅱ）增长阶也小于等于 1.

观察函数 $\sin \pi s$ 具有类似的特征（除了零点还有所有的整数点）. 然而，函数 $\sin \pi s$ 有精确的增长估计，形如 $\sin \pi s = O(e^{c|s|})$，此估计（指数中没有对数）不适合练习 12 中所证实的函数 $1/\Gamma(s)$.

2　Zeta 函数

黎曼 Zeta 函数最初是通过 $s > 1$ 时的收敛级数定义的，即

$$\zeta(s) = \sum_{n=1}^{+\infty} \frac{1}{n^s}.$$

与 Gamma 函数的案例类似，ζ 也可以延拓到整个复平面. 对此事实存在几种证明，接下来的一节中将给出一种依赖于 ζ 的泛函方程的证明方法.

2.1　函数方程和解析延拓

与 Gamma 函数类似，我们首先给出 ζ 在复数集 **C** 的半平面上的一个简单延拓.

命题 2.1　级数定义的 $\zeta(s)$ 在 $\mathrm{Re}(s) > 1$ 上是收敛的，并且在这个半平面上函数 ζ 是全纯的.

证明　如果 $s = \sigma + it$，其中 σ 和 t 是实数，那么

$$|n^{-s}| = |e^{-s\log n}| = e^{-\sigma \log n} = n^{-\sigma}.$$

若 $\sigma > 1 + \delta > 1$，级数定义的 ζ 是一致有界的，且以 $\sum\limits_{n=1}^{+\infty} 1/n^{1+\delta}$ 为界，它是收敛的. 因此级数 $\sum\limits_{n=1}^{+\infty} 1/n^s$ 在任意的半平面 $\mathrm{Re}(s) > 1 + \delta > 1$ 上一致收敛，因此在半

平面 $\mathrm{Re}(s)>1$ 上函数是全纯的.

函数 ζ 解析延拓到复平面 **C** 上的亚纯函数, 这样的延拓比 Gamma 函数的情况更精细. 这里的证明除了涉及 ζ 和 Γ, 还涉及另一个很重要的函数.

theta 函数在第 4 章中已经引入了, 当实数 $t>0$ 时其被定义为

$$\vartheta(t)=\sum_{n=-\infty}^{+\infty}\mathrm{e}^{-\pi n^2 t}.$$

根据泊松求和公式的应用（第 4 章中定理 2.4）, 给出满足函数 ϑ 的泛函方程, 命名为

$$\vartheta(t)=t^{-1/2}\vartheta(1/t).$$

当 $t\to 0$ 时它的增长与衰退满足

$$\vartheta(t)\leqslant Ct^{-1/2},$$

并且当 $t\geqslant 1$ 时

$$|\vartheta(t)-1|\leqslant C\mathrm{e}^{-\pi t}$$

其中 C 是大于零的常数。当 $t\to 0$ 时, 这个不等式是满足泛函方程的, 当 $t\to+\infty$ 时, 它将满足下面的不等式

$$\sum_{n\geqslant 1}\mathrm{e}^{-\pi n^2 t}\leqslant\sum_{n\geqslant 1}\mathrm{e}^{-\pi n t}\leqslant C\mathrm{e}^{-\pi t},$$

其中 $t\geqslant 1$.

下面的定理将证明函数 ζ, Γ 和 ϑ 之间的重要关系.

定理 2.2　如果 $\mathrm{Re}(s)>1$, 那么

$$\pi^{-s/2}\Gamma(s/2)\zeta(s)=\frac{1}{2}\int_0^{+\infty}u^{(s/2)-1}[\vartheta(u)-1]\mathrm{d}u.$$

证明　进一步讨论时基于下面的考虑. 如果 $n\geqslant 1$, 那么

$$\int_0^{+\infty}\mathrm{e}^{-\pi n^2 u}u^{(s/2)-1}\mathrm{d}u=\pi^{-s/2}\Gamma(s/2)n^{-s}, \tag{6}$$

事实上, 如果在积分中进行变量代换 $u=t/\pi n^2$, 那么等式左边就变为

$$\left(\int_0^{+\infty}\mathrm{e}^{-t}t^{(s/2)-1}\mathrm{d}t\right)(\pi n^2)^{-s/2},$$

正好等于等号右边. 下面注意到

$$\frac{\vartheta(u)-1}{2}=\sum_{n=1}^{+\infty}\mathrm{e}^{-\pi n^2 u}.$$

那么函数 ϑ 的估计中的积分就可以用无穷个积分的和代替, 因此,

$$\frac{1}{2}\int_0^{+\infty}u^{(s/2)-1}[\vartheta(u)-1]\mathrm{d}u=\sum_{n=1}^{+\infty}\int_0^{+\infty}u^{(s/2)-1}\mathrm{e}^{-\pi n^2 u}\mathrm{d}u$$

$$=\pi^{-s/2}\Gamma(s/2)\sum_{n=1}^{+\infty}n^{-s}$$

$$=\pi^{-s/2}\Gamma(s/2)\zeta(s),$$

这正是我们想要证明的.

这种情况下，我们考虑 ζ 函数的修正函数，称为 xi 函数，它在形式上更加对称. 当 $\mathrm{Re}(s) > 1$ 时，定义为

$$\xi(s) = \pi^{-s/2}\Gamma(s/2)\zeta(s). \tag{7}$$

定理 2.3　当 $\mathrm{Re}(s) > 1$ 时，函数 ξ 是全纯的，并且可以解析延拓到整个复平面 $\mathbf{C}$ 上的亚纯函数，且点 $s = 0$ 和 $s = 1$ 是它的单极点. 此外，对任意的 $s \in \mathbf{C}$，有

$$\xi(s) = \xi(1-s).$$

证明　证明的思路是应用函数 ϑ 的泛函方程，记为

$$\sum_{n=-\infty}^{+\infty} \mathrm{e}^{-\pi n^2 u} = u^{-1/2} \sum_{n=-\infty}^{+\infty} \mathrm{e}^{-\pi n^2/u} \quad u > 0.$$

那么我们在等号两边分别乘上 $u^{(s/2)-1}$，并且对 u 积分. 忽略 $n = 0$ 的一项（两个和式中都有这一项，会使得积分等于无穷大），只要调用式（6）就能得到我们想要的等式，也可以通过变量代换 $u \mapsto 1/u$ 得到类似的公式. 实际证明过程会有点麻烦，下面给出证明.

令 $\psi(u) = [\vartheta(u) - 1]/2$. 关于 theta 函数的函数方程，记为 $\vartheta(u) = u^{-1/2}\vartheta(1/u)$，这就意味着

$$\psi(u) = u^{-1/2}\psi(1/u) + \frac{1}{2u^{1/2}} - \frac{1}{2}.$$

现在，根据定理 2.2，当 $\mathrm{Re}(s) > 1$ 时，我们有

$$\begin{aligned}
\pi^{-s/2}\Gamma(s/2)\zeta(s) &= \int_0^{+\infty} u^{(s/2)-1}\psi(u)\,\mathrm{d}u \\
&= \int_0^1 u^{(s/2)-1}\psi(u)\,\mathrm{d}u + \int_0^{+\infty} u^{(s/2)-1}\psi(u)\,\mathrm{d}u \\
&= \int_0^1 u^{(s/2)-1}\left[u^{-1/2}\psi(1/u) + \frac{1}{2u^{1/2}} - \frac{1}{2}\right]\mathrm{d}u + \\
&\quad\quad \int_0^{+\infty} u^{(s/2)-1}\psi(u)\,\mathrm{d}u \\
&= \frac{1}{s-1} - \frac{1}{s} + \int_0^{+\infty} (u^{(-s/2)-1/2} + u^{(s/2)-1})\psi(u)\,\mathrm{d}u
\end{aligned}$$

其中 $\mathrm{Re}(s) > 1$. 因此，

$$\xi(s) = \frac{1}{s-1} - \frac{1}{s} + \int_0^{+\infty} (u^{(-s/2)-1/2} + u^{(s/2)-1})\psi(u)\,\mathrm{d}u.$$

因为函数 ψ 在无穷远处指数衰减，上面的积分就定义了一个整函数，并且我们推断出函数 ξ 可以解析延拓到复数集 $\mathbf{C}$ 上，点 $s = 0$ 和 $s = 1$ 是它的单极点. 并且，当用 $1 - s$ 替换 s 时积分没有变化，且这两项的和 $1/(s-1) - 1/s$ 也一样. 因此我们就证明了 $\xi(s) = \xi(1-s)$.

通过这个等式，已经证明了我们想要的关于函数 ξ 的结论，为 zeta 函数的证明

打好了基础：zeta 函数的解析延拓和泛函方程.

定理 2.4 zeta 函数可以亚纯延拓到整个复平面上，并且它有且仅有唯一的奇点为单极点，在点 $s = 1$ 取得.

证明 式（7）给出了 ζ 的亚纯延拓，

$$\zeta(s) = \pi^{s/2} \frac{\xi(s)}{\Gamma(s/2)}.$$

回顾之前的内容，我们知道函数 $1/\Gamma(s/2)$ 是整函数，点 $0, -2, -4, \cdots$ 是其单零点，因此函数 $\xi(s)$ 在原点处的极点被对应的 $1/\Gamma(s/2)$ 的零点抵消了. 因此，函数 ζ 有唯一的奇点在点 $s = 1$ 处.

接下来我们引入一个更基本的方法，将 zeta 函数进行解析延拓，这是一种在半平面 $\mathrm{Re}(s) > 0$ 上很简单的延拓方法. 这种方法对于研究函数 ζ 在直线 $\mathrm{Re}(s) = 1$ 附近的增长性质是有用的（在下一章将用到）. 后面的方法是将求和 $\sum\limits_{n=1}^{+\infty} n^{-s}$ 与积分 $\int_1^{+\infty} x^{-s} \mathrm{d}x$ 比较.

命题 2.5 存在整函数序列 $\{\delta_n(s)\}_{n=1}^{+\infty}$，满足条件 $|\delta_n(s)| \leqslant |s|/n^{\sigma+1}$，其中 $s = \sigma + \mathrm{i}t$，使得

$$\sum_{1 \leqslant n < N} \frac{1}{n^s} - \int_1^N \frac{\mathrm{d}x}{x^s} = \sum_{1 \leqslant n < N} \delta_n(s), \tag{8}$$

其中 N 是一个大于 1 的整数.

此命题还有下面的推论.

推论 2.6 对 $\mathrm{Re}(s) > 0$ 我们有

$$\zeta(s) - \frac{1}{s-1} = H(s),$$

其中 $H(s) = \sum\limits_{n=1}^{+\infty} \delta_n(s)$ 在半平面 $\mathrm{Re}(s) > 0$ 上是全纯的.

为了证明这个命题，我们比较 $\sum\limits_{1 \leqslant n < N} n^{-s}$ 和 $\sum\limits_{1 \leqslant n < N} \int_n^{n+1} x^{-s} \mathrm{d}x$，并令

$$\delta_n(s) = \int_n^{n+1} \left[\frac{1}{n^s} - \frac{1}{x^s}\right] \mathrm{d}x. \tag{9}$$

函数 $f(x) = x^{-s}$ 应用均值定理，当 $n \leqslant x \leqslant n+1$ 时，

$$\left|\frac{1}{n^s} - \frac{1}{x^s}\right| \leqslant \frac{|s|}{n^{\sigma+1}},$$

因此 $|\delta(s)| \leqslant |s|/n^{\sigma+1}$，并且因为

$$\int_1^N \frac{\mathrm{d}x}{x^s} = \sum_{1 \leqslant n < N} \int_n^{n+1} \frac{\mathrm{d}x}{x^s},$$

命题得证.

下面来证明推论，我们首先假设 $\text{Re}(s) > 1$. 在命题 2.5 的式（8）中令 N 趋于无穷大，并因为 $|\delta_n(s)| \leqslant |s| / n^{\sigma+1}$，级数 $\sum \delta_n(s)$ 是一致收敛的（在任意的半平面 $\text{Re}(s) \geqslant \delta$ 上，其中 $\delta > 0$）. 因为 $\text{Re}(s) > 1$，级数 $\sum n^{-s}$ 收敛于 $\zeta(s)$，这也就证明了当 $\text{Re}(s) > 1$ 时的推断. 一致收敛也表明当 $\text{Re}(s) > 0$ 时，$\sum \delta_n(s)$ 是全纯的，因此也证明 $\zeta(s)$ 可以延拓到半平面，并且此时等式依然成立.

注意：上面的方法可以逐步将函数 $\zeta(s)$ 延拓到整个复平面上，如同问题 2 和问题 3 中所示. 另外的关于 $\zeta(s)$ 的解析延拓的讨论可以参考练习 15 和练习 16.

作为命题的应用，我们可以证明 $\zeta(s)$ 在直线 $\text{Re}(s) = 1$ 附近的增长是"适度的". 根据前面的内容，当 $\text{Re}(s) > 1$ 时，$|\delta(s)| \leqslant \sum_{n=1}^{+\infty} n^{-\sigma}$，因此 $\zeta(s)$ 在任意的半平面 $\text{Re}(s) \geqslant 1 + \delta$ 上是有界的，其中 $\delta > 0$. 我们看到，在直线 $\text{Re}(s) = 1$ 上，$|\zeta(s)|$ 可以由 $|t|^\varepsilon$ 优化，其中 $\varepsilon > 0$ 是任意给定的，并且在这个直线附近的增长也不会太坏. 下面的估计也不是太理想. 但在后面的实际应用中，这样的估计已经足够了.

命题 2.7　假设 $s = \sigma + it$，其中 $\sigma, t \in \mathbf{R}$. 那么，对任意的 $\sigma_0 (0 \leqslant \sigma_0 \leqslant 1)$ 和任意的 $\varepsilon > 0$，存在常数 c_ε 使得

（ⅰ）如果 $\sigma_0 \leqslant \sigma$，$|t| \geqslant 1$，那么 $|\zeta(s)| \leqslant c_\varepsilon |t|^{1-\sigma_0+\varepsilon}$；

（ⅱ）如果 $1 \leqslant \sigma$，$|t| \geqslant 1$，那么 $|\zeta'(s)| \leqslant c_\varepsilon |t|^\varepsilon$.

特别地，这个命题意味着当 $|t|$ 趋于无穷时[⊖]，$\zeta(1 + it) = O(|t|^\varepsilon)$，并且 ζ' 也有类似的估计. 为了证明，我们应用推论 2.6. 回顾估计 $|\delta_n(s)| \leqslant |s| / n^{\sigma+1}$. 我们也会有估计 $|\delta_n(s)| \leqslant 2 / n^\sigma$，这是来自关于 $\delta_n(s)$ 的式（9）和当 $x \geqslant n$，有 $|n^{-s}| = n^{-\sigma}$，$|x^{-s}| \leqslant n^{-\sigma}$. 我们将关于 $|\delta_n(s)|$ 的两个估计合并，经过考察 $A = A^\delta A^{1-\delta}$，就得到 $|\delta_n(s)|$ 的界

$$|\delta_n(s)| \leqslant \left(\frac{|s|}{n^{\sigma+1}} \right)^\delta \left(\frac{2}{n^\sigma} \right)^{1-\delta} \leqslant \frac{2|s|^\delta}{n^{\sigma+\delta}},$$

只要 $\delta \geqslant 0$. 现在选择 $\delta = 1 - \sigma_0 + \varepsilon$，并应用推论 2.6 中的等式. 那么，当 $\sigma = \text{Re}(s) \geqslant \sigma_0$ 时，我们发现

$$|\zeta(s)| \leqslant \left| \frac{1}{s-1} \right| + 2|s|^{1-\sigma_0+\varepsilon} \sum_{n=1}^{+\infty} \frac{1}{n^{1+\varepsilon}},$$

那么结论（ⅰ）就证明了. 第二个结论只要根据第 2 章中练习 8 对第一个结论进行稍微地修正，就很自然地得到. 为了证明的完整性，我们粗略地证明一下. 根据柯西积分公式，

⊖　关于 O 这个符号，读者可以参见第 1 章的最后.

$$\zeta'(s) = \frac{1}{2\pi r} \int_0^{2\pi} \zeta(s + re^{i\theta}) e^{i\theta} d\theta,$$

这里的积分是在以 s 为圆心，r 为半径的圆周上进行的．现在选择 $r = \varepsilon$，并注意到圆周线在半平面 $\mathrm{Re}(s) \geqslant 1 - \varepsilon$ 上，因此只要将（i）中的 2ε 替换成 ε，结论（ii）就得证了．

3 练习

1. 证明：当 $s \neq 0, -1, -2, \cdots$ 时

$$\Gamma(s) = \lim_{n \to +\infty} \frac{n^s n!}{s(s+1) \cdots (s+n)}.$$

【提示：利用函数 $1/\Gamma$ 的乘积公式和欧拉常数 γ 的定义．】

2. 证明：

$$\prod_{n=1}^{+\infty} \frac{n(n+a+b)}{(n+a)(n+b)} = \frac{\Gamma(a+1)\Gamma(b+1)}{\Gamma(a+b+1)},$$

其中 a 和 b 是正的．应用函数 $\sin\pi s$ 的乘积公式，给出另一种方法证明 $\Gamma(s)\Gamma(1-s) = \pi/\sin\pi s$．

3. 证明：Wallis 乘积公式可以写成

$$\sqrt{\frac{\pi}{2}} = \lim_{n \to +\infty} \frac{2^{2n}(n!)^2}{(2n+1)!} (2n+1)^{1/2}.$$

证明下面的等式

$$\Gamma(s)\Gamma(s+1/2) = \sqrt{\pi} 2^{1-2s} \Gamma(2s).$$

4. 证明：如果对 $|z| < 1$ 我们有

$$f(z) = \frac{1}{(1-z)^\alpha},$$

（按照对数函数的主支定义），其中 α 是给定的复数，那么

$$f(z) = \sum_{n=0}^{+\infty} a_n(\alpha) z^n,$$

其中，当 $n \to +\infty$ 时，

$$a_n(\alpha) \sim \frac{1}{\Gamma(\alpha)} n^{\alpha-1}.$$

5. 根据公式 $\Gamma(s)\Gamma(1-s) = \pi/\sin\pi s$ 证明当 $t \in \mathbf{R}$ 时，有

$$|\Gamma(1/2 + it)| = \sqrt{\frac{2\pi}{e^{\pi t} + e^{-\pi t}}}.$$

6. 证明：

$$1 + \frac{1}{3} + \frac{1}{5} + \cdots + \frac{1}{2n-1} - \frac{1}{2} \log n \to \frac{\gamma}{2} + \log 2,$$

其中，γ 是欧拉常数．

7. Beta 函数定义为

$$B(\alpha,\beta)=\int_0^1 (1-t)^{\alpha-1} t^{\beta-1}\mathrm{d}t,$$

其中 $\mathrm{Re}(\alpha)>0$，$\mathrm{Re}(\beta)>0$.

（a）证明：$B(\alpha,\beta)=\dfrac{\Gamma(\alpha)\Gamma(\beta)}{\Gamma(\alpha+\beta)}$.

（b）证明：$B(\alpha,\beta)=\displaystyle\int_0^{+\infty} \dfrac{u^{\alpha-1}}{(1+u)^{\alpha+\beta}}\mathrm{d}u$.

【提示：对（a），注意到

$$\Gamma(\alpha)\Gamma(\beta)=\int_0^{+\infty}\int_0^{+\infty} t^{\alpha-1}s^{\beta-1}\mathrm{e}^{-t-s}\mathrm{d}t\mathrm{d}s,$$

并应用变量代换 $s=ur, t=u(1-r)$.】

8. Bessel 函数出现在球对称和傅里叶变换的研究中．见第一册第 6 章证明：下面关于 Bessel 函数的幂级数的等式当实数阶 $\nu\geqslant-1/2$ 时成立：

$$J_\nu(x)=\frac{(x/2)^\nu}{\Gamma(\nu+1/2)\sqrt{\pi}}\int_{-1}^1 \mathrm{e}^{\mathrm{i}xt}(1-t^2)^{\nu-(1/2)}\mathrm{d}t=\left(\frac{x}{2}\right)^\nu\sum_{m=0}^{+\infty}\frac{(-1)^m\left(\dfrac{x^2}{4}\right)^m}{m!\,\Gamma(\nu+m+1)},$$

其中 $x>0$. 特别地，Bessel 函数 J_ν 满足通常的微分方程

$$\frac{\mathrm{d}^2 J_\nu}{\mathrm{d}x^2}+\frac{1}{x}\frac{\mathrm{d}J_\nu}{\mathrm{d}x}+\left(1-\frac{\nu^2}{x^2}\right)J_\nu=0.$$

【提示：将指数函数 $\mathrm{e}^{\mathrm{i}xt}$ 展开成幂级数，并且按照 Gamma 函数表达留数积分，应用练习 7.】

9. 超几何分布级数 $F(\alpha,\beta,\gamma:z)$ 在第 1 章练习 16 中已经定义，证明：

$$F(\alpha,\beta,\gamma;z)=\frac{\Gamma(\gamma)}{\Gamma(\beta)\Gamma(\gamma-\beta)}\int_0^1 t^{\beta-1}(1-t)^{\gamma-\beta-1}(1-zt)^{-\alpha}\mathrm{d}t.$$

这里的 $\alpha>0$，$\beta>0$，$\gamma>\beta$ 并且 $|z|<1$.

在前面的定义中表明，超几何分布函数开始是按照在单位圆盘内收敛的幂级数定义的，并且可以解析延拓到沿着半直线 $[1,+\infty)$ 为裂缝的带缝的复平面上.

注意到

$$\log(1-z)=-zF(1,1,2;z),$$
$$\mathrm{e}^z=\lim_{\beta\to+\infty} F(1,\beta,1;z/\beta),$$
$$(1-z)^{-\alpha}=F(\alpha,1,1;z).$$

【提示：为了证明积分等式，将 $(1-zt)^{-\alpha}$ 展成幂级数.】

10. 形如

$$F(z)=\int_0^{+\infty} f(t)\, t^{z-1}\mathrm{d}t$$

的积分称为 **Mellin 变换**，并且我们记 $M(f)(z)=F(z)$. 例如，Gamma 函数就是函

数 e^{-t} 通过 Mellin 变换而来.

（a）证明：对任意的 $0 < \mathrm{Re}(z) < 1$,

$$M(\cos)(z) = \int_0^{+\infty} \cos(t) t^{z-1} \mathrm{d}t = \Gamma(z) \cos\left(\pi \frac{z}{2}\right),$$

并且

$$M(\sin)(z) = \int_0^{+\infty} \sin(t) t^{z-1} \mathrm{d}t = \Gamma(z) \sin\left(\pi \frac{z}{2}\right).$$

（b）证明：上面的第二个等式当在更大的带形区域 $-1 < \mathrm{Re}(z) < 1$ 上时仍然是有效的，并且作为推论可以得到

$$\int_0^{+\infty} \frac{\sin x}{x} \mathrm{d}x = \frac{\pi}{2}$$

和

$$\int_0^{+\infty} \frac{\sin x}{x^{3/2}} \mathrm{d}x = \sqrt{2\pi}.$$

这样的计算参见第 2 章的练习 2 即可.

【提示：关于第一部分，可以考虑函数 $f(w) = \mathrm{e}^{-w} w^{z-1}$ 沿着图 1 所示的周线积分. 用解析延拓证明第二部分.】

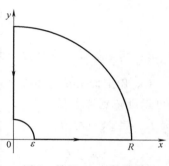

图 1 练习 10 中的周线

11. 令 $f(z) = \mathrm{e}^{az} \mathrm{e}^{-\mathrm{e}^z}$，其中 $a > 0$. 注意到当 $|x|$ 趋于无穷大时，函数 $f(x + \mathrm{i}y)$ 在带形区域 $\{x + \mathrm{i}y: |y| < \pi/2\}$ 上是指数减少的. 证明：

$$\hat{f}(\xi) = \Gamma(a - 2\pi\mathrm{i}\xi),$$

其中 ξ 是任意实数.

12. 此练习给出了关于函数 $1/\Gamma$ 的两个结论.

（a）证明：对任意的 $c > 0$，函数 $1/|\Gamma(s)|$ 都不是 $O(\mathrm{e}^{c|s|})$. 【提示：如果 $s = -k - 1/2$，其中 k 是一个正整数，那么 $|1/\Gamma(s)| \geqslant k! / \pi$.】

（b）证明：不存在这样的整函数 $F(s)$ 使得 $F(s) = O(\mathrm{e}^{c|s|})$，并且点 $s = 0$, $-1, -2, \cdots, -n, \cdots$ 是它的所有的单零点，而没有其他的零点.

13. 证明：

$$\frac{\mathrm{d}^2 \log\Gamma(s)}{\mathrm{d}s^2} = \sum_{n=0}^{+\infty} \frac{1}{(s+n)^2},$$

其中 s 是正数. 并证明如果等式的左边解释为 $(\Gamma'/\Gamma)'$，那么只要 $s \neq 0, -1, -2, \cdots$ 上面的等式对于变量 s 取任何复数都是成立的.

14. 此练习给出了函数 $\log n!$ 的渐近公式. 即当 $s \to +\infty$ 时函数 $\Gamma(s)$ 的一种更精确的渐近公式（Stirling 公式），它将在附录 A 中给出.

（a）证明：当 $x > 0$ 时，有

$$\frac{\mathrm{d}}{\mathrm{d}x}\int_x^{x+1}\log\Gamma(t)\,\mathrm{d}t=\log x,$$

积分上式就可以得到

$$\int_x^{x+1}\log\Gamma(t)\,\mathrm{d}t=x\log x-x+c.$$

（b）作为推论证明：当 $n\to+\infty$ 时，$\log\Gamma(n)\sim n\log n$. 事实上，只要证明当 $n\to+\infty$ 时 $\log\Gamma(n)\sim n\log n+O(n)$. 【提示：当 x 很大时，函数 $\Gamma(x)$ 是单调增加的.】

15. 证明：当 $\mathrm{Re}(s)>1$ 时，

$$\zeta(s)=\frac{1}{\Gamma(s)}\int_0^{+\infty}\frac{x^{s-1}}{\mathrm{e}^x-1}\mathrm{d}x.$$

【提示：将函数展成幂级数，即 $1/(\mathrm{e}^x-1)=\sum\limits_{n=1}^{+\infty}\mathrm{e}^{-nx}.$】

16. 用上面的练习重新证明函数 $\zeta(s)$ 有唯一的奇点，就是 $s=1$ 是它的单极点，它可以延拓到整个复平面.

【提示：将 $\zeta(s)$ 写成

$$\zeta(s)=\frac{1}{\Gamma(s)}\int_0^1\frac{x^{s-1}}{\mathrm{e}^x-1}\mathrm{d}x+\frac{1}{\Gamma(s)}\int_1^{+\infty}\frac{x^{s-1}}{\mathrm{e}^x-1}\mathrm{d}x.$$

第二个积分定义为一个整函数，同时

$$\int_0^1\frac{x^{s-1}}{\mathrm{e}^x-1}\mathrm{d}x=\sum_{m=0}^{+\infty}\frac{B_m}{m!(s+m-1)},$$

其中 B_m 表示第 m 个 Bernoulli 数，由下式定义

$$\frac{x}{\mathrm{e}^x-1}=\sum_{m=0}^{+\infty}\frac{B_m}{m!}x^m.$$

那么，$B_0=1$，并且因为当 $|z|<2\pi$ 时 $z/(\mathrm{e}^z-1)$ 是全纯函数，则必有 $\lim\limits_{m\to\infty}\sup|B_m/m!|^{1/m}=1/2\pi.$】

17. 令函数 f 是定义在实数集 $\mathbf{R}$ 上的不定微分函数，且具有紧支柱，或者更一般地令 f 属于 Schwartz 空间⊖. 考虑

$$I(s)=\frac{1}{\Gamma(s)}\int_0^{+\infty}f(x)x^{-1+s}\mathrm{d}x.$$

（a）注意到当 $\mathrm{Re}(s)>0$ 时，$I(s)$ 是全纯的. 证明：I 可以解析延拓成复平面上的整函数.

（b）证明：$I(0)=f(0)$，并且更一般地，当 $n\geqslant0$ 时，有

⊖ 实数集 $\mathbf{R}$ 上的 Schwartz 空间表示为 S，是由所有不定微分函数 f 构成，使得函数 f 以及它的微分要比任意多项式衰退得快. 换句话说，对所有的整数 m，$\ell\geqslant0$，$\sup\limits_{x\in\mathbf{R}}|x|^m|f^{(\ell)}(x)|<+\infty$. 这个空间是在第一册中研究傅里叶变换时出现的.

$$I(-n) = (-1)^n f^{(n)}(0).$$

【提示：为了证明解析延拓和第二部分的等式，用分部积分证明：

$$I(s) = \frac{(-1)^k}{\Gamma(s+k)} \int_0^{+\infty} f^{(k)}(x) x^{s+k-1} dx.\text{】}$$

4 问题

1. 此问题对函数 ζ 和 ζ' 在 $\mathrm{Re}(s) = 1$ 附近进行了深入的讨论，并给出了进一步的估计.

（a）用命题 2.5 及其推论证明：

$$\zeta(s) = \sum_{1 \leqslant n < N} n^{-s} - \frac{N^{s-1}}{s-1} + \sum_{n \geqslant N} \delta_n(s),$$

其中整数 $N \geqslant 2$，$\mathrm{Re}(s) > 0$.

（b）证明：当 $|t| \to +\infty$ 时，应用结论（a），当 N 是不大于 $|t|$ 的最大整数时，$|\zeta(1+\mathrm{i}t)| = O(\log|t|)$.

（c）命题 2.7 的第二个结论类似地得到改善.

（d）证明：如果 $t \neq 0$ 且 t 给定，那么级数 $\sum_{n=1}^{+\infty} 1/n^{1+\mathrm{i}t}$ 的部分和有界，但是级数不收敛.

2. *证明：如果 $\mathrm{Re}(s) > 0$，那么

$$\zeta(s) = \frac{s}{s-1} - s \int_1^{+\infty} \frac{\{x\}}{x^{s+1}} dx,$$

其中 $\{x\}$ 是 x 的小数部分.

3. *如果 $Q(x) = \{x\} - 1/2$，那么我们可以将上个问题中的表达式写成

$$\zeta(s) = \frac{s}{s-1} - \frac{1}{2} - s \int_1^{+\infty} \frac{Q(x)}{x^{s+1}} dx.$$

让我们用递归法构造函数 $Q_k(x)$，也就是

$$\int_0^1 Q_k(x) dx = 0, \frac{dQ_{k+1}}{dx} = Q_k(x), Q_0(x) = Q(x) \text{ 和 } Q_k(x+1) = Q_k(x).$$

那么 $\zeta(s)$ 就可以表达成

$$\zeta(s) = \frac{s}{s-1} - \frac{1}{2} - s \int_1^{+\infty} \left(\frac{d^k}{dx^k} Q_k(x) \right) x^{-s-1} dx,$$

并经过 k 次分部积分就能得到函数 $\zeta(s)$ 当 $\mathrm{Re}(s) > -k$ 时的解析延拓.

4. *在上一个问题中的函数 Q_k 是与伯努利多项式 $B_k(x)$ 有关的，它们的关系由下式表示，即

$$Q_k(x) = \frac{B_{k+1}(x)}{(k+1)!},$$

其中 $0 \leqslant x \leqslant 1$. 并且如果 k 是一个正整数，那么

$$2\zeta(2k) = (-1)^{k+1} \frac{(2\pi)^{2k}}{(2k)!} B_{2k},$$

其中 $B_k = B_k(0)$ 是伯努利数（Bernoulli numbers）. 关于 $B_k(x)$ 和 B_k 的定义，参见第一册第 3 章.

第 7 章　Zeta 函数和素数定理

通过 Zeta 函数的乘积公式，欧拉发现在解析方法和数（特别是素数）的算术性质之间存在更深的联系．欧拉公式的一个简单推论是所有素数的倒数的和 $\sum_p \frac{1}{p}$ 发散，也就是说存在无穷多个素数．实际问题就转化成这些素数是如何分布的．基于这种想法，我们考虑下面的函数：

$$\pi(x) = \text{小于或等于 } x \text{ 的素数的个数．}$$

函数 $\pi(x)$ 的这种不稳定增长的性质使得我们很难找到一个简单的表达式表示它．取而代之，当 x 很大时，我们研究函数 $\pi(x)$ 的渐近表现．大概在欧拉的发现 60 年后，Legendre 和 Gauss 经过无数次的计算得到，函数 $\pi(x)$ 有下面的渐近关系

$$\pi(x) \sim \frac{x}{\log x} \quad x \to +\infty. \tag{1}$$

（这种渐近关系是指当 $x \to +\infty$ 时 $f(x) \sim g(x)$，意思是说，当 $x \to +\infty$ 时，$f(x)/g(x) \to 1$．）又过了 60 年，略先于黎曼的工作，Tchebychev 用基本的方法

（特别是他没有用到 Zeta 函数）证明了下面的弱化的结果，

$$\pi(x) \approx \frac{x}{\log x} \quad x \to +\infty. \tag{2}$$

根据定义，这里的符号 "$\approx$" 意思是说存在正常数 $A < B$ 使得

$$A \frac{x}{\log x} \leqslant \pi(x) \leqslant B \frac{x}{\log x},$$

只要自变量 x 足够大。

　　在 1896 年，大概是 Tchebychev 的结果出现后的 40 年，Hadamard 和 dela Vallée Poussin 给出了关系（1）的一种有效的证明方法。他们的结论就是众所周知的素数定理。这个定理开始的证明用的是复分析，下面就会给出证明过程，随后又找到了其他的证明方法，这些方法有一些是依赖于复分析的，而其他更多的本质上是用的最基础的方法。

　　素数定理的证明的核心是函数 $\zeta(s)$ 在直线 $\mathrm{Re}(s)=1$ 上没有零点。事实上，这一点可以保证它的两个命题是等价的。

1　Zeta 函数的零点

　　根据第一册第 8 章定理 1.10 的欧拉恒等式，当 $\mathrm{Re}(s)>1$ 时，Zeta 函数可以定义成乘积的形式

$$\zeta(s) = \prod_p \frac{1}{1 - p^{-s}}.$$

此恒等式可以将 $\mathrm{Re}(s)>1$ 解析延拓为 $s>1$。证明的关键在于函数 $1/(1-p^{-s})$ 可以写成收敛的幂级数（几何级数）

$$1 + \frac{1}{p^s} + \frac{1}{p^{2s}} + \cdots + \frac{1}{p^{Ms}} + \cdots,$$

并将公式中关于素数的幂级数进行乘积构造新的幂级数就能得到我们想要的结果。下面给出准确的讨论。

　　假设 M 和 N 是正整数，且满足 $M > N$。注意到，根据算术的基本定理$^\ominus$，任意的正整数 $n \leqslant N$ 可以唯一地表示成素数的乘积的形式，并且乘积中的每个素数必须小于或等于 N，并且重复的次数低于 M 次。因此，

$$\sum_{n=1}^{N} \frac{1}{n^s} \leqslant \prod_{p \leqslant N} \left(1 + \frac{1}{p^s} + \frac{1}{p^{2s}} + \cdots + \frac{1}{p^{Ms}}\right)$$

$$\leqslant \prod_{p \leqslant N} \left(\frac{1}{1 - p^{-s}}\right)$$

$$\leqslant \prod_p \left(\frac{1}{1 - p^{-s}}\right).$$

$\ominus$　关于这个基本但是非常必要的事实的证明请参见第一册第 8 章中的第一小节。

在此级数中令 N 趋于无穷大，因此，

$$\sum_{n=1}^{+\infty}\frac{1}{n^s}\leqslant\prod_p\left(\frac{1}{1-p^{-s}}\right).$$

下面我们讨论倒数不等式. 再次根据算术基本定理，我们发现

$$\prod_{p\leqslant N}\left(1+\frac{1}{p^s}+\frac{1}{p^{2s}}+\cdots+\frac{1}{p^{Ms}}\right)\leqslant\sum_{n=1}^{+\infty}\frac{1}{n^s}.$$

令 M 趋于无穷大，那么

$$\prod_{p\leqslant N}\left(\frac{1}{1-p^{-s}}\right)\leqslant\sum_{n=1}^{+\infty}\frac{1}{n^s}.$$

因此，

$$\prod_p\left(\frac{1}{1-p^{-s}}\right)\leqslant\sum_{n=1}^{+\infty}\frac{1}{n^s},$$

此时，关于函数 ζ 的乘积公式的证明就完整了.

从这个乘积公式中我们会发现，根据第 5 章命题 3.1 就能证明函数 $\zeta(s)$ 当 $\mathrm{Re}(s)>1$ 时没有零点.

为了进一步研究函数 ζ 在其零点附近的情况，我们应用泛函方程给出 ζ 的解析延拓. 我们可以将泛函方程 $\xi(s)=\xi(1-s)$ 写成

$$\pi^{-s/2}\Gamma(s/2)\zeta(s)=\pi^{-(1-s)/2}\Gamma((1-s)/2)\zeta(1-s),$$

因此，

$$\zeta(s)=\pi^{s-1/2}\frac{\Gamma((1-s)/2)}{\Gamma(s/2)}\zeta(1-s).$$

现在注意到，对于 $\mathrm{Re}(s)<0$，下面的结论成立：

（ⅰ）因为 $\mathrm{Re}(1-s)>1$，所以 $\zeta(1-s)$ 没有零点.

（ⅱ）$\Gamma((1-s)/2)$ 无零点.

（ⅲ）$1/\Gamma(s/2)$ 的零点是 $s=-2,-4,-6,\cdots$.

因此，当 $\mathrm{Re}(s)<0$ 时，ζ 的所有零点位于负偶整数 $-2,-4,-6,\cdots$ 处.

这也就证明了下面的定理.

定理 1.1 函数 ζ 在带形区域 $0\leqslant\mathrm{Re}(s)\leqslant1$ 之外的所有的零点位于负偶整数 $-2,-4,-6,\cdots$ 处.

上面所说的带形区域 $0\leqslant\mathrm{Re}(s)\leqslant1$ 称为**临界带**. 在素数定理的证明中用到一个很关键的事实是函数 ζ 在直线 $\mathrm{Re}(s)=1$ 上没有零点. 根据此定理的简单推论和泛函方程，就能证明函数 ζ 在直线 $\mathrm{Re}(s)=0$ 上没有零点.

在本文的开端黎曼就引进了函数 ζ 的解析延拓函数，并证明了它的函数方程，他将这些知识应用到素数的定理中，并为定义素数分布写出了"显示"公式. 虽然，他并没有完全地证明定理，但仍然坚持自己的论断，而且他提供了很多重要的想法. 他通过分析坚信自己的论断是合理的，这被称为黎曼假设：函数 $\zeta(s)$ 在临

界带内的零点都落在直线 $\mathrm{Re}(s)=1/2$ 上.

对此他说:"必定会给这个命题一个严格的证明,稍后我们会给出证明,但是经过几次尝试结果都失败了,因为对于我们研究的目标,这似乎并不是直接需要的."尽管很多的定理和用数值表示的结果都表明了假设的正确性,但是仍然需要给出证明或者找出反例. 黎曼假设直到今天仍然是数学上一个最重要的还未解决的问题之一.

特别地,ζ 位于临界带之外的零点有时称为 Zeta 函数的**平凡零点**. 也可以参见练习 5,证明函数 ζ 在实数段 $0 \leqslant \sigma \leqslant 1$ 内没有零点,其中 $s = \sigma + it$.

在本节的最后,我们将证明下面的定理,并且给出函数 ζ 的估计,这一点将会用于素数定理的证明.

定理 1.2 zeta 函数在直线 $\mathrm{Re}(s)=1$ 上没有零点.

当然,我们知道 $s=1$ 是函数 ζ 的极点,在此点的邻域内没有零点,但是我们需要的是更深的性质,即对任意的 $t \in \mathbf{R}$,有
$$\zeta(1+it) \neq 0.$$

下面一系列的引理构成了定理 1.2 的完整证明.

引理 1.3 如果 $\mathrm{Re}(s)>1$,那么
$$\log \zeta(s) = \sum_{p,m} \frac{p^{-ms}}{m} = \sum_{n=1}^{+\infty} c_n n^{-s},$$
其中系数 $c_n \geqslant 0$.

证明 首先假设 $s>1$. 对欧拉乘积公式取对数,并应用对数函数的幂级数展开得到
$$\log\left(\frac{1}{1-x}\right) = \sum_{m=1}^{+\infty} \frac{x^m}{m},$$
其中 $0 \leqslant x < 1$,我们发现
$$\log \zeta(s) = \log \prod_p \frac{1}{1-p^{-s}} = \sum_p \log\left(\frac{1}{1-p^{-s}}\right) = \sum_{p,m} \frac{p^{-ms}}{m}.$$
因为上面的双和绝对收敛,我们不用指定求和的次序. 可以参见本章最后的注解. 根据解析延拓,此公式对于 $\mathrm{Re}(s)>1$ 仍然成立. 注意到,根据第 3 章定理 6.2,函数 $\log\zeta(s)$ 是定义在单连通半平面 $\mathrm{Re}(s)>1$ 上的,因为 ζ 在这上面没有零点. 最后,很清楚地可以得到
$$\sum_{p,m} \frac{p^{-ms}}{m} = \sum_{n=1}^{+\infty} c_n n^{-s},$$
其中,如果 $n = p^m$,则 $c_n = 1/m$,否则 $c_n = 0$.

这个定理证明需要用到一个小窍门儿,其是基于下面的不等式的.

引理 1.4 如果 $\theta \in \mathbf{R}$,那么 $3 + 4\cos\theta + \cos 2\theta \geqslant 0$.

这个不等式只要注意到

$$3+4\cos\theta+\cos2\theta=2(1+\cos\theta)^2$$

就立刻得到证明了.

推论 1.5 如果 $\sigma>1$ 并且 t 是实数，那么

$$\log|\zeta^3(\sigma)\zeta^4(\sigma+\mathrm{i}t)\zeta(\sigma+2\mathrm{i}t)|\geqslant0.$$

证明 令 $s=\sigma+\mathrm{i}t$，并注意到

$$\mathrm{Re}(n^{-s})=\mathrm{Re}(\mathrm{e}^{-(\sigma+\mathrm{i}t)\log n})=\mathrm{e}^{-\sigma\log n}\cos(t\log n)=n^{-\sigma}\cos(t\log n).$$

因此，

$$\begin{aligned}
\log|\zeta^3(\sigma)\zeta^4(\sigma+\mathrm{i}t)\zeta(\sigma+2\mathrm{i}t)|&=3\log|\zeta(\sigma)|+4\log|\zeta(\sigma+\mathrm{i}t)|+\log|\zeta(\sigma+2\mathrm{i}t)|\\
&=3\mathrm{Re}[\log\zeta(\sigma)]+4\mathrm{Re}[\log\zeta(\sigma+\mathrm{i}t)]+\mathrm{Re}[\log\zeta(\sigma+2\mathrm{i}t)]\\
&=\sum c_n n^{-\sigma}(3+4\cos\theta_n+\cos2\theta_n),
\end{aligned}$$

其中 $\theta_n=t\log n$. 根据引理 1.4，并且知道 $c_n\geqslant0$ 就很容易得到结论.

下面我们完成定理的证明.

证明 应用反证法，首先假设存在 $t_0\neq0$ 使得 $\zeta(1+\mathrm{i}t_0)=0$. 因为函数 ζ 在点 $1+\mathrm{i}t_0$ 处是全纯的，它在此点至少有一阶零点，因此，

$$|\zeta(\sigma+\mathrm{i}t_0)|^4\leqslant C(\sigma-1)^4,\quad\sigma\to1,$$

其中 $C>0$ 是某个常数. 并且我们知道 $s=1$ 是函数 $\zeta(s)$ 的单极点，因此，

$$|\zeta(\sigma)|^3\leqslant C'(\sigma-1)^{-3},\quad\sigma\to1,$$

其中 $C'>0$ 是某个常数. 最后，因为 ζ 在点 $\sigma+2\mathrm{i}t_0$ 处是全纯的，所以 $|\zeta(\sigma+2\mathrm{i}t_0)|$ 当 $\sigma\to1$ 时是有界的. 将前面的结论整合到一起就得到

$$|\zeta^3(\sigma)\zeta^4(\sigma+\mathrm{i}t)\zeta(\sigma+2\mathrm{i}t)|\to0,\quad\sigma\to1,$$

这与推论 1.5 矛盾，因为介于实数 0 与 1 之间的对数是负值. 说明原假设不成立，这也就证明了函数 ζ 在直线 $\mathrm{Re}(s)=1$ 上没有零点.

1.1 $1/\zeta(s)$ 的估计

素数定理的证明依赖于 Zeta 函数在直线 $\mathrm{Re}(s)=1$ 附近的详细阐述，基本的目标和对数函数的导数 $\zeta'(s)/\zeta(s)$ 有关. 因此，除了要用到函数 ζ 在直线上没有零点之外，我们还需要知道函数 ζ' 和 $1/\zeta$ 的增长. 之前此问题在第 6 章的命题 2.7 中处理过，现在我们将再次提及.

下面的命题实际上是定理 1.2 的等价命题.

命题 1.6 对任意的 $\varepsilon>0$，当 $s=\sigma+\mathrm{i}t,\sigma\geqslant1$ 并且 $|t|\geqslant1$ 时，$1/|\zeta(s)|\leqslant c_\varepsilon|t|^\varepsilon$.

证明 根据前面的内容不难发现，

$$|\zeta^3(\sigma)\zeta^4(\sigma+\mathrm{i}t)\zeta(\sigma+2\mathrm{i}t)|\geqslant1,$$

其中 $\sigma\geqslant1$. 应用第 6 章命题 2.7 中对函数 ζ 的估计我们发现

$$|\zeta^4(\sigma+\mathrm{i}t)|\geqslant c|\zeta^{-3}(\sigma)||t|^{-\varepsilon}\geqslant c'(\sigma-1)^3|t|^{-\varepsilon},$$

137

其中 $\sigma \geqslant 1$,并且 $|t| \geqslant 1$. 因此, 当 $\sigma \geqslant 1$, $|t| \geqslant 1$ 时

$$|\zeta(\sigma + \mathrm{i}t)| \geqslant c'(\sigma - 1)^{3/4} |t|^{-\varepsilon/4}. \tag{3}$$

下面我们根据不等式 $\sigma - 1 \geqslant A|t|^{-5\varepsilon}$ 是否成立分两种情况考虑, 其中 A 是某个合适的常数 (此常数的值稍后我们会选出).

如果此不等式成立, 那么根据式 (3) 立即得到

$$|\zeta(\sigma + \mathrm{i}t)| \geqslant A'|t|^{-4\varepsilon},$$

并且将上面不等式中的 4ε 换成 ε 就可以推导出我们要证明的估计.

但是, 如果 $\sigma - 1 < A|t|^{-5\varepsilon}$, 那么首先可以选择 $\sigma' > \sigma$ 使得 $\sigma' - 1 = A|t|^{-5\varepsilon}$. 根据三角不等式就得到

$$|\zeta(\sigma + \mathrm{i}t)| \geqslant |\zeta(\sigma' + \mathrm{i}t)| - |\zeta(\sigma' + \mathrm{i}t) - \zeta(\sigma + \mathrm{i}t)|,$$

应用均值定理, 再加上上一章中得到的函数 ζ 的导数的估计, 就得到

$$|\zeta(\sigma' + \mathrm{i}t) - \zeta(\sigma + \mathrm{i}t)| \leqslant c''|\sigma' - \sigma||t|^{\varepsilon} \leqslant c''|\sigma' - 1||t|^{\varepsilon}.$$

观察此式, 再应用公式 (3), 我们令 $\sigma = \sigma'$, 证明

$$|\zeta(\sigma + \mathrm{i}t)| \geqslant c'(\sigma' - 1)^{3/4}|t|^{-\varepsilon/4} - c''(\sigma' - 1)|t|^{\varepsilon}.$$

现在选择 $A = (c'/(2c''))^4$, 并知道 $\sigma' - 1 = A|t|^{-5\varepsilon}$ 就正好得到

$$c'(\sigma' - 1)^{3/4}|t|^{-\varepsilon/4} = 2c''(\sigma' - 1)|t|^{\varepsilon},$$

因此, 得

$$|\zeta(\sigma + \mathrm{i}t)| \geqslant A''|t|^{-4\varepsilon}.$$

将 4ε 用 ε 代替, 就能得到我们想要的不等式, 证明也就完整了.

2 函数 ψ 和 ψ_1 的简化

Tchebychev 在研究素数时引进了一个辅助函数, 此函数的表现在很大程度上等同于素数的渐近分布, 同时又比函数 $\pi(x)$ 容易处理. **Tchebychev ψ 函数**定义为

$$\psi(x) = \sum_{p^m \leqslant x} \log p.$$

上面的和是对形如 p^m 的整数而言的, 并且 p^m 小于或等于 x. 这里 p 是素数, m 是正整数. 我们还需要 ψ 函数的其他两个公式. 第一个是如果我们定义

$$\Lambda(n) = \begin{cases} \log p & \text{如果 } n = p^m, p \text{ 为某个素数 } m \geqslant 1, \\ 0 & \text{否则}, \end{cases}$$

那么显然有

$$\psi(x) = \sum_{1 \leqslant n \leqslant x} \Lambda(n).$$

并且立即会得到

$$\psi(x) = \sum_{p \leqslant x} \left[\frac{\log x}{\log p}\right] \log p,$$

其中 $[u]$ 表示不大于 u 的最大整数, 并且上面的和是对不大于 x 的素数求的. 这个公式表明, 如果 $p^m \leqslant x$, 那么 $m \leqslant \log x / \log p$.

函数 $\psi(x)$ 具有函数 $\pi(x)$ 的足够信息，因此可以用于证明定理，从而给下面的命题一个准确的解释．事实上，此命题将素数定理简化成关于函数 ψ 相应的渐近描述．

命题 2.1 如果当 $x \to +\infty$ 时 $\psi(x) \sim x$，那么当 $x \to +\infty$ 时 $\pi(x) \sim x/\log x$．

证明 这里的讨论都是基本的．根据定义，只要证明下面的两个不等式就足够了．

$$1 \leqslant \liminf_{x \to +\infty} \pi(x) \frac{\log x}{x} \text{ 和 } \limsup_{x \to +\infty} \pi(x) \frac{\log x}{x} \leqslant 1. \tag{4}$$

为了证明这两个不等式，首先给出粗略的估计

$$\psi(x) = \sum_{p \leqslant x} \left[\frac{\log x}{\log p} \right] \log p \leqslant \sum_{p \leqslant x} \frac{\log x}{\log p} \log p = \pi(x) \log x,$$

并且两边同时除以 x，因此，

$$\frac{\psi(x)}{x} \leqslant \frac{\pi(x) \log x}{x}.$$

近似条件 $\psi(x) \sim x$ 就等价于式（4）中的第一个不等式．而第二个不等式的证明需要一些小技巧．给定 $0 < \alpha < 1$，并注意到

$$\psi(x) \geqslant \sum_{p \leqslant x} \log p \geqslant \sum_{x^\alpha < p \leqslant x} \log p \geqslant (\pi(x) - \pi(x^\alpha)) \log x^\alpha,$$

因此，

$$\psi(x) + \alpha \pi(x^\alpha) \log x \geqslant \alpha \pi(x) \log x.$$

除以 x，并注意到 $\pi(x^\alpha) \leqslant x^\alpha, \alpha < 1$，并且 $\psi(x) \sim x$，那么

$$1 \geqslant \alpha \limsup_{x \to +\infty} \pi(x) \frac{\log x}{x}.$$

因为 $\alpha < 1$ 具有任意性，因此式（4）中的第二个不等式就得到了证明．

注意：此命题的逆命题也是成立的，即如果 $\pi(x) \sim x/\log x$，那么 $\psi(x) \sim x$．因为我们下面的讨论用不到这个结果，所以将此逆命题的证明留给感兴趣的读者．

事实上，选择 ψ 函数的渐近函数会给问题的解决带来很大的方便．定义函数 ψ_1

$$\psi_1(x) = \int_1^x \psi(u) \, du.$$

在前面的命题中，我们将素数定理简化成当 x 趋于无穷时函数 $\psi(x)$ 的渐近函数．接下来，我们将证明这是来自 ψ_1 的渐近．

命题 2.2 如果当 $x \to +\infty$ 时 $\psi_1(x) \sim x^2/2$，那么当 $x \to +\infty$ 时 $\psi(x) \sim x$，并且因此当 $x \to +\infty$ 时 $\pi(x) \sim x/\log x$．

证明 根据命题 2.1 就足以证明当 $x \to +\infty$ 时 $\psi(x) \sim x$．很容易知道，如果 $\alpha < 1 < \beta$，那么

$$\frac{1}{(1-\alpha)x} \int_{\alpha x}^x \psi(u) \, du \leqslant \psi(x) \leqslant \frac{1}{(\beta-1)x} \int_x^{\beta x} \psi(u) \, du.$$

139

因为函数 ψ 是递增的，很容易证明上面的双不等式. 结果我们就发现

$$\psi(x) \leqslant \frac{1}{(\beta-1)x}[\psi_1(\beta x)-\psi_1(x)],$$

因此，

$$\frac{\psi(x)}{x} \leqslant \frac{1}{(\beta-1)}\left[\frac{\psi_1(\beta x)}{(\beta x)^2}\beta^2-\frac{\psi_1(x)}{x^2}\right].$$

这就意味着

$$\lim_{x\to+\infty}\sup\frac{\psi(x)}{x} \leqslant \frac{1}{\beta-1}\left[\frac{1}{2}\beta^2-\frac{1}{2}\right]=\frac{1}{2}(\beta+1).$$

因为这个结果对所有的 $\beta>1$ 都是成立的，我们就证明了 $\lim\limits_{x\to+\infty}\sup\psi(x)/x\leqslant 1$. 类似地，只要 $\alpha<1$，就能证明 $\lim\limits_{x\to+\infty}\inf\psi(x)/x\geqslant 1$，这样命题证明完毕.

接下来我们将 ψ_1（或者说函数 ψ）和 ζ 建立联系. 在引理 1.3 中证明，只要取 $\mathrm{Re}(s)>1$，则有

$$\log\zeta(s)=\sum_{m,p}\frac{p^{-ms}}{m}.$$

上式求导就得到

$$\frac{\zeta'(s)}{\zeta(s)}=-\sum_{m,p}(\log p)p^{-ms}=-\sum_{n=1}^{+\infty}\frac{\Lambda(n)}{n^s}.$$

整理上式就得到，当 $\mathrm{Re}(s)>1$ 时

$$-\frac{\zeta'(s)}{\zeta(s)}=\sum_{n=1}^{+\infty}\frac{\Lambda(n)}{n^s}. \tag{5}$$

渐近表现 $\psi_1(x)\sim x^2/2$ 就是通过式（5）给出了 ψ_1 和 ζ 的关系，由下面著名的积分公式表示.

命题 2.3 对所有的 $c>1$，有

$$\psi_1(x)=\frac{1}{2\pi\mathrm{i}}\int_{c-\mathrm{i}(+\infty)}^{c+\mathrm{i}(+\infty)}\frac{x^{s+1}}{s(s+1)}\left(-\frac{\zeta'(s)}{\zeta(s)}\right)\mathrm{d}s. \tag{6}$$

为了很好地证明这个命题，我们先要单独给出下面的周线积分引理.

引理 2.4 如果 $c>0$，那么

$$\frac{1}{2\pi\mathrm{i}}\int_{c-\mathrm{i}(+\infty)}^{c+\mathrm{i}(+\infty)}\frac{a^s}{s(s+1)}\mathrm{d}s=\begin{cases}0 & 0<a\leqslant 1,\\ 1-1/a & 1\leqslant a.\end{cases}$$

这里的积分是在垂直线 $\mathrm{Re}(s)=c$ 上进行的.

证明 首先因为 $|a^s|=a^c$，所以这个积分是收敛的. 我们先假设 $1\leqslant a$，并记 $a=\mathrm{e}^\beta$，其中 $\beta=\log a\geqslant 0$. 令

$$f(s)=\frac{a^s}{s(s+1)}=\frac{\mathrm{e}^{s\beta}}{s(s+1)}.$$

那么 $\mathrm{res}_{s=0}f=1$ 且 $\mathrm{res}_{s=-1}f=-1/a$. 对于 $T>0$，考虑图 1 所示的路径 $\Gamma(T)$.

路径 $\Gamma(T)$ 由两部分组成，一部分是铅垂线段 $S(T)$ 从 $c-iT$ 到 $c+iT$ 的一段，另一部分则是半圆周 $C(T)$，其中心在 c 点，半径为 T，以铅垂线段 $S(T)$ 为直径且在直线的左边. 我们取 $\Gamma(T)$ 的正方向（逆时针方向）来处理这个周线积分. 如果选择 T 足够大以至于 0 和 -1 被包含在 $\Gamma(T)$ 的内部，那么根据留数公式

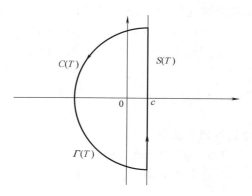

图 1　引理 2.4 的证明中当 $a \geqslant 1$ 时的围线

$$\frac{1}{2\pi i}\int_{\Gamma(T)}f(s)\,\mathrm{d}s = 1-1/a\,.$$

因为，

$$\int_{\Gamma(T)}f(s)\,\mathrm{d}s = \int_{S(T)}f(s)\,\mathrm{d}s + \int_{C(T)}f(s)\,\mathrm{d}s\,,$$

这就足以证明当 T 趋于无穷大时在半圆周上的积分就趋于 0. 注意到，如果 $s=\sigma+it \in C(T)$，那么对任意大的 T 均满足

$$|s(s+1)| \geqslant (1/2)T^2\,,$$

并且因为 $\sigma \leqslant c$ 满足估计 $|e^{\beta s}| \leqslant e^{\beta c}$. 因此，

$$\left|\int_{C(T)}f(s)\,\mathrm{d}s\right| \leqslant \frac{C}{T^2}2\pi T \to 0 \quad T\to+\infty\,,$$

也就是说 $a \geqslant 1$ 的情况得证.

如果 $0 < a \leqslant 1$，考虑类似的周线，只是半圆周位于直线 $\mathrm{Re}(s)=c$ 的右边. 注意到在周线内部没有极点，与上面的讨论类似，可以证明当 T 趋于无穷大时，在半圆周线上的积分趋于 0.

现在我们证明命题 2.3. 首先，注意到

$$\psi(u) = \sum_{n=1}^{+\infty} \Lambda(n)f_n(u)\,,$$

其中如果 $n \leqslant u$，则 $f_n(u)=1$，否则 $f_n(u)=0$. 因此，

$$\psi_1(x) = \int_0^x \psi(u)\,\mathrm{d}u$$

$$= \sum_{n=1}^{+\infty} \int_0^x \Lambda(n)f_n(u)\,\mathrm{d}u$$

$$= \sum_{n\leqslant x} \Lambda(n)\int_n^x \mathrm{d}u\,,$$

并且得到

$$\psi_1(x) = \sum_{n\leqslant x} \Lambda(n)(x-n)\,.$$

应用公式（5）和引理 2.4（取 $a = x/n$）给出

$$\frac{1}{2\pi i}\int_{c-i(+\infty)}^{c+i(+\infty)} \frac{x^{s+1}}{s(s+1)}\left(-\frac{\zeta'(s)}{\zeta(s)}\right)ds = x\sum_{n=1}^{+\infty} \Lambda(n)\frac{1}{2\pi i}\int_{c-i(+\infty)}^{c+i(+\infty)} \frac{(x/n)^s}{s(s+1)}ds$$

$$= x\sum_{n \leqslant x} \Lambda(n)\left(1-\frac{n}{x}\right)$$

$$= \psi_1(x),$$

命题得到了证明.

2.1　ψ_1 的渐近证明

在这一小节中，我们将证明

$$\psi_1(x) \sim x^2/2 \quad x \rightarrow +\infty,$$

从而证明素数定理.

关键因素在于：

● 命题 2.3 中的公式连接函数 ψ_1 和 ζ,

$$\psi_1(x) = \frac{1}{2\pi i}\int_{c-i(+\infty)}^{c+i(+\infty)} \frac{x^{s+1}}{s(s+1)}\left(-\frac{\zeta'(s)}{\zeta(s)}\right)ds,$$

其中 $c > 1$.

● Zeta 函数在直线 $\mathrm{Re}(s) = 1$ 上没有零点，即

$$\zeta(1 + it) \neq 0.$$

其中 $t \in \mathbf{R}$ 为任意实数. 并且关于函数 ζ 在直线附近的估计已经根据第 6 章的命题 2.7 和本章的命题 1.6 给出.

现在，让我们更详细地讨论解决问题的策略. 在上面对 $\psi_1(x)$ 的积分中将积分线段 $\mathrm{Re}(s) = c, c > 1$ 改为 $\mathrm{Re}(s) = 1$. 如果这样，积分中的因子 x^{s+1} 的大小将达到 x^2（这就接近我们想要的了），而不是 $x^{c+1}, c > 1$，因为这个太大了. 虽然如此，仍然存在两种亟待解决的问题. 第一个问题是 $s = 1$ 是 $\zeta(s)$ 的极点；这会导致在计算积分时，（其基值为函数 $\psi_1(s)$ 的渐近主部是 $x^2/2$）. 第二个问题则是什么留数可能会小于这一项，因此我们必须进一步对在直线 $\mathrm{Re}(s) = 1$ 上的积分的粗略估计项 x^2 进行精确估计. 具体实施如下：

给定 $c > 1$ 的某个值，不妨设 $c = 2$，并且随后假设 $x \geqslant 2$，令 $F(s)$ 表示被积函数

$$F(s) = \frac{x^{s+1}}{s(s+1)}\left(-\frac{\zeta'(s)}{\zeta(s)}\right).$$

首先将铅垂直线 $c - i(+\infty)$ 到 $c + i(+\infty)$ 定义为路径 $\gamma(T)$，如图 2 所示（在直线 $\mathrm{Re}(s) = 1$ 上的线段 $\gamma(T)$ 由 $T \leqslant t < +\infty$ 和 $-\infty < t \leqslant -T$ 构成.）这里 $T \geqslant 3$，并且 T 的选择稍后会适当地增大.

通常应用柯西定理我们会看到

$$\frac{1}{2\pi i}\int_{c-i(+\infty)}^{c+i(+\infty)}F(s)\,\mathrm{d}s=\frac{1}{2\pi i}\int_{\gamma(T)}F(s)\,\mathrm{d}s.$$

$$\tag{7}$$

事实上，根据第 6 章中的命题 2.7 和命题 1.6 知道，当 $s=\sigma+\mathrm{i}t,\ \sigma\geqslant1$ 时，任意给定 $\eta>0$，那么 $|\zeta'(s)/\zeta(s)|\leqslant A\,|t|^{\eta}$. 因此在以 $(c-\mathrm{i}(+\infty),c+\mathrm{i}(+\infty))$ 和 $\gamma(T)$ 为边界的两个矩形区域内 $|F(s)|\leqslant A'\,|t|^{-2+\eta}$. 因为 F 在这个区域内是正则的，并且它在无穷远处足够快地减少，结论 (7) 就成立了.

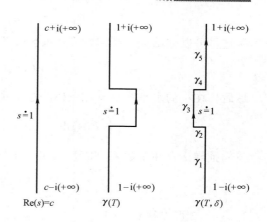

图 2　三条路径：直线 $\mathrm{Re}(s)=c$，周线 $\gamma(T)$ 和 $\gamma(T,\delta)$

下面从周线 $\gamma(T)$ 到周线 $\gamma(T,\delta)$（见图 2）. 对给定的 T，我们选择足够小的正数 $\delta>0$，使得 ζ 在

$$\{s=\sigma+\mathrm{i}t,1-\delta\leqslant\sigma\leqslant1,|t|\leqslant T\}$$

内没有零点. 这样的选择是因为函数 ζ 在直线 $\sigma=1$ 上没有零点.

$F(s)$ 有一个单极点 $s=1$. 事实上，根据第 6 章的推论 2.6 我们知道 $\zeta(s)=1/(s-1)+H(s)$，其中 $H(s)$ 在 $s=1$ 附近是正则的. 因此 $-\zeta'(s)/\zeta(s)=1/(s-1)+h(s)$，这里的 $h(s)$ 在 $s=1$ 附近是全纯的，所以 $F(s)$ 在 $s=1$ 处的留数等于 $x^2/2$. 结果

$$\frac{1}{2\pi i}\int_{\gamma(T)}F(s)\,\mathrm{d}s=\frac{x^2}{2}+\frac{1}{2\pi i}\int_{\gamma(T,\delta)}F(s)\,\mathrm{d}s.$$

现在我们将周线 $\gamma(T,\delta)$ 分解成 $\gamma_1+\gamma_2+\gamma_3+\gamma_4+\gamma_5$，并估计每一个积分 $\int_{\gamma_j}F(s)\,\mathrm{d}s$，$j=1,2,3,4,5$，其中 γ_j 如图 2 所示.

首先我们可以断定，存在足够大的 T 使得

$$\left|\int_{\gamma_1}F(s)\,\mathrm{d}s\right|\leqslant\frac{\varepsilon}{2}x^2\quad\text{和}\quad\left|\int_{\gamma_5}F(s)\,\mathrm{d}s\right|\leqslant\frac{\varepsilon}{2}x^2.$$

为了证明这一点，首先我们注意到，对 $s\in\gamma_1$ 有

$$|x^{1+s}|=x^{1+\sigma}=x^2.$$

那么根据命题 1.6 我们有 $|\zeta'(s)/\zeta(s)|\leqslant A\,|t|^{1/2}$，因此，

$$\left|\int_{\gamma_1}F(s)\,\mathrm{d}s\right|\leqslant Cx^2\int_0^{+\infty}\frac{|t|^{1/2}}{t^2}\mathrm{d}t.$$

因为积分收敛，那么只要 T 充分大，不等式右边的积分就小于等于 $\varepsilon x^2/2$. 类似地，也可以讨论在 γ_5 上的积分.

现在给定 T，选择适当小的 δ. 在 γ_3 上满足

$$|x^{1+s}| = x^{1+1-\delta} = x^{2-\delta},$$

从这里可以推出，存在常数 C_T（依赖于 T）使得

$$\left| \int_{\gamma_3} F(s)\,\mathrm{d}s \right| \leqslant C_T x^{2-\delta}.$$

最后，在小的水平线段 γ_2 上（在 γ_4 上也类似），我们可以估计积分

$$\left| \int_{\gamma_2} F(s)\,\mathrm{d}s \right| \leqslant C_T' \int_{1-\delta}^{1} x^{1+\sigma}\,\mathrm{d}\sigma \leqslant C_T' \frac{x^2}{\log x}.$$

我们推导出存在常数 C_T 和 C_T'（可能不同于前面的）使得

$$\left| \psi_1(x) - \frac{x^2}{2} \right| \leqslant \varepsilon x^2 + C_T x^{2-\delta} + C_T' \frac{x^2}{\log x}.$$

除以 $x^2/2$ 可以得到

$$\left| \frac{2\psi_1(x)}{x^2} - 1 \right| \leqslant 2\varepsilon + 2C_T x^{-\delta} + 2C_T' \frac{1}{\log x},$$

因此，对足够大的 x 我们有

$$\left| \frac{2\psi_1(x)}{x^2} - 1 \right| \leqslant 4\varepsilon.$$

这就可以证明

$$\psi_1(x) \sim x^2/2 \quad x \to +\infty,$$

这样就完全证明了素数定理.

关于可交换的二重和的注释

下面我们要证明交换无穷和的结论：如果 $\{a_{kl}\}_{1 \leqslant k,l < +\infty}$ 是定义在 $\mathbf{N} \times \mathbf{N}$ 的复数列，使得

$$\sum_{k=1}^{+\infty} \left(\sum_{l=1}^{+\infty} |a_{kl}| \right) < +\infty, \tag{8}$$

那么

（i）双和 $A = \sum\limits_{k=1}^{+\infty} \sum\limits_{l=1}^{+\infty} a_{kl}$ 收敛，并且我们还可以交换求和顺序，使得

$$A = \sum_{k=1}^{+\infty} \sum_{l=1}^{+\infty} a_{kl} = \sum_{l=1}^{+\infty} \sum_{k=1}^{+\infty} a_{kl}.$$

（ii）给定 $\varepsilon > 0$，存在正整数 N 使得对任意的 $K, L > N$，我们有

$$\left| A - \sum_{k=1}^{K} \sum_{l=1}^{L} a_{kl} \right| < \varepsilon.$$

（iii）如果 $m \mapsto (k(m), l(m))$ 是从 $\mathbf{N}$ 到 $\mathbf{N} \times \mathbf{N}$ 上的双射，并且如果我们记 $c_m = a_{k(m)l(m)}$，那么 $A = \sum\limits_{k=1}^{+\infty} c_k.$

上面的第三条（iii）表明，重新排列 $\{a_{kl}\}$ 不会改变其极限和. 这类似于绝对

收敛的级数，它可以求任意阶的和.

条件（8）说明，每个和 $\sum_l a_{kl}$ 都绝对收敛，并且关于 k 此收敛是一致的. 对于函数序列也会有类似的结论，只是一个很重要的问题是交换极限

$$\lim_{x \to x_0} \lim_{n \to +\infty} f_n(x) \overset{?}{=} \lim_{n \to +\infty} \lim_{x \to x_0} f_n(x)$$

是否还成立. 我们知道，如果函数 f_n 是连续的，并且它的连续是一致的，那么上面的等式就是成立的，因为极限函数它本身是连续的. 利用这个事实，定义 $b_k = \sum_{l=1}^{+\infty} |a_{kl}|$ 并令 $S = \{x_0, x_1, \cdots\}$ 是一个可数点集，且 $\lim_{n \to +\infty} x_n = x_0$. 并在 S 上定义如下：

$$f_k(x_0) = \sum_{l=1}^{+\infty} a_{kl} \quad k = 1, 2, \cdots.$$

$$f_k(x_n) = \sum_{l=1}^{n} a_{kl} \quad k = 1, 2, \cdots \text{ 和 } n = 1, 2, \cdots.$$

$$g(x) = \sum_{k=1}^{+\infty} f_k(x) \quad x \in S.$$

根据假设（8），每一个 f_k 在 x_0 点都连续. 此外 $|f_k(x)| \leqslant b_k$ 且 $\sum b_k < +\infty$，因此，级数定义的函数 g 在 S 上一致收敛，因此 g 在 x_0 点连续. 作为推论我们得到（ⅰ），因为

$$\sum_{k=1}^{+\infty} \sum_{l=1}^{+\infty} a_{kl} = g(x_0) = \lim_{n \to +\infty} g(x_n) = \lim_{n \to +\infty} \sum_{k=1}^{+\infty} \sum_{l=1}^{n} a_{kl}$$

$$= \lim_{n \to +\infty} \sum_{l=1}^{n} \sum_{k=1}^{+\infty} a_{kl} = \sum_{l=1}^{+\infty} \sum_{k=1}^{+\infty} a_{kl}.$$

对于第二点，首先注意到

$$\left| A - \sum_{k=1}^{K} \sum_{l=1}^{L} a_{kl} \right| \leqslant \sum_{k \leqslant K} \sum_{l > L} |a_{kl}| + \sum_{k > K} \sum_{l \neq 1}^{+\infty} |a_{kl}|.$$

为了估计（ⅱ）中的不等式，我们首先知道 $\sum b_k$ 收敛，这就意味着当 $K > K_0$（K_0 是某个常数）时 $\sum_{k > K} \sum_{l}^{+\infty} |a_{kl}| < \varepsilon/2$. 对于上式中的第一项，我们注意到 $\sum_{k \leqslant K} \sum_{l > L} |a_{kl}| \leqslant \sum_{k=1}^{+\infty} \sum_{l > L} |a_{kl}|$. 上面的讨论保证了我们可以交换双和求和顺序，并且有 $\sum_{l=1}^{+\infty} \sum_{k=1}^{+\infty} |a_{kl}| < +\infty$，使得对任意的 $L > L_0$ 我们有 $\sum_{l > L} \sum_{k=1}^{+\infty} |a_{kl}| < \varepsilon/2$. 只要取 $N > \max(L_0, K_0)$，（ⅱ）中的不等式就得到了证明.

下面证明（ⅲ）. 其实（ⅲ）就是（ⅱ）的推论. 事实上，给定任意的矩形区域

$$R(K, L) = \{k, l > \in \mathbf{N} \times \mathbf{N}: 1 \leqslant k \leqslant K \text{ 和 } 1 \leqslant l \leqslant L\},$$

存在 M 使得区间 $[1, M]$ 上在映射 $m \mapsto (k(m), l(m))$ 下的象包含 $R(K, L)$.

当 U 表示 $\mathbf{R}^2$ 上的任意开集且包含原点时，我们定义 $R > 0$，它的扩张定义为 $U(R) = \{y \in \mathbf{R}^2: y = Rx, x \in U\}$，此时我们可以应用（ⅱ）知道

$$A = \lim_{R \to +\infty} \sum_{(k, l) \in U(R)} a_{kl}.$$

换句话说，根据条件（8），双和 $\sum_{kl} a_{kl}$ 可以在圆盘、正方形、矩形和椭圆等区域上通过求和来估计.

我们留给读者一个很有意义的任务，就是找到这样的复数列 $\{a_{kl}\}$ 使得

$$\sum_k \sum_l a_{kl} \neq \sum_l \sum_k a_{kl}.$$

【提示：考虑 $\{a_{kl}\}$ 是一个无穷阶矩阵的复数形式，其中上三角区域都是零，对角线上都是 -1，而当 $k > l$ 时 $a_{kl} = 2^{l-k}$.】

3　练习

1. 假设 $\{a_n\}_{n=1}^{+\infty}$ 是一个实数序列，其部分和为

$$A_n = a_1 + \cdots + a_n,$$

并且此部分和是有界的. 证明 Dirichlet 级数

$$\sum_{n=1}^{+\infty} \frac{a_n}{n^s}$$

当 $\mathrm{Re}(s) > 0$ 时是收敛的，并且此级数在这个半平面上定义了一个全纯函数.

【提示：应用求部分和将原来的级数（非绝对收敛）与绝对收敛的级数 $\sum A_n$ $(n^{-s} - (n+1)^{-s})$ 比较. 可以根据均值定理对括号内的项进行估计. 为了证明级数是解析的，只要证明在半平面 $\mathrm{Re}(s) > 0$ 上的任意紧集内部分和都是一致收敛的.】

2. 下面将 Dirichlet 级数的乘积和级数的系数的整除性质结合起来.

（a）证明：如果 $\{a_m\}$ 和 $\{b_k\}$ 是两个有界的复数列，那么

$$\left(\sum_{m=1}^{+\infty} \frac{a_m}{m^s} \right) \left(\sum_{k=1}^{+\infty} \frac{b_k}{k^s} \right) = \sum_{n=1}^{+\infty} \frac{c_n}{n^s} \quad \text{当 } c_n = \sum_{mk=n} a_m b_k.$$

其中 $C_n = \sum_{mk=n} a_m b_k$ 当 $\mathrm{Re}(s) > 1$ 时上面的级数绝对收敛.

（b）证明：作为推论，当 $\mathrm{Re}(s) > 1$ 和 $\mathrm{Re}(s-a) > 1$ 时分别有

$$(\zeta(s))^2 = \sum_{n=1}^{+\infty} \frac{d(n)}{n^s} \text{ 和 } \xi(s)\xi(s-a) = \sum_{n=1}^{+\infty} \frac{\sigma_a(n)}{n^s}.$$

这里 $d(n)$ 等于 n 的除数，$\sigma_a(n)$ 是 n 的除数的 a 次幂的和. 特别地，有 $\sigma_0(n) = d(n)$.

3. 在上个练习讨论的直线上，我们考虑函数 $1/\zeta$ 的 Dirichlet 级数.

（a）证明：对 $\mathrm{Re}(s) > 1$，有

$$\frac{1}{\zeta(s)} = \sum_{n=1}^{+\infty} \frac{\mu(n)}{n^s},$$

其中 $\mu(n)$ 是 **Möbius** 函数，定义为

$$\mu(n) = \begin{cases} 1 & n = 1, \\ (-1)^k & n = p_1 \cdots p_k, \\ 0 & \text{其他}. \end{cases}$$

其中，p_j 是不同的素数. 注意到 $\mu(nm) = \mu(n)\mu(m)$，这里 n 和 m 是两个相关的素数.
【提示：对函数 $\zeta(s)$ 应用欧拉乘积公式.】

（b）证明：

$$\sum_{k \mid n} \mu(k) = \begin{cases} 1 & n = 1, \\ 0 & \text{其他}. \end{cases}$$

4. 假设 $\{a_n\}_{n=1}^{+\infty}$ 是一个复数列，使得如果 $n \equiv m$，那么 $a_n = a_m$，模 q 是某个正整数. 联合数列 $\{a_n\}$ 定义 **Dirichlet** L-级数为

$$L(s) = \sum_{n=1}^{+\infty} \frac{a_n}{n^s},$$

其中 $\mathrm{Re}(s) > 1$. 并且 $a_0 = a_q$，令

$$Q(x) = \sum_{m=0}^{q-1} a_{q-m} e^{mx}.$$

根据第 6 章练习 15 和练习 16，对 $\mathrm{Re}(s) > 1$，有

$$L(s) = \frac{1}{\Gamma(s)} \int_0^{+\infty} \frac{Q(x) x^{s-1}}{e^{qx} - 1} \mathrm{d}x,$$

证明：函数 $L(s)$ 可以延拓到复平面上，它仅有的最可能的单极点是 $s = 1$. 事实上，$L(s)$ 在点 $s = 1$ 处是正则的，当且仅当 $\sum_{m=0}^{q-1} a_m = 0$. 结合 Dirichlet $L(s, \chi)$ 级数，（第一册第 8 章中提到的），推出 $L(s, \chi)$ 在点 $s = 1$ 处是正则的，当且仅当 χ 是一个非平凡特征.

5. 考虑下面的函数

$$\widetilde{\zeta}(s) = 1 - \frac{1}{2^s} + \frac{1}{3^s} - \cdots = \sum_{n=1}^{+\infty} \frac{(-1)^{n+1}}{n^s}.$$

（a）证明：级数定义的函数 $\widetilde{\zeta}(s)$ 当 $\mathrm{Re}(s) > 0$ 时是收敛的，并且此级数定义了这个半平面上的全纯函数.

（b）证明：对 $s > 1, \widetilde{\zeta}(s) = (1 - 2^{1-s})\zeta(s)$.

（c）因为 $\widetilde{\zeta}$ 是以交错级数的形式给出的，所以在线段 $0 < \sigma < 1$ 上 ζ 没有零

点. 应用泛函方程将结论推广到 $\sigma = 0$ 的情况.

6. 证明: 对任意的 $c > 0$, 有

$$\lim_{N \to +\infty} \frac{1}{2\pi i} \int_{c-iN}^{c+iN} a^s \frac{\mathrm{d}s}{s} = \begin{cases} 1 & a > 1, \\ 1/2 & a = 1, \\ 0 & 0 \leqslant a < 1. \end{cases}$$

积分是在铅垂线段 $c - iN$ 到 $c + iN$ 上进行的.

7. 证明: 当 s 是实数或者 $\mathrm{Re}(s) = 1/2$ 时, 函数

$$\xi(s) = \pi^{-s/2} \Gamma(s/2) \zeta(s)$$

是实数值.

8. 函数 ζ 在临界带内有无穷多个零点. 下面给出

（a）令

$$F(s) = \xi(1/2 + s) \quad \xi(s) = \pi^{-s/2} \Gamma(s/2) \zeta(s).$$

证明: $F(s)$ 是 s 的偶函数, 结果, 存在 G 使得 $G(s^2) = F(s)$.

（b）证明: 函数 $(s - 1)\zeta(s)$ 是一阶增长的整函数, 也就是

$$|(s - 1)\zeta(s)| \leqslant A_\varepsilon e^{a_\varepsilon |s|^{1+\varepsilon}}.$$

结果会推出 $G(s)$ 是 1/2 阶增长的.

（c）从上边的结论会推出 ζ 在临界带内有无穷多个零点.

【提示: 要证明（a）和（b）应用 $\zeta(s)$ 的泛函方程. 对（c）, 应用 Hadamard 的结果, 也就是具有分数阶的整函数有无穷多个零点（第 5 章练习 14）.】

9. 将第 6 章命题 2.7 和命题 1.6 进行精确估计, 证明: 当 $|t| \geqslant 2$ 时, 有

（a）$|\zeta(1 + it)| \leqslant A\log|t|$,

（b）$|\zeta'(1 + it)| \leqslant A(\log|t|)^2$,

（c）$1/|\zeta(1 + it)| \leqslant A(\log|t|)^a$,

其中 $a = 7$.

10. 在素数定理中, 关于 $\pi(x)$ 更好的近似（替代函数 $x/\log x$）是函数 $\mathrm{Li}(x)$, 定义为

$$\mathrm{Li}(x) = \int_2^x \frac{\mathrm{d}t}{\log t}.$$

（a）证明:

$$\mathrm{Li}(x) = \frac{x}{\log x} + O\left(\frac{x}{(\log x)^2}\right) \quad x \to +\infty,$$

并推出

$$\pi(x) \sim \mathrm{Li}(x) \quad x \to +\infty.$$

【提示: 在函数 $\mathrm{Li}(x)$ 定义的积分中应用分部积分, 并注意到只要证明

$$\int_2^x \frac{\mathrm{d}t}{(\log t)^2} = O\left(\frac{x}{(\log x)^2}\right)$$

就足够了. 因此, 将积分分为 2 到 $\sqrt{x}$ 和 $\sqrt{x}$ 到 x 两部分. 】

（b）进一步分析上面的问题, 证明: 对任意的 $N > 0$, 我们有下面的展开式

$$Li(x) = \frac{x}{\log x} + \frac{x}{(\log x)^2} + 2\frac{x}{(\log x)^3} \cdots + (N-1)!\frac{x}{(\log x)^N} + O\left(\frac{x}{(\log x)^{N+1}}\right) \quad x \to +\infty.$$

11. 令

$$\varphi(x) = \sum_{p \leqslant x} \log p,$$

其中, 求和是对不大于 x 的所有素数而言的. 证明: 当 $x \to +\infty$ 时下面的等价关系:

（ⅰ）$\varphi(x) \sim x$,

（ⅱ）$\pi(x) \sim x/\log x$,

（ⅲ）$\psi(x) \sim x$,

（ⅳ）$\psi_1(x) \sim x^2/2$.

12. 如果 p_n 是第 n 个素数, 根据素数定理, 当 $n \to +\infty$ 时 $p_n \sim n\log n$.

（a）证明: $\pi(x) \sim x/\log x$ 意思是说

$$\log \pi(x) + \log \log x \sim \log x.$$

（b）作为推论证明: $\pi(x) \sim \log x$, 并且令 $x = p_n$ 来证明定理.

4　问题

1. 令 $F(s) = \sum_{n=1}^{+\infty} a_n/n^s$, 其中对所有的 n 满足 $|a_n| \leqslant M$.

（a）那么

$$\lim_{T \to +\infty} \frac{1}{2T}\int_{-T}^{T} |F(\sigma + it)|^2 dt = \sum_{n=1}^{+\infty} \frac{|a_n|^2}{n^{2\sigma}}, \quad \sigma > 1.$$

回顾 Parseval-Plancherel 定理会如何呢?（见第一册第 3 章.）

（b）作为推论可以得到 Dirichlet 级数具有唯一性: 如果 $F(s) = \sum_{n=1}^{+\infty} a_n n^{-s}$, 其中的系数可以假设满足条件 $|a_n| \leqslant cn^k$, k 是某个合适的常数, 并且 $F(s) \equiv 0$, 那么对所有的 n, 满足 $a_n = 0$.

【提示: 对（a）应用结论

$$\frac{1}{2T}\int_{-T}^{T}(nm)^{-\sigma}n^{-it}m^{it}dt \to \begin{cases} n^{-2\sigma} & n = m, \\ 0 & n \neq m. \end{cases}】$$

2. * 素数定理的一个 "显式公式" 为: 如果函数 ψ_1 是本章第二小节提到的 Tchebychev 函数的积分, 那么

$$\psi_1(x) = \frac{x^2}{2} - \sum_{\rho} \frac{x^{\rho+1}}{\rho(\rho+1)} - E(x).$$

其中，上式中的求和是对 Zeta 函数在临界带中的所有零点 ρ 求的. 误差项为 $E(x)$，

$$E(x) = c_1 x + c_0 + \sum_{k=1}^{+\infty} x^{1-2k}/(2k(2k-1)),$$

其中 $c_1 = \zeta'(0)/\zeta(0)$，并且 $c_0 = \zeta'(-1)/\zeta(-1)$. 注意到，对任意的 $\varepsilon > 0$，有 $\sum_{\rho} 1/|\rho|^{1+\varepsilon} < +\infty$，这是因为 $(1-s)\zeta(s)$ 是一阶增长的. （见练习 8）并且，当 $x \to +\infty$ 时 $E(x) = O(x)$.

3.* 根据前面的问题证明：对任意的 $\varepsilon > 0$，当 $x \to +\infty$ 时，存在

$$\pi(x) - Li(x) = O(x^{\alpha+\varepsilon}),$$

其中 α 给定，并且当且仅当 $\zeta(s)$ 在带形区域 $\alpha < \text{Re}(s) < 1$ 内没有零点时 $1/2 \leqslant \alpha < 1$. 特别是当 $\alpha = 1/2$ 时正好满足黎曼假设.

4.* 结合素数定理和关于素数的算术级数的 Dirichlet 定理的证明（第一册中给出的），证明下面的结论. 令 q 和 ℓ 是两个相关的素整数. 我们考虑素数属于算术级数 $\{qk+\ell\}_{k=1}^{+\infty}$，并令 $\pi_{q,\ell}(x)$ 表示所有小于或等于 x 的素数的个数. 那么

$$\pi_{q,\ell}(x) \sim \frac{x}{\varphi(q)\log x} \quad x \to +\infty,$$

其中 $\varphi(q)$ 表示所有小于 q 且与 q 相关的正整数的个数.

第8章 共形映射

在本章中我们所提出的问题和研究思路用到的几何学知识比以往都要多. 事实上, 这里主要对全纯函数的映射性质感兴趣. 特别地, 我们所研究的大部分结果都是"全局的", 这与最初的三章的研究结果恰好相反, 那时的结果更多的是"局部的"解析结果. 研究的动机归根结底都是下面这个简单的问题.

给定复数集 **C** 上的两个开集 U 和 V, 那么是否存在两个集合 U 和 V 之间的全纯双射?

全纯的双射可以简单地理解为一个函数既是全纯函数又是一个双射. （也将证明其逆映射也自然是全纯的.）此问题的一个解可以保证将解析函数从具有很少几何结构的开集上转化到另一个可能具有更多性质的开集上. 最初的例子是令 $V = D$ 这个单位圆盘, 这种情况下可以有很多方法研究解析函数⊖. 事实上, 因为此圆盘对 V 有多种选择, 这就导致上面的问题的变式重新描述成: 给定复数集 **C** 的一个开子集 Ω, 当 Ω 满足什么条件时存在从 Ω 到 D 上的全纯双射?

在一些实例中, 有时一个双射存在它的显式表达式, 我们就先来研究这方面的定理. 例如, 上半平面可以通过一个全纯双射映射到圆盘上, 并且这是由分式线性变换给出的. 在这里, 可以根据前面已经遇到过的简单映射来构造许多其他的例子, 例如可以用有理函数、三角函数和对数函数等. 作为应用, 在某些特定的区域, 我们来讨论 Dirichlet 问题关于 Laplacian 算子的解.

接着, 我们通过特殊的例子来证明 Schwarz 引理的第一个一般性结论, 此引理是全纯双射的应用（圆盘本身的"自同构"）. 这里再次应用分式线性变换.

随后, 以黎曼映射定理的本质为中心, 并规定, 当 Ω 是单连通的且不是整个复数集 **C**, 那么 Ω 可以被映射到单位圆盘上. 这是一个很重要的定理, 因为它对 Ω

⊖ 对于相应的问题, 当 $V = C$ 时, 此解价值不高, 仅当 $U = C$ 时可用. 见第 3 章练习 14.

几乎没有假设条件，甚至没有规定它的边界 $\partial\Omega$ 的规则性.（毕竟，圆盘的边界是光滑的）.特别地，三角形的内部，正方形的内部，事实上是任意多边形的内部都可以通过双射全纯函数映射到圆盘上.对于多边形的情况，对应的全纯双射称为 Schwarz-Christoffel 公式，将会在本章最后一节中介绍.让我们感兴趣的是关于三角形的情况所对应的映射函数是以"椭圆积分"的形式给出的，因此它是双周期函数，这一点也是我们下一章将要讨论的题目.

1　共形等价和举例

我们固定一些专用名词，以便本章中应用.双射全纯函数 $f:U\to V$ 称为共形映射或双同态.给定一个这样的映射 f，我们说 U 和 V 是共形等价的，或简单地称为双全纯的.很重要的一个事实是函数 f 的反函数自然也是全纯的.

命题 1.1　如果 $f:U\to V$ 是全纯的单射，那么对所有 $z\in U,f'(z)\neq 0$.特别地,f 的逆在其定义域内也是全纯的.

证明　我们用反证法证明，假设存在 $z_0\in U$ 使得 $f'(z_0)=0$.那么对所有 z_0 附近的 z，有

$$f(z)-f(z_0)=a(z-z_0)^k+G(z),$$

其中 $a\neq 0,k\geq 2$，并且函数 G 在 z_0 点有 $k+1$ 阶零点.对某个足够小的 w 我们写成

$$f(z)-f(z_0)-w=F(z)+G(z),\text{当 }F(z)=a(z-z_0)^k-w.$$

因为在以 z_0 为中心的小圆周上 $|G(z)|<|F(z)|$，并且 F 在圆周内至少有两个零点，Rouché 定理意味着 $f(z)-f(z_0)-w$ 在圆盘内也是至少存在两个零点.因为当 $z\neq z_0$ 时 $f'(z)\neq 0$,但是只要足够接近 z_0 时,$f(z)-f(z_0)-w$ 的根就是不同的，因此 f 不是一个单射，这与已知矛盾，所以原假设不成立.

现在令 $g=f^{-1}$ 表示函数 f 在它的定义域内的逆函数，该定义域假设为 V.假设 $w_0\in V$ 并且 w 接近 w_0.令 $w=f(z),w_0=f(z_0)$.如果 $w\neq w_0$，我们有

$$\frac{g(w)-g(w_0)}{w-w_0}=\frac{1}{\dfrac{w-w_0}{g(w)-g(w_0)}}=\frac{1}{\dfrac{f(z)-f(z_0)}{z-z_0}}.$$

因为 $f'(z_0)\neq 0$，我们令 $z\to z_0$ 并推出 g 在 w_0 点是全纯的，其中 $g'(w_0)=1/f'(g(w_0))$.

从这个推论可以推出两个开集 U 和 V 是共形等价的，当且仅当存在全纯映射 $f:U\to V$ 和 $g:V\to U$ 使得 $g(f(z))=z,f(g(w))=w$，其中 $z\in U,w\in V$.

我们指出，这里的专业术语并不是被普遍采纳的.某些作者称全纯映射 $f:U\to V$ 是共形的，即如果 $f'(z)\neq 0,z\in U$.这种定义比起我们的定义很明显少了限制条件，例如,$f(z)=z^2$ 在有洞圆盘 $\mathbf{C}-\{0\}$ 上满足 $f'(z)\neq 0$,但是它并不是单射.尽管条件 $f'(z)\neq 0$ 等价于 f 是局部双射（见练习 1）.在 $f'(z)\neq 0$ 的条件下存在一个几何推论，它是偏差这个定义的基础.全纯映射满足保角条件.简单地说，如果两条曲线

γ 和 η 相交于 z_0 点，α 是切向量与曲线之间的方向角，那么曲线的象 $f \circ \gamma$ 和 $f \circ \eta$ 也相交，交点是 $f(z_0)$，并且它们的切向量仍然是 α. 见问题 2.

我们之所以要研究共形映射是因为看到了大量特例. 首先给出单位圆盘和上半平面间的共形等价，这在很多问题中都起着重要的作用.

1.1　圆盘和上半平面

上半平面记为 H，是由所有虚部为正数的复数组成，它记为

$$H = \{z \in \mathbf{C} : \mathrm{Im}(z) > 0\}.$$

很值得注意但看上去又觉得不可思议的是，无界集 H 共形等价于单位圆盘. 但是，一个显式表达式说明了这个等价性的存在. 事实上，只要令

$$F(z) = \frac{\mathrm{i} - z}{\mathrm{i} + z} \text{ 和 } G(w) = \mathrm{i}\frac{1 - w}{1 + w}.$$

定理 1.2　映射 $F : H \to D$ 是共形映射，逆映射为 $G : D \to H$.

证明　首先我们注意到，两个映射在它们各自的定义域内都是全纯的. 那么上半平面内的任意一点与点 i 的距离都会比点 $-\mathrm{i}$ 的距离近，所以 $|F(z)| < 1$ 并且 F 将 H 映射为 D. 要证明 G 是从 D 到 H 的映射，我们必须计算 $\mathrm{Im}(G(w))$，其中 $w \in D$. 计算之后我们再令 $w = u + \mathrm{i}v$，并注意到

$$\begin{aligned}
\mathrm{Im}(G(w)) &= \mathrm{Re}\left(\frac{1 - u - \mathrm{i}v}{1 + u + \mathrm{i}v}\right) \\
&= \mathrm{Re}\left(\frac{(1 - u - \mathrm{i}v)(1 + u - \mathrm{i}v)}{(1 + u)^2 + v^2}\right) \\
&= \frac{1 - u^2 - v^2}{(1 + u)^2 + v^2} > 0,
\end{aligned}$$

这是因为 $|w| < 1$. 因此 G 将单位圆盘映射到上半平面. 最后，

$$F(G(w)) = \frac{\mathrm{i} - \mathrm{i}\dfrac{1 - w}{1 + w}}{\mathrm{i} + \mathrm{i}\dfrac{1 - w}{1 + w}} = \frac{1 + w - 1 + w}{1 + w + 1 - w} = w,$$

所以类似地 $G(F(z)) = z$，即 G 是 F 的逆映射，定理证毕.

关于此函数一个更有趣的方面是它在我们的开集边界上的表现[一]. 注意到 F 在复数集 $\mathbf{C}$ 上处处全纯，除了点 $z = -\mathrm{i}$，更特别地是，它在上半平面的边界也就是实轴上处处连续. 如果我们令 $z = x$ 是实数，那么 x 与 i 的距离等于 x 与 $-\mathrm{i}$ 的距离，因此 $|F(x)| = 1$. 因此，f 将实数集 $\mathbf{R}$ 映射到单位圆盘 D 的边界上. 将 F 写成

$$F(x) = \frac{\mathrm{i} - x}{\mathrm{i} + x} = \frac{1 - x^2}{1 + x^2} + \mathrm{i}\frac{2x}{1 + x^2},$$

并将实轴参数化成 $x = \tan t$，其中 $t \in (-\pi/2, \pi/2)$，我们可以得到更多的信息.

─────────

〇　共形映射的边界表现是一个递归问题，在本章中起着重要作用.

153

因为

$$\sin 2a = \frac{2\tan a}{1+\tan^2 a} \text{和} \cos 2a = \frac{1-\tan^2 a}{1+\tan^2 a},$$

我们有 $F(x) = \cos 2t + i\sin 2t = e^{i2t}$. 因此,实轴的象就是圆周上删除点 -1 后的弧. 并且,当 x 从 $-\infty$ 到 $+\infty$ 变化时,$F(x)$ 会从点 -1 出发,首先沿着下半圆周,最终回到 -1 点.

点 -1 对应的就是上半平面的"无穷远点".

注意:映射形如

$$z \mapsto \frac{az+b}{cz+d},$$

其中 a, b, c 和 d 都是复数,并假设分母不是分子的倍数,通常称此映射为分式线性变换. 其他的例子如同定理 2.1 和定理 2.4 中出现的关于圆盘的和关于上半平面的自同构一样.

1.2 进一步举例

这里我们收集了几个共形映射的图示. 在某个特定的例子中我们讨论映射在相关区域的边界表现. 一些映射的描述见图 1.

例 1 变换和伸缩提供了第一个简单例子. 事实上,如果 $h \in \mathbf{C}$,变换 $z \mapsto z+h$ 是从 $\mathbf{C}$ 到它本身的共形映射,其逆映射是 $w \mapsto w-h$. 如果 h 是实数,那么这个变换也是从上半平面到上半平面的共形映射.

关于任意非零复数 c,映射 $f: z \mapsto cz$ 是从复平面到它本身的共形映射,它的逆映射很简单,就是 $g: w \mapsto c^{-1}w$. 如果 c 的模为 1,使得 $c = e^{i\varphi}$,其中 φ 是实数,那么 f 是通过 φ 的一个旋转. 如果 $c > 0$ 那么 f 对应一个伸缩. 最后,如果 $c < 0$,那么映射 f 由 $|c|$ 倍的伸缩和角 π 的旋转构成.

例 2 如果 n 是正整数,那么映射 $z \mapsto z^n$ 是从扇形 $S = \{z \in \mathbf{C}: 0 < \arg(z) < \pi/n\}$ 到上半平面的共形. 这个映射的逆映射就是 $w \mapsto w^{1/n}$,是按照对数的单值定义的.

更一般地,如果 $0 < \alpha < 2$,映射 $f(z) = z^\alpha$ 将上半平面映射成扇形 $S = \{w \in \mathbf{C}: 0 < \arg(w) < \alpha\pi\}$. 事实上,我们可以通过删除正实轴来获得对数的单值,并且 $z = re^{i\theta}$,其中 $r > 0, 0 < \theta < \pi$,那么

$$f(z) = z^\alpha = |z|^\alpha e^{i\alpha\theta}.$$

因此,f 映射 H 到 S. 此外,通过简单的验证表明函数 f 的逆映射为 $g(w) = w^{1/\alpha}$,其中,选择对数的分支使得 $0 < \arg w < \alpha\pi$.

通过刚刚在上一个例子中讨论的变换和旋转的复合映射,我们可以将上半平面共形映射到复数集 $\mathbf{C}$ 中的任意(无穷)扇形区域.

让我们指出 f 的边界表现. 如果 x 在实轴上从 $-\infty$ 变化到 0,那么 $f(x)$ 是从 $(+\infty)e^{i\alpha\pi}$ 到 0 且由 $\arg z = \alpha\pi$ 确定的半直线. 随着 x 在实轴上从 0 变化到 $+\infty$,它的象 $f(x)$ 也是在实轴上从 0 变化到 $+\infty$.

例3 映射 $f(z)=(1+z)/(1-z)$ 将上半圆盘 $\{z=x+\mathrm{i}y:|z|<1,y>0\}$ 共形到第一象限 $\{w=u+\mathrm{i}v:u>0,v>0\}$. 事实上，如果 $z=x+\mathrm{i}y$，则有

$$f(z)=\frac{1-(x^2+y^2)}{(1-x)^2+y^2}+\mathrm{i}\,\frac{2y}{(1-x)^2+y^2},$$

因此 f 将上半平面中的半圆盘映射成第一象限. 其逆映射为 $g(w)=(w-1)/(w+1)$，很显然它在第一象限内是全纯的. 此外，因为第一象限内任意一点 w 与 -1 的距离都大于与1的距离，所以必有 $|w+1|>|w-1|$. 因此 g 映射到了单位圆盘. 最后，经过简单计算表明，当 w 取自第一象限时 $g(w)$ 的虚部是正的. 因此 g 将第一象限变换成半圆盘，正是因为 g 是 f 的逆映射，所以 f 是共形的.

接下来考察 f 的边界表现，注意到如果 $z=\mathrm{e}^{\mathrm{i}\theta}$ 属于上半圆周，那么

$$f(z)=\frac{1+\mathrm{e}^{\mathrm{i}\theta}}{1-\mathrm{e}^{\mathrm{i}\theta}}=\frac{\mathrm{e}^{-\mathrm{i}\theta/2}+\mathrm{e}^{\mathrm{i}\theta/2}}{\mathrm{e}^{-\mathrm{i}\theta/2}-\mathrm{e}^{\mathrm{i}\theta/2}}=\frac{\mathrm{i}}{\tan(\theta/2)}.$$

随着 θ 从 0 变化到 π，我们发现 $f(\mathrm{e}^{\mathrm{i}\theta})$ 沿着虚轴从无穷大变化到 0. 此外，如果 $z=x$ 是实数，那么

$$f(z)=\frac{1+x}{1-x}$$

也是实数. 同时会看到随着 $f(x)$ 从 0 增加到无穷大，x 也从 -1 变化到 1，所以 f 实际上是从 $(-1,1)$ 到正实轴的双射. 并且注意到 $f(0)=1$.

例4 映射 $z\mapsto\log z$，由删除负虚轴的对数分支确定，将上半平面映射成带形区域 $\{w=u+\mathrm{i}v:u\in\mathbf{R},0<v<\pi\}$. 结论可以立即得到，因为如果 $z=r\mathrm{e}^{\mathrm{i}\theta}$，其中 $-\pi/2<\theta<3\pi/2$，那么根据定义

$$\log z=\log r+\mathrm{i}\theta.$$

那么它的逆映射就是 $w\mapsto\mathrm{e}^w$.

随着 x 从 $-\infty$ 变化到 0，点 $f(x)$ 沿着直线 $\{x+\mathrm{i}\pi:-\infty<x<+\infty\}$ 从 $+\infty+\mathrm{i}\pi$ 变化到 $-\infty+\mathrm{i}\pi$. 当 x 沿着实轴从 0 变化到 $+\infty$ 时，它的象 $f(x)$ 则沿着实轴从 $-\infty$ 变化到 $+\infty$.

例5 考虑前面的例子会发现，$z\mapsto\log z$ 也定义了从半圆盘 $\{z=x+\mathrm{i}y:|z|<1,y>0\}$ 到半带形区域 $\{w=u+\mathrm{i}v:u<0,0<v<\pi\}$ 上的共形映射. 随着 x 在实轴上从 0 变化到 1，$\log x$ 从 $-\infty$ 变化到 0. 当 x 在上半平面的半圆周上从 1 变化到 -1 时，点 $\log x$ 在带形区域内沿垂直线段从 0 变化到 $\pi\mathrm{i}$. 最后，随着 x 从 -1 变化到 0，点 $\log x$ 在带形区域的上边界半直线上从 $\pi\mathrm{i}$ 变化到 $-\infty+\mathrm{i}\pi$.

例6 映射 $f(z)=\mathrm{e}^{\mathrm{i}z}$ 将半带形区域 $\{z=x+\mathrm{i}y:-\pi/2<x<\pi/2,y>0\}$ 共形到半圆盘 $\{w=u+\mathrm{i}v:|w|<1,u>0\}$. 这是显然的，因为如果 $z=x+\mathrm{i}y$，那么

$$\mathrm{e}^{\mathrm{i}z}=\mathrm{e}^{-y}\mathrm{e}^{\mathrm{i}x}.$$

如果 x 从 $\pi/2+\mathrm{i}(+\infty)$ 变化到 $\pi/2$，那么 $f(x)$ 从 0 变化到 i，随着 x 从 $\pi/2$ 变化到 $-\pi/2$，$f(x)$ 就沿着半圆周从 i 变化到 $-\mathrm{i}$. 最后，当 x 从 $-\pi/2$ 变化到 $-\pi/2+$

i($+\infty$)时，$f(x)$则从$-$i回到 0.

映射 f 与例 5 中的逆映射密切相关.

例 7　函数 $f(z) = -\dfrac{1}{2}(z + 1/z)$ 是从上半圆盘 $\{z = x + \mathrm{i}y : |z| < 1, y > 0\}$ 到上半平面的共形映射（练习 5）.

接下来讨论 f 的边界表现. 如果 x 从 0 变化到 1，那么 $f(x)$ 在实轴上从 $+\infty$ 变化到 1. 如果 $z = \mathrm{e}^{\mathrm{i}\theta}$，那么 $f(z) = \cos\theta$ 且当 x 沿着上半平面内的单位圆周从 1 变化到 -1 时，$f(x)$ 在实线段上从 1 变化到 -1. 最后，当 x 从 -1 变化到 0 时，$f(x)$ 沿着实轴从 -1 变化到 $-\infty$.

例 8　映射 $f(z) = \sin z$ 将半带形区域 $\{w = x + \mathrm{i}y : -\pi/2 < x < \pi/2, y > 0\}$ 共形映射到上半平面. 为此，注意到如果 $\zeta = \mathrm{e}^{\mathrm{i}z}$，那么

$$\sin z = \frac{\mathrm{e}^{\mathrm{i}z} - \mathrm{e}^{-\mathrm{i}z}}{2\mathrm{i}} = \frac{-1}{2}\left(\mathrm{i}\zeta + \frac{1}{\mathrm{i}\zeta}\right),$$

因此 f 可以首先应用例 6 中的映射，然后乘以 i（也就是说旋转 $\pi/2$ 角），并最终应用例 7 中的映射得到.

随着 x 从 $-\pi/2 + \mathrm{i}(+\infty)$ 变化到 $-\pi/2$，点 $f(x)$ 则从 $-\infty$ 变化到 -1. 当 x 是介于 $-\pi/2$ 与 $\pi/2$ 之间的实数时，$f(x)$ 是介于 -1 与 1 之间的实数. 最后，如果 x 从 $\pi/2$ 变化到 $\pi/2 + \mathrm{i}$ $(+\infty)$，那么 $f(x)$ 沿着实轴从 1 变化到 $+\infty$.

1.3　带形区域中的 Dirichlet 问题

开集 Ω 内的 Dirichlet 问题由解

$$\begin{cases} \triangle u = 0, & \text{在 } \Omega \text{ 内}, \\ u = f, & \text{在 } \partial\Omega \text{ 上} \end{cases} \tag{1}$$

构成，其中 $\triangle$ 表示 Laplacian 算子 $\partial^2/\partial x^2 + \partial^2/\partial y^2$，$f$ 是在 Ω 的边界上给定的函数. 换句话说，我们希望在 Ω 中找到一个调和函数使得它具有指定的边界值 f. 此问题在第一册中已经考虑过，其中 Ω 是单位圆盘或上半平面的例子，它出现在稳态热方程的解中（见图 1）. 关于这种特例，可以按照泊松核的卷积获得显式解.

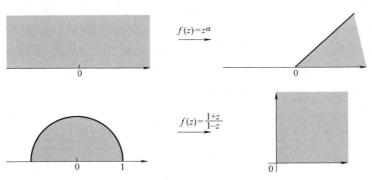

图 1　共形映射图示

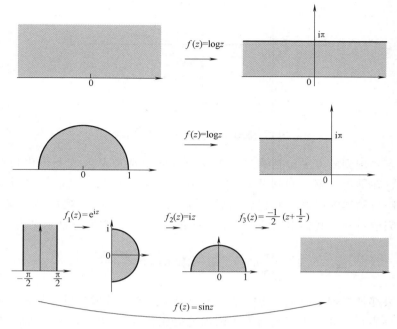

图 1 共形映射图示（续）

我们的目的是将 Dirichlet 问题与迄今为止所讨论的共形映射联系起来. 首先考虑当 Ω 是带形区域时问题（1）的解. 事实上, 这个例子曾在第一册的第 5 章问题 3 中讨论过, 当时此问题的解是应用傅里叶变换得到的. 这里, 只用共形映射和圆盘内的已知解重新获得此问题的解.

我们要用到的第一个重要事实是调和函数复合上全纯函数仍然是调和的.

引理 1.3　令 U 和 V 是复数集 $\mathbf{C}$ 中的开集且 $F:V \to U$ 是一个全纯函数. 如果 $u:U \to \mathbf{C}$ 是调和函数, 那么 $u \circ F$ 在 V 上仍然是调和函数.

证明　此引理的适用范围非常有限, 所以我们假设 U 是一个开圆盘. 令 G 是定义在 U 上的全纯函数, 其实部是 u（根据第 2 章的练习 12, 这样的 G 是存在的, 并且由加上常数所确定). 令 $H = G \circ F$ 并注意到 $u \circ F$ 是 H 的实部. 因为 H 是全纯的, 所以 $u \circ F$ 是调和的.

关于此引理的补充（计算）证明, 见练习 6.

有了这个结果, 我们就可以考虑当 Ω 由水平带形区域
$$\Omega = \{x + iy : x \in \mathbf{R}, 0 < y < 1\}$$
构成时问题(1)的解. Ω 的边界是两条水平直线 $\mathbf{R}$ 和 $i + \mathbf{R}$ 的并. 将边界数据分别表达成定义在 $\mathbf{R}$ 上的函数 f_0 和 f_1, 并且在 Ω 内寻找 $\Delta u = 0$ 的解 $u(x, y)$ 使它满足
$$u(x, 0) = f_0(x) \text{ 和 } u(x, 1) = f_1(x).$$
我们可以假设 f_0 和 f_1 都是连续的且在无穷大处为零, 也就是说 $\lim\limits_{|x| \to +\infty} f_j(x) = 0, j = 0, 1.$

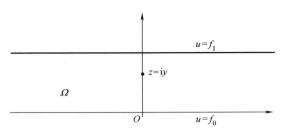

图 2　带形区域上的 Dirichlet 问题

接下来要用到的方法包括通过共形映射将问题从带形区域上转化到单位圆盘上. 那么, 在圆盘上解 $\widetilde{u}$ 可以根据泊松核的卷积表达出来. 最后, 再应用前面提到的共形映射的逆映射将 $\widetilde{u}$ 转化到带形区域上, 从而给出此问题的最终答案.

为了完成目标, 我们引入映射 $F: D \to \Omega$ 和 $G: \Omega \to D$, 它们分别定义为

$$F(w) = \frac{1}{\pi} \log\left(i\,\frac{1-w}{1+w} \right) \text{和 } G(z) = \frac{i - e^{\pi z}}{i + e^{\pi z}}.$$

这两个函数都是根据前面例子中的函数复合而来, 都是共形映射, 且是互逆的. 考察 F 的边界表现, 我们发现它将下半圆周映射成直线 $i + \mathbf{R}$, 将上半圆周映射成 $\mathbf{R}$. 更确切地, 当 φ 从 $-\pi$ 变化到 0 时, $F(e^{i\varphi})$ 从 $i+(+\infty)$ 变化到 $i-(+\infty)$, 当 φ 从 0 变化到 π 时, $F(e^{i\varphi})$ 在实轴上从 $-\infty$ 变化到 $+\infty$.

考虑 F 在圆周上的边界表现, 我们定义

$$\widetilde{f}_1(\varphi) = f_1(F(e^{i\varphi}) - i) \quad -\pi < \varphi < 0$$

和

$$\widetilde{f}_0(\varphi) = f_0(F(e^{i\varphi})) \qquad 0 < \varphi < \pi.$$

那么, 因为 f_0 和 f_1 在无穷大处等于零, 因此函数 $\widetilde{f}$ 在下半圆周上等于 $\widetilde{f}_1$, 在上半圆周上等于 $\widetilde{f}_0$, 在点 $\varphi = \pm\pi$, 0 处等于 0, 且在整个圆周上都是连续的. Dirichlet 问题在单位圆盘上带有边界数据 $\widetilde{f}$ 的解根据泊松积分[一]给出

$$\widetilde{u}(w) = \frac{1}{2\pi} \int_{-\pi}^{\pi} P_r(\theta - \varphi) \widetilde{f}(\varphi)\,d\varphi$$

$$= \frac{1}{2\pi} \int_{-\pi}^{0} P_r(\theta - \varphi) \widetilde{f}_1(\varphi)\,d\varphi + \frac{1}{2\pi} \int_{0}^{\pi} P_r(\theta - \varphi) \widetilde{f}_0(\varphi)\,d\varphi,$$

其中 $w = re^{i\theta}$, 且

$$P_r(\theta) = \frac{1 - r^2}{1 - 2r\cos\theta + r^2}.$$

────────

[一]　关于圆盘上的 Dirichlet 问题和泊松积分公式的详细讨论, 请读者参见第一册第 2 章. 并且泊松积分公式在本书第 2 章练习 12 和第 3 章问题 2 中也推导过.

是泊松核. 引理 1.3 保证了函数 u, 定义为
$$u(z) = \widetilde{u}(G(z)),$$
在带形区域上是调和的. 此外, 我们的构造也确保了 u 具有合适的边界值.

u 按照 f_0 和 f_1 的公式首先是在点 $z = \mathrm{i}y$, $0 < y < 1$ 处获得. 适当变量代换 (见练习 7) 表明, 如果 $re^{\mathrm{i}\theta} = G(\mathrm{i}y)$, 那么
$$\frac{1}{2\pi}\int_0^\pi P_r(\theta - \varphi)\widetilde{f_0}(\varphi)\mathrm{d}\varphi = \frac{\sin\pi y}{2}\int_{-\infty}^{+\infty}\frac{f_0(t)}{\cosh\pi t - \cos\pi y}\mathrm{d}t.$$
类似地计算得
$$\frac{1}{2\pi}\int_0^\pi P_r(\theta - \varphi)\widetilde{f_1}(\varphi)\mathrm{d}\varphi = \frac{\sin\pi y}{2}\int_{-\infty}^{+\infty}\frac{f_1(t)}{\cosh\pi t + \cos\pi y}\mathrm{d}t$$
将等号右边的两个积分加起来就能得到 $u(0, y)$ 的公式. 一般地, 我们回顾第一册的第 5 章练习 13, 带形区域内的 Dirichlet 问题在无穷大处等于零这个解是唯一的. 因此, 边界条件中 x 的变换会导致解中的 x 也变换. 因此, 我们可以对 $f_0(x + t)$ 和 $f_1(x + t)$ (固定 x) 应用相同的论据, 最终变量代换证明
$$u(x, y) = \frac{\sin\pi y}{2}\left(\int_{-\infty}^{+\infty}\frac{f_0(x - t)}{\cosh\pi t - \cos\pi y}\mathrm{d}t + \int_{-\infty}^{+\infty}\frac{f_1(x - t)}{\cosh\pi t + \cos\pi y}\mathrm{d}t\right),$$
这就给出了带形区域中 Dirichlet 问题的解. 特别地, 我们发现此解是按照函数 f_0 和 f_1 的卷积给出的. 并且注意到, 在带形区域的中点 ($y = 1/2$), 积分给出的这个解与函数 $1/\cosh\pi t$ 相似, 这个解恰好是它自己的傅里叶变换, 正如第 3 章例 3 中所说的那样.

关于 Dirichlet 问题的注

上面的例子使得我们希望如果知道 F 是圆盘 D 到 Ω 上的共形映射, 就能将解推广成更一般的关于 Ω (有合适的边界) 上的 Dirichlet 问题. 也就是说, 假设解 (1), 这里 f 是连续函数, $\partial\Omega$ 是 Ω 的边界. 假设我们有一个从圆盘 D 到 Ω 上的共形映射 F (可以延拓成圆盘的边界到 Ω 的边界上的连续双射), 那么 $\widetilde{f} = f \circ F$ 定义在圆周上, 并且我们能解圆盘上具有边界数据 $\widetilde{f}$ 的 Dirichlet 问题. 这个解是根据泊松积分公式
$$\widetilde{u}(re^{\mathrm{i}\theta}) = \frac{1}{2\pi}\int_0^{2\pi} P_r(\theta - \varphi)\widetilde{f}(e^{\mathrm{i}\varphi})\mathrm{d}\varphi$$
获得的, 其中 P_r 是泊松核. 那么有理由期望初始问题的解由 $u = \widetilde{u} \circ F^{-1}$ 给出.

这种途径若行得通, 就要求我们必须确定两个问题:
- 是否存在 Ω 到 D 的共形映射 $\Phi = F^{-1}$?
- 如果存在, 这个映射能否延拓成从 Ω 的边界到 D 的边界上的连续双射?

第一个问题回答是存在, 是根据黎曼映射定理解决的, 此定理将在下一节证明. 这个存在性的条件非常一般 (仅仅假设 Ω 是 $\mathbf{C}$ 的单连通子集), 并且可以允许 Ω 的边界非正则. 关于第二个问题的正面回答则必须要求边界 $\partial\Omega$ 具有一些正则

性. 下面的 4.3 节将探讨一个特例, 即当 Ω 是一个多角形的内部时. (关于更一般的结论见练习 18 和问题 6.)

有趣的是, 注意到黎曼的关于映射问题的初始方法的逻辑顺序是逆向的: 他的思路是从 Ω 到 D 上的共形映射 Φ 的存在性是 Ω 上 Dirichlet 问题解的一个推论. 他是这样说服我们的. 假设希望找到这样一个 Φ, 使它能将给定的点 $z_0 \in \Omega$ 映射到 0. 那么 Φ 一定形如

$$\Phi(z)=(z-z_0)G(z),$$

其中 G 在 Ω 上全纯且没有零点. 因此可以写出

$$\Phi(z)=(z-z_0)\mathrm{e}^{H(z)},$$

只要选择合适的 H. 现在, 如果 $u(z)$ 根据 $u=\mathrm{Re}(H)$ 给出, 是一个调和函数, 那么在边界 $\partial\Omega$ 上 $|\Phi(z)|=1$, 这就意味着 u 一定满足边界条件: 关于任意 $z\in\partial\Omega$, $u(z)=\log(1/|z-z_0|)$. 因此, 如果能找到 Dirichlet 问题的这样一个解 $u^{\ominus}$, 我们就能构造 H, 从而得到映射函数 Φ.

但这种方法存在几个缺点. 首先, 必须证明 Φ 是双射. 其次, 这种方法要求 Ω 的边界有某些正则性. 再次, 仍然要面对解 Ω 上的 Dirichlet 问题. 在这一步上, 黎曼提出应用 "Dirichlet 原则". 但是应用这种方法所产生的困难也一定要克服.$^{\ominus}$

尽管如此, 应用不同的方法可以证明更一般的情况下映射的存在问题. 这种方法我们将在下面的小节 3 中讨论.

2　Schwarz 引理　圆盘和上半平面的自同构

Schwarz 引理的陈述和证明都很简单, 但是此结果的应用却影响深远. 我们回顾前面的内容, 旋转是一个形如 $z\mapsto cz$ (其中 $|c|=1$) 的映射, 也就是 $c=\mathrm{e}^{i\theta}$, 其中 $\theta\in\mathbf{R}$ 称为旋转角且它一定是 2π 的整数倍.

引理 2.1　令 $f:D\to D$ 是全纯的, 且 $f(0)=0$. 那么

（i）对所有 $z\in D$, $|f(z)|\leqslant|z|$.

（ii）如果对某个 $z_0\neq 0$ 我们有 $|f(z_0)|=|z_0|$, 那么 f 是一个旋转.

（iii）$|f'(0)|\leqslant 1$, 且如果等号成立, 则 f 是一个旋转.

证明　首先在 0 点将 f 展开成幂级数

$$f(z)=a_0+a_1z+a_2z^2+\cdots.$$

并且此级数在整个 D 上都收敛. 因为 $f(0)=0$, 所以 $a_0=0$, 因此 $f(z)/z$ 在 D 上是全纯的 (它在 0 点是可去奇点). 如果 $|z|=r<1$, 那么因为 $|f(z)|\leqslant 1$ 我们有

$\ominus$　调和函数 $u(z)$ 也是我们所知道的 Green 函数, 关于区域 Ω 它具有源 z_0.

$\ominus$　二维情况下的 Dirichlet 原则在第三册中实施.

$$\left|\frac{f(z)}{z}\right| \leqslant \frac{1}{r},$$

又根据最大模原理，可以推出当 $|z| \leqslant r$ 时上面的不等式也成立．然后再令 $r \to 1$ 就能证明结论（ⅰ）．

对于（ⅱ），我们发现 $f(z)/z$ 的最大值点取在 D 的内部，所以 $f(z)/z$ 一定是个常数，也就是说 $f(z) = cz$．计算 z_0 点的值并取绝对值发现 $|c| = 1$．因此，存在 $\theta \in \mathbf{R}$ 使得 $c = e^{i\theta}$，这就说明了为什么 f 是一个旋转．

最后，注意到如果 $g(z) = f(z)/z$，那么在 D 上满足 $|g(z)| \leqslant 1$，此外，根据导数定义

$$g(0) = \lim_{z \to 0} \frac{f(z) - f(0)}{z} = f'(0).$$

所以，如果 $|f'(0)| = 1$，那么 $g(0) = 1$，根据最大模原理 g 是常数，也就是说 $f(z) = cz$，其中 $|c| = 1$．

此引理的第一个应用就是定义圆盘的自同构．

2.1　圆盘内的自同构

从开集 Ω 到其自身上的共形映射称为 Ω 的自同构．Ω 的所有的自同构构成的集合记为 $\operatorname{Aut}(\Omega)$，并且具有群结构．这个群的运算就是映射的复合，它的单位元素为映射 $z \mapsto z$，它的逆元就是简单的反函数．很显然，如果 f 和 g 都是 Ω 上的自同构，则 $f \circ g$ 也是一个自同构，它的逆为

$$(f \circ g)^{-1} = g^{-1} \circ f^{-1}.$$

像上面提到的那样，单位元素也是一个自同构．我们可以给出单位圆盘上更多其他有趣的自同构．显然，任意的旋转角为 $\theta \in \mathbf{R}$ 的旋转，即 $r_\theta : z \mapsto e^{i\theta}z$，都是单位圆盘上的自同构，它的逆是旋转角为 $-\theta$ 的旋转函数，即 $r_{-\theta} : z \mapsto e^{-i\theta}z$．更有趣的是下面的自同构

$$\psi_\alpha(z) = \frac{\alpha - z}{1 - \overline{\alpha}z},$$

其中 $\alpha \in \mathbf{C}, |\alpha| < 1$．这个映射在第 1 章练习 7 中介绍过，因为它具有很多有价值的性质，所以它出现在很多复分析问题中．证明它是 D 上的自同构很简单．首先因为 $|\alpha| < 1$，所以 ψ_α 在单位圆盘上是全纯的．如果 $|z| = 1$，那么 $z = e^{i\theta}$ 并且

$$\psi_\alpha(e^{i\theta}) = \frac{\alpha - e^{i\theta}}{e^{i\theta}(e^{-i\theta} - \overline{\alpha})} = e^{-i\theta}\frac{w}{\overline{w}}$$

其中 $w = \alpha - e^{i\theta}$，因此 $|\psi_\alpha(z)| = 1$．根据最大模原理推出，对于所有 $z \in D, |\psi_\alpha(z)| < 1$．最后考察下面这个简单的复合映射

$$(\psi_\alpha \circ \psi_\alpha)(z) = \dfrac{\alpha - \dfrac{\alpha - z}{1 - \overline{\alpha}z}}{1 - \overline{\alpha}\dfrac{\alpha - z}{1 - \overline{\alpha}z}}$$

$$= \frac{\alpha - |\alpha|^2 z - \alpha + z}{1 - \overline{\alpha}z - |\alpha|^2 + \overline{\alpha}z}$$

$$= \frac{(1 - |\alpha|^2)z}{1 - |\alpha|^2}$$

$$= z,$$

从而推出 ψ_α 是它本身的逆映射. ψ_α 的另一个重要性质是在点 $z = \alpha$ 时它等于零,并且它可以将 0 和 α 互相变换,也就是说

$$\psi_\alpha(0) = \alpha \text{ 和 } \psi_\alpha(\alpha) = 0.$$

接下来的定理表明,旋转和映射 ψ_α 可以穷举出圆盘上的所有自同构.

定理 2.2　如果 f 是圆盘上的自同构,那么存在 $\theta \in \mathbf{R}$ 和 $\alpha \in D$ 使得

$$f(z) = e^{i\theta}\frac{\alpha - z}{1 - \overline{\alpha}z}.$$

证明　如果 f 是圆盘上的自同构,则存在唯一的 $\alpha \in D$ 使得 $f(\alpha) = 0$. 现在考虑自同构 g,它定义为 $g = f \circ \psi_\alpha$. 那么 $g(0) = 0$,并且根据 Schwarz 引理

$$|g(z)| \leqslant |z| \qquad z \in D. \tag{2}$$

同时因为 $g^{-1}(0) = 0$,同样对 g^{-1} 应用 Schwarz 引理得

$$|g^{-1}(w)| \leqslant |w| \qquad w \in D.$$

令 $w = g(z), z \in D$,则上面的不等式为

$$|z| \leqslant |g(z)| \qquad z \in D. \tag{3}$$

结合式(2)和式(3)发现对所有 $z \in D$,$|g(z)| = |z|$,并且根据 Schwarz 引理推出 $g(z) = e^{i\theta}z$,其中 $\theta \in \mathbf{R}$. 将 z 替换成 $\psi_\alpha(z)$,并根据 $(\psi_\alpha \circ \psi_\alpha)(z) = z$,推出 $f(z) = e^{i\theta}\psi_\alpha(z)$,定理证毕.

令定理中的 $\alpha = 0$ 就得到下面的推论.

推论 2.3　单位圆盘上唯一的能固定原点的自同构是旋转.

注意到,通过映射 ψ_α 的应用,单位圆盘上的自同构群是可传递的,意思是说,给定圆盘上的任意两点 α 和 β,总存在自同构 ψ 将 α 映射到 β. 这样的 ψ 记为 $\psi = \psi_\beta \circ \psi_\alpha$.

对于 D 上的自同构,此显式公式准确地描述了群 $\mathrm{Aut}(D)$. 事实上,这个自同构群也"几乎"与具有复整元的 2×2 阶矩阵群(表示为 $\mathrm{SU}(1, 1)$)同构. 这个群包含所有 2×2 阶矩阵,定义在 $\mathbf{C}^2 \times \mathbf{C}^2$ 上的 Hermitian 型定义为

$$<Z, W> = z_1\overline{w}_1 - z_2\overline{w}_2,$$

其中 $Z = (z_1, z_2), W = (w_1, w_2)$. 关于此问题的更多信息,请读者参考问题 4.

2.2 上半平面的自同构

根据圆盘 D 上的自同构知识，再加上 1.1 节提到的共形映射 $F:H\to D$，定义出 H 上的自同构群，记为 $\mathrm{Aut}(H)$.

考虑映射

$$\Gamma:\mathrm{Aut}(D)\to\mathrm{Aut}(H),$$

通过 "F 的共轭" 给出

$$\Gamma(\varphi)=F^{-1}\circ\varphi\circ F.$$

很显然，当 φ 是 D 上的自同构时，$\Gamma(\varphi)$ 是 H 上的自同构，并且 Γ 是双射，它的逆映射为 $\Gamma^{-1}(\psi)=F\circ\psi\circ F^{-1}$. 事实上，也可以证明 Γ 满足对应的自同构群上的运算. 若假设 $\varphi_1,\varphi_2\in\mathrm{Aut}(D)$，因为 $F\circ F^{-1}$ 是 D 上的单位元，我们发现

$$\Gamma(\varphi_1\circ\varphi_2)=F^{-1}\circ\varphi_1\circ\varphi_2\circ F$$
$$=F^{-1}\circ\varphi_1\circ F\circ F^{-1}\circ\varphi_2\circ F$$
$$=\Gamma(\varphi_1)\circ\Gamma(\varphi_2).$$

推出两个群 $\mathrm{Aut}(D)$ 和 $\mathrm{Aut}(H)$ 是相同的，因为 Γ 定义了它们之间的自同构. 我们的主要任务是要描述 $\mathrm{Aut}(H)$ 中的元素自同构. 凭借 F 将圆盘上的自同构拉回到上半平面的一系列的计算，可以证明 $\mathrm{Aut}(H)$ 由所有形如

$$z\mapsto\frac{az+b}{cz+d}$$

的映射构成，其中 a,b,c,d 都是实数，且 $ad-bc=1$. 此外，这里潜藏着一个矩阵群. 令 $\mathrm{SL}_2(\mathbf{R})$ 表示所有的 2×2 阶实元行列式等于 1 的矩阵群，定义为

$$\mathrm{SL}_2(\mathbf{R})=\left\{\boldsymbol{M}=\begin{pmatrix}a&b\\c&d\end{pmatrix}:a,b,c,d\in\mathbf{R}\ \text{和}\ \det(\boldsymbol{M})=ad-bc=1\right\}.$$

此群称为特殊线性群，又称 "幺模群".

给定矩阵 $\boldsymbol{M}\in\mathrm{SL}_2(\mathbf{R})$，映射 $f_{\boldsymbol{M}}$ 定义为

$$f_{\boldsymbol{M}}(z)=\frac{az+b}{cz+d}.$$

定理 2.4 H 上的每一个自同构都存在矩阵 $\boldsymbol{M}\in\mathrm{SL}_2(\mathbf{R})$ 使得该自同构形如映射 $f_{\boldsymbol{M}}$. 反之，每一个形如 $f_{\boldsymbol{M}}$ 的映射都是 H 上的一个自同构.

证明 要分为几步，按顺序进行. 为了方便，将 $\mathrm{SL}_2(\mathbf{R})$ 记为 G.

第一步，如果 $\boldsymbol{M}\in G$，那么 $f_{\boldsymbol{M}}$ 将 H 映射成 H. 这是显然的，因为注意到

$$\mathrm{Im}(f_{\boldsymbol{M}}(z))=\frac{(ad-bc)\mathrm{Im}(z)}{|cz+d|^2}=\frac{\mathrm{Im}(z)}{|cz+d|^2}>0\quad z\in\boldsymbol{H}. \tag{4}$$

第二步，如果 $\boldsymbol{M}$ 和 $\boldsymbol{M}'$ 是 G 中两个矩阵，那么 $f_{\boldsymbol{M}}\circ f_{\boldsymbol{M}'}=f_{\boldsymbol{M}\boldsymbol{M}'}$. 这可以由直接计算得到，此处将其省略. 这就证明了定理的前一半. 因为每一个 $f_{\boldsymbol{M}}$ 都存在全纯逆映射 $(f_{\boldsymbol{M}})^{-1}$，简单地写成 $f_{\boldsymbol{M}^{-1}}$，所以 $f_{\boldsymbol{M}}$ 是一个自同构. 事实上，如果 $\boldsymbol{I}$ 是单位矩阵，那么

$$(f_{\boldsymbol{M}}\circ f_{\boldsymbol{M}^{-1}})(z)=f_{\boldsymbol{M}\boldsymbol{M}^{-1}}(z)=f_{\boldsymbol{I}}(z)=z.$$

第三步，给定 H 上的任意两点 z 和 w，存在 $M \in G$ 使得 $f_M(z) = w$，因此，G 在 H 上是可传递的．要证明这一点，只要证明可以将任意一点 $z \in H$ 映射到 i．令上面式（4）中的 $d = 0$ 得到

$$\mathrm{Im}(f_M(z)) = \frac{\mathrm{Im}(z)}{|cz|^2},$$

并选择实数 c 使得 $\mathrm{Im}(f_M(z)) = 1$．接下来选择矩阵

$$M_1 = \begin{pmatrix} 0 & -c^{-1} \\ c & 0 \end{pmatrix}$$

使得 $f_{M_1}(z)$ 的虚部等于 1．那么，通过形如

$$M_2 = \begin{pmatrix} 1 & b \\ 0 & 1 \end{pmatrix} \quad b \in \mathbf{R}$$

的矩阵将 $f_{M_1}(z)$ 转化成 i．最后，映射 f_M，其中 $M = M_2 M_1$，将 z 映成 i．

第四步，如果 θ 是实数，那么矩阵

$$M_\theta = \begin{pmatrix} \cos\theta & -\sin\theta \\ \sin\theta & \cos\theta \end{pmatrix}$$

属于 G，并且如果 $F: H \to D$ 表示标准共形映射，那么 $F \circ f_{M_\theta} \circ F^{-1}$ 是圆盘上旋转角为 -2θ 的旋转映射．这是因为很容易证明 $F \circ f_{M_\theta} = \mathrm{e}^{-2i\theta} F(z)$．

第五步，现在可以完全证明定理了．假设 f 是 H 上的自同构，且 $f(\beta) = \mathrm{i}$，考虑矩阵 $N \in G$ 使得 $f_N(\mathrm{i}) = \beta$．那么 $g = f \circ f_N$ 就满足 $g(\mathrm{i}) = \mathrm{i}$，因此 $F \circ g \circ F^{-1}$ 是圆盘上可以固定原点的自同构．因此 $F \circ g \circ F^{-1}$ 是一个旋转，根据第四步，存在 $\theta \in \mathbf{R}$ 使得

$$F \circ g \circ F^{-1} = F \circ f_{M_\theta} \circ F^{-1}.$$

因此 $g = f_{M_\theta}$，并推出 $f = f_{M_\theta N^{-1}}$．定理证毕．

最后需要注意的是，群 $\mathrm{Aut}(H)$ 关于 $\mathrm{SL}_2(\mathbf{R})$ 并非完全自同构．这是因为两个矩阵 M 和 $-M$ 对应相同的函数 $f_M = f_{-M}$．所以，如果我们将两个矩阵 M 和 $-M$ 看成一样的，那么可以获得一个新的群 $\mathrm{PSL}_2(\mathbf{R})$ 称为特殊射影线性群．这个群关于 $\mathrm{Aut}(H)$ 是自同构的．

3　黎曼映射定理

3.1　必要条件和定理的陈述

现在回到本章的基本问题，即确定开集 Ω 满足什么条件时能保证存在共形映射 $F: \Omega \to D$．

经过一系列观察发现了 Ω 的一个必要条件．首先，如果 $\Omega = \mathbf{C}$，那么不存在共形映射 $F: \Omega \to D$，因为，根据 Liouville 定理，F 应该是一个常数．因此，有必要假设 $\Omega \neq \mathbf{C}$．因为 D 是连通的，我们必须要求 Ω 也是连通的，这也是它的一个必要条件．另外，因为 D 是单连通的（见练习 3），所以 Ω 也一定是单连通的．特别注意

的是，Ω 的这些条件也足以保证从 Ω 到 D 上存在双同态.

为了简单，如果 Ω 非空且又不等于整个复数集 $\mathbf{C}$，称 $\mathbf{C}$ 的子集 Ω 为常态.

定理 3.1（黎曼映射定理） 假设 Ω 是常态且单连通集. 如果 $z_0 \in \Omega$，那么存在唯一的共形映射 $F : \Omega \to D$ 使得

$$F(z_0) = 0 \text{ 和 } f'(z_0) > 0.$$

推论 3.2 复数集 $\mathbf{C}$ 上的任意两个常态单连通开子集是共形等价的.

显然，推论来自定理. 因为定理的结论很明确，如果 F 和 G 是 Ω 到 D 上的共形映射，那么满足定理的两个条件，因此 $H = F \circ G^{-1}$ 是圆盘上固定了原点的自同构. 所以 $H(z) = e^{i\theta} z$，并且因为 $H'(0) > 0$，一定有 $e^{i\theta} = 1$，因此推出 $F = G$，所以它们是共形等价的.

本节最后来证明共形映射 F 的存在性. 证明思路与之前相同. 考虑所有的单同态映射 $f : \Omega \to D$，其中 $f(z_0) = 0$. 这里我们希望找到一个 f 使得它的象充满整个 D，并且使 $f'(z_0)$ 尽可能大. 为此，可能要以函数序列的极限的形式选出 f. 接下来转到这一点.

3.2 Montel 定理

令 Ω 是复数集 $\mathbf{C}$ 上的开子集. Ω 上的全纯函数族 $\mathcal{F}$ 是正规的，即如果 $\mathcal{F}$ 中的每个序列都存在子序列在 Ω 的任意紧子集中一致收敛（极限可能不在 $\mathcal{F}$ 中）.

证明一族函数是正规的通常需要有两个相关性质，一个是一致有界性，另一个是等度连续性. 下面定义这两个性质.

如果对每一个紧集 $K \subset \Omega$ 存在 $B > 0$，使得

$$|f(z)| \leq B \quad z \in K \text{ 和 } f \in \mathcal{F}.$$

则称函数族 $\mathcal{F}$ 在 Ω 的紧子集上一致有界.

并且 $\mathcal{F}$ 在紧子集 K 上等度连续是指对任意 $\varepsilon > 0$，存在 $\delta > 0$，使得当 $z, w \in K$，且 $|z - w| < \delta$ 时一定满足

$$|f(z) - f(w)| < \varepsilon \quad f \in \mathcal{F}.$$

等度连续是个很强的条件，需要满足一致连续性，在整个集族上是一致的. 例如，根据均值定理可直接推出，定义在区间 $[0, 1]$ 上的可导函数族是等度连续的，其中，那些函数的导数是一致有界的. 另一方面注意到，若 $f_n(x) = x^n$，则函数族 $\{f_n\}$ 在区间 $[0, 1]$ 上不是等度连续的，因为，对任意给定 $0 < x_0 < 1$，当 n 趋于无穷大时我们有 $|f_n(1) - f_n(x_0)| \to 1$.

接下来的定理应用了上面的新概念，是证明黎曼映射定理的重要组成部分.

定理 3.3 假设 $\mathcal{F}$ 是 Ω 上的全纯函数族，它在 Ω 的紧子集上是一致有界的，那么有

（ⅰ）$\mathcal{F}$ 在 Ω 的每一个紧子集上都是等度连续的.

（ⅱ）$\mathcal{F}$ 是正规族.

定理由两部分构成. 第一部分是说如果假设 $\mathcal{F}$ 是 Ω 上的全纯函数族，它在 Ω 的

紧子集上肯定一致有界，那么 F 是等度连续的．接下来的证明都是来自柯西积分公式的应用，这依赖于 F 是由全纯函数组成的集族．这个结论不适用于实数情况，例如函数 $f_n(x)=\sin(nx)$，$x\in(0,1)$ 构成的函数族，它是一致有界的．但是这个族不是等度连续的，并且，在区间 $(0,1)$ 的任意紧子区间上不存在收敛子序列．

　　定理的第二部分实际上不是复分析．事实上，因为假设 F 是一致有界的，且在 Ω 的任意紧子集上等度连续，所以 F 是一个正规族．此结论有时可以根据 Arzela-Ascoli 定理得到，此定理的证明主要由对角化方法组成．

　　要证明 Ω 的任意紧子集上的收敛性，引入下面的概念非常有用．集合 Ω 的紧子集序列 $\{K_\ell\}_{\ell=1}^{+\infty}$ 称为一个穷举，即如果

　　（a）K_ℓ 包含在 $K_{\ell+1}$ 的内部，$\ell=1,2,\cdots$．

　　（b）任意紧子集 $K\subset\Omega$ 一定包含于某个 K_ℓ 内．特别地，$\Omega=\bigcup\limits_{\ell=1}^{+\infty}K_\ell$．

　　引理 3.4　复平面上的任意开集 Ω 都有一个穷举．

　　证明　如果 Ω 有界，令 K_ℓ 表示所有距离 Ω 的边界 $\geqslant 1/\ell$ 的点构成的集合．如果 Ω 无界，那么令 K_ℓ 表示所有满足条件 $|z|\leqslant\ell$ 的点构成的集合．

　　现在证明 Montel 定理．令 K 是 Ω 的紧子集，并选择足够小的 $r>0$，使得对所有的 $z\in K$，$D_{3r}(z)$ 能包含在 Ω 内．只要选择 r 使得 $3r$ 小于 K 到 Ω 的边界的距离就够了．令 $z,w\in K$，且 $|z-w|<r$，并令 γ 表示圆盘 $D_{2r}(w)$ 的边界圆周．那么，根据柯西积分公式，有

$$f(z)-f(w)=\frac{1}{2\pi i}\int_\gamma f(\zeta)\left[\frac{1}{\zeta-z}-\frac{1}{\zeta-w}\right]\mathrm{d}\zeta.$$

注意到

$$\left|\frac{1}{\zeta-z}-\frac{1}{\zeta-w}\right|=\frac{|z-w|}{|\zeta-z||\zeta-w|}\leqslant\frac{|z-w|}{r^2},$$

因为 $\zeta\in\gamma$，$|z-w|<r$．因此，

$$|f(z)-f(w)|\leqslant\frac{1}{2\pi}\frac{2\pi r}{r^2}B|z-w|,$$

其中 B 表示集族 F 在 Ω 内与 K 的距离小于等于 $2r$ 的点组成的紧集上的一致界．因此，$|f(z)-f(w)|<C|z-w|$，并且这个估计对所有满足 $z,w\in K$，$|z-w|<r$ 且 $f\in F$ 的点都成立，所以这个集族是等度连续的，定理的第一部分得证．

　　证明定理的第二部分，讨论如下．令 $\{f_n\}_{n=1}^{+\infty}$ 是 F 中的函数列，K 是 Ω 的紧集．选择点列 $\{w_j\}_{j=1}^{+\infty}$ 使它在 Ω 中稠密．因为 $\{f_n\}$ 一致有界，所以存在 $\{f_n\}$ 的子列 $\{f_{n,1}\}=\{f_{1,1},f_{2,1},f_{3,1},\cdots\}$ 使得 $f_{n,1}(w_1)$ 收敛．

　　从 $\{f_{n,1}\}$ 中同样可以提取子列 $\{f_{n,2}\}=\{f_{1,2},f_{2,2},f_{3,2},\cdots\}$ 使得 $f_{n,2}(w_2)$ 收敛．继续这个过程，从子列 $\{f_{n,j-1}\}$ 中提取子列 $\{f_{n,j}\}$ 使得 $f_{n,j}(w_j)$ 收敛．

　　最后，令 $g_n=f_{n,n}$，并考虑对角子序列 $\{g_n\}$．根据构造，对每个 $j,g_n(w_j)$ 都收

敛，并且可以证实，等度连续就意味着 g_n 在 K 上一致收敛．给定 $\varepsilon > 0$，选择 δ 就和等度连续的定义中给出的那样，则存在某个整数 J 使得集合 K 包含在圆盘 $D_\delta(w_1), \cdots, D_\delta(w_J)$ 的并集中．选取足够大的 N，如果 $n, m > N$，则

$$|g_m(w_j) - g_n(w_j)| < \varepsilon \quad j = 1, \cdots, J.$$

所以，如果 $z \in K$，那么 $z \in D_\delta(w_j)$，其中 $1 \leqslant j \leqslant J$．因此，

$$|g_n(z) - g_m(z)| \leqslant |g_n(z) - g_n(w_j)| + |g_n(w_j) - g_m(w_j)| + |g_m(w_j) - g_m(z)| < 3\varepsilon,$$

其中 $n, m > N$．所以 $\{g_n\}$ 在 K 上一致收敛．

最后，我们还需要进行对角化方法获得子序列使得它在 Ω 的任意紧子集上都一致收敛．令 $K_1 \subset K_2 \subset \cdots \subset K_\ell \subset \cdots$ 是 Ω 的穷举，并假设 $\{g_{n,1}\}$ 是原序列 $\{f_n\}$ 的一个子列，它在 K_1 上一致收敛．从 $\{g_{n,1}\}$ 中提取子列 $\{g_{n,2}\}$，它在 K_2 中一致收敛，等等．那么，$\{g_{n,n}\}$ 是 $\{f_n\}$ 的子列，它在每一个 K_ℓ 上都一致收敛．并且因为 K_ℓ 穷举 Ω，所以序列 $\{g_{n,n}\}$ 在 Ω 的任意紧子集上都一致收敛，第二部分证毕．

证明黎曼映射定理之前，还要给出下面的结论．

命题 3.5 如果 Ω 是复数集 $\mathbf{C}$ 上的连通开子集，$\{f_n\}$ 是 Ω 上的单同态函数列，它在 Ω 的任意紧子集上都一致收敛于全纯函数 f，那么 f 或者是单射，或者是常数．

证明 我们用反证法．假设 f 不是单射，所以，Ω 上存在两个不同的复数 z_1 和 z_2 使得 $f(z_1) = f(z_2)$．定义一个新序列 $g_n(z) = f_n(z) - f_n(z_1)$，使得 g_n 除了点 z_1 外没有其他的零点，并且 $\{g_n\}$ 在 Ω 的紧子集上一致收敛于 $g(z) = f(z) - f(z_1)$．如果 g 不恒等于零，那么 z_2 对于 g 来说是个孤立点（因为 Ω 是连通集），因此，

$$1 = \frac{1}{2\pi i} \int_\gamma \frac{g'(\zeta)}{g(\zeta)} d\zeta,$$

其中 γ 是以 z_2 为中心的小圆周，它的选择要保证 g 在 γ 及其内部除了 z_2 点没有其他零点．因此，在 γ 上，$1/g_n$ 一致收敛于 $1/g$，并因为在 γ 上，$g_n' \to g'$ 是一致的，所以

$$\frac{1}{2\pi i} \int_\gamma \frac{g_n'(\zeta)}{g_n(\zeta)} d\zeta \to \frac{1}{2\pi i} \int_\gamma \frac{g'(\zeta)}{g(\zeta)} d\zeta.$$

但这是矛盾的，因为 g_n 在 γ 内没有零点，所以对于所有的 n 存在

$$\frac{1}{2\pi i} \int_\gamma \frac{g_n'(\zeta)}{g_n(\zeta)} d\zeta = 0.$$

3.3 黎曼映射定理的证明

有了前面的铺垫，黎曼映射定理的证明就简单了．它包括三个步骤，下面分别进行．

第一步，假设 Ω 是复数集 $\mathbf{C}$ 上的单连通常态开子集．我们证实 Ω 与包含原点的单位圆盘的开子集是共形等价的．事实上，选择复数 α 不属于 Ω（它是常态，

也就是真子集），注意到 $z-\alpha$ 在单连通集合 Ω 上不等于零．因此，定义全纯函数
$$f(z)=\log(z-\alpha),$$
这个对数函数有我们需要的性质．两边取指数推出 $e^{f(z)}=z-a$，这就证明 f 是单射．选择点 $w\in\Omega$，并观察到
$$f(z)\neq f(w)+2\pi\mathrm{i},\text{对所有 }z\in\Omega.$$
否则，根据指数函数，就得到 $z=w$，因此 $f(z)=f(w)$，这与 f 是单射矛盾．事实上，$f(z)$ 与 $f(w)+2\pi\mathrm{i}$ 距离很远，也就是说，存在以 $f(w)+2\pi\mathrm{i}$ 为中心的圆盘不包括 $f(\Omega)$ 的象点．否则，若 Ω 中存在序列 $\{z_n\}$ 使得 $f(z_n)\to f(w)+2\pi\mathrm{i}$. 对此关系两边取指数，因为指数函数连续，则一定有 $z_n\to w$. 就是说 $f(z_n)\to f(w)$，这是矛盾的．最后考虑映射

$$F(z)=\frac{1}{f(z)-(f(w)+2\pi\mathrm{i})}.$$

因为 f 是单射，所以 F 也是，因此，$F:\Omega\to F(\Omega)$ 是一个共形映射．此外，根据分析 $F(\Omega)$ 有界．因此，为了获得从 Ω 到包含原点的圆盘 D 的开子集上的共形映射，我们需要变换并重新调整函数 F.

　　第二步，根据第一步，假设 Ω 是 D 的开子集．考虑 Ω 上的所有单同态函数构成的集族 F，这里的映射都是映到单位圆盘上，并固定了原点，即
$$F=\{f:\Omega\to D\text{ 全纯，单射，（单同态）且 }f(0)=0\}.$$
首先注意到 F 是非空的，因为它包含单位元．并且，根据构造这个族一致有界，因为所有的函数要求映射到单位圆盘上．

　　现在，回到寻找函数 $f\in F$ 的最大值 $|f'(0)|$ 的问题上来．首先注意到当 $f\in F$ 时，量 $|f'(0)|$ 一致有界，这是根据 f' 在以原点为中心的小圆盘上应用柯西不等式（第 2 章推论 4.3）得到的．

　　接下来令

$$s=\sup_{f\in\mathcal{F}}|f'(0)|,$$

选择序列 $\{f_n\}\subset F$，使得当 $n\to+\infty$ 时，$|f_n'(0)|\to s$. 根据 Montel 定理（定理 3.3），在 Ω 的紧子集上，此序列存在子列一致收敛于 Ω 上的全纯函数 f. 因为 $s\geqslant 1$（因为 $z\mapsto z$ 属于 F），f 不是常数，再根据命题 3.5，f 是单射．又根据连续性，对所有 $z\in\Omega$ 有 $|f(z)|\leqslant 1$. 再根据最大模原理，$|f(z)|<1$. 因为显然有 $f(0)=0$，我们推出 $f\in F$，且 $|f'(0)|=s$.

　　第三步，最后一步，我们要证明 f 是从 Ω 到 D 的共形映射．因为 f 已经是单射，只要证明 f 也是满射即可．用反证法，如果 f 不是满射，我们可以构造函数属于 F 使得它在 0 点的导数大于 s. 实际上，假设存在 $\alpha\in D$，使得 $f(z)\neq\alpha$，并考虑圆盘上的自同构 ψ_α，它将 0 和 α 互换，定义为

$$\psi_\alpha(z)=\frac{\alpha-z}{1-\overline{\alpha}z}.$$

因为 Ω 是单连通的，所以 $U=(\psi_\alpha\circ f)(\Omega)$，并且 U 不包含原点. 因此，可以在 U 上定义平方根函数

$$g(w)=\mathrm{e}^{\frac{1}{2}\log w}.$$

接下来考虑函数

$$F=\psi_{g(\alpha)}\circ g\circ\psi_\alpha\circ f.$$

我们证明 $F\in\mathscr{F}$. 显然，F 是全纯函数，且将 0 映射到 0. F 也映射到单位圆盘，因为每一个复合函数都是如此. 最后，F 是单射. 显然，自同构 ψ_α 和 $\psi_{g(\alpha)}$ 也是单射. 平方根函数 g 和 f 也是单射（后者是因为假设）. 如果 h 表示平方函数 $h(w)=w^2$，那么一定有

$$f=\psi_\alpha^{-1}\circ h\circ\psi_{g(\alpha)}^{-1}\circ F=\varPhi\circ F.$$

但是，$\varPhi$ 映射 D 到 D 且 $\varPhi(0)=0$，它不是单射. 这是因为 F 是单射，可平方函数 h 不是单射. 根据 Schwarz 引理的最后部分，推出 $|\varPhi'(0)|<1$. 只要我们注意到

$$f'(0)=\varPhi'(0)f'(0),$$

因此，

$$|f'(0)|<|f'(0)|.$$

这与 F 中 $|f'(0)|$ 最大矛盾.

最后将函数 f 乘上一个绝对值等于 1 的复数，使得 $f'(0)>0$，证明就结束了.

关于此证明的变式，见问题 7.

注意：值得指出的一点是，证明中单连通假设用在了对数函数和平方根函数上. 再加上 Ω 是常态的假设，就足够等同于假设 Ω 是全纯单连通的，意思是说，Ω 上的任意全纯函数 f 和 Ω 上任意闭曲线 γ，总有 $\int_\gamma f(z)\mathrm{d}z=0$. 关于单连通的各种等价性质，将在附录 B 中给出.

4　共形映射到多边形上

黎曼映射定理保证了从任意常态单连通开集到圆盘或上半平面上的共形映射的存在性，但是此定理并没有给出共形映射的具体形式. 在第 1 小节，我们给出了几种显式公式，这些例子的定义域都具有对称性特点，但是，要想找到一般情况下的显式公式，对称性假设当然是不合理的. 不过，有另一类开集，可以给出更好的公式，它就叫作多角形. 在最后的这个小节中，我们的目的就是给出 Schwarz-Christoffel 公式的证明，这个公式描述了从圆盘（或者上半平面）到多角形的共形映射的本质.

4.1　一些例子

开始先来研究几个有用的例子. 首先是两个相对简单的例子（不是无穷也不

是退化的).

例 1 首先研究从上半平面到扇形区域 $\{z:0<\arg z<\alpha\pi\}$ 上的共形映射,第 1 小节提出的 $f(z)=z^{\alpha}$,其中 $0<\alpha<2$. 推出 Schwarz-Christoffel 公式如下

$$z^{\alpha}=f(z)=\int_{0}^{z}f'(\zeta)\,\mathrm{d}\zeta=\alpha\int_{0}^{z}\zeta^{-\beta}\mathrm{d}\zeta,$$

其中 $\alpha+\beta=1$,并且此积分是沿上半平面内的任意路径进行的. 实际上,根据连续性和柯西定理,可以选择积分路径位于上半平面的闭包内. 尽管 f 的表现可以从它的最初定义中获得,但是我们还是要按照上面给出的积分来研究它,因为这样的思路可以为其他一般的例子提供方法.

首先注意到,因为 $\beta<1$,$\zeta^{-\beta}$ 在 0 附近可积,因此 $f(0)=0$. 又知道,当 z 是正实数($z=x$)时,$f'(x)=\alpha x^{\alpha-1}$ 也是正的,并且,它在 $+\infty$ 处不是有限可积的. 因此,随着 x 从 0 变到 $+\infty$,函数 $f(x)$ 也从 0 增加到 $+\infty$,所以 f 将区间 $[0,+\infty)$ 映射到 $[0,+\infty)$. 另一方面,当 $z=x$ 是负数时,那么

$$f'(z)=\alpha\,|\,x\,|^{\alpha-1}\mathrm{e}^{\mathrm{i}\pi(\alpha-1)}=-\alpha\,|\,x\,|^{\alpha-1}\mathrm{e}^{\mathrm{i}\pi\alpha},$$

因此 f 将 $(-\infty,0]$ 映射到 $(\mathrm{e}^{\mathrm{i}\pi\alpha}(+\infty),0]$. 这种情况如图 3 所示. 其中,无穷线段 A 映射到 A',线段 B 映射到 B',方向如图 3 所示.

图 3 共形映射 z^{α}

例 2 接下来考虑,关于 $z\in H$,

$$f(z)=\int_{0}^{z}\frac{\mathrm{d}\zeta}{(1-\zeta^{2})^{1/2}},$$

其中积分路径是从 0 到 z 沿着上半平面的闭包中的任意路径. 选择分支 $(1-\zeta^{2})^{1/2}$ 使得它在上半平面上是全纯函数,且当 $-1<\zeta<1$ 时,它是正数. 结果,当 $\zeta>1$ 时,

$$(1-\zeta^{2})^{-1/2}=\mathrm{i}\,(\zeta^{2}-1)^{-1/2}\quad\zeta>1.$$

此时 f 将实轴映射到图 4 中的半带形区域的边界上.

事实上,$f(\pm1)=\pm\pi/2$,并且当 $-1<x<1$ 时 $f'(x)>0$,所以 f 将线段 B 映射成线段 B'. 此外,

$$f(x)=\frac{\pi}{2}+\int_{1}^{x}f'(x)\mathrm{d}x,(x>1)\text{ 和 }\int_{1}^{+\infty}\frac{\mathrm{d}x}{(x^{2}-1)^{1/2}}=\infty.$$

所以,当 x 在线段 C 上变化时,它的象对应的是无穷线段 C'. 类似地,将 A 映射到 A'.

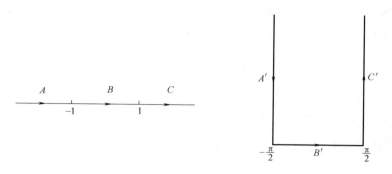

图 4　例 2 中的映射边界

观察这个例子与 1.2 小节中的例 8 之间的联系. 其实, 可以证明函数 $f(z)$ 是函数 $\sin z$ 的逆, 因此 f 使得 H 与以 A', B' 和 C' 为边界的半带形区域的内部是共形的.

例 3　这里令

$$f(z) = \int_0^z \frac{\mathrm{d}\zeta}{[(1-\zeta^2)(1-k^2\zeta^2)]^{1/2}} \quad z \in \boldsymbol{H},$$

其中 $0 < k < 1$ 是给定的实数 ($[(1-\zeta^2)(1-k^2\zeta^2)]^{1/2}$ 是上半平面的单支, 使得当实数 $-1 < \zeta < 1$ 时, 其函数值是正数). 这类积分称为椭圆积分, 因为其变式出现在计算椭圆的弧长时. 我们应该注意到函数 f 将实轴映射到矩形边界上, 如图 5b 所示, 其中, K 和 K' 分别定义为

$$K = \int_0^1 \frac{\mathrm{d}x}{[(1-x^2)(1-k^2x^2)]^{1/2}}, \quad K' = \int_1^{1/k} \frac{\mathrm{d}x}{[(x^2-1)(1-k^2x^2)]^{1/2}}.$$

我们将实轴分成四 "段", 分点分别是 $-1/k, -1, 1$ 和 $1/k$ (见图 5a). 四段分别是 $[-1/k, -1], [-1, 1], [1, 1/k]$ 和 $[1/k, -1/k]$, 最后这段其实是由两段 $[1/k, +\infty)$ 和 $(-\infty, -1/k]$ 的并组成. 根据定义显然有 $f(\pm 1) = \pm K$, 且当 $-1 < x < 1$ 时 $f'(x) > 0$, 所以 f 将线段 $[-1, 1]$ 映射到 $[-K, K]$. 此外, 因为

$$f(z) = K + \int_1^x \frac{\mathrm{d}\zeta}{[(1-\zeta^2)(1-k^2\zeta^2)]^{1/2}} (1 < x < 1/k),$$

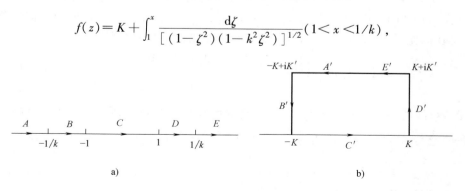

a) b)

图 5　例 3 的映射边界

所以发现 f 将 $[1,1/k]$ 映射到 $[K,K+iK']$，其中 K' 和前面定义的一样．类似地，f 将 $[-1/k,-1]$ 映射到 $[-K+iK',-K]$．接下来，当 $x>1/k$ 时有

$$f'(x)=-\frac{1}{[(x^2-1)(k^2x^2-1)]^{1/2}},$$

因此，

$$f(x)=K+iK'-\int_{1/k}^{x}\frac{\mathrm{d}x}{[(x^2-1)(k^2x^2-1)]^{1/2}}.$$

其中，对积分进行变量代换 $x=1/ku$ 得

$$\int_{1/k}^{+\infty}\frac{\mathrm{d}x}{[(x^2-1)(k^2x^2-1)]^{1/2}}=\int_{0}^{1}\frac{\mathrm{d}x}{[(1-x^2)(1-k^2x^2)]^{1/2}},$$

所以，f 将 $[1/k,+\infty)$ 映射到 $[K+iK',iK']$．类似地，f 将 $(-\infty,-1/k]$ 映射到 $[-K+iK',iK']$．将这些和起来，则 f 将实轴映射到矩形边界上，无穷大对应的是矩形上边界的中点．

目前的结果很自然地引出了两个问题．

第一个问题，接下来我们将要讨论的，即上面这些例子的一般化．确切地说，定义 Schwarz-Christoffel 积分并证明它将实线映射成多角形线．

第二个问题是，上面的例子没有提到 f 在 H 本身的表现．特别是没有证明 f 将 H 共形映射到相应的多角形的内部．经过仔细研究共形映射的边界表现之后，我们证明了一个定理，此定理表明，通过 Schwarz-Christoffel 积分，将上半平面共形映射到连通的有界多角形区域是必要的．

4.2　Schwarz-Christoffel 积分

关于上一节提到的例子，我们将 **Schwarz-Christoffel** 积分定义为

$$S(z)=\int_{0}^{z}\frac{\mathrm{d}\zeta}{(\zeta-A_1)^{\beta_1}\cdots(\zeta-A_n)^{\beta_n}}. \tag{5}$$

其中，$A_1<A_2<\cdots<A_n$ 是实轴上 n 个不同的点，按照增长次数分类．假设指数 β_k 满足条件，即对每一个 k 都有 $\beta_k<1$，且 $1<\sum_{k=1}^{n}\beta_k^{\ominus}$．

式 (5) 中的积分规定：$(z-A_k)^{\beta_k}$ 是当 $z=x$ 为实数且 $x>A_k$ 时取正值的分支（定义在以无穷射线 $\{A_k+iy:y\leqslant0\}$ 为裂缝的复平面上）．结果

$$(z-A_k)^{\beta_k}=\begin{cases}(x-A_k)^{\beta_k} & \text{当 }x\text{ 是实数且 }x>A_k,\\ |x-A_k|^{\beta_k}e^{i\pi\beta_k} & \text{当 }x\text{ 是实数且 }x<A_k\end{cases}$$

以无穷射线的并 $\bigcup_{k=1}^{n}\{A_k+iy:y\leqslant0\}$ 为裂缝的复平面是单连通的（见练习 19），因此积分定义的函数 $S(z)$ 在开集上是全纯的．因为要求 $\beta_k<1$ 就意味着奇异因子

$\ominus$　注意到 $\sum\beta_k\leqslant1$ 的情况出现在上面的例 1 和例 2 中，这种情况排除．但是，下面对命题进行修正就可以将这种情况计算在内．只是如果这样，函数 $S(z)$ 在上半平面就不再有界了．

$(\zeta-A_k)^{-\beta_k}$ 在 A_k 附近可积，函数 S 连续地达到实线，且包括了点 $A_k,k=1,\cdots,n$. 最后，这个连续条件就意味着积分可以沿着复平面上避开裂缝的并 $\bigcup\limits_{k=1}^{n}\{A_k+\mathrm{i}y:y<0\}$ 之后的任意路径.

现在

$$\left|\prod_{k=1}^{n}(\zeta-A_k)^{-\beta_k}\right|\leqslant c\,|\zeta|^{-\Sigma\beta_k}$$

其中 $|\zeta|$ 足够大，因此假设 $\Sigma\beta_k>1$ 能保证积分 (5) 在无穷大收敛. 再根据柯西定理，极限 $\lim\limits_{r\to+\infty}S(r\mathrm{e}^{\mathrm{i}\theta})$ 存在，并依赖于角 θ，其中 $0\leqslant\theta\leqslant\pi$. 我们称此极限为 $a_{+\infty}$，并且令 $a_k=S(A_k),k=1,\cdots,n$.

命题 4.1 假设 $S(z)$ 是由式（5）定义的.

（i）如果 $\sum\limits_{k=1}^{n}\beta_k=2$，并用 p 表示多角形线，其顶点依次是 $a_1,\cdots,a_n$，那么 S 将实轴映射到 $p-\{a_{+\infty}\}$. 点 $a_{+\infty}$ 位于线段 $[a_n,a_1]$ 中，是对应无穷大的象. 顶点 a_k 的（内）角是 $\alpha_k\pi$，其中 $\alpha_k=1-\beta_k$.

（ii）当 $K\sum\limits_{k=1}^{n}\beta_k<2$ 时讨论类似，只是此时的象扩展到 $n+1$ 边的多角形线，这些边的顶点分别是 $a_1,\cdots,a_n,a_{+\infty}$. 顶点 $a_{+\infty}$ 对应的角是 $\alpha_{+\infty}\pi$，其中 $\alpha_\infty=1-\beta_\infty$ $\beta_\infty=2-\sum\limits_{k=1}^{n}\beta_k$.

图 6 给出了命题的图示. 证明思路来自上面的例 1.

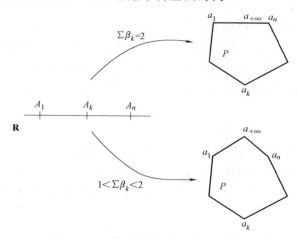

图 6 积分 $S(z)$ 的作用

证明 假设 $\sum\limits_{k=1}^{n}\beta_k=2$. 如果 $A_k<x<A_{k+1}$，当 $1\leqslant k\leqslant n-1$ 时，

$$S'(x) = \prod_{j \leqslant k} (x - A_j)^{-\beta_j} \prod_{j \leqslant k} (x - A_j)^{-\beta_j}.$$

因此，

$$\arg S'(x) = \arg \Big(\prod_{j > k} (x - A_j)^{-\beta_j} \Big) = \arg \prod_{j > k} \mathrm{e}^{-\mathrm{i}\pi\beta_j} = -\pi \sum_{j > k} \beta_j ,$$

当 x 穿过区间 (A_k, A_{k+1}) 时，这当然是个常数．因为

$$S(x) = S(A_k) + \int_{A_k}^{x} S'(y)\,\mathrm{d}y,$$

我们发现，随着 x 从 A_k 变到 A_{k+1}，函数 $S(x)$ 沿着直线段$^{\ominus}[a_k, a_{k+1}]$ 从 $S(A_k) = a_k$ 变到 $S(A_{k+1}) = a_{k+1}$，这使得角 $-\pi \sum_{j > k} \beta_j$ 与实轴一致．类似地，当 $A_n < x$ 时，$S'(x)$ 是正的，同时，如果 $x < A_1$，那么 $S'(x)$ 的辐角为 $-\pi \sum_{k=1}^{n} \beta_k = -2\pi$，所以 $S'(x)$ 仍然是正的．因此，当 x 在区间 $[A_n, +\infty)$ 上变化时，$S(x)$ 沿直线（平行 x 轴）在 a_n 与 $a_{+\infty}$ 之间变化．类似地，当 $x \in (-\infty, A_1]$ 时，$S(x)$ 沿直线（平行 x 轴）在 $a_{+\infty}$ 与 a_1 之间变化．此外，$[a_n, a_{+\infty})$ 和 $(a_{+\infty}, a_1]$ 的并就是 $[a_n, a_1]$，从而去掉了点 $a_{+\infty}$．

现在，线段 $[a_{k+1}, a_k]$ 的角比 $[a_{k-1}, a_k]$ 的角增长了 $\pi\beta_k$，就是说顶点 a_k 对应的角是 $\pi\alpha_k$．当 $1 < \sum_{k=1}^{n} \beta_k < 2$ 时证明类似，因此留给读者．

此命题过于简单，它没有解决寻找半平面到以多角形为边界的区域 P 的共形映射问题．原因有两个．

（1）没有规定对于一般的 n 和普通选择的 $A_1, \cdots, A_n$，使得多角形（实轴在函数 S 下的象）是单的，也就是说自身不交叉，也没有规定 S 在上半平面是共形的．

（2）命题没有表明多角形区域 P（它的边界就是多角形线 p）是单连通的，关于选定的 $A_1, \cdots, A_n$ 并进行简单修正，映射 S 是 H 到 P 的共形．这个情况接下来我们会讨论．

4.3　边界表现

接下来我们将考虑多角形区域 P，它是有界单连通开集，它的边界就是多角线 p．根据需要，我们也假设多角线是闭的，且提到 p 就表示多角形线．

要研究从半平面 H 到 P 上的共形映射，首先考虑圆盘 D 到 P 上的共形映射，以及它的边界表现．

定理 4.2　如果 $F : D \to P$ 是一个共形映射，那么 F 可以延拓成从圆盘的闭包 $\bar{D}$

$\ominus$　介于两个复数 z 和 w 之间的闭直线段定义为 $[z, w]$，也就是说 $[z, w] = \{(1-t)z + tw : t \in [0, 1]\}$，如果规定 $0 < t < 1$，那么表示的是介于两个复数 z 和 w 之间的开直线段 (z, w) 类似地，$[z, w)$ 和 $(z, w]$ 分别表示 $0 \leqslant t < 1$ 和 $0 < t \leqslant 1$ 的情况．

到多角形的闭包 $\bar{P}$ 上的连续双射. 特别地, F 可以从圆盘的边界到达多角线 p 上.

证明的重点是, 如果 z_0 属于单位圆周, 那么极限 $\lim\limits_{z \to z_0} F(z)$ 存在. 为了证明此结论, 需要一个预备知识, 如果 $f: U \to f(U)$ 是共形的, 那么

$$\text{Area}(f(U)) = \iint_U |f'(z)|^2 \, \mathrm{d}x\mathrm{d}y.$$

这个结论是根据 $\text{Area}(f(U)) = \iint_{f(U)} \mathrm{d}x\mathrm{d}y$ 的定义和在变量变换 $w = f(z)$ 中的 Jacobian 行列式可以简化成 $|f'(z)|^2$ (见第 1 章 2.2 节的方程 (4)) 而得出的.

引理 4.3　关于任意 $0 < r < 1/2$, 令 C_r 以 z_0 为中心, r 为半径的圆周. 假设关于足够小的 r 我们给出单位圆盘中的两点 z_r 和 z'_r, 同时这两点也位于 C_r 上. 如果令 $\rho(r) = |f(z_r) - f(z'_r)|$, 那么存在半径的复数序列 $\{r_n\}$, 它趋于零, 使得 $\lim\limits_{n \to +\infty} \rho(r_n) = 0$.

证明　用反证法, 如果不成立, 则存在 $0 < c$ 和 $0 < R < 1/2$, 使得关于所有 $0 < r \leqslant R$ 都有 $c \leqslant \rho(r)$. 注意到

$$f(z_r) - f(z'_r) = \int_\alpha f'(\zeta) \, \mathrm{d}\zeta,$$

其中积分是在弧 α 上进行的, α 是圆周 C_r 上连接点 z_r 和 z'_r 且位于圆盘 D 内的一段弧. 如果我们将这条弧参数化为 $z_0 + re^{i\theta}$, 其中 $\theta_1(r) \leqslant \theta \leqslant \theta_2(r)$, 那么

$$\rho(r) \leqslant \int_{\theta_1(r)}^{\theta_2(r)} |f'(z)| r \mathrm{d}\theta.$$

应用 Cauchy-Schwarz 不等式

$$\rho(r) \leqslant \left(\int_{\theta_1(r)}^{\theta_2(r)} |f'(z)|^2 r \mathrm{d}\theta \right)^{1/2} \left(\int_{\theta_1(r)}^{\theta_2(r)} r \mathrm{d}\theta \right)^{1/2}.$$

两边平方, 且都除以 r 得

$$\frac{\rho(r)^2}{r} \leqslant 2\pi \int_{\theta_1(r)}^{\theta_2(r)} |f'(z)|^2 r \mathrm{d}\theta.$$

然后两边都从 0 积分到 R, 且因为在此区域上 $c \leqslant \rho(r)$, 所以得到

$$c^2 \int_0^R \frac{\mathrm{d}r}{r} \leqslant 2\pi \int_0^R \int_{\theta_1(r)}^{\theta_2(r)} |f'(z)|^2 r \mathrm{d}\theta \mathrm{d}r \leqslant 2\pi \iint_D |f'(z)|^2 \mathrm{d}x\mathrm{d}y.$$

因为 $1/r$ 在原点附近不可积, 所以上面最左边的积分是无穷大, 而因为多角形区域有界则右边的积分有界, 所以这显然是矛盾的, 从而证明了引理.

引理 4.4　令 z_0 是单位圆周上的点. 那么随着 z 在圆盘内趋近 z_0 时, $F(z)$ 极限存在.

证明　还是用反证法. 如果不是, 则单位圆盘内存在两个序列 $\{z_1, z_2, \cdots\}$ 和 $\{z'_1, z'_2, \cdots\}$ 都收敛于 z_0, 且使得 $F(z_n)$ 和 $F(z'_n)$ 分别趋于 P 的闭包中不同的两点 ζ 和 ζ'. 因为 F 是共形的, 所以极限点 ζ 和 ζ' 一定位于 P 的边界线 p 上. 因此, 可以选择两个不相交的圆盘 D 和 D', 它们分别以 ζ 和 ζ' 为圆心, 且两个圆盘的距离

$d > 0$. 关于所有足够大的 n, 满足 $F(z_n) \in D$ 和 $F(z'_n) \in D'$. 因此, 存在两条连续曲线[⊖]Λ 和 Λ' 分别位于 $D \bigcap P$ 和 $D' \bigcap P$ 内, 使得关于所有的 n, $F(z_n) \in \Lambda$ 和 $F(z'_n) \in \Lambda'$, 且 Λ 和 Λ' 的端点分别是 ζ 和 ζ'.

定义 $\lambda = F^{-1}(\Lambda)$ 和 $\lambda' = F^{-1}(\Lambda')$, 那么 λ 和 λ' 是 D 内的连续曲线, 并且 λ 和 λ' 上都包含序列 $\{z_n\}$ 和 $\{z'_n\}$ 中的无穷多个点. 因为这两个序列有相同的极限 z_0. 根据连续性, 无论 r 多么小, 以 z_0 为中心, r 为半径的圆周 C_r 与 λ 和 λ' 都相交, 交点分别是 $z_r \in \lambda$ 和 $z'_r \in \lambda'$. 这是矛盾的, 因为根据前面的引理 $|F(z_r) - F(z'_r)| > d$. 因此, 当 z 在单位圆盘内趋近 z_0 时, $F(z)$ 的极限点在 p 上, 因此证明完毕.

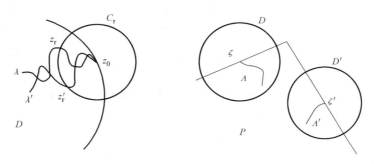

图 7　引理 4.4 的证明图示

引理 4.5　共形映射 F 可以推广为从圆盘的闭包到多角形的闭包上的连续函数.

证明　根据前面的引理, 极限

$$\lim_{z \to z_0} F(z)$$

存在, 并且定义 $F(z_0)$ 为它的极限值. 仍然是要证明 F 在单位圆盘的闭包上连续. 给定 ε, 则存在 δ 使得当 $z \in D$ 且 $|z - z_0| < \delta$ 时, $|F(z) - F(z_0)| < \varepsilon$. 现在, 如果 z 属于 D 的边界且 $|z - z_0| < \delta$, 那么可以选择 w 使得 $|F(z) - F(w)| < \varepsilon$ 和 $|w - z_0| < \delta$. 因此,

$$|F(z) - F(z_0)| \leqslant |F(z) - F(w)| + |F(w) - F(z_0)| < 2\varepsilon,$$

引理得证.

现在我们可以完成定理的证明. 已经证明, F 可以推广为从 $\bar{D}$ 到 $\bar{P}$ 的连续函数. 前面的讨论也可以应用于 F 的逆 G. 实际上, 单位圆盘上主要的几何性质是 z_0 属于 D 的边界, C 是以 z_0 为中心的任意小圆周, 那么 $C \bigcap D$ 是一段弧. 显然, 这个性质对多角形区域 P 的边界上任意一点都成立. 因此, G 也可以推广为从 $\bar{P}$ 到 $\bar{D}$ 的连续函数. 现在只要证明推广的 F 和 G 仍然互为反函数. 如果 $z \in \partial D$ 并且 $\{z_k\}$

⊖　连续曲线是指从区间 $[a, b]$ 到 $\mathbf{C}$ 上的连续函数 (不必分段光滑) 的象.

是圆盘内的收敛于 z 的序列，那么 $G(F(z_k))=z_k$，根据 F 的连续性取得极限点，我们推出关于任意 $z\in\bar{D}, G(F(z))=z$. 类似地，证明关于任意 $w\in\bar{P}, F(G(w))=w$，则定理证毕.

此证明中用到的圆周的想法也可用于证明更一般的关于连续函数的共形映射的定理中. 见后面的练习 18 和问题 6.

4.4　映射公式

假设 P 是多角形区域，其边界为多角线 p，顶点依次分别为 $a_1, a_2, \cdots, a_n$，其中 $n\geqslant 3$. 点 a_k 的内角表示为 $\pi\alpha_k$，并定义对应的外角为 $\pi\beta_k$，则 $\alpha_k+\beta_k=1$. 根据简单的几何性质 $\sum\limits_{k=1}^{n}\beta_k=2$.

现在考虑从半平面 H 到 P 的共形映射，并利用前面的小节中关于从圆盘 D 到 P 的共形映射的结论. 令 $w=(i-z)/(i+z), z=i(1-w)/(1+w)$ 表示 $z\in H$ 和 $w\in D$ 之间的标准对应. 注意到圆周的边界点 $w=-1$ 对应直线上的无穷大点，因此 H 到 D 上的共形映射可以推广为 H 的边界上的连续双射，这是为了我们的讨论能将无穷大包含在内.

令 F 表示从 H 到 P 的一个共形映射.（根据黎曼映射定理和前面的讨论保证了共形映射的存在性.）我们首先假设 p 的所有顶点都不对应无穷大点. 因此，它们都是实数 $A_1, A_2, \cdots, A_n$ 使得关于所有 k 满足 $F(A_k)=a_k$. 因为 F 是连续的单射，它的顶点是连续计算的，可以推测 A_k 的下一个点或者是增加的或者是减少的. 重新命名了顶点 a_k 和对应点 A_k 之后，我们可以假设 $A_1<A_2<\cdots<A_n$. 这些点将实线划分为 $n-1$ 个线段 $[A_k, A_{k+1}], 1\leqslant k\leqslant n-1$，以及由并集 $(-\infty, A_1)\bigcup[A_n, +\infty)$ 组成的片段. 它们由双射映射到多角形的对应的边，也就是说线段 $[a_k, a_{k+1}], 1\leqslant k\leqslant n-1$ 和 $[a_n, a_1]$（见图8）.

定理 4.6　存在复数 c_1 和 c_2 使得 H 到 P 的共形映射 F 满足

$$F(z)=c_1 S(z)+c_2,$$

其中 S 是 4.2 节引入的 Schwarz-Christoffel 积分.

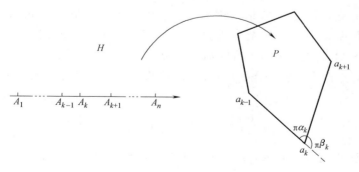

图 8　映射 F

证明　首先考虑上半平面的点 z 位于相邻线段 $[A_{k-1}, A_k]$ 和 $[A_k, A_{k+1}]$ 之上，其中 $1 < k < n$. 我们注意到 F 将两个线段映射到对应的两段，两段的交点为 $a_k = F(A_k)$，对应的内角为 $\pi\alpha_k$.

通过选择对数单支，我们定义

$$h_k(z) = (F(z) - a_k)^{1/\alpha_k},$$

其中所有 z 都属于上半平面的半带形区域，并且它以 $\mathrm{Re}(z) = A_{k-1}$ 和 $\mathrm{Re}(z) = A_{k+1}$ 为边界. 因为 F 在 H 的边界上连续，所以映射 h_k 在实线上连续到达段落 (A_{k-1}, A_{k+1}). 根据 h_k 的构造，将段落 $[A_{k-1}, A_{k+1}]$ 映射到复平面上的直线段 L_k，其中 A_k 映射为 0. 因此应用 Schwarz 反射原理我们发现 h_k 可解析延拓成双向带形区域 $A_{k-1} < \mathrm{Re}(z) < A_{k+1}$ 上（见图 9）的全纯函数. 可以证明

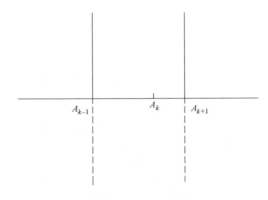

图 9　Schwarz 反射

h_k' 在这个带形区域内没有零点. 首先，如果 z 属于开的上半带形区域，那么

$$\frac{F'(z)}{F(z) - F(A_k)} = \alpha_k \frac{h_k'(z)}{h_k(z)},$$

因为 F 是共形映射，所以 $F'(z) \neq 0$，$h_k'(z) \neq 0$（命题 1.1）. 通过反射，在开的下半带形区域上也满足 $h_k'(z) \neq 0$，并且能证明线段 (A_{k-1}, A_{k+1}) 上的点也成立. 如果 $A_{k-1} < x < A_{k+1}$，它在 h_k 下的象是以 x 为中心的小的半圆盘，且包含在 H 内，位于直线段 L_k 的一边. 因为 h_k 单射（因为 F 是单射）到 L_k，根据 Schwarz 反射原理的对称性，h_k 在以 x 为中心的圆盘内是单射，所以 $h_k'(x) \neq 0$，因此，在带形区域 $A_{k-1} < \mathrm{Re}(z) < A_{k+1}$ 内的所有 z 满足 $h_k'(z) \neq 0$.

现在，因为 $F' = \alpha_k h_k^{-\beta_k} h_k'$ 和 $F'' = -\beta_k \alpha_k h_k^{-\beta_k - 1}(h_k')^2 + \alpha_k h_k^{-\beta_k} h_k''$，所以 $h_k'(z) \neq 0$ 就意味着

$$\frac{F''(z)}{F'(z)} = \frac{-\beta_k}{z - A_k} + E_k(z),$$

其中 E_k 在带形区域 $A_{k-1} < \mathrm{Re}(z) < A_{k+1}$ 上是全纯的. 当 $k = 1$ 和 $k = n$ 时也有类似的结论，即

$$\frac{F''(z)}{F'(z)} = -\frac{\beta_1}{z - A_1} + E_1,$$

其中 E_1 在带形区域 $-\infty < \mathrm{Re}(z) < A_2$ 上是全纯函数. 还存在

$$\frac{F''(z)}{F'(z)} = -\frac{\beta_n}{z - A_n} + E_n,$$

其中 E_n 在带形区域 $A_{n-1} < \mathrm{Re}(z) < +\infty$ 上是全纯的. 最后, 反射原理的另一个应用证明 F 在圆盘 $|z| \leqslant R$ 的外部连续, 其中 R 很大 $(R > \max_{1 \leqslant k \leqslant n} |A_k|)$. 实际上, 因为 Schwarz 反射和它们在 F 下的象是一条直线段, 我们可以继续让 F 穿过线段的并 $(-\infty, A_1) \bigcup (A_n, +\infty)$. F 将上半平面映射到有界区域上表明 F 可以解析延拓到更大的圆盘上, 而且是有界的, 因此在无穷远点也是全纯的. 所以 F''/f' 在无穷远也是全纯的, 并且能证明当 $|z| \to +\infty$ 时它趋于 0. 实际上, 我们可以在 $z = +\infty$ 处推广 F 为

$$F(z) = c_0 + \frac{c_1}{z} + \frac{c_2}{z^2} + \cdots.$$

因此随着 $|z|$ 变到更大, F''/F' 会趋于 $\frac{1}{z}$.

总而言之, 因为每个带形区域重合且覆盖整个复平面,

$$\frac{F''(z)}{F'(z)} + \sum_{k=1}^{n} \frac{\beta_k}{z - A_k}$$

在整个平面上是全纯的且在无穷远趋于零, 因此, 根据 Liouville 定理, 它就是零. 因为

$$\frac{F''(z)}{F'(z)} = -\sum_{k=1}^{n} \frac{\beta_k}{z - A_k}.$$

所以我们猜测 $F'(z) = c(z - A_1)^{-\beta_1} \cdots (z - A_n)^{-\beta_n}$. 事实上, 用 $Q(z)$ 表示乘积

$$\frac{Q'(z)}{Q(z)} = -\sum_{k=1}^{n} \frac{\beta_k}{z - A_k}.$$

因此,

$$\frac{\mathrm{d}}{\mathrm{d}z}\left(\frac{F'(z)}{Q(z)}\right) = 0,$$

这就证明了我们的猜测. 最后积分, 从而证明定理.

现在, 去掉之前的假设, F 不能映射无穷大点到 P 的顶点, 并在此情况下也获得公式.

定理 4.7 如果 F 是从上半平面到多角形区域 P 的共形映射, 并且将点 $A_1, \cdots,$ $A_{n-1}, +\infty$ 映射为 p 的顶点, 那么存在常数 C_1 和 C_2 使得

$$F(z) = C_1 \int_0^z \frac{\mathrm{d}\zeta}{(\zeta - A_1)^{\beta_1} \cdots (\zeta - A_{n-1})^{\beta_{n-1}}} + C_2.$$

换句话说, 这个公式是通过删除 Schwarz-Christoffel 积分 (5) 中的最后一项得到的.

证明　经过一次初始变换之后，我们可以假设 $A_j \neq 0, j = 1, \cdots, n-1$. 在实线上选择点 $A_n^* > 0$，并考虑分式线性映射

$$\Phi(z) = A_n^* - \frac{1}{z}.$$

那么 Φ 是上半平面的自同构. 令 $A_k^* = \Phi(A_k), k = 1, \cdots, n-1$，并记 $A_n^* = \Phi(+\infty)$. 那么

$$(F \circ \Phi^{-1})(A_k^*) = a_k \quad \text{对于所有 } k = 1, 2, \cdots, n.$$

现在应用 Schwarz-Christoffel 公式恰好证明

$$(F \circ \Phi^{-1})(z') = C_1 \int_0^{z'} \frac{\mathrm{d}\zeta}{(\zeta - A_1^*)^{\beta_1} \cdots (\zeta - A_{n-1}^*)^{\beta_n}} + C_2.$$

变量代换 $\zeta = \Phi(w)$ 满足 $\mathrm{d}\zeta = \mathrm{d}w / w^2$，且因为 $2 = \beta_1 + \cdots + \beta_n$，我们有

$$(F \circ \Phi^{-1})(z') = C_1 \int_0^{\Phi^{-1}(z')} \frac{\mathrm{d}w}{(w(A_n^* - A_1^*) - 1)^{\beta_1} \cdots (w(A_n^* - A_{n-1}^*) - 1)^{\beta_{n-1}}} + C_2'$$

$$= C_1' \int_0^{\Phi^{-1}(z')} \frac{\mathrm{d}w}{(w - 1/(A_n^* - A_1^*))^{\beta_1} \cdots (w - 1/(A_n^* - A_{n-1}^*))^{\beta_{n-1}}} + C_2'.$$

最后，注意到 $1/(A_n^* - A_k^*) = A_k$，并且在上面的方程中令 $\Phi^{-1}(z') = z$，推出

$$F(z) = C_1' \int_0^z \frac{\mathrm{d}w}{(w - A_1)^{\beta_1} \cdots (w - A_{n-1})^{\beta_{n-1}}} + C_2',$$

因此定理证毕.

4.5　返回椭圆积分

再次考虑椭圆积分

$$I(z) = \int_0^z \frac{\mathrm{d}\zeta}{[(1 - \zeta^2)(1 - k^2 \zeta^2)]^{1/2}} \quad 0 < k < 1,$$

曾经出现在 4.1 节例 3. 我们发现，它将实轴映射到矩形 R 上，对应的顶点为 $-K$，$K, K + \mathrm{i}K'$ 和 $-K + \mathrm{i}K'$. 我们将证明这个映射是 H 到 R 的共形映射.

根据定理 4.6，存在共形映射 F 映射到矩形，且将实轴上的点映射为矩形 R 的顶点. 根据前面的内容，此映射存在一个对应的 H 上的自同构，我们可以假设 F 将点 $-1, 0, 1$ 分别映射为 $-K, 0, K$，它们又分别是点 $A_1, 0, A_2$ 的象，且 $A_1 < 0 < A_2$，所以可令 $A_1 = -1$ 和 $A_2 = 1$. 见练习 15.

下面选择 $\ell, 0 < \ell < 1$，使得 $1/\ell$ 是实线上的点，由 F 映射到顶点 $K + \mathrm{i}K'$，此顶点是按顺序 $-K$ 和 K 之后的顶点. 可以断定，$F(-1/\ell)$ 就是顶点 $-K + \mathrm{i}K'$. 事实上，如果 $F^*(z) = -F(-\bar{z})$，那么根据 R 的对称性，F^* 也是 H 到 R 的共形映射，并且 $F^*(0) = 0, F^*(\pm 1) = \pm K$. 因此 $F^{-1} \circ F^*$ 是 H 上的自同构，且它固定点 -1，0 和 1. 因此 $F^{-1} \circ F^*$ 是恒等映射（见练习 15），且 $F = F^*$，由此得到

$$F(-1/\ell) = -\overline{F}(1/\ell) = -K + \mathrm{i}K'.$$

因此，根据定理 4.6，得到

$$F(z) = c_1 \int_0^z \frac{\mathrm{d}\zeta}{[(1-\zeta^2)(1-\ell^2\zeta^2)]^{1/2}} + c_2.$$

令 $z=0$ 得 $c_2=0$,并令 $z=1, z=1/\ell$,因此,

$$K(k) = c_1 K(\ell) \text{ 和 } K'(k) = c_1 K'(\ell),$$

其中

$$K(k) = \int_0^1 \frac{\mathrm{d}x}{[(1-x^2)(1-k^2x^2)]^{1/2}},$$

$$K'(k) = \int_1^{1/k} \frac{\mathrm{d}x}{[(x^2-1)(1-k^2x^2)]^{1/2}}.$$

显然,当 k 在区间 $(0,1)$ 上变化时,$K(k)$ 是严格增加的. 此外,根据变量代换(练习 24)建立了恒等映射

$$K'(k) = K'(\widetilde{k}) \qquad \text{当 } \widetilde{k}^2 = 1-k^2 \text{ 和 } \widetilde{k} > 0,$$

并且也证明 $K'(k)$ 严格减少. 因此 $K(k)/K'(k)$ 严格增加. 因为 $K(k)/K'(k) = K(\ell)/K'(\ell)$,所以必有 $k=\ell$,因此 $c_1=1$. 这就证明 $I(z)=F(z)$,I 是共形的. 定理证毕.

最后的考察意义重大. 观察到,椭圆积分是通过它的反函数得到的. 因此,考虑 $z \mapsto \mathrm{sn}(z)$ 是 $z \mapsto I(z)$ 的逆映射[-]. 它将闭矩形变换成闭的上半平面. 现在考虑一列矩形 $R = R_0, R_1, R_2, \cdots$,通过沿着下边连续反射得到(见图 10).

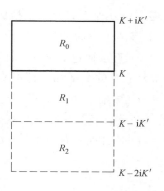

图 10 $R = R_0$ 的反射

关于 $\mathrm{sn}(z)$ 定义在 R_0 中,可以通过反射原理令 $\mathrm{sn}(z) = \overline{\mathrm{sn}(\bar{z})}$,将其推广到 R_1,其中 $z \in R_1$(注意这里 $\bar{z} \in R_0$). 接着可以通过令 $\mathrm{sn}(z) = \mathrm{sn}(-iK' + \bar{z})$ 将 $\mathrm{sn}(z)$ 推广到 R_2,其中 $z \in R_2$,并且如果 $z \in R_2$,那么 $-iK' + \bar{z} \in R_1$. 继续这样下去,就可以将 $\mathrm{sn}(z)$ 推广到整个带形区域 $-K < \mathrm{Re}(z) < K$ 上,使得 $\mathrm{sn}(z) = \mathrm{sn}(z+2iK')$.

类似地,通过水平矩形的一连串反射,并结合前面的反射结论,我们发现 $\mathrm{sn}(z)$ 可以延拓到整个复平面上,且满足 $\mathrm{sn}(z) = \mathrm{sn}(z+4K)$. 因此 $\mathrm{sn}(z)$ 是双周期函数(它的两个周期是 $4K$ 和 $2iK'$). 另外,根据最大值原理,$\mathrm{sn}(z)$ 的唯一奇点是极点. 这种类型的函数称为"椭圆函数",这是下一章要讨论的主题.

5 练习

1. 如果每一个 $z \in U$ 存在开圆盘 $D \subset U$,它以 z 为中心,使得全纯映射 $f : D \to f(D)$ 是双射,则称全纯映射 $f : U \to V$ 是 U 上的局部双射.

[-] $\mathrm{sn}(z)$ 的概念由于 Jacobi 有些不同的形式,之所以会采用这个函数是因为它与 $\sin z$ 类似.

　　证明全纯映射 $f: U \to V$ 是 U 上的局部双射的充要条件为对所有 $z \in U$,满足 $f'(z) \neq 0$.

【提示：应用 Rouché 定理，类似于命题 1.1 的证明.】

　　2. 假设 $F(z)$ 在 $z = z_0$ 附近是全纯函数并且 $F(z_0) = F'(z_0) = 0$,同时 $F''(z_0) \neq 0$. 证明：存在两条曲线 Γ_1 和 Γ_2 都经过点 z_0, 且在 z_0 处正交，并使得 F 在 Γ_1 上是实值函数且在点 z_0 有最小值，同时 F 在 Γ_2 上也是实值函数但是在点 z_0 有最大值.

【提示：在 z_0 附近,$F(z) = (g(z))^2$,并考虑映射 $z \mapsto g(z)$ 和它的逆映射.】

　　3. 假设 U 和 V 是共形等价的. 证明：如果 U 是单连通的，那么 V 也是单连通的. 注意，如果这里仅仅要求 U 和 V 之间存在一个连续双射，结论仍然是成立的.

　　4. 是否存在单位圆盘到复数集 $\mathbf{C}$ 上的全纯满射？

【提示：将上半平面"下移"，然后平方就得到复数集 $\mathbf{C}$.】

　　5. 证明：$f(z) = -\dfrac{1}{2}(z + 1/z)$ 是半圆盘 $\{z = x + \mathrm{i}y : |z| < 1, y > 0\}$ 到上半平面的共形映射.

【提示：方程 $f(z) = w$ 变换成二次方程 $z^2 + 2wz + 1 = 0$,当 $w \neq \pm 1$ 时方程在复数集 $\mathbf{C}$ 上有两个不同的根. 这恰好是当 $w \in H$ 的情况.】

　　6. 直接通过 $u \circ F$ 的 Laplace 算子等于零证明引理 1.3.

【提示：F 的实部和虚部都满足柯西-黎曼方程.】

　　7. 详细证明 1.3 节讨论的带形区域上 Dirichlet 问题的解. 回顾前面的内容知道，只要计算点 $z = \mathrm{i}y, 0 < y < 1$ 处的解即可.

　　（a）证明：如果 $r\mathrm{e}^{\mathrm{i}\theta} = G(\mathrm{i}y)$, 那么

$$r\mathrm{e}^{\mathrm{i}\theta} = \mathrm{i}\,\frac{\cos\pi y}{1 + \sin\pi y}.$$

这使得分成两个不同的情况：或者 $0 < y \leqslant 1/2$ 且 $\theta = \pi/2$, 或者 $1/2 \leqslant y < 1$ 且 $\theta = -\pi/2$. 证明两种情况下都满足：

$$r^2 = \frac{1 - \sin\pi y}{1 + \sin\pi y} \text{ 和 } P_r(\theta - \varphi) = \frac{\sin\pi y}{1 - \cos\pi y\sin\varphi}.$$

　　（b）将积分 $\dfrac{1}{2\pi}\displaystyle\int_0^\pi P_r(\theta - \varphi)\tilde{f}_0(\varphi)\,\mathrm{d}\varphi$ 进行变量代换，令 $t = F(\mathrm{e}^{\mathrm{i}\varphi})$. 观察发现

$$\mathrm{e}^{\mathrm{i}\varphi} = \frac{\mathrm{i} - \mathrm{e}^{\pi t}}{\mathrm{i} + \mathrm{e}^{\pi t}},$$

那么取出虚部并求导就得到两个等式

$$\sin\varphi = \frac{1}{\cosh\pi t} \text{ 和 } \frac{\mathrm{d}\varphi}{\mathrm{d}t} = \frac{\pi}{\cosh\pi t}.$$

因此推出

$$\frac{1}{2\pi}\int_0^\pi P_r(\theta-\varphi)\widetilde{f}_0(\varphi)\mathrm{d}\varphi=\frac{1}{2\pi}\int_0^\pi\frac{\sin\pi y}{1-\cos\pi y\sin\varphi}\widetilde{f}_0(\varphi)\mathrm{d}\varphi$$

$$=\frac{\sin\pi y}{2}\int_{-\infty}^{+\infty}\frac{f_0(t)}{\cosh\pi t-\cos\pi y}\mathrm{d}t.$$

（c）通过类似的讨论证明积分公式 $\dfrac{1}{2\pi}\displaystyle\int_{-\pi}^0 P_r(\theta-\varphi)\widetilde{f}_1(\varphi)\mathrm{d}\varphi$.

8. 寻找一个定义在开的第一象限上的调和函数 u，它可以延拓到边界上，除了点 0 和 1 之外，并且满足这样的边界值：在半直线 $\{y=0,x>1\}$ 和 $\{x=0,y>0\}$ 上 $u(x,y)=1$，在线段 $\{0<x<1,y=0\}$ 上 $u(x,y)=0$.

【提示：寻找共形映射 $F_1,F_2,\cdots,F_5$（见图 11）. 注意到 $\dfrac{1}{\pi}\arg(z)$ 在上半平面是调和的，在正实轴上等于 0，在负实轴上等于 1.】

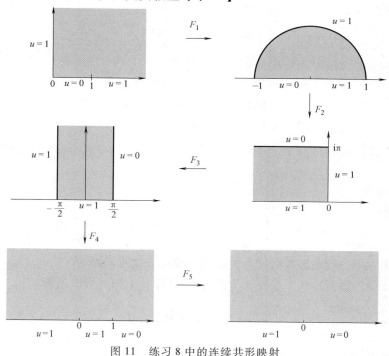

图 11　练习 8 中的连续共形映射

9. 证明：函数 u 定义为

$$u(x,y)=\operatorname{Re}\left(\frac{\mathrm{i}+z}{\mathrm{i}-z}\right)\text{和}u(0,1)=0$$

在单位圆盘内是调和的，并且在其边界上等于零. 注意 u 在 D 上不是有界的.

10. 令 $F:H\to\mathbf{C}$ 是一个全纯函数，它满足

$$|F(z)|\leqslant1\text{和}F(\mathrm{i})=0.$$

证明：

$$|F(z)| \leqslant \left|\frac{z-\mathrm{i}}{z+\mathrm{i}}\right| \quad 对于所有 z \in \mathbb{H}.$$

11. 证明：如果 $f:D(0,R)\to\mathbf{C}$ 是全纯的，并且存在某个 $M>0$，使得 $|f(z)|\leqslant M$，那么

$$\left|\frac{f(z)-f(0)}{M^2-\overline{f(0)}f(z)}\right| \leqslant \frac{|z|}{MR}.$$

【提示：用 Schwarz 引理.】

12. 关于映射 $f:D\to D$，如果复数 $w\in D$ 满足 $f(w)=w$，则称 w 是一个固定点.

（a）证明：如果函数 $f:D\to D$ 是解析的，并且它有两个不同的固定点，那么 f 是单位元，也就是说，对任意 $z\in D$ 都满足 $f(z)=z$.

（b）是不是每一个全纯函数 $f:D\to D$ 都有一个固定点【提示：考虑上半平面.】

13. 两个点 $z,w\in D$ 之间的伪双曲距离定义为

$$\rho(z,w) = \left|\frac{z-w}{1-\bar{w}z}\right|.$$

（a）证明：如果 $f:D\to D$ 是全纯的，那么

$$\rho(f(z)),f(w)) \leqslant \rho(z,w) \quad 对于所有 z,w\in D.$$

并且证明，如果 f 是 D 上的自同构，那么 f 保持了伪双曲距离不变，也就是

$$\rho(f(z)),f(w)) = \rho(z,w) \quad 对于所有 z,w\in D.$$

【提示：考虑自同构 $\psi_\alpha(z)=(z-\alpha)/(1-\bar\alpha z)$，并对 $\psi_{f(w)}\circ f\circ\psi_w^{-1}$ 应用 Schwarz 引理.】

（b）证明：

$$\frac{|f'(z)|}{1-|f(z)|^2} \leqslant \frac{1}{1-|z|^2} \quad 对所有 z\in D.$$

这个结果称为 Schwarz 选择引理. 关于此引理的应用见问题 3.

14. 证明：所有的从上半平面 H 到单位圆盘 D 上的共形映射形如

$$\mathrm{e}^{\mathrm{i}\theta}\frac{z-\beta}{z-\bar\beta} \quad \theta\in\mathbf{R} \text{ 和 } \beta\in H.$$

15. 这里是上半平面上的自同构满足的两个性质.

（a）假设 Φ 是 H 上的自同构，它固定了实轴上三个不同的点，那么 Φ 是单位元.

（b）假设 (x_1,x_2,x_3) 和 (y_1,y_2,y_3) 是实轴上两组三个不同的点，满足

$$x_1<x_2<x_3 \text{ 和 } y_1<y_2<y_3.$$

证明：存在（且唯一）H 上的自同构 Φ 使得 $\Phi(x_j)=y_j,j=1,2,3$. 如果 $y_3<y_1<y_2$ 或 $y_2<y_3<y_1$，则也有相同的结论.

184

16. 令

$$f(z)=\frac{i-z}{i+z} \text{ 和 } f^{-1}(w)=i\,\frac{1-w}{1+w}.$$

（a）给定 $\theta \in \mathbf{R}$，寻找实数 a,b,c,d 使得 $ad-bc=1$，并使得对任意 $z \in H$，有

$$\frac{az+b}{cz+d}=f^{-1}(e^{i\theta}f(z)).$$

（b）给定 $\alpha \in D$，寻找实数 a,b,c,d 使得 $ad-bc=1$，并使得对任意 $z \in H$，有

$$\frac{az+b}{cz+d}=f^{-1}(\psi_{\alpha}(f(z))),$$

其中 ψ_{α} 是在 2.1 节中定义的.

（c）证明：如果 g 是单位圆盘的自同构，那么存在实数 a,b,c,d 使得 $ad-bc=1$，并使得对任意 $z \in H$，有

$$\frac{az+b}{cz+d}=f^{-1}\circ g\circ f(z).$$

【提示：应用（a）和（b）证明.】

17. 如果当 $|\alpha|<1$ 时 $\psi_{\alpha}(z)=(\alpha-z)/(1-\bar{\alpha}z)$，证明：

$$\frac{1}{\pi}\iint_D |\psi_{\alpha}'|^2 \mathrm{d}x\mathrm{d}y=1 \text{ 和 } \frac{1}{\pi}\iint_D |\psi_{\alpha}'|\mathrm{d}x\mathrm{d}y=\frac{1-|\alpha|^2}{|\alpha|^2}\log\frac{1}{1-|\alpha|^2},$$

其中当 $\alpha=0$ 时，上面右边的表达式理解为当 $|\alpha|\to 0$ 时的极限.
【提示：第一个积分不用计算可以估计出来. 第二个积分应用极坐标，并对任意给定的 r 应用周线积分来估计关于 θ 的积分.】

18. 假设 Ω 是单连通区域，其边界为分段光滑闭曲线 γ（第 1 章中的术语）.那么 D 到 Ω 上的任意共形映射 F 都可以延拓到 $\bar{D}$ 到 $\bar{\Omega}$ 上的连续双射. 此证明很简单，仅仅是归纳定理 4.2 中的讨论.

19. 证明：以射线的并 $\bigcup_{k=1}^{n}\{A_k+iy:y\leqslant 0\}$ 为裂缝的复平面是单连通的.
【提示：给定一条曲线，首先将曲线提升，使得它完全包含在上半平面内.】

20. 椭圆积分的其他例子可以提供从上半平面到矩形区域的共形映射，如下给出.

（a）函数

$$\int_0^z \frac{\mathrm{d}\zeta}{\sqrt{\zeta(\zeta-1)(\zeta-\lambda)}},$$

其中 $\lambda \in \mathbf{R}$ 且 $\lambda \neq 1$. 此函数将上半平面共形映射到矩形区域，矩形区域的一个顶点是无穷大点的象.

（b）当 $\lambda=-1$ 时，函数

185

$$\int_0^z \frac{\mathrm{d}\zeta}{\sqrt{\zeta(\zeta^2-1)}}$$

的象是正方形, 其边长是 $\dfrac{\Gamma^2(1/4)}{2\sqrt{2\pi}}$.

21. 考虑共形映射到三角形.

（a）证明:

$$\int_0^z z^{-\beta_1}(1-z)^{-\beta_2}\mathrm{d}z,$$

其中 $0<\beta_1<1, 0<\beta_2<1$ 且 $1<\beta_1+\beta_2<2$, 将 H 映射到三角形区域, 三角形的顶点分别是 0, 1 和 $+\infty$ 点的象, 对应的内角是 $\alpha_1\pi, \alpha_2\pi$ 和 $\alpha_3\pi$, 其中 $\alpha_j+\beta_j=1$ 且 $\beta_1+\beta_2+\beta_3=2$.

（b）当 $\beta_1+\beta_2=1$ 时会怎样?

（c）当 $0<\beta_1+\beta_2<1$ 时会怎样?

（d）在（a）中, 角 $\alpha_j\pi$ 的对边边长为 $\dfrac{\sin(\alpha_j\pi)}{\pi}\Gamma(\alpha_1)\Gamma(\alpha_2)\Gamma(\alpha_3)$.

22. 如果 P 是单连通区域, 边界为多角形线, 顶点依次是 $a_1,\cdots,a_n$, 对应的内角分别是 $\alpha_1\pi,\cdots,\alpha_n\pi$, 且 F 是圆盘 D 到 P 的共形映射, 那么在单位圆周上存在复数 $B_1,\cdots,B_n$ 和常数 c_1 和 c_2 使得

$$F(z)=c_1\int_1^z \frac{\mathrm{d}\zeta}{(\zeta-B_1)^{\beta_1}\cdots(\zeta-B_n)^{\beta_n}}+c_2.$$

【提示: 这是来自 H 与 D 之间的标准对应, 其讨论类似于定理 4.7 的证明.】

23. 如果

$$F(z)=\int_1^z \frac{\mathrm{d}\zeta}{(1-\zeta^n)^{2/n}},$$

那么 F 将单位圆盘共形映射为正 n 角形的内部, 且此 n 角形的周长为

$$2^{\frac{n-2}{n}}\int_0^\pi (\sin\theta)^{-2/n}\mathrm{d}\theta.$$

186

24. 椭圆积分 K 和 K' 定义为

$$K(k)=\int_0^1 \frac{\mathrm{d}x}{[(1-x^2)(1-k^2x^2)]^{1/2}} \text{ 和 } K'(k)=\int_1^{1/k} \frac{\mathrm{d}x}{[(x^2-1)(1-k^2x^2)]^{1/2}}$$

其中 $0<k<1$, 它满足各种令我们感兴趣的特征. 例如,

（a）证明: 如果 $\tilde{k}^2=1-k^2$ 且 $0<\tilde{k}<1$, 那么

$$K'(k)=K(\tilde{k}).$$

【提示: 在定义 $K'(k)$ 的积分中应用变量代换 $x=(1-\tilde{k}^2y^2)^{-1/2}$.】

（b）证明: 如果 $\tilde{k}^2=1-k^2$ 且 $0<\tilde{k}<1$, 那么

$$K(k)=\frac{2}{1+\tilde{k}}K\left(\frac{1-\tilde{k}}{1+\tilde{k}}\right).$$

【提示：变量代换 $x = 2t/(1 + \widetilde{k} + (1 - \widetilde{k})t^2)$. 】

（c）证明：当 $0 < k < 1$ 时有

$$K(k) = \frac{\pi}{2} F(1/2, 1/2. 1; k^2),$$

其中 F 是超几何级数.

【提示：这是来自第 6 章练习 9 中给出的 F 的积分. 】

6 问题

1. 令 f 是定义在点 z_0 的某邻域内的复值 C^1 类函数. 这里存在几个与 z_0 处的共形性密切相关的概念. 如果 $\gamma(t)$ 和 $\eta(t)$ 是两条光滑曲线，当 $\gamma(0) = \eta(0) = z_0$，对应的角是 θ（这里 $|\theta| < \pi$）时，有 $f(\gamma(t))$ 和 $f(\eta(t))$ 在 $z = 0$ 对应的角是 θ'，对所有的 θ 都满足 $|\theta'| = |\theta|$，此时称 f 在点 z_0 是等角的. 如果 f 在 z_0 点沿着任意方向放大率都相同，也就是说极限

$$\lim_{r \to 0} \frac{|f(z_0 + re^{i\theta}) - f(z_0)|}{r}$$

存在非零且不依赖于 θ，此时称 f 是各向同性的.

那么 f 在 z_0 是等角的当且仅当它在 z_0 是各向同性的. 此外，f 在 z_0 是等角的当且仅当 $f'(z_0)$ 存在且非零，或者将 f 替换 $\bar{f}$ 也同样成立.

2. 两个非零复数 z 和 w 之间的角就是指它们的方向角，定义在区间 $(-\pi, \pi]$ 上，它是由两个点 z 和 w 在平面 $\mathbf{R}^2$ 上对应的两个向量形成的. 这个方向角记为 α，它由下面两个量

$$\frac{(z, w)}{|z||w|} \text{ 和 } \frac{(z, -iw)}{|z||w|}$$

唯一确定，它们分别是方向角 α 的余弦和正弦. 其中，符号 $(\cdot, \cdot)$ 就是我们通常说的二维平面 $\mathbf{R}^2$ 上的欧几里得内积，按照复数的运算规则 $(z, w) = \text{Re}(z\bar{w})$.

特别地，现在我们考虑两条光滑曲线 $\gamma: [a, b] \to \mathbf{C}$ 和 $\eta: [a, b] \to \mathbf{C}$，它们相交于点 z_0，也就是说 $\gamma(t_0) = \eta(t_0) = z_0$，其中 $t_0 \in (a, b)$. 如果 $\gamma'(t_0)$ 和 $\eta'(t_0)$ 都非零，那么它们分别表示 γ 和 η 在点 z_0 处的正切，并且我们说两条曲线在 z_0 点相交的角可以由两向量 $\gamma'(t_0)$ 和 $\eta'(t_0)$ 形成.

定义在 z_0 附近的全纯函数 f 称为保角的，即如果对任意相交于点 z_0 的两条曲线 γ 和 η，它们在 z_0 形成的角等于曲线 $f \circ \gamma$ 和 $f \circ \eta$ 在 $f(z_0)$ 形成的角（见图 12）. 特别地，在点 z_0 和 $f(z_0)$ 曲线 γ，η，$f \circ \gamma$ 和 $f \circ \eta$ 的正切都非零.

（a）证明：如果 $f: \Omega \to \mathbf{C}$ 是全纯函数，且 $f'(z_0) \neq 0$，那么 f 在点 z_0 保角.

【提示：注意到

$$(f'(z_0)\gamma'(t_0), f'(z_0)\eta'(t_0)) = |f'(z_0)|^2 (\gamma'(t_0), \eta'(t_0)). 】$$

（b）证明：假设 $f: \Omega \to \mathbf{C}$ 是复值函数，且在 $z_0 \in \Omega$ 是实可微的，并且 $J_f(z_0) \neq 0$.

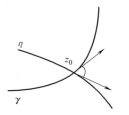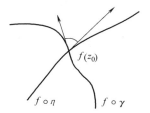

图 12 在点 z_0 保角

如果 f 在点 z_0 保角，那么 f 在点 z_0 是全纯函数，且 $f'(z_0) \neq 0$.

3.* Schwarz-Pick 引理（见练习 13）是无穷小等价，属于复分析和几何学的重大发现.

关于复数 $w \in \mathbf{C}$ 和 $z \in D$，我们定义 w 在点 z 的双曲长度为

$$\| w \|_z = \frac{|w|}{1 - |z|^2},$$

其中 $|w|$ 和 $|z|$ 就表示通常的绝对值. 这个长度有时会作为 Poincaré 度量，并且作为黎曼度量时它可以写成

$$ds^2 = \frac{|dz|^2}{(1 - |z|^2)^2}.$$

这个思路是考虑 w 作为一个矢量，位于 z 点的切空间内. 注意到，对于给定的 w，随着 z 靠近圆盘的边界，它的双曲长度会增长到无穷大. 我们从切向量的无穷小双曲长度过渡到用积分定义的任意两点的双曲距离.

（a）给定圆盘中的两个复数 z_1 和 z_2，它们的双曲距离定义为

$$d(z_1, z_2) = \inf_\gamma \int_0^1 \| \gamma'(t) \|_{\gamma(t)} \, dt,$$

其中下确界是在所有连接 z_1 和 z_2 的光滑曲线 $\gamma : [0,1] \to D$ 上取得的. 应用 Schwarz-Pick 引理证明：如果 $f : D \to D$ 是全纯的，那么

$$d(f(z_1), f(z_2)) \leqslant d(z_1, z_2) \quad 对于任意 z_1, z_2 \in D.$$

也就是说，全纯函数在双曲度量下距离减小.

（b）证明：单位圆盘上的自同构保持双曲距离不变，也就是说

$$d(\varphi(z_1), \varphi(z_2)) = d(z_1, z_2) \quad 对于任意 z_1, z_2 \in D,$$

其中 φ 是任意的自同构. 反之，若 $\varphi : D \to D$ 上保持双曲距离不变，那么 φ 和 $\bar{\varphi}$ 必有一个是 D 上的自同构.

（c）给定两点 $z_1, z_2 \in D$，证明：存在一个自同构 φ 使得 $\varphi(z_1) = 0$ 和 $\varphi(z_2) = s$，其中 s 属于实轴上线段 $[0,1)$.

（d）证明：0 与 $s \in [0,1)$ 的双曲距离为

$$d(0,s)=\frac{1}{2}\log\frac{1+s}{1-s}.$$

（e）寻找单位圆盘上任意两点的双曲距离公式.

4.* 考虑矩阵群，形如

$$\boldsymbol{M}=\begin{pmatrix} a & b \\ c & d \end{pmatrix},$$

满足下面的条件：

（ⅰ）a,b,c 和 $d\in\mathbf{C}$；

（ⅱ）$\boldsymbol{M}$ 的行列式等于 1；

（ⅲ）矩阵 $\boldsymbol{M}$ 保证了下面在 $\mathbf{C}^2\times\mathbf{C}^2$ 的 hermitian 形式，

$$<\boldsymbol{Z},\boldsymbol{W}>=z_1\overline{w}_1-z_2\overline{w}_2,$$

其中 $\boldsymbol{Z}=(z_1,z_2)$，$\boldsymbol{W}=(w_1,w_2)$. 换句话说，对所有 $\boldsymbol{Z},\boldsymbol{W}\in\mathbf{C}^2$,有

$$<\boldsymbol{MZ},\boldsymbol{MW}>=<\boldsymbol{Z},\boldsymbol{W}>.$$

这个矩阵群记为 SU(1,1).

（a）证明：群 SU(1,1)中所有的矩阵都形如

$$\begin{pmatrix} a & b \\ \overline{b} & \overline{a} \end{pmatrix},$$

其中 $|a|^2-|b|^2=1$. 为此，考虑矩阵

$$\boldsymbol{J}=\begin{pmatrix} 1 & 0 \\ 1 & -1 \end{pmatrix},$$

并注意到 $\langle\boldsymbol{Z},\boldsymbol{W}\rangle={}^t\boldsymbol{WJZ}$，其中 ${}^t\boldsymbol{W}$ 表示 $\boldsymbol{W}$ 的共轭转置.

（b）关于 SU(1,1)中所有的矩阵，我们可以结合分式线性变换

$$\frac{az+b}{cz+d}$$

证明：群 SU(1,1)$/\{\pm1\}$ 与圆盘上的自同构群是同构群.

【提示：应用下面的关系.】

$$e^{2i\theta}\frac{z-\alpha}{1-\overline{\alpha}z}\longrightarrow\begin{pmatrix} \dfrac{e^{i\theta}}{\sqrt{1-|\alpha|^2}} & -\dfrac{\alpha e^{i\theta}}{\sqrt{1-|\alpha|^2}} \\ -\dfrac{\overline{\alpha}e^{-i\theta}}{\sqrt{1-|\alpha|^2}} & \dfrac{e^{-i\theta}}{\sqrt{1-|\alpha|^2}} \end{pmatrix}.$$

5. 下面的结论和第 10 章中的问题 4 是相关的，都是处理模函数的.

（a）假设 $F:H\to\mathbf{C}$ 是全纯且有界的. 同时假设当 $z=ir_n$，$n=1,2,3,\cdots$时 $F(z)$ 等于零，其中 $\{r_n\}$ 是正数的有界数列. 证明：如果 $\sum\limits_{n=1}^{+\infty}r_n=+\infty$,那么 $F=0$.

（b）如果 $\sum r_n<+\infty$,它能在上半平面上构造一个有界函数使得函数的零点正好在点 ir_n 处.

189

关于单位圆盘内的相关结果，见第 5 章中的问题 1 和 2.

6. * 练习 18 的结论可以推广到仅仅假设 γ 是闭的、单的且连续的曲线的情况. 但是，证明需要有更多的方法.

7. * 应用 Carathéodory 的思路，Koebe 给出了黎曼映射定理的证明，他是通过构造（更加明确的）函数列使其收敛于我们希望的共形映射.

首先是 Koebe 区域，是一个单连通区域 $K_0 \subset D$ 但又不是所有的 D，且包含原点，方法是找到一个内射函数 f_0 使得 $f_0(K_0) = K_1$ 是一个 Koebe 域，它比 K_0 大. 那么，我们可以重复这个过程，最终获得函数 $F_n = f_n \circ \cdots \circ f_0 : K_0 \to D$ 使得 $F_n(K_0) = K_{n+1}$，且 $\lim F_n = F$ 是从 K_0 到 D 上的共形映射.

包含原点的区域 $K \subset D$ 的内径定义为 $r_K = \sup\{\rho \geqslant 0 : D(0,\rho) \subset K\}$. 并且全纯内射 $f : K \to D$ 称为一个扩张，即如果 $f(0) = 0$ 且对所有的 $z \in K - \{0\}$，$|f(z)| > |z|$.

（a）证明：如果 f 是一个扩张，那么 $r_{f(K)} \geqslant r_K$ 且 $|f'(0)| > 1$.

【提示：记 $f(z) = zg(z)$，并应用最大模原理证明 $|f'(0)| = |g(0)| > 1$.】

假设以 Koebe 域 K_0 开始，且有扩张序列 $\{f_0, f_1, \cdots, f_n, \cdots\}$，使得 $K_{n+1} = f_n(K_n)$ 也是 Koebe 域，那么，我们可以定义全纯映射 $F_n : K_0 \to D$，其中 $F_n = f_n \circ \cdots \circ f_0$.

（b）证明：对所有 n，函数 F_n 是一个扩张. 此外，$F_n'(0) = \prod_{k=0}^{n} f_k'(0)$，并推导出 $\lim\limits_{n \to +\infty} |f_n'(0)| = 1$.

【提示：证明序列 $\{|F_n'(0)|\}$ 有极限要通过证明它有界且单调增加. 应用 Schwarz 引理.】

（c）证明：如果序列是密切的，也就是说，当 $n \to +\infty$ 时 $r_{K_n} \to 1$，那么 $\{F_n\}$ 在 K_0 的紧子集上一致收敛于共形映射 $F : K_0 \to D$.

【提示：如果 $r_{F(K_0)} \geqslant 1$ 那么 F 是满射.】

构造需要的密切序列可以用自同构 $\psi_\alpha = (\alpha - z)/(1 - \bar{\alpha}z)$.

（d）给定 Koebe 域 K，在 K 的边界上选择点 $\alpha \in D$，使得 $|\alpha| = r_K$，同时选择 $\beta \in D$ 使得 $\beta^2 = \alpha$. 令 S 表示在 K 上 ψ_α 的平方根，从而 $S(0) = 0$. 为什么可以定义这样的函数呢？证明函数 $f : K \to D$ 定义为 $f(z) = \psi_\beta \circ S \circ \psi_\alpha$ 是一个扩张. 同时证明 $|f'(0)| = (1 + r_K)/2\sqrt{r_K}$.

【提示：对反函数 $\psi_\alpha \circ g \circ \psi_\beta$，其中 $g(z) = z^2$，应用 Schwarz 引理，证明在 $K - \{0\}$ 上 $|f(z)| > |z|$.】

（e）应用（d）构造需要的序列.

8. * 令 f 是单位圆盘上的单同态函数，且满足 $f(0) = 0$ 和 $f'(0) = 1$. 如果将 f 写成 $f(z) = z + a_2 z^2 + a_3 z^3 + \cdots$，那么第 3 章问题 1 可以证明 $|a_2| \leqslant 2$. 事实上，根据 Bieberbach 猜想对所有的 $n \geqslant 2$ 满足 $|a_n| \leqslant n$，这一点已经被 deBranges 证明了. 此

问题主要内容是当假设系数 a_n 是实数时证明这个猜想.

（a）令 $z = re^{i\theta}$，其中 $0 < r < 1$，证明：如果 $v(r, \theta)$ 表示 $f(re^{i\theta})$，那么

$$a_n r^n = \frac{2}{\pi} \int_0^\pi v(r, \theta) \sin n\theta \, d\theta.$$

（b）证明：当 $0 \leqslant \theta \leqslant \pi$ 且 $n = 1, 2, \cdots$ 时有 $|\sin n\theta| \leqslant n \sin\theta$.

（c）因为假设了 $a_n \in \mathbf{R}$，证明：$f(D)$ 关于实轴对称，并证明 f 将上半圆盘映射成 $f(D)$ 的上面的部分或者下面的部分.

（d）证明：对于小的 r，

$$v(r, \theta) = r \sin\theta [1 + O(r)],$$

并应用之前的部分证明当 $0 < r < 1$ 和 $0 \leqslant \theta \leqslant \pi$ 时推导 $v(r, \theta) \sin\theta \geqslant 0$.

（e）证明：$|a_n r^n| \leqslant nr$，并令 $r \to 1$ 从而推导出 $|a_n| \leqslant n$.

（f）考察函数 $f(z) = z/(1-z)^2$，它满足所有的假设条件，且对所有的 n，满足 $|a_n| = n$.

9. * Gauss 发现了椭圆积分与由算术平均值和几何平均值形成的运算族之间的联系.

首先给出任意数组 (a, b) 满足 $a \geqslant b > 0$，a 和 b 的算术平均值和几何平均值分别是

$$a_1 = \frac{a+b}{2} \text{ 和 } b_1 = (ab)^{1/2}.$$

接着，我们将 a 和 b 用 a_1 和 b_1 替换，重新计算算术平均值和几何平均值. 不断地重复这个过程就得到了两个数列 $\{a_n\}$ 和 $\{b_n\}$，其中 a_{n+1} 和 b_{n+1} 分别是 a_n 和 b_n 的算术平均值和几何平均值.

（a）证明：两个数列 $\{a_n\}$ 和 $\{b_n\}$ 有公共的极限. 这个极限记为 $M(a, b)$，称为 a 和 b 的算术-几何平均值.

【提示：证明 $a \geqslant a_1 \geqslant a_2 \geqslant \cdots \geqslant a_n \geqslant b_n \geqslant \cdots \geqslant b_1 \geqslant b$ 且 $a_n - b_n \leqslant (a-b)/2^n$.】

（b）Gauss 恒等式规定

$$\frac{1}{M(a, b)} = \frac{2}{\pi} \int_0^{\pi/2} \frac{d\theta}{(a^2 \cos^2\theta + b^2 \sin^2\theta)^{1/2}}.$$

要证明这个关系，只要证明如果用 $I(a, b)$ 表示等号右边的积分，那么建立 I 的不变性，即

$$I(a, b) = I\left(\frac{a+b}{2}, (ab)^{1/2}\right). \tag{6}$$

那么，注意到它与椭圆积分的关系为

$$I(a, b) = \frac{1}{a} K(k) = \frac{1}{a} \int_0^1 \frac{dx}{\sqrt{(1-x^2)(1-k^2 x^2)}} \quad \text{当 } k^2 = 1 - b^2/a^2,$$

且式（6）是练习 24 中恒等式的推论.

191

第 9 章 椭圆函数介绍

数学的很多分支都对椭圆函数理论感兴趣,起初它是源于椭圆积分的研究. 一般地,椭圆积分可以描述为形如 $\int R(x,\sqrt{P(x)})\,\mathrm{d}x$ 的积分,其中 R 是有理函数,P 是一个三阶或四阶多项式$^{\ominus}$. 积分区域是椭圆上的一段弧或者是一条双纽线,或者是各种各样的其他问题.

对它们的早期研究都是围绕它们的特殊的变换性质和发现它有一个固有的双重周期而进行的. 我们已经看到了具有双重周期现象的例子,是从半平面上到矩形区域上的映射函数,在上一章的 4.5 小节中出现的.

最初是 Jacobi 着力于双周期函数(称为椭圆函数)的系统研究. 在这个理论中,theta 函数已经被引入,并起着决定性的作用. Weierstrass 发展了他的另一个方法后,使得最初的步骤变得更简单、简洁. 这种方法是基于他的 $\wp$ 函数,并且在本章中我们会概括此理论的原始思想. 通过考虑 Eisenstein 级数和它的除数函数的表达形式,立即就能看到它与数论的可能的联系. 组合学和数论的大量联系产生于 theta 函数,这一点将在下一章中介绍. 值得关注的事实是,这些函数在数学领域中是非常有趣的. 例如,关于 Jacobi 定理的粗略表达,那些函数可以使得定理表达更贴切.

$\ominus$ 当 P 是二次多项式的情况时,它本质上其实是"圆函数",并且它可以简化成三角函数 $\sin x$ 和 $\cos x$ 等.

1 椭圆函数

我们先将注意力放在定义在复数集 **C** 上的亚纯函数 f 上，这样的函数具有两个周期，也就是说，存在两个非零复数 w_1 和 w_2 使得对任意的 $z \in \mathbf{C}$，有

$$f(z + w_1) = f(z) \text{ 和 } f(z + w_2) = f(z),$$

具有两个周期的函数称为双重周期.

若两个周期 w_1 和 w_2 在 **R** 上线性相关，意思是说，$w_2/w_1 \in \mathbf{R}$，这种情况我们并不感兴趣. 事实上，练习 1 会证明，在这种情况下函数 f 或者具有简单周期（如果比值 w_2/w_1 是有理数），或者 f 是常数（比值 w_2/w_1 是无理数）. 因此，我们给出下面的假设：周期 w_1 和 w_2 在 **R** 上是线性无关的.

现在描述一个标准形式，这将在本章中有广泛应用. 令 $\tau = w_2/w_1$. 因为 τ 和 $1/\tau$ 的虚部互为相反数，并且因为 τ 不是实数，我们不妨假设（可能也会交换 w_1 和 w_2 的位置）$\mathrm{Im}(\tau) > 0$. 现在注意到，函数 f 有两个周期 w_1 和 w_2 当且仅当函数 $F(z) = f(w_1 z)$ 具有两个周期 1 和 τ，此外，f 是亚纯函数当且仅当 F 是亚纯的. 函数 f 的性质会立即根据 F 推导出来. 因此不失一般性，我们也可以假设 f 是亚纯函数，在 **C** 上有两个周期 1 和 τ，其中 $\mathrm{Im}(\tau) > 0$.

连续应用周期条件会得到，对任意的整数 n，m，任意的 $z \in \mathbf{C}$，有

$$f(z + n + m\tau) = f(z), \tag{1}$$

因此很自然地考虑复数集 **C** 上的格定义为

$$\Lambda = \{n + m\tau : n, m \in \mathbf{Z}\}.$$

我们说 Λ 是由 1 和 τ 生成的（见图 1）.

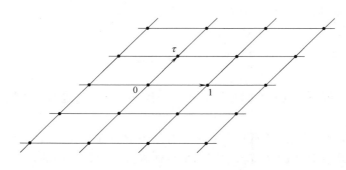

图 1 格 Λ 由 1 和 τ 生成

方程（1）说明，f 在格 Λ 中的元下转换成了常数. 结合格 Λ，基本平行体定义为

$$P_0 = \{z \in \mathbf{C}: z = a + b\tau \quad 0 \leqslant a < 1 \text{ 和 } 0 \leqslant b < 1\}.$$

基本平行体很重要，是因为根据函数 f 在 P_0 上的行为就可以完全确定 f. 因此，我们需要一个规定：两个复数 z 和 w 是两个同余模 Λ，即如果对某整数 n，$m \in \mathbf{Z}$，有

$$z = w + n + m\tau,$$

并且此时我们说 $z \sim w$. 换句话说，z 和 w 的差在格中，即 $z - w \in \Lambda$. 根据式（1）我们推出，当 $z \sim w$ 时 $f(z) = f(w)$. 如果我们可以证明任意点 $z \in \mathbf{C}$ 与格 P_0 中一个唯一点是同余的，那么我们就可以证明 f 可以由它在基本平行体中的值完全确定. 假设给定 $z = x + iy$，同时写成 $z = a + b\tau$，其中 $a, b \in \mathbf{R}$. 写成这样是可能的，因为 1 和 τ 可以生成复平面 $\mathbf{C}$ 上的二维矢量. 那么选择 n 和 m 分别是 $\leqslant a$ 和 $\leqslant b$ 的最大整数. 如果我们令 $w = z - n - m\tau$，那么根据规定 $z \sim w$，并且可以有 $w = (a - n) + (b - m)\tau$. 根据构造，很明确地知道 $w \in P_0$. 证明唯一性，通常用到反证法，假设 w 和 w' 是 P_0 中两个同余点. 如果我们记 $w = a + b\tau$，$w' = a' + b'\tau$，那么 $w - w' = (a - a') + (b - b')\tau \in \Lambda$，因此 $a - a'$ 和 $b - b'$ 都是整数. 但是因为 $0 \leqslant a$，$a' < 1$，

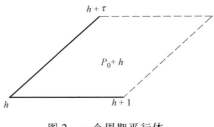

图 2　一个周期平行体

我们有 $-1 < a - a' < 1$，这就意味着 $a - a' = 0$. 类似地，也可以知道 $b - b' = 0$，因此我们就推出 $w = w'$，即唯一性得证.

更一般地，周期平行体 P 是基本平行体的任意变换，$P = P_0 + h$，其中 $h \in \mathbf{C}$（见图 2）.

因为可以对 $z - h$ 应用引理，我们可以推出复平面 $\mathbf{C}$ 上的任意一点都和我们给定的周期平行体中的唯一的一个点是同余的. 因此，f 可以由它在任意周期平行体上的表现唯一确定.

最后，注意到 Λ 和 P_0 可以覆盖整个复平面，即

$$\mathbf{C} = \bigcup_{n, m \in \mathbf{Z}} (n + m\tau + P_0), \tag{2}$$

并且此并集是不相交的. 此时，我们立即能确定 P_0. 这里将前面的内容总结为下面的命题.

命题 1.1　假设 f 是亚纯函数，具有两个周期 1 和 τ，这两个周期生成了格 Λ，那么

（ⅰ）复数集 $\mathbf{C}$ 上的任意点在基本平行体内都会存在唯一的一点与之同余.

（ⅱ）复数集 $\mathbf{C}$ 上的任意点在周期平行体内都会存在唯一的一点与之同余.

（ⅲ）格 Λ 给出了复平面的不相交的全覆盖，形如式（2）.

（ⅳ）函数 f 在任意周期平行体中可以由它的值完全确定.

1.1　Liouville 定理

下面来讨论为什么开始说 f 是亚纯的而不是全纯的.

定理 1.2　一个整的双周期函数一定是常数.

证明　函数 f 可以由它在 P_0 中的值完全确定，并且，因为 P_0 的闭包是紧集，可以推出在复数集 $\mathbf{C}$ 上此函数是有界的，因此根据第 2 章的 Liouville 定理此函数是

常数.

一个非常数的双周期亚纯函数被称为**椭圆函数**. 因为一个亚纯函数在任意大的圆盘内只可能具有有限个零点和极点, 因此椭圆函数在任意给定的基本平行体内仅有有限个零点和极点, 并且更特别地, 此结论在基本平行体内也是成立的. 当然, 不排除 f 会在 P_0 的边界上有一个极点或者零点的情况.

通常我们计算极点和零点的个数是算重数的. 考虑到这一点可以得到下面的定理.

定理 1.3 椭圆函数在 P_0 中的极点的总数总是 $\geqslant 2$.

换句话说, f 不可能只有一个单极点. 它至少会有两个极点, 当然这不排除它有一个重数大于等于 2 的极点的情况.

证明 首先假设 f 在基本平行体的边界 ∂P_0 上没有极点. 根据留数定理有

$$\int_{\partial P_0} f(z)\,\mathrm{d}z = 2\pi\mathrm{i} \sum \mathrm{res} f,$$

并且我们可以断定此积分为 0. 对此, 只要用 f 的周期即可. 注意到

$$\int_{\partial P_0} f(z)\,\mathrm{d}z = \int_0^1 f(z)\,\mathrm{d}z + \int_1^{1+\tau} f(z)\,\mathrm{d}z + \int_{1+\tau}^{T} f(z)\,\mathrm{d}z + \int_\tau^0 f(z)\,\mathrm{d}z,$$

等号右边的积分相互抵消了. 例如,

$$\begin{aligned}
\int_0^1 f(z)\,\mathrm{d}z + \int_{1+\tau}^{\tau} f(z)\,\mathrm{d}z &= \int_0^1 f(z)\,\mathrm{d}z + \int_1^0 f(s+\tau)\,\mathrm{d}s \\
&= \int_0^1 f(z)\,\mathrm{d}z + \int_1^0 f(s)\,\mathrm{d}s \\
&= \int_0^1 f(z)\,\mathrm{d}z - \int_0^1 f(z)\,\mathrm{d}z \\
&= 0,
\end{aligned}$$

另外两项的积分也类似. 因此 $\int_{\partial P_0} f = 0$ 且 $\sum \mathrm{res} f = 0$. 因此, f 在 P_0 内至少有两个极点.

如果 f 在 ∂P_0 上有一个极点, 选择一个小的 $h \in \mathbf{C}$ 使得如果 $P = h + P_0$, 那么 f 在 ∂P 上没有极点. 根据前面的讨论, 我们发现 f 在 P 内一定至少存在两个极点, 因此, 这对于 P_0 仍然成立.

椭圆函数的极点的总数 (考虑重数) 称为它的阶. 下面的定理说明如果计算重数的话, 椭圆函数的零点个数与极点个数一样多.

定理 1.4 任意 m 阶的椭圆函数在 P_0 内有 m 个零点.

证明 首先假设在 P_0 的边界上 f 没有零点或极点, 根据第 3 章中的辐角原理, 有

$$\int_{\partial P_0} \frac{f'(z)}{f(z)}\,\mathrm{d}z = 2\pi\mathrm{i}(N_\delta - N_p),$$

其中 N_δ 和 N_p 分别表示 f 在 P_0 内的零点个数和极点个数. 根据周期性, 可以根据

上面定理的证明得到 $\int_{\partial P_0} f'/f = 0$，因此 $N_\delta = N_p$.

f 在 ∂P_0 上有一个极点或一个零点的情况时，我们只要变换到 P 上即可.

结论：如果 f 是椭圆，那么方程 $f(z) = c$ 的解的个数与函数 f 的阶一样，其中 $c \in \mathbb{C}$ 任意. 原因很简单，因为 $f - c$ 是椭圆并且与 f 极点个数一样多.

尽管上面的定理很简单，但椭圆函数的存在性成为遗留问题. 下面我们就试着解决这个问题.

1.2　Weierstrass $\wp$ 函数

二阶椭圆函数

这一节我们给出椭圆函数的典型例子. 就像我们上面讨论的，任意的椭圆函数一定至少存在两个极点，而如果它只有一个奇点，那么该奇点一定是双重极点，而且此点在由它的周期生成的格中.

在考虑双周期函数的例子之前，让我们首先考虑只有一个周期的简单函数. 如果想要构造一个函数使得它的周期为 1，并且所有的整数点是它的极点，一个很简单的选择就是求和函数

$$F(z) = \sum_{n=-\infty}^{+\infty} \frac{1}{z+n}.$$

注意到如果将求和中的 z 换为 $z+1$，所求的和并不会发生改变，并且，极点也仍然是在所有的整数点处. 但是此级数定义的函数 $F(z)$ 不是绝对收敛的，为了修正这个问题，我们根据对称性，也就是定义

$$F(z) = \lim_{N \to +\infty} \sum_{|n| \leqslant N} \frac{1}{z+n} = \frac{1}{z} + \sum_{n=1}^{+\infty} \left[\frac{1}{z+n} + \frac{1}{z-n} \right].$$

在上式中的最右边的一项中，我们将 n 和 $-n$ 成对地结合成一项，通过通分处理，可以使得该项是 $O(1/n^2)$ 量级的，因此最后的这个和是绝对收敛的. 结果，F 是亚纯函数，其极点正好在整数点处. 事实上，我们早在第 5 章就证明了 $F(z) = \pi \cot \pi z$.

这里还有第二个方法可以处理级数 $\sum_{-\infty}^{+\infty} 1/(z+n)$，也就是写成

$$\frac{1}{z} + \sum_{n \neq 0} \left[\frac{1}{z+n} - \frac{1}{n} \right],$$

这里的和是对所有的非零整数求和. 注意到 $1/(z+n) - 1/n = O(1/n^2)$，这也就说明该级数是绝对收敛的. 不过，由

$$\frac{1}{z+n} + \frac{1}{z-n} = \left(\frac{1}{z+n} - \frac{1}{n} \right) + \left(\frac{1}{z-n} - \frac{1}{-n} \right),$$

我们得到了和前一种方法相同的和.

与此类似地，只要模仿上面的方法，就能给出第一个椭圆函数的例子，我们将

其写成

$$\sum_{w \in \Lambda} \frac{1}{(z+w)^2},$$

同样地，这个级数也不是绝对收敛的. 有几种方法可以处理这个问题（见问题 1），但是最简单的方法就是仿照上面第二种方法来处理余切级数.

为了克服级数的非绝对收敛性，令 Λ^* 表示去掉原点的格，也就是 $\Lambda^* = \Lambda - \{(0,0)\}$，并考虑下面的级数，

$$\frac{1}{z^2} + \sum_{w \in \Lambda^*} \left[\frac{1}{(z+w)^2} - \frac{1}{w^2} \right],$$

这里减去 $1/w^2$ 就使得和是收敛的. 中括号中的项可以写成

$$\frac{1}{(z+w)^2} - \frac{1}{w^2} = \frac{-z^2 - 2zw}{(z+w)^2 w^2} = O\left(\frac{1}{w^3} \right) \qquad |w| \to +\infty$$

只要证明下面的引理，就能证明新的级数定义了一个亚纯函数，且此函数具有我们想要的极点.

引理 1.5 两个级数

$$\sum_{(n,m) \neq (0,0)} \frac{1}{(|n|+|m|)^r} \quad \text{和} \quad \sum_{n+m\tau \in \Lambda^*} \frac{1}{|n+m\tau|^r}$$

当 $r > 2$ 时是收敛的.

根据第 7 章最后的"注意"，这个双重级数是否绝对收敛依赖于求和的顺序. 在目前这个例子里，我们首先对 m 求和，然后对 n 求和.

对于第一个级数，可以应用积分比较[①]. 对任意的 $n \neq 0$，有

$$\sum_{m \in \mathbf{Z}} \frac{1}{(|n|+|m|)^r} = \frac{1}{|n|^r} + 2 \sum_{m \geqslant 1} \frac{1}{(|n|+|m|)^r}$$

$$= \frac{1}{|n|^r} + 2 \sum_{k \geqslant |n|+1} \frac{1}{k^r}$$

$$\leqslant \frac{1}{|n|^r} + 2 \int_{|n|}^{+\infty} \frac{\mathrm{d}x}{x^r}$$

$$\leqslant \frac{1}{|n|^r} + C \frac{1}{|n|^{r-1}}$$

因此 $r > 2$ 就意味着

$$\sum_{(n,m) \neq (0,0)} \frac{1}{(|n|+|m|)^r} = \sum_{|m| \neq 0} \frac{1}{|m|^r} + \sum_{n \neq 0} \sum_{m \in \mathbf{Z}} \frac{1}{(|n|+|m|)^r}$$

$$\leqslant \sum_{|m| \neq 0} \frac{1}{|m|^r} + \sum_{n \neq 0} \left(\frac{1}{|n|^r} + C \frac{1}{|n|^{r-1}} \right)$$

$$< +\infty.$$

[①] 简单地应用当 $k-1 \leqslant x \leqslant k$ 时 $1/k^r \leqslant 1/x^r$. 它第一次是出现在第一册第 8 章.

197

证明第二个级数也是收敛的，只有证明存在常数 c 使得对任意的 $n,m \in \mathbf{Z}$，有
$$|n| + |m| \leqslant c|n + \tau m|.$$
我们知道，如果存在正常数 a 使得 $x \leqslant ay$，则称 $x \lesssim y$. 如果同时满足 $x \lesssim y$ 和 $y \lesssim x$，则称 $x \approx y$. 注意到，对任意的正数 A 和 B，我们有
$$(A^2 + B^2)^{1/2} \approx A + B.$$
一方面 $A \leqslant (A^2 + B^2)^{1/2}$，$B \leqslant (A^2 + B^2)^{1/2}$，因此 $A + B \leqslant 2(A^2 + B^2)^{1/2}$. 另一方面，只要两边都平方就能得到 $(A^2 + B^2)^{1/2} \leqslant A + B$.

要证明引理 1.5 中的第二个级数是收敛的先看下面的结论，
$$|n| + |m| \approx |n + m\tau| \qquad \tau \in \mathbb{H}.$$
事实上，如果 $\tau = s + it$，其中 $s, t \in \mathbf{R}$，并且 $t > 0$，根据前面的内容有
$$|n + m\tau| = [(n + ms)^2 + (mt)^2]^{1/2} \approx |n + ms| + |mt| \approx |n + ms| + |m|,$$
因此，分别考虑 $|n| \leqslant 2|m||s|$ 和 $|n| \geqslant 2|m||s|$ 两种情况，那么 $|n + ms| + |m| \approx |n| + |m|$.

注意：上面的证明可以表明，当 $r > 2$ 时，级数 $\sum |n + m\tau|^{-r}$ 在任意半平面 $\mathrm{Im}(\tau) \geqslant \delta > 0$ 内都是一致收敛的.

相反，当 $r = 2$ 时级数不会收敛（练习 3）.

我们现在考虑 Weierstrass $\wp$ 函数的定义，它由级数定义为
$$\wp(z) = \frac{1}{z^2} + \sum_{w \in \Lambda^*} \left[\frac{1}{(z+w)^2} - \frac{1}{w^2} \right]$$
$$= \frac{1}{z^2} + \sum_{(n,m) \neq (0,0)} \left[\frac{1}{(z+n+m\tau)^2} - \frac{1}{(n+m\tau)^2} \right].$$
可以断定，$\wp$ 是亚纯函数，在格点处有双重极点. 因此，假设 $|z| < R$，并写成
$$\wp(z) = \frac{1}{z^2} + \sum_{|w| \leqslant 2R} \left[\frac{1}{(z+w)^2} - \frac{1}{w^2} \right] + \sum_{|w| > 2R} \left[\frac{1}{(z+w)^2} - \frac{1}{w^2} \right].$$
等号右边的第二个求和当 $|z| < R$ 时一致等价于 $O(1/|w|^3)$，因此根据引理 1.5，第二个和在 $|z| < R$ 内定义了一个全纯函数. 最后，注意到等号右边的第一项在圆盘 $|z| < R$ 内的格点处有双重极点.

通过观察发现，只要插入一项 $-1/w^2$，很明显 $\wp$ 是否是双周期函数不再无法确定，可以确定 $\wp$ 是双周期函数，并且它具有二阶椭圆函数的所有性质. 整理上面的结果给出下面的定理.

定理 1.6 函数 $\wp$ 是椭圆函数，有双周期 1 和 τ，且在格点处有双重极点.

证明 只证明 Weierstrass 函数 $\wp$ 是周期的，具有校正周期. 为此，对 Weierstrass 函数求导，也就是对级数逐项求导得
$$\wp'(z) = -2 \sum_{n,m \in \mathbf{Z}} \frac{1}{(z+n+m\tau)^3}.$$
我们的目的有两个. 第一，根据引理 1.5，令 $r = 3$，当 z 不是格点时导数级数一致

收敛. 第二，导数也能排除减去 $1/w^2$ 这一项的情况. 因此，$\wp'$ 这个级数很明显是周期函数，以 1 和 τ 为周期，因为将 z 替换成 $z+1$ 或者 $z+\tau$ 函数值不变.

所以，存在两个常数 a 和 b 使得

$$\wp(z+1)=\wp(z)+a \text{ 和 } \wp(z+\tau)=\wp(z)+b.$$

根据定义很容易知道，因为级数在 $w\in\Lambda$ 上的和可以替换成 $-w\in\Lambda$ 的和，所以 $\wp$ 是偶函数，也就是 $\wp(z)=\wp(-z)$. 所以，只要分别令 $z=-1/2$ 和 $z=-\tau/2$，就得到 $\wp(-1/2)=\wp(1/2)$，$\wp(-\tau/2)=\wp(\tau/2)$，根据上面的两个等式很明显可以证明 $a=b=0$.

有一个更直接的证明 Weierstrass 函数 $\wp$ 的周期性的方法，它不用对函数求导，见练习 4.

$\wp$ 的性质

下面依次列出几点注释. 第一，我们已经注意到 $\wp$ 是偶函数，因此 $\wp'$ 是奇函数. 因为 $\wp'$ 也是周期为 1 和 τ 的周期函数，我们发现

$$\wp'(1/2)=\wp'(\tau/2)=\wp'\left(\frac{1+\tau}{2}\right)=0.$$

事实上，因为 $\wp'$ 是奇函数，即

$$\wp'(1/2)=-\wp'(-1/2)=-\wp'(-1/2+1)=-\wp'(1/2).$$

因为 $\wp'$ 是 3 阶椭圆函数，所以，三个点 $1/2$，$\tau/2$ 和 $(1+\tau)/2$（称为半周期）是 $\wp'$ 在基本平行体中的根，并且这些根都是 1 重的. 因此，如果我们定义

$$\wp(1/2)=e_1,\wp(\tau/2)=e_2 \text{ 和 }\wp\left(\frac{1+\tau}{2}\right)=e_3$$

就能推出方程 $\wp(z)=e_1$ 的根 $1/2$ 是双根. 这是因为 $\wp$ 是 2 阶的，在基本平行体内方程 $\wp(z)=e_1$ 没有其他的解. 类似地，方程 $\wp(z)=e_2$ 和 $\wp(z)=e_3$ 分别具有双重根 $\tau/2$ 和 $(1+\tau)/2$. 特别地，e_1，e_2 和 e_3 是不同的，否则 $\wp$ 在基本平行体内就会至少有四个根，这与 $\wp$ 是 2 阶的矛盾. 关于这一点，可以证明下面的定理.

定理 1.7 函数 $(\wp')^2$ 是关于 $\wp$ 的三次多项式

$$(\wp')^2=4(\wp-e_1)(\wp-e_2)(\wp-e_3).$$

证明 在基本平行体内，方程 $F(z)=(\wp(z)-e_1)(\wp(z)-e_2)(\wp(z)-e_3)$ 的根是 2 重的，并且就在点 $1/2$，$\tau/2$ 和 $(1+\tau)/2$ 处. 因此 $(\wp')^2$ 在那些点处也是双重根. 此外，F 在格点处具有 6 阶极点，$(\wp')^2$ 也是如此.（因为 $\wp'$ 在这里有 3 阶极点）. 因此 $(\wp')^2/F$ 是全纯的，并且有双周期，从而，这个量是常数. 要知道这个常数具体是多少，我们注意在 0 附近函数可以展开成

$$\wp(z)=\frac{1}{z_2}+\cdots \text{ 和 } \wp'(z)=\frac{-2}{z^3}+\cdots,$$

这里的省略号表示高阶项. 因此这个常数是 4，同时，定理也得到了证明.

199

因为可以证明每一个椭圆函数都是 $\wp$ 和 $\wp'$ 的简单组合，由此来证明 $\wp$ 的普遍性.

定理 1.8　每一个椭圆函数 f 都有周期 1 和 τ，它都是 $\wp$ 和 $\wp'$ 的有理函数.

此定理是下面这个引理的简单推论.

引理 1.9　每一个偶的椭圆函数 F 具有周期 1 和 τ，都是 $\wp$ 的有理函数.

证明　如果函数 F 在原点有一个零点或极点，它一定是偶数阶的，因为 F 是一个偶函数. 结果，存在整数 m 使得 $F\wp^m$ 在格点处没有零点或极点. 因此我们可以假设在 Λ 上，F 本身没有零点或极点.

我们接下来的目标就是用 $\wp$ 构造双周期函数 G，让它恰好与 F 有相同的零点和极点. 想达到这个目的，我们回顾前面的内容，如果 a 是半周期，那么 $\wp(z)-\wp(a)$ 要么只有一个 2 阶零点，要么在 a 和 $-a$ 处有两个单零点. 因此我们一定可以计算出 F 的零点和极点.

如果 a 是 F 的零点，那么 $-a$ 也是，因为 F 是偶函数. 此外，当且仅当 a 是半周期时，a 同余于 $-a$，在这种情况下，零点都是偶数阶的. 因此，如果点 a_1，$-a_1,\cdots,a_m,-a_m$ 记为 F 的所有零点，按重数[⊖]计算，那么

$$[\wp(z)-\wp(a_1)]\cdots[\wp(z)-\wp(a_m)]$$

与 F 有相同的根. 类似地可以讨论，若点 b_1，$-b_1,\cdots,b_m,-b_m$ 为 F 的所有极点，（按重数计算），那么证明

$$G(z)=\frac{[\wp(z)-\wp(a_1)]\cdots[\wp(z)-\wp(a_m)]}{[\wp(z)-\wp(b_1)]\cdots[\wp(z)-\wp(b_m)]}$$

是周期函数，与 F 具有相同的零点和极点. 因此 F/G 是全纯的，具有双周期，因此是个常数. 此时引理 1.9 证明完毕.

要证明上面的定理 1.8，首先回顾前面提到的 $\wp$ 是偶函数，$\wp'$ 是奇函数. 我们下面将 f 写成一个偶函数和一个奇函数和的形式，

$$f(z)=f_{\text{even}}(z)+f_{\text{odd}}(z),$$

其中，

$$f_{\text{even}}(z)=\frac{f(z)+f(-z)}{2}\text{和}f_{\text{odd}}(z)=\frac{f(z)-f(-z)}{2}.$$

那么，因为 $f_{\text{odd}}/\wp'$ 是偶函数，对 f_{even} 和 $f_{\text{odd}}/\wp'$ 用前面的引理不难发现 f 是关于 $\wp$ 和 $\wp'$ 的有理函数.

2　椭圆函数的模特征和 Eisenstein 级数

下面我们将研究椭圆函数的模特征，此特征依赖于 τ.

⊖　如果 a_j 不是半周期，那么 F 在点 a_j 和 $-a_j$ 处是一重的. 如果 a_j 是半周期，那么 a_j 和 a_j 是同余的，并且 F 在这两个点处分别都是半重的.

回顾本章开始时我们提到的标准化. 首先讨论周期 ω_1 和 ω_2 的线性性, 它们在 **R** 上是不相关的, 并定义 $\tau = w_2/w_1$. 我们将假设 $\mathrm{Im}(\tau) > 0$, 并且它具有两个周期 1 和 τ. 下面考虑由 1 和 τ 生成的格并且构造函数 $\wp$, 它是一个 2 阶椭圆函数, 有两个周期 1 和 τ. 因为 $\wp$ 的构造依赖于 τ, 我们可以用 $\wp_\tau$ 替换 $\wp$. 接下来我们将注意力转移到 $\wp_\tau(z)$ 上, 它实际上是 τ 的函数. 这就接近我们研究的目标了.

我们研究的目标是根据下面的事实得出的. 第一, 因为 1 和 τ 是 $\wp_\tau(z)$ 的周期, 并且 1 和 $\tau+1$ 同样也是周期, 我们有理由期望 $\wp_\tau(z)$ 和 $\wp_{\tau+1}(z)$ 密切相关. 事实上, 很容易知道它们其实是等价的. 第二, 因为 $\tau = w_2/w_1$, 通过第 1 小节用到的标准化, 我们知道 $-1/\tau = -w_1/w_2$ (其中 $\mathrm{Im}(-1/\tau) > 0$). 交换两个周期 w_1 和 w_2 也相应成立, 因此我们也有理由期望 $\wp_\tau$ 和 $\wp_{-1/\tau}$ 之间密切相关. 事实上, 容易证明 $\wp_{-1/\tau}(z) = \tau^2 \wp_\tau(\tau z)$.

因此, 我们来讨论上半平面 $\mathrm{Im}(\tau) > 0$ 上的转换群, 其是由转换 $\tau \mapsto \tau + 1$ 和 $\tau \mapsto -1/\tau$ 生成的. 这个群称为**模群**. 根据前面的基础, 我们也有理由期望所有的量通过上面的转换, 本质上都附属于 $\wp_\tau(z)$. 只要我们考虑 Eisenstein 级数就明白了.

2.1 Eisenstein 级数

k 阶 Eisenstein 级数定义为

$$E_k(\tau) = \sum_{(n,m) \neq (0,0)} \frac{1}{(n+m\tau)^k},$$

其中 k 是 ≥ 3 的整数, τ 是一个复数且满足 $\mathrm{Im}(\tau) > 0$. 如果 Λ 是由 1 和 τ 生成的格, 并且如果 $w = n + m\tau$, 那么 Eisenstein 级数的另一种表达式为 $\sum_{w \in \Lambda^*} 1/w^k$.

定理 2.1 Eisenstein 级数有下面的性质:

（i） 如果 $k \geq 3$, 那么级数 $E_k(\tau)$ 收敛, 并且在上半平面是全纯函数.

（ii） 如果 k 是奇数, 那么 $E_k(\tau) = 0$.

（iii） $E_k(\tau)$ 满足下面的变换关系,

$$E_k(\tau+1) = E_k(\tau) \text{ 和 } E_k(\tau) = \tau^{-k} E_k(-1/\tau).$$

最后这个性质有时称为 Eisenstein 级数的**模特征**. 下一章中我们还会讨论这个模特征, 以及其他的模特征.

证明 根据引理 1.5 和其后面的"注意", 当 $k \geq 3$ 时级数 $E_k(\tau)$ 在任意的半平面 $\mathrm{Im}(\tau) \geq \delta > 0$ 上绝对收敛且一致收敛. 因此, 级数 $E_k(\tau)$ 在上半平面 $\mathrm{Im}(\tau) > 0$ 上是全纯的.

根据对称性, 将 n 和 m 替换为 $-n$ 和 $-m$, 我们知道, 当 k 是奇数时 Eisenstein 级数恒等于零.

最后, 因为很明显 $n + m(\tau+1) = n + m + m\tau$, 所以明显地知道 $E_k(\tau)$ 是周期

为 1 的周期函数，将 $n+m$ 替换成 n 并重新整理和式. 又因为

$$(n+m(-1/\tau))^k = \tau^{-k}(n\tau-m)^k,$$

再次重新整理和，这一次将 $(-m,n)$ 替换成 (n,m). 推论（iii）就得到了.

　　注意：因为第二个性质，k 阶 Eisenstein 级数也可以定义为其他形式，例如定义为 $\displaystyle\sum_{(n,m)\neq(0,0)} 1/(n+m\tau)^{2k}$，或者还可以在前面乘以一个常数因子.

　　当我们将级数在 0 点附近展开时，就会发现 E_k 和 Eisenstein $\wp$ 函数之间的联系.

　　定理 2.2　对于 0 附近的 z，我们有

$$\wp(z) = \frac{1}{z^2} + 3E_4 z^2 + 5E_6 z^4 + \cdots$$

$$= \frac{1}{z^2} + \sum_{k=1}^{+\infty} (2k+1) E_{2k+2} z^{2k}.$$

　　证明　根据 $\wp$ 的定义，我们注意到，当将 w 替换成 $-w$ 时级数的和不发生改变，也就是

$$\wp(z) = \frac{1}{z^2} + \sum_{w \in \Lambda^*} \left[\frac{1}{(z+w)^2} - \frac{1}{w^2} \right] = \frac{1}{z^2} + \sum_{w \in \Lambda^*} \left[\frac{1}{(z-w)^2} - \frac{1}{w^2} \right],$$

其中 $w = n+m\tau$. 几何级数满足下面等式

$$\frac{1}{(1-w)^2} = \sum_{\ell=0}^{+\infty} (\ell+1) w^\ell \qquad |w| < 1,$$

这意味着对所有小的数 z 满足

$$\frac{1}{(z-w)^2} = \frac{1}{w^2} \sum_{\ell=0}^{+\infty} (\ell+1)\left(\frac{z}{w}\right)^\ell = \frac{1}{w^2} + \frac{1}{w^2} \sum_{\ell=1}^{+\infty} (\ell+1)\left(\frac{z}{w}\right)^\ell.$$

因此，

$$\wp(z) = \frac{1}{z^2} + \sum_{w \in \Lambda^*} \sum_{\ell=1}^{+\infty} (\ell+1) \frac{z^\ell}{w^{\ell+2}}$$

$$= \frac{1}{z^2} + \sum_{\ell=1}^{+\infty} (\ell+1)\left(\sum_{w \in \Lambda^*} \frac{1}{w^{\ell+2}} \right) z^\ell$$

$$= \frac{1}{z^2} + \sum_{\ell=1}^{+\infty} (\ell+1) E_{\ell+2} z^\ell$$

$$= \frac{1}{z^2} + \sum_{k=1}^{+\infty} (2k+1) E_{2k+2} z^{2k},$$

其中我们用到 $E_{\ell+2} = 0$（当 ℓ 为奇数时）.

　　从定理中我们获得 z 在 0 附近时下面三个表达式，

$$\wp'(z) = \frac{-2}{z^3} + 6E_4 z + 20E_6 z^3 + \cdots,$$

$$(\wp(z))^2 = \frac{4}{z^6} - \frac{24E_4}{z^2} - 80E_6 + \cdots,$$

$$(\wp(z))^3 = \frac{1}{z^6} + \frac{9E_4}{z^2} + 15E_6 + \cdots.$$

从上式容易看出在 0 附近, 导数 $(\wp'(z))^2 - 4(\wp(z))^3 + 60E_4\wp(z) + 140E_6$ 是全纯的, 并且在原点处等于 0. 因为这个导数也是双重周期函数, 根据定理 1.2, 此导数恒等于常数, 因此它恒等于 0. 这也证明了下面的推论.

推论 2.3　如果 $g_2 = 60E_4$, $g_3 = 140E_6$, 那么

$$(\wp')^2 = 4\wp^3 - g_2\wp - g_3.$$

注意到, 此等式是定理 1.7 的另一种表达方式, 可以表达成 e_j 的对称函数, 其中 e_j 是按照 Eisenstein 级数得到的.

2.2　Eisenstein 级数和除数函数

接下来我们将要描述 Eisenstein 级数与一些数论量之间的关系. 只要考虑将周期函数 $E_k(\tau)$ 展成傅里叶级数后的傅里叶系数就能得到这个关系. 等价地, 我们可以写成 $\varepsilon(z) = E_k(\tau)$, 其中 $z = \mathrm{e}^{2\pi i\tau}$, 并研究 ε 作为 z 的函数的 Laurent 展开.

首先给出一个引理.

引理 2.4　如果 $k \geqslant 2$, $\mathrm{Im}(\tau) > 0$, 那么

$$\sum_{n=-\infty}^{+\infty} \frac{1}{(n+\tau)^k} = \frac{(-2\pi i)^k}{(k-1)!} \sum_{\ell=1}^{+\infty} \ell^{k-1}\mathrm{e}^{2\pi i\tau\ell}.$$

证明　此恒等式来源于函数 $f(z) = 1/(z+\tau)^k$, 应用了泊松求和公式, 见第 4 章练习 7.

只要证明 $k = 2$ 的情况就可以了, 因为其他情况可以由在这种情况下逐项求导而得到. 要证明这种特殊的情况, 我们首先对余切函数的公式求导, 第 5 章中定义余切函数为

$$\sum_{n=-\infty}^{+\infty} \frac{1}{n+\tau} = \pi\cot\pi\tau.$$

求导得

$$\sum_{n=-\infty}^{+\infty} \frac{1}{(n+\tau)^2} = \frac{\pi^2}{\sin^2(\pi\tau)}.$$

现在对正弦函数应用欧拉公式,

$$\sum_{r=1}^{+\infty} rw^r = \frac{w}{(1-w)^2}, \quad w = \mathrm{e}^{2\pi i\tau},$$

这样就得到想要的结果了.

作为引理的推论, 我们可以移动 Eisenstein 级数, zeta 函数和除数函数之间的

连接点. **除数函数** $\sigma_l(r)$ 定义为除数为 r 的 l 次的幂级数, 也就是

$$\sigma_l(r) = \sum_{d \mid r} d^l.$$

定理 2.5　如果 $k \geqslant 4$ 是个偶数, 并且 $\mathrm{Im}(\tau) > 0$, 那么

$$E_k(\tau) = 2\zeta(k) + \frac{2(-1)^{k/2}(2\pi)^k}{(k-1)!} \sum_{r=1}^{+\infty} \sigma_{k-1}(r) e^{2\pi i r \tau}.$$

证明　首先注意到 $\sigma_{k-1}(r) \leqslant r r^{k-1} = r^k$. 如果 $\mathrm{Im}(\tau) = t$, 那么当 $t \geqslant t_0$ 时我们有 $|e^{2\pi i r \tau}| \leqslant e^{-2\pi r t_0}$, 并且定理中的级数在任意半平面 $t \geqslant t_0$ 中绝对收敛, 用的是比较审敛法, 与级数 $\sum_{r=1}^{+\infty} r^k e^{-2\pi r t_0}$ 比较而来. 应用 E_k 的定义, 建立 ζ 的公式, 其中 k 是偶数, 并应用前面的引理（用 $m\tau$ 替换 τ）就可以得到

$$E_k(\tau) = \sum_{(n,m) \neq (0,0)} \frac{1}{(n+m\tau)^k}$$

$$= \sum_{n \neq 0} \frac{1}{n^k} + \sum_{m \neq 0} \sum_{n=-\infty}^{+\infty} \frac{1}{(n+m\tau)^k}$$

$$= 2\zeta(k) + \sum_{m \neq 0} \sum_{n=-\infty}^{+\infty} \frac{1}{(n+m\tau)^k}$$

$$= 2\zeta(k) + 2 \sum_{m>0} \sum_{n=-\infty}^{+\infty} \frac{1}{(n+m\tau)^k}$$

$$= 2\zeta(k) + 2 \sum_{m>0} \frac{(-2\pi i)^k}{(k-1)!} \sum_{\ell=1}^{+\infty} \ell^{k-1} e^{2\pi i m \tau \ell}$$

$$= 2\zeta(k) + \frac{2(-1)^{k/2}(2\pi)^k}{(k-1)!} \sum_{m>0} \sum_{\ell=1}^{+\infty} \ell^{k-1} e^{2\pi i 2 m \ell}$$

$$= 2\zeta(k) + \frac{2(-1)^{k/2}(2\pi)^k}{(k-1)!} \sum_{r=1}^{+\infty} \sigma_{k-1}(r) e^{2\pi i r \tau}.$$

这就证明了我们想要的公式.

　　最后, 我们考虑 $k \neq 2$ 的情况. 考虑级数 $\sum\limits_{(n,m) \neq (0,0)} 1/(n+m\tau)^2$, 它不再是绝对收敛的, 但是我们可以给它寻找一种意义. 我们定义

$$F(\tau) = \sum_m \left(\sum_n \frac{1}{(n+m\tau)^2} \right)$$

是对 $(n,m) \neq (0,0)$ 的求和. 根据上面的定理, 此双和是收敛的, 并且具有我们要的表达形式.

　　推论 2.6　双和定义的函数 F 在指定阶时是收敛的. 我们有

$$F(\tau) = 2\zeta(2) - 8\pi^2 \sum_{r=1}^{+\infty} \sigma(r) e^{2\pi i r \tau},$$

其中 $\sigma(r)=\sum\limits_{d\mid r}d$ 是对 r 的除数求和.

可以看到 $F(-1/\tau)\tau^{-2}$ 不等于 $F(\tau)$，也就是说，当先对 m 求和再对 n 求和时，双和级数 F 给出了不同的值（$\tilde F$ 是 F 的倒数）. 但是，可以证明禁止 Eisenstein 级数 $F(\tau)$ 可以用于将一个整数表达成四平方和的这个著名定理的证明中. 关于这一点，将放在下一章讨论.

3　练习

1. 假设亚纯函数 f 有两个周期 w_1 和 w_2，其中 $w_2/w_1 \in \mathbf{R}$.

（a）假设 w_2/w_1 是有理数，等于 p/q，p 和 q 都是素整数. 证明：周期性假设等同于假设函数 f 是周期的，具有单周期 $w_0=\dfrac{1}{q}w_1$.

【提示：因为 p 和 q 是两个素数，存在整数 m 和 n 使得 $mq+np=1$（第一册第 8 章推论 1.3）.】

（b）如果 w_2/w_1 是无理数，那么 f 是常数. 要证明这一点，可根据当 τ 是无理数，m,n 是整数时，$\{m-n\tau\}$ 在 $\mathbf{R}$ 上稠密.

2. 在椭圆函数 f 的基本平行体中，假设 $a_1,\cdots,a_r$ 和 $b_1,\cdots,b_r$ 分别是零点和极点. 证明：

$$a_1+\cdots+a_r-b_1-\cdots-b_r=nw_1+mw_2,$$

其中 n 和 m 分别是一些整数.

【提示：如果平行体的边界不包括零点或极点，在边界上对函数 $zf'(z)/f(z)$ 积分，并注意到在一边上对 $f'(z)/f(z)$ 的积分值是 $2\pi i$ 的整数倍. 如果在平行体的边上存在零点或极点，可以将问题简化，转化成第一种情况.】

3. 对照引理 1.5 的结果，证明：级数当 $\tau \in H$ 时

$$\sum_{n+m\tau \in \Lambda^*}\frac{1}{|n+m\tau|^2}$$

不收敛. 事实上，证明

$$\sum_{1\leqslant n^2+m^2\leqslant R^2}1/(n^2+m^2)=2\pi\log R+O(1)\quad R\to+\infty.$$

4. 通过重新整理级数

$$\frac{1}{z^2}+\sum_{w\in \Lambda^*}\left[\frac{1}{(z+w)^2}-\frac{1}{w^2}\right],$$

马上可以证明当 $w\in \Lambda$ 时 $\wp(z+w)=\wp(z)$.

【提示：对充分大的 R，注意到 $\wp(z)=\wp^R(z)+O(1/R)$，其中，$\wp^R(z)=z^{-2}+\sum\limits_{0<|w|<R}((z+w)^{-2}-w^{-2})$. 下面也注意到 $\wp^R(z+1)-\wp^R(z)$ 和 $\wp^R(z+\tau)-\wp^R(z)$

都有 $O(\sum\limits_{R-c<|w|<R+c}|w|^{-2})=O(1/R)$. 】

5. 令 $\sigma(z)$ 是典范乘积

$$\sigma(z)=z\prod_{j=1}^{+\infty}E_2(z/\tau_j),$$

其中，τ_j 是周期 $\{n+m\tau\}$ $((n,m)\neq(0,0))$ 的列举，并且 $E_2(z)=(1-z)\mathrm{e}^{z+z^2/2}$.

（a）证明：$\sigma(z)$ 是 2 阶整函数，在周期 $n+m\tau$ 处是单零点，并且不再有其他零点.

（b）证明：

$$\frac{\sigma'(z)}{\sigma(z)}=\frac{1}{z}+\sum_{(n,m)\neq(0,0)}\left[\frac{1}{z-n-m\tau}+\frac{1}{n+m\tau}+\frac{z}{(n+m\tau)^2}\right],$$

并且当 z 不是格点时，此级数收敛.

（c）令 $L(z)=-\sigma'(z)/\sigma(z)$，有

$$L'(z)=\frac{(\sigma'(z))^2-\sigma(z)\sigma''(z)}{(\sigma(z))^2}=\wp(z).$$

6. 证明：在 $\wp$ 中，$\wp''$ 是二阶多项式.

7. 在表达式

$$\sum_{m=-\infty}^{+\infty}\frac{1}{(m+\tau)^2}=\frac{\pi^2}{\sin^2(\pi r)}$$

中，令 $\tau=1/2$，推导

$$\sum_{m\geqslant1,m\text{ odd}}\frac{1}{m^2}=\frac{\pi^2}{8}\quad\text{和}\quad\sum_{m\geqslant1}\frac{1}{m^2}=\frac{\pi^2}{6}=\zeta(2).$$

类似地，用 $\sum1/(m+\tau)^4$ 推导

$$\sum_{m\geqslant1,m\text{ odd}}\frac{1}{m^4}=\frac{\pi^4}{96}\quad\text{和}\quad\sum_{m\geqslant1}\frac{1}{m^4}=\frac{\pi^4}{90}=\zeta(4).$$

此结论在第一册第 2 章和第 3 章最后的练习中，用傅里叶级数已经得到.

8. 令

$$E_4(\tau)=\sum_{(n,m)\neq(0,0)}\frac{1}{(n+m\tau)^4}$$

是 4 阶 Eisenstein 级数.

（a）证明：当 $\mathrm{Im}(\tau)\to+\infty$ 时，$E_4(\tau)\to\pi^4/45$.

（b）更准确地说，如果 $\tau=x+it$，$t\geqslant1$，那么

$$\left|E_4(\tau)-\frac{\pi^4}{45}\right|\leqslant c\mathrm{e}^{-2\pi t}.$$

（c）推导：如果 $\tau=it$ 并且 $0<t\leqslant1$，那么

$$\left|E_4(\tau)-\tau^{-4}\frac{\pi^4}{45}\right|\leqslant ct^{-4}\mathrm{e}^{-2\pi/t}.$$

4 问题

1. 除了 1.2 小节中的方法，还存在几种处理和 $\sum 1/(z+w)^2$ 的方法，其中 $w = n + m\tau$. 例如，（a）是在环形线上求和，（b）是先对 n 求和，再对 m 求和，（c）是先对 m 求和后对 n 求和.

（a）证明：如果 $z \notin \Lambda$，那么

$$\lim_{R \to +\infty} \sum_{n^2+m^2 \leqslant R^2} \frac{1}{(z+n+m\tau)^2} = S_1(z)$$

存在，并且 $S_1(z) = \wp(z) + c_1$.

（b）类似地，和

$$\sum_m \left(\sum_n \frac{1}{(z+n+m\tau)^2} \right) = S_2(z)$$

存在，并且 $S_2(z) = \wp(z) + c_2$，其中 $c_2 = F(\tau)$，F 是禁止 Eisenstein 级数.

（c）再有

$$\sum_n \left(\sum_m \frac{1}{(z+n+m\tau)^2} \right) = S_3(z)$$

存在，并且 $S_3(z) = \wp(z) + c_3$，$c_3 = \tilde{F}(\tau)$ 是函数 F 的倒数.

【提示：证明（a）只要证明 $\lim_{R \to +\infty} \sum_{1 \leqslant n^2+m^2 \leqslant R^2} 1/(n+m\tau)^2 = c_1$ 存在即可. 这个证明只要通过比较 $\int_{1 \leqslant x^2+y^2 \leqslant R^2} \frac{\mathrm{d}x}{(x+y\tau)^2} = I(R)$ 就可以证明 $I(R) = 0$，这是因为 $(x+y\tau)^{-2} = -(\partial/\partial x)(x+y\tau)^{-1}$.】

2. 证明：

$$\wp(z) = c + \pi^2 \sum_{m=-\infty}^{+\infty} \frac{1}{\sin^2((z+m\tau)\pi)}$$

其中 c 是合适的常数. 事实上，根据上一个问题中的（b）可以证明 $c = -F(\tau)$.

3. * 假设 Ω 是单连通区域，并且它不包含多项式 $4z^3 - g_2 z - g_3$ 的三个根. 对给定的 $w_0 \in \Omega$，在 Ω 上定义函数 I

$$I(w) = \int_{w_0}^w \frac{\mathrm{d}z}{\sqrt{4z^3 - g_2 z - g_3}} \quad w \in \Omega,$$

那么函数 I 存在逆，即反函数 $\wp(z+\alpha)$，其中 α 是某个常数. 也就是说

$$I(\wp(z+\alpha)) = z,$$

其中 α 是某个合适的常数.

【提示：证明 $(I(\wp(z+\alpha)))' = \pm 1$，并用到 $\wp$ 是偶函数.】

4. * 假设 τ 是纯虚数，则 $\tau = it$，其中 $t > 0$. 考虑将复平面分成全等的矩形，

通过直线 $x = n/2$，$y = tm/2$，其中 n，m 取遍全部整数.（例如，以 $0, 1/2, 1/2 + \tau/2$ 和 $\tau/2$ 为顶点的矩形.）

（a）证明：在所有的线上 $\wp$ 是实值的，从而也证明了在矩形的边界上是实值的.

（b）证明：$\wp$ 将每个矩形的内部共形映射到上（下）半平面.

第 10 章　Theta 函数的应用

> 　　将整数 n 表示为 k 个整数的平方和，这是数论中最著名的问题之一. 它的历史可以追溯到丢番图，但真正始于吉拉德定理（或费马大定理），即可以表示为 $4m+1$ 的素数是两个平方数之和. 自费马以来的几乎每一个著名的算术学家都曾致力于解决这个问题，但它现在对我们来说仍然是个谜.
>
> 　　　　　　　　　　　　　　　　　　　　G. H. Hardy, 1940

本章密切联系 theta 函数定理，研究 theta 函数在组合学和数论中的应用.

Theta 函数是由级数定义的，

$$\Theta(z \mid \tau) = \sum_{n=-\infty}^{+\infty} \mathrm{e}^{\pi \mathrm{i} n^2 \tau} \mathrm{e}^{2\pi \mathrm{i} nz},$$

其中当 $z \in \mathbf{C}, \tau$ 属于上半平面时此级数收敛.

　　Theta 函数的一个显著特征是它的对偶性. 当把它看成 z 的函数时，我们可以认为它属于椭圆函数，因为 Θ 是周期为 1 和"拟周期"为 τ 的周期函数. 当把它看成 τ 的函数时，Θ 就会显示出它的模特征，它会与分割函数联系紧密，分割函数是指将整数表达成平方和的形式的函数.

　　要表达上面两个问题需要两个主要工具，一是 Θ 的三重乘积，二是它的转换规则. 一旦我们证明了这两个定理，就可以简单地引入分割函数，从而证明将整数表达成平方和或四次方和的重要定理.

1　Jacobi Theta 函数的乘积公式

在它的许多复杂的形式中，Jacobi theta 函数定义为

$$\Theta(z \mid \tau) = \sum_{n=-\infty}^{+\infty} \mathrm{e}^{\pi \mathrm{i} n^2 \tau} \mathrm{e}^{2\pi \mathrm{i} nz}. \tag{1}$$

其中 $z \in \mathbf{C}, \tau \in H$. 两个很重要的特例（或它的变式）是 $\theta(\tau)$ 和 $\vartheta(t)$，分别定义为

$$\theta(\tau) = \sum_{n=-\infty}^{+\infty} \mathrm{e}^{\pi \mathrm{i} n^2 \tau} \quad \tau \in H,$$

$$\vartheta(t) = \sum_{n=-\infty}^{+\infty} e^{-\pi n^2 t} \quad t > 0.$$

事实上，这些函数之间的关系为 $\theta(\tau) = \Theta(0 \mid \tau)$，$\vartheta(t) = \theta(it)$，当然这里 $t > 0$.

上面提到的函数之前我们就多次遇到过. 例如，对圆环上的热扩散方程的研究，在第一册的第 4 章，我们发现热核定义为

$$H_t(x) = \sum_{n=-\infty}^{+\infty} e^{-4\pi^2 n^2 t} e^{2\pi i n x},$$

因此 $H_t(x) = \Theta(x \mid 4\pi it)$.

另一个例子是在研究 Zeta 函数时出现的 ϑ. 事实上，我们在第 6 章就证明了 ϑ 的泛函方程其实就是 ζ，从而得到了 Zeta 函数的解析延拓.

下面我们先将 Θ 看成 z 的函数，固定 τ 来考虑它的基本的结构性质，即一个很大的扩张特征.

命题 1.1　函数 Θ 满足下面的特征，

（ⅰ） Θ 是关于 $z \in \mathbf{C}$ 的整函数，关于 $\tau \in H$ 的全纯函数.

（ⅱ） $\Theta(z+1 \mid \tau) = \Theta(z \mid \tau)$.

（ⅲ） $\Theta(z+\tau \mid \tau) = \Theta(z \mid \tau) e^{-\pi i \tau} e^{-2\pi i z}$.

（ⅳ） 当 $z = 1/2 + \tau/2 + n + m\tau$，$n$，$m \in \mathbf{Z}$ 时，$\Theta(z \mid \tau) = 0$.

证明　假设 $\mathrm{Im}(\tau) = t \geqslant t_0 > 0$，并且 $z = x + iy$ 属于复数集 $\mathbf{C}$ 上的有界集，也就是说，存在某个正数 M 使得 $|z| \leqslant M$. 那么，级数定义的 Θ 绝对收敛，因为

$$\sum_{n=-\infty}^{+\infty} |e^{\pi i n^2 \tau} e^{2\pi i n z}| \leqslant C \sum_{n \geqslant 0} e^{-\pi n^2 t_0} e^{2\pi n M} < +\infty.$$

因此，对任意给定的 $\tau \in H$，函数 $\Theta(\cdot \mid \tau)$ 是整函数，对某个给定的 $z \in \mathbf{C}$，函数 $\Theta(z \mid \cdot)$ 在上半平面上是全纯的.

因为指数 $e^{2\pi i n z}$ 是周期为 1 的周期函数，性质（ⅱ）马上就能从 Θ 的定义中得到.

为了证明第三个性质，我们可以处理 $\Theta(z+\tau \mid \tau)$ 表达式中的平方. 具体地，我们有

$$
\begin{aligned}
\Theta(z+\tau \mid \tau) &= \sum_{n=-\infty}^{+\infty} e^{\pi i n^2 \tau} e^{2\pi i n(z+\tau)} \\
&= \sum_{n=-\infty}^{+\infty} e^{\pi i (n^2 + 2n)\tau} e^{2\pi i n z} \\
&= \sum_{n=-\infty}^{+\infty} e^{\pi i (n+1)^2 \tau} e^{-\pi i \tau} e^{2\pi i n z} \\
&= \sum_{n=-\infty}^{+\infty} e^{\pi i (n+1)^2 \tau} e^{-\pi i \tau} e^{2\pi i (n+1) z} e^{-2\pi i z} \\
&= \Theta(z \mid \tau) e^{-\pi i \tau} e^{-2\pi i z}.
\end{aligned}
$$

因此，$\Theta(z\,|\,\tau)$ 是 z 的函数，是周期为 1 和 "拟周期" 为 τ 的周期函数.

为了估计最后一个性质，只要通过刚才的证明去证明 $\Theta(1/2 + \tau/2\,|\,\tau) = 0$ 即可. 再次应用 n 和 n^2 之间的关系得到

$$\Theta(1/2 + \tau/2\,|\,\tau) = \sum_{n=-\infty}^{+\infty} e^{\pi i n^2 \tau} e^{2\pi i n(1/2 + r/2)}$$

$$= \sum_{n=-\infty}^{+\infty} (-1)^n e^{\pi i(n^2 + n)\tau}.$$

只要满足 $n \geqslant 0$，注意到它们具有相反奇偶性，也就是 $(-n-1)^2 + (-n-1) = n^2 + n$，那么容易看到最后的和恒等于 0. 这就完全证明了命题.

我们考虑下一个乘积 $\prod(z\,|\,\tau)$，它与 $\Theta(z\,|\,\tau)$（作为 z 的函数）满足同样的结构性质. 此乘积定义为

$$\prod(z\,|\,\tau) = \prod_{n=1}^{+\infty} (1 - q^{2n})(1 + q^{2n-1} e^{2\pi i z})(1 + q^{2n-1} e^{-2\pi i z}),$$

其中 $z \in \mathbf{C}$，$\tau \in H$，并用到关系 $q = e^{\pi i \tau}$. 函数 $\prod(z\,|\,\tau)$ 有时也称为三重乘积.

命题 1.2 函数 $\prod(z\,|\,\tau)$ 满足下面的性质，

（ i ） $\prod(z,\tau)$ 关于 $z \in \mathbf{C}$ 是整函数，$\prod(z,\tau)$ 关于 $\tau \in H$ 是全纯函数.

（ ii ） $\prod(z+1\,|\,\tau) = \prod(z\,|\,\tau)$.

（ iii ） $\prod(z+\tau\,|\,\tau) = \prod(\,|\,\tau) e^{-\pi i \tau} e^{-2\pi i z}$.

（ iv ） 当 $z = 1/2 + \tau/2 + n + m\tau$，$n$，$m \in \mathbf{Z}$ 时，$\prod(z\,|\,\tau) = 0$. 此外，这些点是 $\prod(\cdot\,|\,\tau)$ 的单零点，并且 $\prod(\cdot\,|\,\tau)$ 没有其他的零点.

证明 如果 $\mathrm{Im}(\tau) = t \geqslant t_0 > 0$，并且 $z = x + iy$，那么 $|q| \leqslant e^{-\pi t_0} < 1$，并且

$$(1 - q^{2n})(1 + q^{2n-1} e^{2\pi i z})(1 + q^{2n-1} e^{-2\pi i z}) = 1 + O(|q|^{2n-1} e^{2\pi|z|}).$$

因为级数 $\sum |q|^{2n-1}$ 收敛，此无穷乘积的结果已经在第 5 章中给出了，这保证了 $\prod(z\,|\,\tau)$ 定义了一个 z 的整函数，而 $\tau \in H$ 固定，同时定义了一个 $\tau \in H$ 的全纯函数，而 $z \in \mathbf{C}$ 固定. 并且从定义中也很明显地知道 $\prod(z\,|\,\tau)$ 是周期为 1 的变量为 z 的周期函数.

为了证明第三个性质，首先注意到因为 $q^2 = e^{2\pi i \tau}$，我们有

$$\prod(z+\tau\,|\,\tau) = \prod_{n=1}^{+\infty} (1 - q^{2n})(1 + q^{2n-1} e^{2\pi i(z+\tau)})(1 + q^{2n-1} e^{-2\pi i(z+\tau)})$$

$$= \prod_{n=1}^{+\infty} (1 - q^{2n})(1 + q^{2n+1} e^{2\pi i z})(1 + q^{2n-3} e^{-2\pi i z}).$$

将最后的乘积与 $\prod(z\,|\,\tau)$ 比较，或者补充缺失的因子，或者提出多余的因子得到

$$\prod(z+\tau\,|\,\tau) = \prod(z\,|\,\tau)\left(\frac{1 + q^{-1} e^{-2\pi i z}}{1 + q e^{2\pi i z}}\right).$$

211

因为当 $x \neq -1$ 时，$(1+x)/(1+x^{-1})=x$，因此性质（ⅲ）得证.

最后，寻找 $\prod(z\,|\,\tau)$ 的零点，众所周知，一个乘积等于 0 当且仅当它至少存在一个零因子. 明显地，因为 $|q|<1$，所以因子 $(1-q^n)$ 没有零点. 第二个因子 $(1+q^{2n-1}\mathrm{e}^{2\pi i z})$ 当 $q^{2n-1}\mathrm{e}^{2\pi i z}=-1=\mathrm{e}^{\pi i}$ 时等于零. 因为 $q=\mathrm{e}^{\pi i \tau}$，所以 $^{\ominus}$

$$(2n-1)\tau+2z=1\,(\mathrm{mod}\,2).$$

因此，

$$z=1/2+\tau/2-n\tau\,(\mathrm{mod}\,1).$$

这里只要满足 $n \geqslant 1$，$m \in \mathbf{Z}$，零点的类型为 $1/2+\tau/2-n\tau+m$. 类似地，第三个因子当

$$(2n-1)\tau-2z=1\,(\mathrm{mod}\,2)$$

时会等于零. 也就是说

$$z=-1/2-\tau/2+n\tau\,(\mathrm{mod}\,1)$$
$$=1/2+\tau/2+n'\tau\,(\mathrm{mod}\,1),$$

其中，$n' \geqslant 0$. 这样就列举出了 $\prod(\cdot\,|\,\tau)$ 的零点. 最后要说的是，这些零点都是单的，因为函数 e^w-1 的零点在原点处且是 1 阶的（通过幂级数展开或简单的微分法，此结论是很显然的）.

乘积 $\prod$ 的重要性来自下面的定理，称为 theta 函数的乘积公式. 事实上，函数 $\Theta(z\,|\,\tau)$ 和 $\prod(z\,|\,\tau)$ 满足类似的性质，这表示它们之间存在密切的关系，事实的确如此.

定理 1.3（乘积公式）　对全部 $z \in \mathbf{C}$ 和 $\tau \in H$，满足等式 $\Theta(z\,|\,\tau)=\prod(z\,|\,\tau)$.

证明　固定 $\tau \in H$. 首先证明存在常数 $c(\tau)$ 使得

$$\Theta(z\,|\,\tau)=c(\tau)\prod(z\,|\,\tau). \tag{2}$$

事实上，考虑 $F(z)=\Theta(z\,|\,\tau)/\prod(z\,|\,\tau)$，再根据前面的两个命题，得知 F 是整函数，且是周期为 1 和 τ 的双重周期函数. 这也就意味着 F 是常数得到了证明.

现在只要证明对所有的 τ 都满足 $c(\tau)=1$，对此最关键的是证明 $c(\tau)=c(4\tau)$. 如果在式（2）中我们令 $z=1/2$，使得 $\mathrm{e}^{2\mathrm{i}\pi z}=\mathrm{e}^{-2\mathrm{i}\pi z}=-1$，那么

$$\sum_{n=-\infty}^{+\infty}(-1)^n q^{n^2}=c(\tau)\prod_{n=1}^{+\infty}(1-q^{2n})(1-q^{2n-1})(1-q^{2n-1})$$
$$=c(\tau)\prod_{n=1}^{+\infty}\left[(1-q^{2n-1})(1-q^{2n})\right](1-q^{2n-1})$$
$$=c(\tau)\prod_{n=1}^{+\infty}(1-q^n)(1-q^{2n-1}).$$

因此，

$\ominus$　我们应用短板准测，$a=b(\mathrm{mod}\,c)$，意思是说 $a-b$ 是 c 的整数倍.

$$c(\tau)=\frac{\sum\limits_{n=-\infty}^{+\infty}(-1)^n q^{n^2}}{\prod\limits_{n=1}^{+\infty}(1-q^n)(1-q^{2n-1})}. \tag{3}$$

下面在式(2)中令 $z=1/4$，使得 $e^{2i\pi z}=i$. 一方面我们有

$$\Theta(1/4\mid\tau)=\sum_{n=-\infty}^{+\infty}q^{n^2}i^n,$$

又因为 $1/i=-i$，那么当 n 等于 $2m$ 为偶数时对应的项没有被消掉；因此，

$$\Theta(1/4\mid\tau)=\sum_{m=-\infty}^{+\infty}q^{4m^2}(-1)'.$$

另一方面，

$$\prod(1/4\mid\tau)=\prod_{m=1}^{+\infty}(1-q^{2m})(1+iq^{2m-1})(1-iq^{2m-1})$$

$$=\prod_{m=1}^{+\infty}(1-q^{2m})(1+4q^{4m-2})$$

$$=\prod_{n=1}^{+\infty}(1-q^{4n})(1-q^{8n-4}),$$

其中，末尾这一行是对第一个因子分别考虑 $2m=4n-4$ 和 $2m=4n-2$ 两种情况得到的. 因此，

$$c(\tau)=\frac{\sum\limits_{n=-\infty}^{+\infty}(-1)^n q^{4n^2}}{\prod\limits_{n=1}^{+\infty}(1-q^{4n})(1-q^{8n-4})}, \tag{4}$$

结合式(3)和式(4)可以证明 $c(\tau)=c(4\tau)$. 连续应用这个等式会得到 $c(\tau)=c(4^k\tau)$，并且因为当 $k\to+\infty$ 时，$q^{4^k}=e^{i\pi 4^k\tau}\to 0$，我们从式(2)可以推出 $c(\tau)=1$. 定理证毕.

函数 Θ 的乘积公式可以表达它的变式 $\theta(\tau)=\Theta(0\mid\tau)$，并且也提供了一种证明函数 θ 在上半平面没有零点的证明方法.

推论 1.4 如果 $\mathrm{Im}(\tau)>0$ 且 $q=e^{\pi i\tau}$，那么

213

$$\theta(\tau)=\prod_{n=1}^{+\infty}(1-q^{2n})(1+q^{2n-1})^2.$$

因此对 $\tau\in H$，$\theta(\tau)\neq 0$.

下面的推论表明，函数 Θ 的性质恰好服从椭圆函数的结构. （事实上它与 Weierstrass $\wp$ 函数密切相关）.

推论 1.5 对某个固定的 $\tau\in H$，

$$(\log\Theta(z\mid\tau))''=\frac{\Theta(z\mid\tau)\Theta''(z\mid\tau)-(\Theta'(z\mid\tau))^2}{\Theta(z\mid\tau)^2}.$$

是周期为 1 和 τ 的 2 阶椭圆函数，并且点 $z = 1/2 + \tau/2$ 为双重极点.

在上式中符号 "$'$" 表示对变量 z 求导.

证明　令 $F(z) = (\log\Theta(z\,|\,\tau))' = \Theta(z\,|\,\tau)'/\Theta(z\,|\,\tau)$. 对命题 1.1 中的等式（ⅱ）和等式（ⅲ）求导给出 $F(z+1) = F(z)$，$F(z+\tau) = F(z) - 2\pi\mathrm{i}$，并再次求导证明 $F'(z)$ 是双周期函数. 因为函数 $\Theta(z\,|\,\tau)$ 在基本平行体内有唯一的零点 $z = 1/2 + \tau/2$，所以函数 $F(z)$ 有唯一的单极点，因此，$F'(z)$ 在此有双极点.

关于 $(\log\Theta(z\,|\,\tau))''$ 和 $\wp_\tau(z)$ 之间的确切关系见练习 1.

类似地，Θ 与 Weierstrassσ 函数之间的关系见上一章的练习 5.

1.1　进一步的变换法则

下面开始研究 τ-变量的变换关系，也就是 Θ 的模特征.

回顾上一章的内容，Weierstrass $\wp$ 函数和 Eisenstein 级数 E_k 的模特征是通过两个变换

$$\tau \mapsto \tau + 1 \text{ 和 } \tau \mapsto -1/\tau$$

反射出来的，其中变量都是在上半平面上. 下面我们分别将两个变换命名为 T_1 和 S.

但是，当我们看到 Θ 函数时，很自然地会考虑变换

$$T_2 : \tau \mapsto \tau + 2 \text{ 和 } S : \tau \mapsto -1/\tau,$$

因为 $\Theta(z\,|\,\tau+2) = \Theta(z\,|\,\tau)$，而不是 $\Theta(z\,|\,\tau+1) = \Theta(z\,|\,\tau)$.

我们的第一个任务是在映射 $\tau \mapsto -1/\tau$ 下进行 $\Theta(z\,|\,\tau)$ 的变换.

定理 1.6　如果 $\tau \in H$，那么对所有的 $z \in \mathbf{C}$，有

$$\Theta(z\,|\,-1/\tau) = \sqrt{\frac{\tau}{\mathrm{i}}}\, \mathrm{e}^{\pi\mathrm{i}\tau z^2} \Theta(z\tau\,|\,\tau). \tag{5}$$

这里，$\sqrt{\tau/\mathrm{i}}$ 表示定义在上半平面的平方根分支，当 $\tau = \mathrm{i}t$，$t > 0$ 时它是正的.

证明　要证明等式成立只要证明 $z = x$ 是实数并且 $\tau = \mathrm{i}t$，$t > 0$ 时成立即可. 这是因为对任意给定的 $x \in \mathbf{R}$，方程（5）的等号两边在上半平面（也就是正虚轴）都是全纯函数，因此等号两边的函数一定是处处相等的. 此外，对任意固定的 $\tau \in H$，等号两边分别定义了 z 在实轴上的全纯函数，因此等式一定是处处成立的.

取 x 为实数 $\tau = \mathrm{i}t$，则公式变成

$$\sum_{n=-\infty}^{+\infty} \mathrm{e}^{-\pi n^2/t}\, \mathrm{e}^{2\pi\mathrm{i}nx} = t^{1/2}\, \mathrm{e}^{-\pi tx^2} \sum_{n=-\infty}^{+\infty} \mathrm{e}^{-\pi n^2 t}\, \mathrm{e}^{-2\pi nxt}.$$

将 x 替换成 a，就能证明

$$\sum_{n=-\infty}^{+\infty} \mathrm{e}^{-\pi t(n+a)^2} = \sum_{n=-\infty}^{+\infty} t^{-1/2}\, \mathrm{e}^{-\pi n^2/t}\, \mathrm{e}^{2\pi\mathrm{i}na}.$$

然而，这正是第 4 章中的方程（3），当时是从泊松求和公式推导出来的.

特别地，在定理中令 $z = 0$，我们发现了下面的结论.

推论 1.7　如果 $\mathrm{Im}(\tau) > 0$，那么

$$\theta(-1/\tau) = \sqrt{\tau/i}\,\theta(\tau).$$

注意到，如果 $\tau = it$，那么 $\theta(\tau) = \vartheta(t)$，上面的关系式正是第 4 章出现的关于 ϑ 的泛函方程.

变换法则 $\theta(-1/\tau) = (\tau/i)^{1/2}\theta(\tau)$ 恰好给出了当 $\tau \to 0$ 时的表现. 在下面的推论里，当我们分析随着 $\tau \to 1$ 时 $\theta(\tau)$ 的表现时会用到这个信息.

推论 1.8 如果 $\tau \in H$，那么

$$\theta(1-1/\tau) = \sqrt{\frac{\tau}{i}} \sum_{n=-\infty}^{+\infty} e^{\pi i(n+1/2)^2 \tau}$$

$$= \sqrt{\frac{\tau}{i}}\,(2e^{\pi i\tau/4} + \cdots).$$

第二个等式的意思是当 $\mathrm{Im}(\tau) \to +\infty$ 时 $\theta(1-1/\tau) \sim \sqrt{\tau/i}\,2e^{i\pi\tau/4}$.

证明 首先注意到 n 和 n^2 有相同的奇偶性，所以

$$\theta(1+\tau) = \sum_{n=-\infty}^{+\infty} (-1)^n e^{i\pi n^2 \tau} = \Theta(1/2\,|\,),$$

因此，$\theta(1-1/\tau) = \Theta(1/2\,|\,-1/\tau)$. 下面应用定理 1.6，令 $z = 1/2$，结果是

$$\theta(1-1/\tau) = \sqrt{\frac{\tau}{i}}\,e^{\pi i\tau/4}\Theta(\tau/2\,|\,)$$

$$= \sqrt{\frac{\tau}{i}}\,e^{\pi i\tau/4} \sum_{n=-\infty}^{+\infty} e^{\pi i n^2 \tau} e^{\pi i n\tau}$$

$$= \sqrt{\frac{\tau}{i}} \sum_{n=-\infty}^{+\infty} e^{\pi i(n+1/2)^2 \tau}.$$

$n = 0$ 和 $n = -1$ 这两项基值为 $2e^{\pi i\tau/4}$，它的绝对值为 $2e^{-\pi t/4}$，其中 $\tau = \sigma + it$. 随后当 $n \neq 0, -1$ 时的和的量级为

$$O\Big(\sum_{k=1}^{+\infty} e^{-(k+1/2)^2 \pi t}\Big) = O(e^{-9\pi t/4}).$$

关于变换规则的最后的推论与 **Dedekind eta 函数**有关，对于 $\mathrm{Im}(\tau) > 0$，此函数定义为

$$\eta(\tau) = e^{\frac{\pi i\tau}{12}} \prod_{n=1}^{+\infty} (1 - e^{2\pi i n\tau}).$$

下面给出的 η 函数的泛函方程将会与分割定理中的四次方定理的讨论有关.

命题 1.9 如果 $\mathrm{Im}(\tau) > 0$，那么 $\eta(-1/\tau) = \sqrt{\tau/i}\,\eta(\tau)$.

这个等式是由定理 1.6 的关系式微分及其在点 $z_0 = 1/2 + \tau/2$ 处的估值推导出来的. 详细的过程如下.

证明 根据 theta 函数的乘积公式，取 $q = e^{\pi i\tau}$ 时写成

$$\Theta(z\,|\,) = (1 + qe^{-2\pi iz}) \prod_{n=1}^{+\infty} (1 - q^{2n})(1 + q^{2n-1}e^{2\pi iz})(1 + q^{2n+1}e^{-2\pi iz}),$$

因为当 $z_0 = 1/2 + \tau/2$ 时第一个因子等于零，我们会看到

$$\Theta'(z_0 \mid \tau) = 2\pi i H(\tau) \quad H(\tau) = \prod_{n=1}^{+\infty}(1 - e^{2\pi in\tau})^3.$$

下面观察到在式(5)中将 $-1/\tau$ 替换成 τ，我们得到

$$\Theta(z \mid \tau) = \sqrt{i/\tau}\, e^{-\pi iz^2/\tau}\, \Theta(-z/\tau \mid -1/\tau).$$

如果对这个表达式求导并估计它在 $z_0 = 1/2 + \tau/2$ 处的值我们会发现

$$2\pi i H(\tau) = \sqrt{i/\tau}\, e^{-\frac{\pi i}{4\tau}} e^{-\frac{\pi i}{2}} e^{-\frac{\pi i\tau}{4}}\left(-\frac{2\pi i}{\tau}\right)H(-1/\tau).$$

因此，

$$e^{\frac{\pi i\tau}{4}}H(\tau) = \left(\frac{i}{\tau}\right)^{3/2} e^{-\frac{\pi i}{4\tau}}H(-1/\tau).$$

注意到，当 $\tau = it, t > 0$ 时，函数 $\eta(\tau)$ 是正的，因此上面的立方根给出 $\eta(\tau) = \sqrt{i/\tau}\,\eta(-1/\tau)$. 因此等式 $\eta(-1/\tau) = \sqrt{\tau/i}\,\eta(\tau)$ 成立，并且通过解析延拓，得到对所有的 $\tau \in H$ 等式都成立.

函数 η 与椭圆函数定理之间的联系由问题 5 给出.

2　母函数

给出序列 $\{F_n\}_{n=0}^{+\infty}$，它会出现在组合学、递归学或者数论定律中，是研究母函数的重要工具，母函数定义为

$$F(x) \leqslant \sum_{n=0}^{+\infty} F_n x^n.$$

通常，序列 $\{F_n\}$ 的性质暗示着函数 $F(x)$ 的代数或解析性质，并可以利用函数的性质回过来重新审视序列 $\{F_n\}$. 一个简单的例子就是 Fibonacci 序列（见练习 2）. 这里可以举少量的几个例子，与 Θ 函数有关.

我们首先要简单地讨论分割定理.

分割函数：如果 n 是正整数，令 $p(n)$ 表示 n 可以分解成几个正整数之和的分解方法的计数. 例如，显然 $p(1) = 1$，而因为 $2 = 2 + 0 = 1 + 1$，所以 $p(2) = 2$，又因为 $3 = 3 + 0 = 2 + 1 = 1 + 1 + 1$，所以 $p(3) = 3$. 我们规定 $p(0) = 1$，并收集了其他的 $p(n)$ 的值，列表如下.

n	0	1	2	3	4	5	6	7	8	$\cdots$	12
$p(n)$	1	1	2	3	5	7	11	15	22	$\cdots$	77

第一个定理是分割序列 $\{p(n)\}$ 的母函数的欧拉恒等式，它可以联想到 Zeta 函数的乘积公式.

定理 2.1　如果 $|x| < 1$，那么

$$\sum_{n=0}^{+\infty} p(n)x^n = \prod_{k=1}^{+\infty}\frac{1}{1 - x^k}.$$

形式上，我们可以将每一项分式写成幂级数

$$\frac{1}{1-x^k}=\sum_{m=0}^{+\infty} x^{km}$$

的形式，并在求和号外面乘以 $p(n)$ 作为 x^n 的系数. 事实上，当我们合并 n 的分割中相同的整数时，这种分割可以写成

$$n=m_1 k_1 + \cdots + m_r k_r,$$

其中 $k_1, \cdots, k_r$ 是不同的整数. 这种分割对应这些项

$$(x^{k_1})^{m_1} \cdots (x^{k_r})^{m_r},$$

它们都出现在乘积里.

调整形式变元，就像 Zeta 函数的乘积公式的证明那样（第 7 章第 1 小节）. 这是基于乘积 $\prod 1/(1-x^k)$ 的收敛性而言的. 此收敛依次遵循下面的事实，对任意给定的 $|x|<1$，满足

$$\frac{1}{1-x^k}=1+O(x^k).$$

类似的论证表明，乘积 $\prod 1/(1-x^{2n-1})$ 等于对应 $p_o(n)$ 的母函数，$p_o(n)$ 指的是将 n 分解成奇数项的分割方法计数. 此外，$\prod(1+x^n)$ 是对应 $p_u(n)$ 的母函数，$p_u(n)$ 指的是将 n 分成项数不相等的分割方法计数. 特别地，若对所有的 n 都有 $p_o(n)=p_u(n)$，那么就转化成等式

$$\prod_{n=1}^{+\infty}\left(\frac{1}{1-x^{2n-1}}\right)=\prod_{n=1}^{+\infty}(1+x^n).$$

为了证明首先注意到 $(1+x^n)(1-x^n)=1-x^{2n}$，因此，

$$\prod_{n=1}^{+\infty}(1+x^n)\prod_{n=1}^{+\infty}(1-x^n)=\prod_{n=1}^{+\infty}(1-x^{2n}).$$

此外，考虑整数的奇偶性我们有

$$\prod_{n=1}^{+\infty}(1-x^{2n})\prod_{n=1}^{+\infty}(1-x^{2n-1})=\prod_{n=1}^{+\infty}(1-x^n),$$

再结合上面的证明，因此我们要证明的等式成立.

接下来的命题更深，事实上它可以直接包含 Θ 函数. 令 $p_{e,u}(n)$ 表示将 n 分成不相等的偶数项的分割方法计数，$p_{o,u}(n)$ 表示将 n 分成不相等的奇数项的分割方法计数. 那么，欧拉证明除非 n 是五边形数，才能有 $p_{e,u}(n)=p_{o,u}(n)$. 根据定义，五边形数[⊖]是指整数 n 形如 $k(3k+1)/2$，其中 $k\in\mathbf{Z}$. 例如，几个五边形数是 $1,2,5,7,12,15,22,26,\cdots$. 事实上，如果 n 是五边形数，那么

$$P_{e,u}(n)-P_{o,u}(n)=(-1)^k \quad n=k(3k+1)/2.$$

⊖ 传统的定义为整数形如 $n=k(k-1)/2$，其中 $k\in\mathbf{Z}$ 称为 "三角形数"；形如 $n=k^2$ 称为 "四边形数"；而形如 $n=k(3k+1)/2$ 称为 "五边形数". 通常情况，形如 $(k/2)((\ell-2)k+\ell-4)$ 称为 ℓ-边形数.

217

要证明这个结果，首先观察到

$$\prod_{n=1}^{+\infty}(1-x^n)=\prod_{n=1}^{+\infty}\left[p_{e,u}(n)-P_{o,u}(n)\right]x^n.$$

乘积写成幂级数的和之后，和中的每一项都是形如 $(-1)^r x^{n_1+\cdots+n_r}$，其中 $n_1,\cdots,n_r$ 是各不相同的．因此，在 x^n 的系数中，n 的每一个分割 $n_1+\cdots+n_r$ 如果是偶数项不相等的部分则 r 是偶数，那么这一项前面的符号是 $+1$，如果是 n 的不相等的奇数项分割则 r 是奇数，此项前面的符号是 -1．这样就明确地给出了系数 $p_{e,u}(n)-p_{o,u}(n)$．

和上面的等式一致，欧拉定理则是下面的命题的推论．

命题 2.2

$$\prod_{n=1}^{+\infty}(1-x^n)=\prod_{k=-\infty}^{+\infty}(-1)^k x^{\frac{k(3k+1)}{2}}.$$

证明　如果令 $x=\mathrm{e}^{2\pi\mathrm{i}u}$，那么我们可以写成

$$\prod_{n=1}^{+\infty}(1-x^n)=\prod_{n=1}^{+\infty}(1-\mathrm{e}^{2\pi\mathrm{i}nu}),$$

根据三项乘积

$$\prod_{n=1}^{+\infty}(1-q^{2n})(1+q^{2n-1}\mathrm{e}^{2\pi\mathrm{i}z})(1+q^{2n-1}\mathrm{e}^{-2\pi\mathrm{i}z}),$$

其中，令 $q=\mathrm{e}^{3\pi\mathrm{i}u}$，$z=1/2+u/2$．因为

$$\prod_{n=1}^{+\infty}(1-\mathrm{e}^{2\pi\mathrm{i}3nu})(1-\mathrm{e}^{2\pi\mathrm{i}(3n-1)u})(1-\mathrm{e}^{2\pi\mathrm{i}(3n-2)u})=\prod_{n=1}^{+\infty}(1-\mathrm{e}^{2\pi\mathrm{i}nu}).$$

通过定理 1.3，乘积等于

$$\sum_{n=-\infty}^{+\infty}\mathrm{e}^{3\pi\mathrm{i}n^2 u}(-1)^n\mathrm{e}^{-2\pi\mathrm{i}nu/2}=\sum_{n=-\infty}^{+\infty}(-1)^n\mathrm{e}^{\pi\mathrm{i}n(3n+1)u}$$

$$=\sum_{n=-\infty}^{+\infty}(-1)^n x^{n(3n+1)/2},$$

此时，命题 2.2 证毕．

最后对分割函数 $p(n)$ 进一步注释．当 $n\to+\infty$ 时分割函数的增长性质可以通过当 $|x|\to 1$ 时 $1/\prod_{n=1}^{+\infty}(1-x)^n$ 的行为分析出来．事实上，通过初步考虑，可以通过 $x\to 1$ 时母函数的增长阶粗糙地估计出 $p(n)$ 的增长阶．见练习 5 和练习 6．想要得到更精确的分析，需要用到母函数的转换性质，此性质可以回顾命题 1.9，是关于函数 η 的．这样可以推导出关于 $p(n)$ 的一个非常好的近似公式，详细情况见附录 A．

3　平方和定理

古希腊人对三元整数组 (a,b,c) 着迷，它的出现是因为三角形的边长．这些称为 "Pythagorean 三元数组"，它满足 $a^2+b^2=c^2$．根据 Alexandria 的丢番图（Diophantus of Alexandria）（ca. 250 AD），如果 c 是满足上述条件的整数，并且 a 和 b 没有公共的因子（这样的情况很容易换算），那么 c 就等于两个整数的平方和，也就是 $c = m^2 + n^2$，其中 m，$n \in \mathbf{Z}$；相反，只要 c 是以三角形的斜边出现，那么这个三角形的边一定是由 Pythagorean 三元数组 (a, b, c) 给出的（见练习 8）. 因此，很自然会提出下面的问题：什么样的整数可以写成两个数的平方和的形式？容易发现，形如 $4k + 3$ 的数是不能写成的，但是想要知道什么样的数能够写成却不容易.

我们以定量的形式提出问题. 定义 $r_2(n)$ 表示 n 可以写成两个数的平方和的写法的计数. 也就是说，$r_2(n)$ 是数组 (x, y) 的数量，其中 $x, y \in \mathbf{Z}$ 使得

$$n = x^2 + y^2.$$

例如，$r_2(3) = 0$，因为 3 不能写成两个整数的平方和；$r_2(5) = 8$，因为 $5 = (\pm 2)^2 + (\pm 1)^2$ 且 $5 = (\pm 1)^2 + (\pm 2)^2$，所以这样的数组有 8 个. 因此我们的第一个问题可以描述为：

二平方和：什么样的整数可以写成两个平方数的和呢？更精确地，怎样描述出 $r_2(n)$ 的表达式？

接下来，因为并不是所有的正整数都可以写成两个数的平方和的形式，我们要问，如果是 3 平方和或者可能是四平方和情况如何呢？

事实上，不能写成三平方和的数有无穷多个，因为形如 $8k + 7$ 的数就不能写成三平方和. 所以我们将注意力转移到四平方和上，类似于 $r_2(n)$ 的定义，这里也可以定义出 $r_4(n)$，它表示将 n 表达成四个平方和的表达形式的计数. 因此，第二个问题出现了.

四平方和：是否所有的正整数都可以表达成四平方和？更精确地，如何给出 $r_4(n)$ 的表达式？

要证明二平方和与四平方和问题，此问题要追溯到三世纪，过了 1500 年仍然没有解决，它的首次完整解决是通过应用 theta 函数的 Jacobi 定理得到的.

3.1 二平方定理

将一个整数表达成两个数的平方和这个问题有个很好的乘法性质：如果 n 和 m 是两个整数，都可以表达成两个整数的平方和的形式，那么乘积 nm 也可以. 事实上，假设 $n = a^2 + b^2$，$m = c^2 + d^2$，并考虑复数

$$x + iy = (a + ib)(c + id).$$

明显地，x 和 y 都是整数，因为 $a, b, c, d \in \mathbf{Z}$，并在等号两边都取绝对值得到

$$x^2 + y^2 = (a^2 + b^2)(c^2 + d^2),$$

因此 $nm = x^2 + y^2$.

因为这些原因，n 的整除性在定义 $r_2(n)$ 时起着重要作用. 为了证明这个基本结果，我们定义两个新的**除数函数**：令 $d_1(n)$ 表示形如 $4k + 1$ 的整数 n 的因子数，$d_3(n)$ 则表示形如 $4k + 3$ 的整数 n 的因子数. 本节最注意的结果就是为二平方问题

219

提供完整的答案.

定理 3.1　如果 $n \geqslant 1$，那么 $r_2(n) = 4(d_1(n) - d_3(n))$．

根据这个定理，可以得到关于 $r_2(n)$ 的一个简单推论．如果 $n = p_1^{a_1} \cdots p_r^{a_r}$ 是 n 的素因子分解，其中，$p_1, \cdots, p_r$ 是不同的，那么正整数 n 可以表达成两个整数的平方和当且仅当每个素数 p_j 都形如 $4k + 3$，且在 n 的因子分解中具有偶指数 a_j．

此推论的证明在练习 9 中概括给出．下面证明定理．

要证明定理，我们首先建立一个重要的关系，是关于序列 $\{r_2(n)\}_{n=1}^{+\infty}$ 的母函数与 θ 函数的平方的等式，即

$$\theta(\tau)^2 = \sum_{n=0}^{+\infty} r_2(n) q^n, \tag{6}$$

其中 $q = e^{\pi i \tau}$，$\tau \in H$. 此等式的证明只要简单地应用 r_2 与 θ 的定义即可．事实上，首先我们知道 $\theta(\tau) = \sum_{-\infty}^{+\infty} q^{n^2}$，那么

$$\begin{aligned}
\theta(\tau)^2 &= \left(\sum_{n_1=-\infty}^{+\infty} q^{n_1^2} \right) \left(\sum_{n_2=-\infty}^{+\infty} q^{n_2^2} \right) \\
&= \sum_{(n_1, n_2) \in \mathbf{Z} \times \mathbf{Z}} q^{n_1^2 + n_2^2} \\
&= \sum_{n=0}^{+\infty} r_2(n) q^n,
\end{aligned}$$

因为 $r_2(n)$ 是满足等式 $n_1^2 + n_2^2 = n$ 的数对 (n_1, n_2) 的计数．

命题 3.2　等式 $r_2(n) = 4(d_1(n) - d_3(n))$，$n \geqslant 1$，等价于等式

$$\theta(\tau^2) = 2 \sum_{n=-\infty}^{+\infty} \frac{1}{q^n + q^{-n}} = 1 + 4 \sum_{n=1}^{+\infty} \frac{q^n}{1 + q^{2n}}, \tag{7}$$

其中 $q = e^{\pi i \tau}$，$\tau \in H$.

证明　首先注意到，因为 $|q| < 1$，所以两个级数都是绝对收敛的，并且第一部分等于第二部分，这是因为 $1/(q^n + q^{-n}) = q^{|n|}/(1 + q^{2|n|})$．

又因为 $(1 + q^{2n})^{-1} = (1 - q^{2n})/(1 - q^{4n})$，得到式 (7) 的最右边等于

$$1 + 4 \sum_{n=1}^{+\infty} \left(\frac{q^n}{1 - q^{4n}} - \frac{q^{3n}}{1 - q^{4n}} \right).$$

但是，因为 $1/(1 - q^{4n}) = \sum_{m=0}^{+\infty} q^{4nm}$，我们有

$$\sum_{n=1}^{+\infty} \frac{q^n}{1 - q^{4n}} = \sum_{n=1}^{+\infty} \sum_{m=0}^{+\infty} q^{n(4m+1)} = \sum_{k=1}^{+\infty} d_1(k) q^k,$$

其中 $d_1(k)$ 表示形如 $4m + 1$ 的整数 k 的因子数．因为 $d_1(k) \leqslant k$，所以级数 $\sum d_1(k) q^k$ 收敛．

类似的讨论可以证明

$$\sum_{n=1}^{+\infty} \frac{q^{3n}}{1-q^{4n}} = \sum_{k=1}^{+\infty} d_3(k) q^k ,$$

命题证毕.

实际上,等式(6)最初是算数问题,将其与复分析问题结合,从而建立了式(7).

为了方便,下面用 $C(\tau)$ 表示[⊖]

$$C(\tau) = 2 \sum_{n=-\infty}^{+\infty} \frac{1}{q^n + q^{-n}} = \sum_{n=-\infty}^{+\infty} \frac{1}{\cos(n\pi\tau)} , \tag{8}$$

其中 $q = \mathrm{e}^{\pi \mathrm{i} \tau}$ 且 $\tau \in H$. 那么,我们的目标就转化成证明 $\theta(\tau)^2 = C(\tau)$.

函数 θ 和 C 的出现真正令人注目的是它们的差异而不是相似性. 可能有人会认为函数 θ 的起源是实线上的热扩散方程. 对应的热核是按照 Gaussian 函数 $\mathrm{e}^{-\pi x^2}$ 给出的,此函数就是它本身的傅里叶变换;最后,θ 的变换规则是源于泊松求和公式.

与 C 的相似性是 C 是从另一个微分方程中出现的:一个带形区域中的稳态热方程;它对应的热核是 $1/\cosh\pi x$(第 8 章 1.3 小节),它也是自身的傅里叶变换(第 3 章例 3). C 的变换规则也是源于泊松求和公式.

要证明等式 $\theta^2 = C$ 成立,首先应证明这两个函数满足相同的结构性质. 对于 θ^2 我们有变换规则 $\theta(\tau)^2 = (\mathrm{i}/\tau)\theta(-1/\tau)^2$(推论 1.7).

$C(\tau)$ 也有相同的变换规则. 事实上,如果我们在第 4 章关系式(5)中令 $a = 0$,就得到

$$\sum_{n=-\infty}^{+\infty} \frac{1}{\cosh(\pi n/t)} = \frac{1}{t} \sum_{n=-\infty}^{+\infty} \frac{1}{\cosh(\pi n/t)}.$$

对于 $\tau = \mathrm{i}t$,$t > 0$,恰好是等式

$$C(\tau) = (\mathrm{i}/\tau)C(-1/\tau),$$

因此根据解析延拓,对所有 $\tau \in H$ 都成立.

并且根据它们的定义很明显当 $\mathrm{Im}(\tau) \to +\infty$ 时两个函数 $\theta(\tau)^2$ 和 $C(\tau)$ 都是趋于 1 的. 最后一个要考察的性质是在"尖点" $\tau = 1$[⊖]处两个函数的表现.

221

对于 θ^2 可以应用推论 1.8,会推导出当 $\mathrm{Im}(\tau) \to +\infty$ 时 $\theta(1-1/\tau)^2 \sim 4(\tau/\mathrm{i})\mathrm{e}^{\pi\mathrm{i}\tau/2}$.

对于 C 处理方法相同,也应用泊松求和公式. 事实上,如果在第 4 章方程(5)中令 $a = 1/2$,我们发现

$$\sum_{n=-\infty}^{+\infty} \frac{(-1)^n}{\cosh(\pi n/t)} = t \sum_{n=-\infty}^{+\infty} \frac{1}{\cosh(\pi(n+1/2)t)}.$$

⊖ 我们将函数用 C 表示因为求和是对余弦的级数求的.

⊖ 为什么说点 $\tau = 1$ 是尖点,是因为它的重要性,稍后我们就清楚了.

因此，根据解析延拓推导出

$$C(1-1/\tau) = \left(\frac{\tau}{i}\right)\sum_{n=-\infty}^{+\infty}\frac{1}{\cos(\pi(n+1/2)\tau)}.$$

这个和中的主要项就是取 $n=-1$ 和 $n=0$ 的两项. 容易给出

$$C(1-1/\tau) = 4\left(\frac{\tau}{i}\right)e^{\pi i\tau/2} + O(|\tau|e^{-3\pi t/2}) \quad t\to+\infty,$$

其中 $\tau=\sigma+it$. 我们可以用一个命题来概括整个推导.

命题 3.3　函数 $C(\tau)=\sum 1/\cos(\pi n\tau)$，定义在上半平面上，满足

（ⅰ）$C(\tau+2)=C(\tau)$.

（ⅱ）$C(\tau)=(i/\tau)C(-1/\tau)$.

（ⅲ）$C(\tau)\to 1, \mathrm{Im}(\tau)\to+\infty$.

（ⅳ）$C(1-1/\tau)\sim 4(\tau/i)e^{\pi i\tau/2}\quad \mathrm{Im}(\tau)\to+\infty$.

并且，$\theta(\tau)^2$ 满足相同的性质.

根据上面的命题，要证明等式 $\theta(\tau)^2=C(\tau)$ 还要求助于下面的定理，通过这个定理将基本确定 $f=C/\theta^2$.

定理 3.4　假设 f 是定义在上半平面上的全纯函数，且满足

（ⅰ）$f(\tau+2)=f(\tau)$，

（ⅱ）$f(-1/\tau)=f(\tau)$，

（ⅲ）$f(\tau)$ 有界，

那么 f 是常数.

为了证明定理，我们引入上半平面的闭包的子集，它定义为

$$\mathscr{F}=\{\tau\in\mathscr{H}:\ |\mathrm{Re}(\tau)|\leqslant 1 \text{ 和 } |\tau|\geqslant 1\},$$

如图 1 所示.

对应 $\tau=\pm 1$ 的点称为尖点. 它们在映射 $\tau\mapsto\tau+2$ 下是等价的.

引理 3.5　上半平面上的任意一点都可以通过反复应用下面的分式线性变换或逆变换

$$T_2:\ \tau\mapsto\tau+2 \quad S:\ \tau\mapsto-1/\tau$$

映射到 F 上.

因此，F 称为由 T_2 和 S 生成的变换群的基本域[⊖].

事实上，令 G 表示由 T_2 和 S 生成

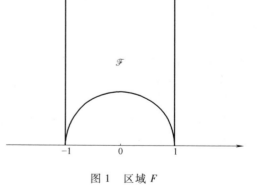

图 1　区域 F

⊖　直接地说，基本域的概念要求每一个点在域中都存在唯一的对应点. 不唯一的情况只可能出现在 F 的边界上.

的群. 因为 T_2 和 S 是分式线性变换, 所以我们可以将 G 中的元素 $g \in G$ 表达成矩阵的形式

$$g = \begin{pmatrix} a & b \\ c & d \end{pmatrix},$$

根据对分式线性变换的理解, 变换式为

$$g(\tau) = \frac{a\tau + b}{c\tau + d}.$$

因为 T_2 和 S 对应的矩阵具有整系数, 并且行列式为 1, G 中所有元素的矩阵都是这样. 特别地, 如果 $\tau \in H$, 那么

$$\mathrm{Im}(g(\tau)) = \frac{\mathrm{Im}(\tau)}{|c\tau + d|^2}. \tag{9}$$

证明 令 $\tau \in H$. 如果 $g \in G$, 其中 $g(\tau) = (a\tau + b)/(c\tau + d)$, 那么 c 和 d 是整数, 并且根据式(9)我们可以选择 $g_0 \in G$ 使得 $\mathrm{Im}(g_0(\tau))$ 最大. 因为变换 T_2 及其逆变换没有改变虚数部分, 所以可以应用有限多次变换从而得到存在 $g_1 \in G$ 满足 $|\mathrm{Re}(g_1(\tau))| \leqslant 1$ 并且 $\mathrm{Im}(g_1(\tau))$ 最大. 现在只要证明 $|g_1(\tau)| \geqslant 1$ 从而推出 $g_1(\tau) \in F$ 即可. 用反证法, 也就是假设 $|g_1(\tau)| < 1$, 那么 $\mathrm{Im}(Sg_1(\tau))$ 将会比 $\mathrm{Im}(g_1(\tau))$ 大, 这是因为

$$\mathrm{Im}(S_{g_1}(\tau)) = \mathrm{Im}(-1/g_1(\tau)) = \frac{\mathrm{Im}\,\overline{(g_1(\tau))}}{|g_1(\tau)|^2} < \mathrm{Im}(g_1(\tau)),$$

这与 $\mathrm{Im}(g_1(\tau))$ 是最大的矛盾, 所以假设不成立, 所以 $|g_1(\tau)| \geqslant 1$, 从而 $g_1(\tau) \in F$.

现在开始证明定理. 假设 f 不是常数, 并令 $g(z) = f(\tau)$, 这里 $z = e^{\pi i \tau}$. 函数 g 恰好是定义在有孔圆盘上的关于 z 的函数. 因为 f 是周期为 2 的周期函数, 并且根据定理的假设 (iii), g 在原点附近有界. 因此 0 是 g 的可去奇点, 并且存在 $\lim\limits_{z \to 0} g(z) = \lim\limits_{\mathrm{Im}(\tau) \to \infty} f(\tau)$. 因此根据最大模原理, 有

$$\lim_{\mathrm{Im}(\tau) \to +\infty} |f(\tau)| < \sup_{\tau \in \mathcal{F}} |f(\tau)|.$$

现在, 必须研究函数 f 在点 $\tau = \pm 1$ 处的表现. 因为 $f(\tau + 2) = f(\tau)$, 只要考虑点 $\tau = 1$ 就足够了. 我们可以肯定

$$\lim_{\mathrm{Im}(\tau) \to +\infty} f(1 - 1/\tau)$$

存在并且

$$\lim_{\mathrm{Im}(\tau) \to +\infty} |f(1 - 1/\tau)| < \sup_{\tau \in \mathcal{F}} |f(\tau)|.$$

讨论过程本质上相同, 不同的是我们首先将点 $\tau = 1$ 与无穷远点交换. 也就是说, 我们要研究 τ 靠近 $+\infty$ 时函数 $F(\tau) = f(1 - 1/\tau)$ 的表现. 最重要的一步就是证明函数 F 的周期性. 证明完成后再考虑分式线性变换, 用矩阵表示为

$$U_n = \begin{pmatrix} 1-n & n \\ -n & 1+n \end{pmatrix},$$

也就是变换

$$\tau \longmapsto \frac{(1-n)\tau + n}{-n\tau + (1+n)},$$

此变换从 1 变换到 1. 现在令 $\mu(\tau) = 1/(1-\tau)$，这个映射将 1 映射到 $+\infty$，并且其逆映射 $\mu^{-1}(\tau) = 1 - 1/\tau$ 将 $+\infty$ 映射到 1. 那么

$$U_n = \mu^{-1} T_n \mu,$$

其中 T_n 是变换 $T_n(\tau) = \tau + n$. 结果

$$U_n U_m = U_{n+m},$$

并且

$$U_{-1} = \begin{pmatrix} 2 & -1 \\ 1 & 0 \end{pmatrix} = T_2 S.$$

因此任何 U_n 都可以经过有限次的应用变换 T_2，S 或者它们的逆而获得. 因为 f 在变换 T_2，S 下是不变量，所以它在 U_m 下也是不变量. 因此我们发现

$$f(\mu^{-1} T_n \mu(\tau)) = f(\tau).$$

所以，如果令 $F(\tau) = f(\mu^{-1}(\tau)) = f(1 - 1/\tau)$，我们发现 F 是以 1 为周期的周期函数，也就是说对任意整数 n 满足

$$F(T_n \tau) = F(\tau).$$

现在，根据前面的讨论，如果令 $h(z) = F(\tau)$，其中 $z = e^{2\pi i\tau}$，我们会发现 $z = 0$ 是 h 的可去奇点，根据最大模原理，想要的不等式就得到了.

根据分析得知 f 在上半平面的内部达到它的最大值，这与最大模原理矛盾，也就是说 f 一定是常数.

现在，二平方定理的证明只差一步了.

考虑函数 $f(\tau) = C(\tau)/\theta(\tau)^2$. 因为根据乘积公式，$\theta(\tau)$ 在上半平面上没有零点（推论 1.4），我们发现 f 在 H 上是全纯函数. 此外，根据命题 3.3，在变换 T_2 和 S 下函数 f 是不变量，也就是说 $f(\tau + 2) = f(\tau)$ 且 $f(-1/\tau) = f(\tau)$. 最后，在基本域 F 内，函数 $f(\tau)$ 有界. 事实上，当 $\mathrm{Im}(\tau)$ 趋于无穷或者 τ 趋于尖点 ± 1 时 $f(\tau)$ 趋于 1. 这是因为命题 3.3 的性质（ⅲ）和性质（ⅳ），它既适用于 C 又适用于 θ^2. 因此 f 在 H 上有界. 从而证明 f 是常数，且此常数等于 1，这也就证明了 $\theta(\tau)^2 = C(\tau)$，因此二平方定理得证.

3.2　四平方定理

定理的陈述

在本章的最后，我们将考虑四平方的情况. 准确地说，我们将证明每一个正整数都可以是一个四平方和，并且还可以定义 $r_4(n)$ 表示正整数 n 可以表达为四平方数的表达方法的计数.

我们需要引入另一个除子函数, 定义为 $\sigma_1^*(n)$, 它等于不能被 4 整除的整数 n 的因子数. 下面证明一个重要的定理.

定理 3.6 每一个正整数都可以表达成四平方和, 并且对所有 $n \geqslant 1$ 都有

$$r_4(n) = 8\sigma_1^*(n).$$

与之前的证明类似, 先由序列 $\{r_4(n)\}$ 生成一个母函数, 这个母函数是 θ 的某次幂, 事实上, 此时是四次幂, 也就是说

$$\theta(\tau)^4 = \sum_{n=0}^{+\infty} r_4(n) q^n,$$

其中 $q = e^{\pi i \tau}$, $\tau \in H$.

下一步是寻找模函数, 它的等式与 $\theta(\tau)^4$ 有关, 表达恒等式 $r_4(n) = 8\sigma_1^*(n)$. 可惜, 这里不像出现在二平方定理中的函数 $C(\tau)$ 那么简单, 而是需要非常巧妙地构造 Eisenstein 级数 (上一章讨论的) 的变量. 事实上, 定义

$$E_2^*(\tau) = \sum_m \sum_n \frac{1}{\left(\frac{m\tau}{2} + n\right)^2} - \sum_m \sum_n \frac{1}{\left(m\tau + \frac{n}{2}\right)^2},$$

其中 $\tau \in H$. 求和的指示次序是关键所在, 因为上面的级数并不是一致收敛的. 下面将四平方和定理弱化成函数 E_2^* 的模特征.

命题 3.7 恒等式 $r_4(n) = 8\sigma_1^*(n)$ 成立就等价于等式

$$\theta(\tau)^4 = \frac{-1}{\pi^2} E_2^*(\tau),$$

其中 $\tau \in H$.

证明 要证明上面的命题只要证明如果 $q = e^{\pi i \tau}$, 那么

$$\frac{-1}{\pi^2} E_2^*(\tau) = 1 + \sum_{k=1}^{+\infty} 8\sigma_1^*(k) q^k.$$

首先, 回顾上一章最后一节讨论的禁止 Eisenstein 级数, 它被定义为

$$F(\tau) = \sum_m \left[\sum_n \frac{1}{(m\tau + n)^2} \right],$$

其中, $n = m = 0$ 这一项被删除了. 上面的和非绝对收敛, 关键原因是求和次序, 上面的和先对 n 求和后对 m 求和. 考虑到这一点, E_2^* 和 F 的定义马上会给出

$$E_2^*(\tau) = F\left(\frac{\tau}{2}\right) - 4F(2\tau). \tag{10}$$

根据上一章的推论 2.6 和练习 7, 可以证明

$$F(\tau) = \frac{\pi^2}{2} - 8\pi^2 \sum_{k=1}^{+\infty} \sigma_1(k) e^{2\pi i k \tau},$$

其中 $\sigma_1(k)$ 表示 k 的因子个数.

现在注意到

$$\sigma_1^*(n) = \begin{cases} \sigma_1(n) & n\ \text{不能被4整除}, \\ \sigma_1(n)-4\sigma_1(n/4) & n\ \text{能被4整除}. \end{cases}$$

事实上，如果 n 不能被 4 整除，那么 n 的因子也不能被 4 整除．如果能被 4 整除，即 $n = 4\tilde{n}$，而 d 是 n 的一个因子也能被 4 整除，即 $d = 4\tilde{d}$，那么 $\tilde{d}$ 可以整除 $\tilde{n}$．因此，根据观察和式（10）给出第二个公式，即

$$E_2^*(\tau) = -\pi^2 - 8\pi^2 \sum_{k=1}^{+\infty} \sigma_1^*(k)\, \mathrm{e}^{\pi i k \tau},$$

则命题证毕．

因为我们将定理 3.6 弱化成等式 $\theta^4 = -\pi^{-2}E_2^*$，建立这样的关系的关键是因为 E_2^* 与 $\theta(\tau)^4$ 有相同的模特征．

命题 3.8　函数 $E_2^*(\tau)$ 定义在上半平面上，有下列性质，

（ⅰ）$E_2^*(\tau+2) = E_2^*(\tau)$．

（ⅱ）$E_2^*(\tau) = -\tau^{-2} E_2^*(-1/\tau)$．

（ⅲ）$E_2^*(\tau) \to -\pi^2 \quad \mathrm{Im}(\tau) \to +\infty$．

（ⅳ）$|E_2^*(1-1/\tau)| = O\left(|\tau^2 \mathrm{e}^{\pi i \tau}|\right) \quad \mathrm{Im}(\tau) \to +\infty$．

此外，$-\pi^2 \theta^4$ 具有相同的性质．

E_2^* 的第一个性质根据定义很容易得到．它的其他性质的证明稍微复杂一点．

考虑禁止 Eisenstein 级数 F 及其逆 $\tilde{F}$，它们是通过求和的次序不同得到的，

$$F(\tau) = \sum_m \sum_n \frac{1}{(m\tau+n)^2} \quad \text{和} \quad \tilde{F}(\tau) = \sum_n \sum_m \frac{1}{(m\tau+n)^2}.$$

上面两种情况都除去了 $n = m = 0$ 的项．

引理 3.9　函数 F 和 $\tilde{F}$ 满足

（a）$F(-1/\tau) = \tau^2 \tilde{F}(\tau)$，

（b）$F(\tau) - \tilde{F}(\tau) = 2\pi i/\tau$，

（c）$F(-1/\tau) = \tau^2 F(\tau) - 2\pi i \tau$．

证明　性质（a）可以直接根据 F 和 $\tilde{F}$ 的定义和等式

$$(n + m(-1/\tau))^2 = \tau^{-2}(-m+n\tau)^2$$

直接证明出来．要证明性质（b），需要用到 Dedekind eta 函数的泛函方程．Dedekind eta 函数定义为

$$\eta(-1/\tau) = \sqrt{\tau/i}\,\eta(\tau),$$

其中 $\eta(\tau) = q^{1/12} \prod_{n=1}^{+\infty}(1-q^{2n})$，且 $q = \mathrm{e}^{\pi i \tau}$．

第一步，我们先对函数 η 取对数，然后关于变量 τ 求导（根据第 5 章命题 3.2）得

$$(\eta'/\eta)(\tau)=\frac{\pi i}{12}-2\pi i\sum_{n=1}^{+\infty}\frac{nq^{2n}}{1-q^{2n}}.$$

但是，如果 $\sigma_1(k)$ 表示 k 的因子数，那么

$$\sum_{n=1}^{+\infty}\frac{nq^{2n}}{1-q^{2n}}=\sum_{n=1}^{+\infty}\sum_{\ell=0}^{+\infty}nq^{2n}q^{2\ell n}$$

$$=\sum_{n=1}^{+\infty}\sum_{m=1}^{+\infty}nq^{2nm}$$

$$=\sum_{k=1}^{+\infty}\sigma_1(k)q^{2k}.$$

回顾前面的知识 $F(\tau)=\pi^2/3-8\pi^2\sum_{k=1}^{+\infty}\sigma_1(k)q^{2k}$，我们发现

$$(\eta'/\eta)(\tau)=\frac{i}{4\pi}F(\tau).$$

根据链式法则，函数 $\eta(-1/\tau)$ 的对数导数是 $\tau^{-2}(\eta'/\eta)(-1/\tau)$，并应用性质 (a)，$\eta(-1/\tau)$ 的对数导数等于 $(i/4\pi)\tilde{F}(\tau)$. 因此，η 的泛函方程的对数导数为

$$\frac{i}{4\pi}\tilde{F}(\tau)=\frac{1}{2\tau}+\frac{i}{4\pi}F(\tau),$$

从而得到 $\tilde{F}(\tau)=-2\pi i/\tau+F(\tau)$，这就证明了性质 (b).

最后，性质 (c) 只是性质 (a) 和性质 (b) 的简单推论.

下面证明命题 3.8 中在变换 $\tau\longmapsto-1/\tau$ 下 E_2^* 的性质 (ii)，首先因为

$$E_2^*(\tau)=F(\tau/2)-4F(2\tau).$$

所以，

$$E_2^*(-1/\tau)=F(-1/(2\tau))-4F(2/\tau)$$

$$=[4\tau^2F(2\tau)-4\pi i\tau]-4[(\tau/2)^2F(\tau/2)-\pi i\tau]$$

$$=4\tau^2F(2\tau)-4(\tau^2/4)F(\tau/2)$$

$$=-\tau^2(F(\tau/2)-4F(2\tau))$$

$$=-\tau^2E_2^*(\tau),$$

性质 (ii) 得证. 要证明性质 (iii) 则要用到前面的知识，

$$F(\tau)=\frac{\pi^2}{3}-8\pi^2\sum_{k=1}^{+\infty}\sigma_1(k)e^{2\pi ik\tau},$$

其中，当 $\mathrm{Im}(\tau)\rightarrow+\infty$ 时上面的和趋于零. 那么根据

$$E_2^*(\tau)=F(\tau/2)-4F(2\tau),$$

推出当 $\mathrm{Im}(\tau)\rightarrow+\infty$ 时，$E_2^*(\tau)\rightarrow-\pi^2$.

证明最后一个性质，首先要证明

$$E_2^*(1-1/\tau)=\tau^2\Big[F\Big(\frac{\tau-1}{2}\Big)-F(\tau/2)\Big]. \tag{11}$$

根据 F 的转换公式，有

$$F(1/2-1/2\tau)=F\left(\frac{\tau-1}{2\tau}\right)$$
$$=\left(\frac{2\tau}{\tau-1}\right)^2 F\left(\frac{2\tau}{1-\tau}\right)-2\pi i\frac{2\tau}{1-\tau},$$

并且，

$$F\left(\frac{2\tau}{1-\tau}\right)=F(-2+2/(1-\tau))$$
$$=F(2/(1-\tau))$$
$$=\left(\frac{1-\tau}{2}\right)^2 F\left(\frac{\tau-1}{2}\right)-2\pi i\left(\frac{\tau-1}{2}\right).$$

因此，

$$F(1/2-1/2\tau)=\tau^2 F\left(\frac{\tau-1}{2}\right)-\frac{2\pi i2\tau}{1-\tau}-2\pi i\frac{(2\tau)^2}{(\tau-1)^2}\left(\frac{\tau-1}{2}\right).$$

但是 $F(2-2/\tau)=F(-2/\tau)=(\tau^2/4)F(\tau/2)-2\pi i\tau/2$，因此，

$$E_2^*(1-1/\tau)=F(1/2-1/2\tau)-4F(2-2/\tau)$$
$$=\tau^2\left[F\left(\frac{\tau-1}{2}\right)-F(\tau/2)\right]-2\pi i\left(\frac{2\tau}{1-\tau}+\frac{2\tau^2}{\tau-1}\right)+4\pi i\tau$$
$$=\tau^2\left[F\left(\frac{\tau-1}{2}\right)-F(\tau/2)\right].$$

这就证明了式（11）. 最后一个性质根据式（11）得到

$$F(\tau)=\frac{\pi^2}{3}-8\pi^2\sum_{k=1}^{+\infty}\sigma_1(k)e^{2\pi ik\tau}.$$

因此，命题 3.8 证毕.

现在开始证明四平方定理. 与二平方定理的证明类似，考虑量 $f(\tau)=E_2^*$ $(\tau)/\theta(\tau)^4$，并应用定理 3.4. 回顾前面的内容知道，当 $\mathrm{Im}(\tau)\to+\infty$ 时，$\theta(\tau)^4\to$ 1 且 $\theta(1-1/\tau)^4\sim16\tau^2 e^{\pi i\tau}$. 从而得到 $f(\tau)$ 是一个常数，根据命题 3.8，这个常数等于 $-\pi^2$. 这就完全证明了四平方定理.

4　练习

1. 证明：

$$\frac{(\Theta'(z\mid\tau))^2-\Theta(z\mid\tau)\Theta''(z\mid\tau)}{\Theta(z\mid\tau)^2}=\Theta_\tau(z-1/2-\tau/2)+c_\tau,$$

其中 c_τ 可以优先按照 $\Theta(z\mid\tau)$ 的二阶导数表达，其中导数是对 z 求的，在点 $z=$ $1/2+\tau/2$. 将此公式与上一章练习 5 进行比较.

2. 考虑黄金分割数 $\{F_n\}_{n=0}^{+\infty}$，它的定义是由两个初值 $F_0=0$，$F_1=1$ 和递推公式

$$F_n = F_{n-1} + F_{n-2}$$

得到的，其中 $n \geqslant 2$.

（a）考虑由 $\{F_n\}$ 生成的母函数 $F(x) = \sum\limits_{n=0}^{+\infty} F_n x^n$，证明：

$$F(x) = x^2 F(x) + x F(x) + x,$$

其中 x 属于 0 的某个邻域.

（b）证明：多项式 $q(x) = 1 - x - x^2$ 能因式分解为

$$q(x) = (1 - \alpha x)(1 - \beta x),$$

其中 α 和 β 是多项式 $p(x) = x^2 - x - 1$ 的根.

（c）将有理分式 F 分解为

$$F(x) = \frac{x}{1 - x - x^2} = \frac{x}{(1 - \alpha x)(1 - \beta x)} = \frac{A}{1 - \alpha x} + \frac{B}{1 - \beta x},$$

其中 $A = 1/(\alpha - \beta)$，$B = 1/(\beta - \alpha)$.

（d）推导：当 $n \geqslant 0$ 时 $F_n = A\alpha^n + B\beta^n$. 事实上，$p$ 的两个根为

$$\alpha = \frac{1 + \sqrt{5}}{2} \quad 和 \quad \beta = \frac{1 - \sqrt{5}}{2},$$

使得 $A = 1/\sqrt{5}$，$B = -1/\sqrt{5}$.

数 $1/\alpha = (\sqrt{5} - 1)/2$ 是众所周知的**黄金分割**，满足性质：给定单位长度线段 AC（见图 2），在此线段上存在唯一的点 B 使得下面的比例成立，

$$\frac{AC}{AB} = \frac{AB}{BC}.$$

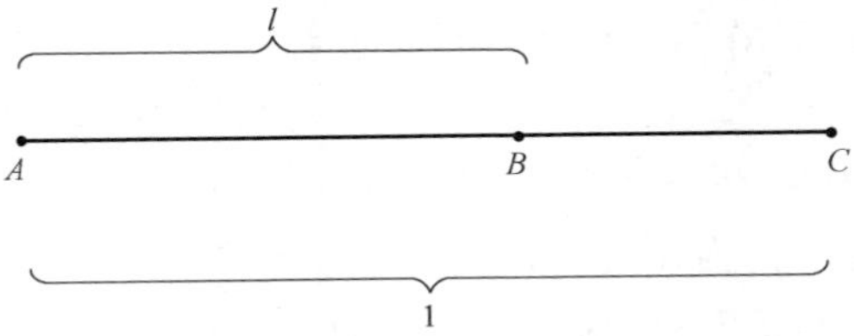

图 2　黄金分割图示

如果设 $\ell = AB$，问题就简化成方程 $\ell^2 + \ell - 1 = 0$，它存在唯一的正解就是黄金分割. 这个比例式在正五边形的构造中也出现过. 黄金分割在建筑学和艺术作品中扮演着重要角色，这些最早可追溯到古希腊.

3. 更一般地，考虑差分方程，其初值为 u_0 和 u_1 的，递推公式为 $u_n = a u_{n-1} + b u_{n-2}$ $(n \geqslant 2)$. 定义由 $\{u_n\}_{n=0}^{+\infty}$ 生成的母函数 $U(x) = \sum\limits_{n=0}^{+\infty} u_n x^n$. 根据递推公式在原点的某个邻域中得到 $U(x)(1 - ax - bx^2) = u_0 + (u_1 - au_0)x$. 如果 α 和 β 表示多项式 $p(x) = x^2 - ax - b$ 的根，那么可以写出

$$U(x) = \frac{u_0 + (u_1 - au_0)x}{(1 - \alpha x)(1 - \beta x)} = \frac{A}{1 - \alpha x} + \frac{B}{1 - \beta x} = A \sum_{n=0}^{+\infty} \alpha^n x^n + B \sum_{n=0}^{+\infty} \beta^n x^n,$$

这里比较系数就能得到 A 和 B 的解. 最后，给出 $u_n = A\alpha^n + B\beta^n$. 注意到，这种方法适用于 p 有两个不同的根的情况，即 $\alpha \neq \beta$. 如果 $\alpha = \beta$，公式就会有所变化.

229

4. 应用 $p(n)$ 的母函数，证明：递推公式

$$p(n)=p(n-1)+p(n-2)-p(n-5)-p(n-7)-\cdots$$
$$=\sum_{k\neq 0}(-1)^{k+1}p\left(n-\frac{k(3k+1)}{2}\right),$$

其中，等号最右边的有限和是对 $k\in \mathbf{Z}$，$k\neq 0$ 且 $k(3k+1)/2\leqslant n$ 求的. 并用此公式计算 $p(5),p(6),p(7),p(8),p(9)$ 和 $p(10)$，并核实是否 $p(10)=42$.

下面的两个问题给出了分割函数渐进的初等结果. 附录 A 中给出了改进的结论.

5. 令

$$F(x)=\sum_{n=0}^{+\infty}p(n)x^n=\prod_{n=1}^{+\infty}\frac{1}{1-x^n}$$

为分割的母函数. 证明：当 $x\to 1$ 时，有

$$\log F(x)\sim\frac{\pi^2}{6(1-x)},$$

其中 $0<x<1$.

【提示：应用 $\log F(x)=\sum\log(1/(1-x^n))$ 和 $\log(1/(1-x^n))=\sum(1/m)x^{nm}$，所以

$$\log F(x)=\sum\frac{1}{m}\frac{x^m}{1-x^m}.$$

并应用 $mx^{m-1}(1-x)<1-x^m<m(1-x)$. 】

6. 作为练习 5 的推论证明：

$$e^{c_1 n^{1/2}}\leqslant p(n)\leqslant e^{c_2 n^{1/2}},$$

其中 c_1 和 c_2 是两个正的常数.

【提示：当 $y\to 0$ 时，$F(e^{-y})=\sum p(n)e^{-ny}\leqslant Ce^{c/y}$，所以 $p(n)e^{-ny}\leqslant ce^{c/y}$. 令 $y=1/n^{1/2}$ 就得到 $p(n)\leqslant c'e^{c'n^{1/2}}$. 相反的方向，

$$\sum_{n=0}^{m}p(n)e^{-ny}\geqslant C\left(e^{c/y}-\sum_{n=m+1}^{m}e^{cn^{1/2}}e^{-ny}\right),$$

只要令 $y=Am^{-1/2}$，其中 A 是一个足够大的常数，再根据序列 $p(n)$ 的单增性，就足够证明了. 】

7. 应用 Θ 的乘积公式证明：

（a）"三角形数" 恒等式

$$\prod_{n=0}^{+\infty}(1+x^n)(1-x^{2n+2})=\sum_{n=-\infty}^{+\infty}x^{n(n+1)/2},$$

当 $|x|<1$ 时成立.

（b）"七边形数" 恒等式

$$\prod_{n=0}^{+\infty}(1-x^{5n+1})(1-x^{5n+4})(1-x^{5n+5})=\sum_{n=-\infty}^{+\infty}(-1)^n x^{n(5n+3)/2},$$

当 $|x|<1$ 时成立.

8. 考虑 Pythagorean 三元数组 (a,b,c) 满足 $a^2 + b^2 = c^2$，其中 $a,b,c \in \mathbf{Z}$. 此外，假设 a 和 b 没有公共的因子.

（a）a 和 b 一定是一个奇数和一个偶数.

（b）证明：在此情况下（假设 a 是奇数，b 是偶数），存在整数 m，n 使得 $a = m^2 - n^2$，$b = 2mn$，并且 $c = m^2 + n^2$.
【提示：注意到 $b^2 = (c-a)(c+a)$，并证明 $(c-a)/2$ 和 $(c+a)/2$ 分别是两个素整数.】

（c）相反，证明：如果 c 是一个二平方和，那么存在整数 a 和 b 使得 $a^2 + b^2 = c^2$.

9. 应用 $r_2(n)$ 的公式证明：

（a）如果 $n = p$，其中 p 是形如 $4k+1$ 的素数，那么 $r_2(n) = 8$. 这就意味着 n 可以唯一地写成 $n = n_1^2 + n_2^2$ 的形式，不算符号，重新排列 n_1 与 n_2 的排序.

（b）如果 $n = q^a$，其中 q 是形如 $4k+3$ 的素数，a 是正整数，那么 $r_2(n) > 0$ 当且仅当 a 是偶数.

（c）一般情况，n 可以表达成二平方和当且仅当 n 的素数分解中出现的底是形如 $4k+3$ 的素数，而指数是偶数.

10. 随着 n 的增大，观察函数 $r_2(n)$ 和 $r_4(n)$ 的非正则度：

（a）存在无穷多个 n 使得 $r_2(n) = 0$，同时还有 $\lim\limits_{n \to +\infty} \sup r_2(n) = +\infty$.

（b）存在无穷多个 n 使得 $r_4(n) = 24$，同时还有 $\lim\limits_{n \to +\infty} \sup r_4(n)/n = +\infty$.
【提示：对于（a）考虑 $n = 5^k$；对于（b）考虑 $n = 2^k$，或者考虑 $n = q^k$，其中 q 是大的奇数.】

11. 回顾第 2 章问题 2，

$$\sum_{n=1}^{+\infty} d(n) z^n = \sum_{n=1}^{+\infty} \frac{z^n}{1 - z^n} \quad |z| < 1,$$

其中 $d(n)$ 表示 n 的因子数.

更一般的情况，证明：

$$\sum_{n=1}^{+\infty} \sigma_\ell(n) z^n = \sum_{n=1}^{+\infty} \frac{n^\ell z^n}{1 - z^n} \quad |z| < 1,$$

其中 $\sigma_\ell(n)$ 表示 n 的因子的第 ℓ 次幂的和.

231

12. 这里另一个恒等式包含 θ^4，它等价于四平方定理.

（a）证明：对于 $|q| < 1$，有

$$\sum_{n=1}^{+\infty} \frac{nq^n}{1 - q^n} = \sum_{n=1}^{+\infty} \frac{q^n}{(1 - q^n)^2}.$$

【提示：左边等于 $\sum \sigma_1(n) q^n$. 应用 $x/(1-x)^2 = \sum\limits_{n=1}^{+\infty} n x^n$.】

（b）证明：

$$\sum_{n=1}^{+\infty}\frac{nq^n}{1-q^n}-\sum_{n=1}^{+\infty}\frac{4nq^{4n}}{1-q^{4n}}=\sum_{n=1}^{+\infty}\frac{q^n}{(1-q^n)^2}-4\sum_{n=1}^{+\infty}\frac{q^{4n}}{(1-q^{4n})^2}=\sum\sigma_1^*(n)q^n,$$

其中 $\sigma_1^*(n)$ 是 d 的因子数，它们都不能被 4 整除．

（c）证明：四平方定理等价于等式

$$\theta(\tau)^4=1+8\sum_{n=1}^{+\infty}\frac{q^n}{(1+(-1)^nq^n)^2},q=\mathrm{e}^{\pi\mathrm{i}\tau}.$$

5　问题

1. * 假设 n 形如 $n=4^a(8k+7)$，其中 a 和 k 是正整数．证明：n 不能写成三平方和．反过来证明任意不能写成那种形式的 n 都可以写成三平方和，这是 Legendre 和 Gauss 的困难定理．

2. 令 $\mathrm{SL}_2(\mathbf{Z})$ 表示 2×2 矩阵的集合，其中矩阵的元都是整数，矩阵的行列式的值为 1，也就是

$$\mathrm{SL}_2(\mathbf{Z})=\left\{\boldsymbol{g}=\begin{pmatrix}a&b\\c&d\end{pmatrix}:a,b,c,d\in\mathbf{Z}\text{ 和 }ad-bc=1\right\}.$$

这个群是通过分式线性变换 $g(\tau)=(a\tau+b)/(c\tau+d)$ 作用在上半平面上．这种作用来自所谓的复平面上的基本域 F_1，其定义为

$$\mathcal{F}_1=\{\tau\in\mathbf{C}:|\tau|\geqslant1,|\mathrm{Re}(\tau)|\leqslant1/2\text{ 和 }|\mathrm{Im}(\tau)|\geqslant0\}.$$

图示见图 3．

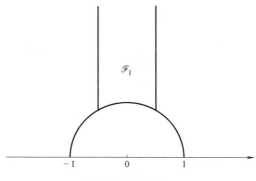

图 3　基本域 F_1

考虑 $\mathrm{SL}_2(\mathbf{Z})$ 中的两个元素

$$\begin{pmatrix}0&-1\\1&0\end{pmatrix}\text{ 和 }\begin{pmatrix}1&1\\0&1\end{pmatrix},$$

对应的变换分别是 $S(\tau)=-1/\tau$ 和 $T_1(\tau)=\tau+1$．令 G 表示 $\mathrm{SL}_2(\mathbf{Z})$ 的子群，由 S 和 T_1 生成的．

（a）证明：对每一个 $\tau \in H$，存在 $g \in G$ 使得 $g(\tau) \in F_1$.

（b）我们称两个点 τ 和 τ' 同余，即如果存在 $g \in SL_2(\mathbf{Z})$ 使得 $g(\tau) = w$. 证明：如果 τ，$w \in F_1$ 同余，那么或者 $\mathrm{Re}(\tau) = \pm 1/2$，$\tau' = \tau \mp 1$ 或者 $|\tau| = 1$，$\tau' = -1/\tau$.
【提示：假设 $\tau' = g(\tau)$. 为什么要假设 $\mathrm{Im}(\tau') \geqslant \mathrm{Im}(\tau)$，从而 $|c\tau + d| \leqslant 1$？现在分别考虑三种可能的情况 $c = -1$，$c = 0$，或者 $c = 1$.】

（c）证明：S 和 T_1 生成的模群表示每一个分式线性变换对应着一个 $g \in SL_2(\mathbf{Z})$，它是一个经过有限多次 S 和 T_1 或它们的逆的一个复合. 严格地说，S 和 T_1 的共轭转置矩阵生成特殊射影线性群 $PSL_2(\mathbf{Z})$，它等于 $SL_2(\mathbf{Z})$ 模 $\pm I$.
【提示：注意到 $2i$ 在 F_1 的内部. 根据（a），映射 $g(2i)$ 也回到 F_1 内. 应用（b）推导.】

3. 在这个问题中，考虑矩阵 $\begin{pmatrix} a & b \\ c & d \end{pmatrix}$ 的群 G，此矩阵的元素都是整数，行列式值等于 1，使得 a 和 d 有相同的奇偶性，b 和 c 有相同的奇偶性，且 c 和 d 有相反的奇偶性. 此群也是根据分式线性变换作用在上半平面上. 群 G 对应的基本域 F 根据 $|\tau| \geqslant 1$，$|\mathrm{Re}(\tau)| \leqslant 1$，并且 $\mathrm{Im}(\tau) \geqslant 0$（见图 1）定义. 并且令

$$S(\tau) = -1/\tau \leftrightarrow \begin{pmatrix} 0 & -1 \\ 1 & 0 \end{pmatrix} \text{和} T_2(\tau) = \tau + 2 \leftrightarrow \begin{pmatrix} 1 & 2 \\ 0 & 1 \end{pmatrix}.$$

证明每一个分式线性变换对应于 $g \in G$ 是一个有限多次 S，T_2 和它们的逆的复合，这与上面的问题类似.

4. 令 G 表示上面的题目中给出的矩阵群. 这里给出定理 3.4 替代证法，此定理给定一个定义在 H 上的全纯，有界的函数，并且此函数是不变量，在 G 下一定是常数.

（a）假设 f：$H \rightarrow \mathbf{C}$ 是全纯的，有界的，并且存在一个复数序列 $\tau_k = x_k + iy_k$ 使得

$$f(\tau_k) = 0, \sum_{k=1}^{+\infty} y_k = +\infty, 0 < y_k \leqslant 1 \text{ 和 } |x_k| \leqslant 1.$$

那么 $f = 0$.
【提示：当 $x_k = 0$ 时见第 8 章问题 5.】

（b）给出两个相关的素整数 c 和 d，它们有不同的奇偶性，证明：存在整数 a 和 b 使得 $\begin{pmatrix} a & b \\ c & d \end{pmatrix} \in G$.
【提示：所有的 $xc + dy = 1$ 的解形如 $x_0 + dt$，$y_0 - ct$，其中 x_0，y_0 是特解并且 $t \in \mathbf{Z}$.】

（c）证明：$\sum 1/(c^2 + d^2) = +\infty$，其中和是对 c 和 d 求的，取遍所有的相关素数组，且两个素数有相反的奇偶性.

233

【提示：用反证法，假设不是这样，并证明 $\sum\limits_{(a,b)=1} 1/(a^2+b^2) < +\infty$ ，其中和是对所有的相关素整数 a 和 b 求的. 对此，注意到如果 a 和 b 都是奇数并且是相关素数，那么两个数 c 和 d 规定 $c=(a+b)/2, d=(a-b)/2$ 是相关素数并且有相反的奇偶性. 此外，对于某个常数 A 满足 $c^2+d^2 \leqslant A(a^2+b^2)$ ，因此，

$$\sum_{n \neq 0} \frac{1}{n^2} \sum_{(a,b)=1} \frac{1}{a^2+b^2} < +\infty ,$$

所以 $\sum \dfrac{1}{k^2+\ell^2} < +\infty$ ，其中此和是对所有整数 k 和 ℓ 且 $k, \ell \neq 0$ 所求的. 为什么会产生矛盾呢？】

　　（d）证明：如果 F：H→C 是全纯的，有界的，并且是 G 下的不变量，那么 F 是常数.

【提示：将 $F(\tau)$ 替换成 $F(\tau)-F(i)$ 使得我们可以假设 $F(i)=0$ 并证明 $F=0$. 对某个相关素数 c 和 d，且它们有相反的奇偶性，选择 $g \in G$ 使得 $g(i)=x_{c,d}+i/(c^2+d^2)$ ，其中 $|x_{c,d}| \leqslant 1$】

　　5. * 在第 9 章我们证明了 Weierstrass $\wp$ 函数满足三次方程

$$(\wp')^2 = 4\wp^3 - g_2\wp - g_3 ,$$

其中 $g_2=60E_4$，$g_3=140E_6$，E_k 是 k 阶 Eisentein 级数. 三元函数 $y^2=4x^3-g_2 x - g_3$ 的判别法定义为 $\Delta=g_2^3-27g_3^2$. 证明：对所有的 $\tau \in H$，有

$$\Delta(\tau)=(2\pi)^{12}\eta^{24}(\tau).$$

【提示：Δ 和 η^{24} 满足相同的变换规则 $\tau \mapsto \tau+1$ 和 $\tau \mapsto -1/\tau$. 因为问题 2 中描述的基本域，只要研究在尖点处的表现就够了，尖点在无穷大处.】

　　6. * 这里我们将简化公式 $r_8(n)$，它表示的是将整数 n 表达成八平方数的表达方式的计数. 方法与 $r_4(n)$ 类似，只是缺乏详细的描述.

　　定理　$r_8(n)=16\sigma_3^*(n)$.

这里当 n 为奇数时 $\sigma_3^*(n)=\sigma_3(n)=\sum\limits_{d|n} d^3$. 并且当 n 是偶数时，

$$\sigma_3^*(n) = \sum_{d|n}(-1)^d d^3 = \sigma_3^e(n) - \sigma_3^o(n) ,$$

其中 $\sigma_3^e(n)=\sum\limits_{d|n,d\,\text{even}} d^3$ 和 $\sigma_3^o(n)=\sum\limits_{d|n,d\,\text{odd}} d^3$.

　　考虑合适的 Eisenstein 级数

$$E_4^*(\tau) = \sum \frac{1}{(n+m\tau)^4} ,$$

其中和是对具有相反奇偶性的整数 n 和 m 求的. 回顾标准的 Eisenstein 级数

$$E_4(\tau) = \sum_{(n,m) \neq (0,0)} \frac{1}{(n+m\tau)^4}.$$

234

注意到级数 E_4^* 绝对收敛，与 $E_2^*(\tau)$ 不同，它是考虑 $r_4(n)$ 时出现的. 这使得下面考虑的问题变得简单一点.

（a）证明：$r_8(n)=16\sigma_3^*(n)$ 等价于等式 $\theta(\tau)^8=48\pi^{-4}E_4^*(\tau)$.

【提示：根据 $E_4(\tau)=2\zeta(4)+\dfrac{(2\pi)^4}{3}\displaystyle\sum_{k=1}^{+\infty}\sigma_3(k)\mathrm{e}^{2\pi ik\tau}$ 和 $\zeta(4)=\pi^4/90$】

（b）$E_4^*(\tau)=E_4(\tau)-2^{-4}E_4((\tau-1)/2)$.

（c）$E_4^*(\tau+2)=E_4^*(\tau)$.

（d）$E_4^*(\tau)=\tau^{-4}E_4^*(-1/\tau)$.

（e）$(48/\pi^4)E_4^*(\tau)\to1,\tau\to+\infty$.

（f）$|E_4^*(1-1/\tau)|\approx|\tau|^4|\mathrm{e}^{2\pi i\tau}|,\mathrm{Im}(\tau)\to+\infty$.

【提示：证明 $E_4^*(1-1/\tau)=\tau^4[E_4(\tau)-E_4(2\tau)]$】

因为 $\theta(\tau)^8$ 满足性质类似于上面的（c）、（d）、（e）和（f），从而不变函数 $48\pi^{-4}E_4^*(\tau)/\theta(\tau)^8$ 是有界的，因此它是一个常数，且一定等于 1. 这就给了我们想要的结果.

附录 A　渐　　近

对定积分 $\int_w \cos\frac{\pi}{2}(w^3 - m.w)$ 进行数值计算，极限介于 0 与 1/0 之间. 这个微分系数如此简单，使我猜想这个积分的值可以通过列表的形式给出，但是经过多次尝试之后，仍没能将其简化为任何已知的积分. 因此，通过将其展开成带有余项的级数来计算它的近似值，并考虑近似程度.

G. B. Airy, 1838

准确计算函数的解析解往往很困难. 通常会研究渐近解来代替解析解，这也是唯一有效的手段. 这里将研究几种类型的渐近，它们在复分析的研究中起着重要的作用. 渐近问题的关键是形如

$$I(s) = \int_a^b e^{-s\Phi(x)}\,\mathrm{d}x \tag{1}$$

的积分，当变量 s 很大时的表现.

研究这类问题我们总结了三个指导原则.

（ⅰ）周线形变. 函数 Φ 是一般的复值函数，因此对大的 s 积分式（1）会迅速振荡，使得结果被抵消，从而掩盖了 $I(s)$ 的真实表现. 当 Φ 是全纯函数时（通常都是这种情况），改变积分周线是比较可行的途径，在新的周线上使得 Φ 是实值函数. 如果这样可行，就可以用比较直接的方法解释 $I(s)$ 的所有表现. 这种方法将会在下面的 Bessel 函数中首先用到.

（ⅱ）Laplace 方法. 当 Φ 在周线上是实值函数且 s 是正数时，$I(s)$ 最大的基值来自 Φ 的最小值附近的积分，它可以很好地得到 Φ 在最小值附近的二次方表现. 我们应用这种方法提出 gamma 函数（Stirling 公式）渐近，Airy 函数也是如此.

（ⅲ）母函数. 如果 $\{F_n\}$ 是一个数论或组合序列，已经有几个例子可以根据母函数 $F(u) = \sum F_n u^n$ 的解析性质来获得 $\{F_n\}$ 的一些令人感兴趣的结果. 事实上，当 $n \to +\infty$ 时，F_n 的渐近表现也可以通过公式

$$F_n = \int_\gamma F(e^{2\pi iz}) e^{-2\pi inz}\,\mathrm{d}z$$

分析出来. 这里 γ 是上半平面内的一条合适的单位线段. 此公式可以看作积分

（1）的变式来研究. 稍后我们会具体研究这种方法如何应用于重要的特例中，从而获得 $p(n)$ 的渐近公式，其中 $p(n)$ 表示的是整数 n 的因子数.

1　Bessel 函数

Bessel 函数出现在很多具有轮换对称性的问题中. 例如，球面函数在 $\mathbf{R}^d$ 上的傅里叶变换可以按照 $(d/2)-1$ 阶的 Bessel 函数巧妙地表达. 见第一册第 6 章.

Bessel 函数可以由多种交错公式定义. 例如 $\nu>-1/2$ 阶的 Bessel 函数定义为

$$J_\nu(s)=\frac{(s/2)^\nu}{\Gamma(\nu+1/2)\Gamma(1/2)}\int_{-1}^1 e^{isx}(1-x^2)^{\nu-1/2}dx. \tag{2}$$

如果将 $\lim\limits_{\nu\to-1/2}J_\nu(s)$ 定义为 $J_{-1/2}(s)$，会看到它等于 $\sqrt{\dfrac{2}{\pi s}}\cos s$. 另外也可以观察到 $J_{-1/2}(s)=$ $\sqrt{\dfrac{2}{\pi s}}\sin s$. 虽然只有当 ν 是半积分时 $J_\nu(s)$ 才可以表达成初等函数，也就是函数大概是解析函数. 但是它在 s 较大时的表现是可以用上面两个例子表达出来的.

定理 1.1

$$J_\nu(s)=\sqrt{\frac{2}{\pi s}}\cos\left(s-\frac{\pi\nu}{2}-\frac{\pi}{4}\right)+O(s^{-3/2})\quad s\to+\infty.$$

要研究公式 $J_\nu(s)$，只要研究公式

$$I(s)=\int_{-1}^1 e^{isx}(1-x^2)^{\nu-1/2}dx, \tag{3}$$

并且研究之后再考虑以射线 $z\in(-\infty,-1)\bigcup(1,+\infty)$ 为裂缝的复平面上的解析函数 $f(z)=e^{isz}(1-z^2)^{\nu-1/2}$. 对于 $(1-z^2)^{\nu-1/2}$，当 $z=x\in(-1,1)$ 并且 $s>0$ 固定时，我们选择正分支，应用柯西定理看到

$$I(s)=-I_-(s)-I_+(s),$$

其中积分 $I(s)$，$I_-(s)$ 和 $I_+(s)$ 的积分线见图 1. 此等式是根据积分 $\displaystyle\int_{\gamma_{\varepsilon,R}}f(z)dz=0$ 建立的，其中 $\gamma_{\varepsilon,R}$ 是图 1 中的第二个周线，并令 $\varepsilon\to0$ 和 $R\to+\infty$.

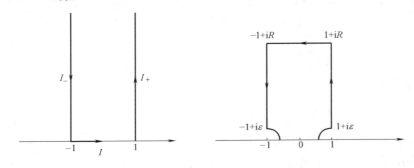

图 1　积分 $I(s)$，$I_-(s)$ 和 $I_+(s)$ 的周线和周线 $\gamma_{\varepsilon,R}$

在 $I_+(s)$ 的周线上满足 $z=1+\mathrm{i}y$，因此，

$$I_+(s)=\mathrm{i}\mathrm{e}^{\mathrm{i}s}\int_0^{+\infty}\mathrm{e}^{-sy}(1-(1+\mathrm{i}y)^2)^{\nu-1/2}\mathrm{d}y,\tag{4}$$

$I_-(s)$ 的表达类似.

这里从路径 $I(s)$ 到 $-(I_-(s)+I_+(s))$ 我们能获得什么呢？观察到对于大的正数 s，式（3）中的 $\mathrm{e}^{\mathrm{i}sx}$ 迅速振荡，因此对积分的估计就不会像看上去这么简单了. 可是，在式（4）中对应的指数函数为 e^{-sy}，随着 $s\to+\infty$ 它减少得很快，除了 $y=0$ 时. 因此，在这种情况下，我们会立即发现此积分最主要的基值是来自于 $y=0$ 附近的积分，并且此时很容易近似这个积分. 这个思想是来自下面的研究.

命题 1.2　假设 a 和 m 给定，且 $a>0$，$m>-1$. 那么随着 $s\to+\infty$，有

$$\int_0^a\mathrm{e}^{-sx}x^m\mathrm{d}x=s^{-m-1}\Gamma(m+1)+O(\mathrm{e}^{-cs}),\tag{5}$$

其中 c 是某个正数.

证明　因为 $m>-1$，这保证了等式 $\int_0^a\mathrm{e}^{-sx}x^m\mathrm{d}x=\lim\limits_{\varepsilon\to0}\int_\varepsilon^a\mathrm{e}^{-sx}x^m\mathrm{d}x$ 存在. 那么我们写出

$$\int_0^a\mathrm{e}^{-sx}x^m\mathrm{d}x=\int_0^{+\infty}\mathrm{e}^{-sx}x^m\mathrm{d}x-\int_a^{+\infty}\mathrm{e}^{-sx}x^m\mathrm{d}x.$$

如果对等号右边的第一个积分进行变量代换 $x\mapsto x/s$，可以看出它等于 $s^{-m-1}\Gamma(m+1)$. 对于第二个积分我们注意到

$$\int_a^{+\infty}\mathrm{e}^{-sx}x^m\mathrm{d}x=\mathrm{e}^{-cs}\int_a^{+\infty}\mathrm{e}^{-s(x-c)}x^m\mathrm{d}x=O(\mathrm{e}^{-cs}),\tag{6}$$

只要 $c<a$，命题得证.

我们回到积分（4）并注意到

$$(1-(1+\mathrm{i}y)^2)^{\nu-1/2}=(-2\mathrm{i}y)^{\nu-1/2}+O(y^{\nu+1/2})\quad 0\leqslant y\leqslant1,$$

同时，

$$(1-(1+\mathrm{i}y)^2)^{\nu-1/2}=O(y^{\nu-1/2}+y^{2\nu-1})\qquad 1\leqslant y.$$

因此，应用命题并令 $a=1$ 和 $m=\nu\mp1/2$，再加上式（6），给出

$$I_+(s)=\mathrm{i}(-2\mathrm{i})^{\nu-1/2}\mathrm{e}^{\mathrm{i}s}s^{-\nu-1/2}\Gamma(\nu+1/2)+O(s^{-\nu-3/2}).$$

类似地，

$$I_-(s)=\mathrm{i}(2\mathrm{i})^{\nu-1/2}\mathrm{e}^{\mathrm{i}s}s^{-\nu-1/2}\Gamma(\nu+1/2)+O(s^{-\nu-3/2}).$$

如果我们回顾

$$J_\nu(s)=\frac{(s/2)^\nu}{\Gamma(\nu+1/2)\Gamma(1/2)}[-I_-(s)-I_+(s)],$$

并且知道 $\Gamma(1/2)=\sqrt{\pi}$，这样就证明了定理 1.1.

为了接下来的研究，我们指出在某种特定的约束环境下，命题 1.2 的主要内容可以拓展到复半平面 $\mathrm{Re}(s)\geqslant0$ 上.

命题 1.3 假设 a 和 m 给定，且 $a > 0$，$-1 < m < 0$，那么当 $\mathrm{Re}(s) \geqslant 0$ 时，随着 $|s| \to +\infty$，积分等于

$$\int_0^a \mathrm{e}^{-sx} x^m \mathrm{d}x = s^{-m-1} \Gamma(m+1) + O(1/|s|).$$

（这里 s^{-m-1} 是函数关于 $s > 0$ 的正分支）.

证明 当 $\mathrm{Re}(s) \geqslant 0$，$s \neq 0$ 时，

$$\int_0^{+\infty} \mathrm{e}^{-sx} x^m \mathrm{d}x = \lim_{N1 \to +\infty} \int_0^N \mathrm{e}^{-sx} x^m \mathrm{d}x$$

存在，并且它等于 $s^{-m-1} \Gamma(m+1)$. 如果 N 很大，我们首先写成

$$\int_0^N \mathrm{e}^{-sx} x^m \mathrm{d}x = \int_0^a \mathrm{e}^{-sx} x^m \mathrm{d}x + \int_a^N \mathrm{e}^{-sx} x^m \mathrm{d}x.$$

因为 $m > -1$，等号右边的第一个积分定义了一个处处解析的函数. 关于第二个积分，我们注意到 $-\dfrac{1}{s} \dfrac{\mathrm{d}}{\mathrm{d}x}(\mathrm{e}^{-sx}) = \mathrm{e}^{-sx}$，因此根据分部积分

$$\int_a^N \mathrm{e}^{-sx} x^m \mathrm{d}x = \frac{m}{s} \int_a^N \mathrm{e}^{-sx} x^{m-1} \mathrm{d}x - \left[\frac{\mathrm{e}^{-sx}}{s} x^m \right]_a^N. \tag{7}$$

这个等式再加上积分 $\int_a^{+\infty} x^{m-1} \mathrm{d}x$ 的收敛性，表明 $\int_a^{+\infty} \mathrm{e}^{-sx} x^m \mathrm{d}x$ 在半平面 $\mathrm{Re}(s) > 0$ 上定义了一个解析函数，并且可以延拓到 $\mathrm{Re}(s) \geqslant 0$，$s \neq 0$ 上. 因此 $\int_0^{+\infty} \mathrm{e}^{-sx} x^m \mathrm{d}x$ 在上半平面 $\mathrm{Re}(s) > 0$ 上是解析函数，并且可以延拓到 $\mathrm{Re}(s) \geqslant 0$，$s \neq 0$ 上. 因为当 s 是正的的时候，它等于 $s^{-m-1} \Gamma(m+1)$，我们推出当 $\mathrm{Re}(s) \geqslant 0$，$s \neq 0$ 时，

$$\int_0^{+\infty} \mathrm{e}^{-sx} x^m \mathrm{d}x = s^{-m-1} \Gamma(m+1).$$

但是，我们现在有

$$\int_0^a \mathrm{e}^{-sx} x^m \mathrm{d}x = \int_0^{+\infty} \mathrm{e}^{-sx} x^m \mathrm{d}x - \int_a^{+\infty} \mathrm{e}^{-sx} x^m \mathrm{d}x.$$

它根据式（7）很容易得到，并且因为 $m < 0$，如果我们令 $N \to +\infty$，那么 $\int_a^{+\infty} \mathrm{e}^{-sx} x^{m-1} \mathrm{d}x = O(1/|s|)$. 命题得证.

注意：命题 1.3 中如果想要得到更好的误差项，就要扩大 m 的范围，这样可以减少对端点 $x = a$ 的基值的影响. 可以通过引入合适的光滑截断来实现. 见问题 1.

2 Laplace 方法 Stirling 公式

239

我们已经提到过，当 Φ 是实值函数时，随着 $s \to +\infty$ 积分 $\int_a^b \mathrm{e}^{-s\Phi(x)} \mathrm{d}x$ 的主要基值来自于 Φ 的最小值点. 关于最小值点取在端点处的这种情况，命题 1.2 已经考虑到了. 现在我们讨论最小值点取在区间 $[a, b]$ 内部这种重要情况.

考虑积分

$$\int_a^b \mathrm{e}^{-s\Phi(x)}\psi(x)\,\mathrm{d}x,$$

其中，相 Φ 是实值函数，并且假设相 Φ 和振幅 ψ 都有无穷阶导数. 根据这个假设，Φ 的最小值点 $x_0 \in (a,b)$ 必满足 $\Phi'(x_0)=0$，但 $\Phi''(x)>0$ 在区间 $[a,b]$ 上处处成立（图 2 描述了这种情况）.

命题 2.1 在上面的假设下，当 $s>0$ 时，随着 $s \to +\infty$，有

$$\int_a^b \mathrm{e}^{-s\Phi(x)}\psi(x)\,\mathrm{d}x = \mathrm{e}^{-s\Phi(x_0)}\left[\frac{A}{s^{1/2}}+O\left(\frac{1}{s}\right)\right],$$

$$(8)$$

其中，

$$A = \sqrt{2\pi}\,\frac{\psi(x_0)}{(\Phi''(x_0))^{1/2}}.$$

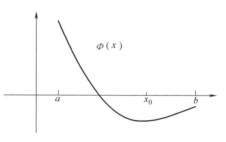

图 2 函数 Φ 与它的最小值点 x_0

证明 通过将 $\Phi(x)$ 替换成 $\Phi(x)-\Phi(x_0)$，我们可以假设 $\Phi(x_0)=0$. 因为 $\Phi'(x_0)=0$，我们注意到

$$\frac{\Phi(x)}{(x-x_0)^2}=\frac{\Phi''(x_0)}{2}\varphi(x),$$

其中 φ 是光滑的，并且当 $x \to x_0$ 时 $\varphi(x)=1+O(x-x_0)$. 因此，在 $x=x_0$ 的小邻域内进行光滑变换 $x \mapsto y=(x-x_0)(\varphi(x))^{1/2}$，并且通过观察发现 $\mathrm{d}y/\mathrm{d}x\,|_{x_0}=1$，因此当 $y \to 0$ 时 $\mathrm{d}x/\mathrm{d}y = 1+O(y)$. 此外，因为当 $y \to 0$ 时 $\tilde{\psi}(y)=\psi(x_0)+O(y)$，所以 $\psi(x)=\tilde{\psi}(y)$. 因此，如果区间 $[a',b']$ 是包含 x_0 的足够小的区间，由变量代换我们获得

$$\int_{a'}^{b'} \mathrm{e}^{-s\Phi(x)}\psi(x)\,\mathrm{d}x = \psi(x_0)\int_\alpha^\beta \mathrm{e}^{-s\frac{\Phi''(x_0)}{2}y^2}\,\mathrm{d}y + O\left(\int_\alpha^\beta \mathrm{e}^{-s\frac{\Phi''(x_0)}{2}y^2}\,|y|\,\mathrm{d}y\right), \qquad (9)$$

其中 $\alpha<0<\beta$. 现在再次进行变量代换，令 $y^2=X$，则 $\mathrm{d}y=\frac{1}{2}X^{-1/2}\mathrm{d}X$，由式（5）发现，式（9）中等号右边的第一个积分为

$$\int_0^{\alpha_0} \mathrm{e}^{-s\frac{\Phi''(x_0)}{2}X}X^{-1/2}\,\mathrm{d}X + O(\mathrm{e}^{-\delta s}) = s^{-1/2}\left(\frac{2\pi}{\Phi''(x_0)}\right)^{1/2}+O(\mathrm{e}^{-\delta s}),$$

其中 $\delta>0$. 根据类似的讨论，第二个积分等于 $O(1/s)$. 剩下的就是函数 $\mathrm{e}^{-s\Phi(x)}\psi(x)$ 在区间 $[a,a']$ 和 $[b',b]$ 上的积分. 但是这两个积分当 $s \to +\infty$ 时会指数递减到 0，因为在这两个子区间内 $\Phi(x) \geqslant c>0$. 概括起来，就能建立式（8）并证明命题.

将渐近公式（8）推广到所有满足 $\mathrm{Re}(s)\geqslant 0$ 的复数 s 是非常重要的. 但是它的证明需要一些不同的讨论：我们必须考虑函数 $\mathrm{e}^{-s\Phi(x)}$ 当 $|s|$ 很大时的振荡，而

不是 $\mathrm{Re}(s)$ 很小时，这可以用分部积分做到.

命题 2.2　关于 Φ 和 ψ 与之前的假设相同，如果 $|s| \to +\infty$，$\mathrm{Re}(s) \geqslant 0$，式（8）一样成立.

证明　与方程式（9）的证明一样，通过命题 1.3 取 $m = -1/2$，为第一项获得合适的渐近. 处理剩下的项需要注意到：如果 Ψ 和 ψ 是在区间 $[\overline{a}, \overline{b}]$ 上定义的，具有无穷阶导数，并且 $\Psi(x) \geqslant 0$，同时 $|\Psi'(x)| \geqslant c > 0$，那么如果 $\mathrm{Re}(s) \geqslant 0$，则

$$\int_{\overline{a}}^{\overline{b}} \mathrm{e}^{-s\Psi(x)} \psi(x) \mathrm{d}x = O\left(\frac{1}{|s|}\right) \quad |s| \to +\infty. \tag{10}$$

事实上，这个积分等于

$$-\frac{1}{s} \int_{\overline{a}}^{\overline{b}} \frac{\mathrm{d}}{\mathrm{d}x}(\mathrm{e}^{-s\Psi(x)}) \frac{\psi(x)}{\Psi'(x)} \mathrm{d}x,$$

根据分部积分它等于

$$\frac{1}{s} \int_{\overline{a}}^{\overline{b}} \mathrm{e}^{-s\Psi(x)} \frac{\mathrm{d}}{\mathrm{d}x}\left(\frac{\psi(x)}{\Psi'(x)}\right) \mathrm{d}x - \frac{1}{s}\left[\mathrm{e}^{-s\Psi(x)} \frac{\psi(x)}{\Psi'(x)}\right]_{\overline{a}}^{\overline{b}}.$$

因为 $|\mathrm{e}^{-s\Psi(x)}| \leqslant 1$，当 $\mathrm{Re}(s) \geqslant 0$ 时，马上就能证明式（10）. 接下来处理函数 $\mathrm{e}^{-s\Phi(x)} \psi(x)$ 在补集区间 $[a, a']$ 和 $[b', b]$ 上的积分. 因为 $\Phi'(x_0) = 0$ 并且 $\Phi''(x) \geqslant c_1 > 0$，所以在这两个区间上都满足 $|\Phi'(x)| \geqslant c > 0$.

最后，关于式（9）右边的第二项实际上是积分

$$\int_{\alpha}^{\beta} \mathrm{e}^{-s\frac{\Phi''(x_0)}{2}y^2} y \eta(y) \mathrm{d}y,$$

其中 $\eta(y)$ 可微. 那么我们可以通过分部积分重新估计这一项的值，只要将积分写成

$$-\frac{1}{s\Phi''(x_0)} \int_{\alpha}^{\beta} \frac{\mathrm{d}}{\mathrm{d}y}(\mathrm{e}^{-s\frac{\Phi''(x_0)}{2}y^2}) \eta(y) \mathrm{d}y,$$

就能获得它的界为 $O(1/|s|)$.

命题 2.2 的特例是当 s 是纯虚数的时候，即当 $s = \mathrm{i}t$，$t \to +\infty$ 时，这种情况会单独考虑；处理这种情况通常用定常相的方法. 满足 $\Phi'(x_0) = 0$ 的点 x_0 称为临界点.

我们第一个应用是 gamma 函数 Γ 的渐近表现，通过 Stirling 公式给出. 此公式在复平面上除去负实轴之外的任意扇形区域上都成立. 对任意 $\delta > 0$，令 $S_\delta = \{s: |\arg s| \leqslant \pi - \delta\}$，并通过对数函数的主支 $\log s$ 表示，定义在除去负实轴的有裂缝的平面上.

定理 2.3　如果 $|s| \to +\infty$，其中 $s \in S_\delta$，那么

$$\Gamma(s) = \mathrm{e}^{s\log s}\mathrm{e}^{-s} \frac{\sqrt{2\pi}}{s^{1/2}}\left(1 + O\left(\frac{1}{|s|^{1/2}}\right)\right). \tag{11}$$

241

注意：做一点额外的工作可以将误差项改善为 $O(1/|s|)$，事实上可以完整地渐近推广为 $1/s$ 的幂，见问题 2. 并且我们注意到式（11），它意味着 $\Gamma(s) \sim \sqrt{2\pi}s^{s-1/2}\mathrm{e}^{-s}$，这正是 Stirling 公式经常陈述的内容.

为了证明定理，首先在右半平面上建立公式（11）。我们将证明，当 $\mathrm{Re}(s) >$ 0 时公式成立，并且只要除去原点的某个邻域（如 $|s| < 1$），它的误差项在半平面的闭包上就是统一的。因此，当 $s > 0$ 时写出

$$\Gamma(s) = \int_0^{+\infty} e^{-x} x^s \frac{\mathrm{d}x}{x} = \int_0^{+\infty} e^{-x+s\log x} \frac{\mathrm{d}x}{x}.$$

进行变量代换 $x \mapsto sx$，上面的积分等于

$$\int_0^{+\infty} e^{-sx+s\log sx} \frac{\mathrm{d}x}{x} = e^{s\log s} e^{-s} \int_0^{+\infty} e^{-s\Phi(x)} \frac{\mathrm{d}x}{x},$$

其中 $\Phi(x) = x - 1 - \log x$。根据解析延拓，此等式依然成立，并且当 $\mathrm{Re}(s) > 0$ 时，有

$$\Gamma(s) = e^{s\log s} e^{-s} I(s),$$

其中，

$$I(s) = \int_0^{+\infty} e^{-s\Phi(x)} \frac{\mathrm{d}x}{x}.$$

现在，只要证明下式就足够了，

$$I(s) = \frac{\sqrt{2\pi}}{s^{1/2}} + O\left(\frac{1}{|s|}\right) \quad \mathrm{Re}(s) > 0. \tag{12}$$

首先注意到，当 $0 < x < +\infty$，$\Phi''(1) = 1$ 时，$\Phi(1) = \Phi'(1) = 0$，$\Phi''(x) = 1/x^2 > 0$。因此 Φ 是凸的，在 $x = 1$ 处取得最小值，且最小值是正的。

在这种情况下，应用 Laplace 方法的复版本，即命题 2.2。这里的临界点是 $x_0 = 1$ 且 $\psi(x) = 1/x$。为了方便，我们将区间 $[a, b]$ 选择为 $[1/2, 2]$。那么积分 $\int_a^b e^{-s\Phi(x)} \psi(x) \mathrm{d}x$ 应用渐近公式（12）。对应的积分区间是 $[0, 1/2]$ 和 $[2, +\infty)$，它的误差项仍然是有界的。这里应用分部积分，这种方法对我们很有用，可以反复应用。事实上，因为 $\Phi'(x) = 1 - 1/x$，我们有

$$\int_\varepsilon^{1/2} e^{-s\Phi(x)} \frac{\mathrm{d}x}{x} = -\frac{1}{s} \int_\varepsilon^{1/2} \frac{\mathrm{d}}{\mathrm{d}x}\left(e^{-s\Phi(x)}\right) \frac{\mathrm{d}x}{\Phi'(x)x}$$

$$= -\frac{1}{s}\left[\frac{e^{-s\Phi(x)}}{x-1}\right]_\varepsilon^{1/2} - \frac{1}{s} \int_\varepsilon^{1/2} e^{-s\Phi(x)} \frac{\mathrm{d}x}{(x-1)^2}.$$

注意到，随着 $\varepsilon \to 0$，且 $|e^{-s\Phi(x)}| \leqslant 1$，有 $\Phi(\varepsilon) \to +\infty$，我们取极限会发现

$$\int_0^{1/2} e^{-s\Phi(x)} \frac{\mathrm{d}x}{x} = \frac{2}{s} e^{-s\Phi(1/2)} - \frac{1}{s} \int_0^{1/2} e^{-s\Phi(x)} \frac{\mathrm{d}x}{(x-1)^2}.$$

因此，在半平面 $\mathrm{Re}(s) \geqslant 0$ 上等号左边等于 $O(1/|s|)$。

积分 $\int_2^{+\infty} e^{-s\Phi(x)} \frac{\mathrm{d}x}{x}$ 也类似地处理，只要注意到积分 $\int_2^{+\infty} (x-1)^{-2} \mathrm{d}x$ 收敛即可。

因为这些估计是一致的，所以式（12）成立，从而证明了当 $\mathrm{Re}(s) \geqslant 0$，

$|s| \to +\infty$ 时式（11）成立.

将 $\mathrm{Re}(s) \geqslant 0$ 推广到 $\mathrm{Re}(s) \leqslant 0$，$s \in S_\delta$. 我们回顾下面的事实，关于 $\log s$ 的主支：当 $\mathrm{Re}(s) \geqslant 0$，$s = \sigma + \mathrm{i}t$，$t \neq 0$ 时，有

$$\log(-s) = \begin{cases} \log s - \mathrm{i}\pi & t > 0, \\ \log s + \mathrm{i}\pi & t < 0. \end{cases}$$

所以，如果 $G(s) = e^{s\log s} e^{-s}$，$\mathrm{Re}(s) \geqslant 0$，$t \neq 0$，则

$$G(-s)^{-1} = \begin{cases} e^{s\log s} e^{-s} e^{-s\mathrm{i}\pi} & t > 0, \\ e^{s\log s} e^{-s} e^{-s\mathrm{i}\pi} & t < 0. \end{cases} \tag{13}$$

接下来，因为 $\Gamma(s)\Gamma(1-s) = \pi/\sin \pi s$，并且 $\Gamma(1-s) = -s\Gamma(-s)$（见第 6 章定理 1.4 和引理 1.2），所以

$$\Gamma(s)\Gamma(1-s) = \frac{\pi}{-s\sin\pi s}, \tag{14}$$

结合式（13）和式（14），再加上 s 很大时，$(1 + O(1/|s|^{1/2}))^{-1} = 1 + O(1/|s|^{1/2})$，我们可以将式（11）推广到整个扇形区域 S_δ，因此定理证毕.

3　Airy 函数

Airy 函数最早出现在光学里，更准确地说是在分析焦散线附近的光强度时发现的. 这是研究积分渐近早期的重要例子. Airy 函数 Ai 定义为

$$\mathrm{Ai}(s) = \frac{1}{2\pi} \int_{-\infty}^{+\infty} e^{\mathrm{i}(x^3/3 + sx)} \, \mathrm{d}x \qquad s \in \mathbf{R}.$$

首先让我们看到，随着 $|x| \to +\infty$ 积分会迅速振荡，且积分收敛，它表达了 s 的连续函数. 事实上，注意到

$$\frac{1}{\mathrm{i}(x^2 + s)} \frac{\mathrm{d}}{\mathrm{d}x}(e^{\mathrm{i}(x^3/3 + sx)}) = e^{\mathrm{i}(x^3/3 + sx)}, \tag{15}$$

因此如果 $a \geqslant 2|s|^{1/2}$，我们可以将积分 $\int_a^R e^{\mathrm{i}(x^3/3 + sx)} \, \mathrm{d}x$ 写成

$$\int_a^R \frac{1}{\mathrm{i}(x^2 + s)} \frac{\mathrm{d}}{\mathrm{d}x}(e^{\mathrm{i}(x^3/3 + sx)}) \, \mathrm{d}x. \tag{16}$$

应用分部积分并令 $R \to +\infty$，发现此积分一致收敛，并且对于 $|s| \leqslant a^2/4$，积分 $\int_a^{+\infty} e^{\mathrm{i}(x^3/3 + sx)} \, \mathrm{d}x$ 也是连续的. 关于在 $-\infty$ 到 $-a$ 上的积分也类似地处理，这样 Airy 函数 $\mathrm{Ai}(s)$ 就确定下来了.

通过周线积分（15）的变形可以发现 Airy 函数 $\mathrm{Ai}(s)$ 更好的性质. 后面要选择一个最优的周线，但是这里关心的是将积分式（15）的 x 轴替换为平行线 $L_\delta = \{x + \mathrm{i}\delta, x \in \mathbf{R}\}$，$\delta > 0$，会出现意外的结论.

事实上，对函数 $f(z) = e^{\mathrm{i}(z^3/3 + sz)}$ 在矩形周线 γ_R（见图 3）上应用柯西定理.

注意到，在 L_δ 上 $f(z) = O(e^{-\delta x^2})$，同时在矩形周线的垂直边上 $f(z) = $

243

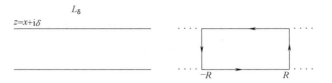

图 3 线 L_δ 和周线 γ_R

$O(\mathrm{e}^{-yR^2})$. 由于随着 $R \to +\infty$，积分 $\int_0^\delta \mathrm{e}^{-yR^2}\mathrm{d}y \to 0$，因此我们得到

$$\mathrm{Ai}(s) = \frac{1}{2\pi} \int_{L_\delta} \mathrm{e}^{\mathrm{i}(z^3/3 + sz)}\,\mathrm{d}z.$$

现在，优化 $f(z) = O(\mathrm{e}^{-\delta x^2})$ 使得对每个复数 s 都成立，因此，由于积分的快速收敛性，Airy 函数 $\mathrm{Ai}(s)$ 表达了关于 s 的整函数.

接下来注意到 $\mathrm{Ai}(s)$ 满足微分方程

$$\mathrm{Ai}''(s) = s\mathrm{Ai}(s). \tag{17}$$

这个简单且自然的等式帮助我们解释 Airy 函数的存在性. 要证明式（17）注意到

$$\mathrm{Ai}''(s) - s\mathrm{Ai}(s) = \frac{1}{2\pi} \int_{L_\delta} (-z^2 - s)\mathrm{e}^{\mathrm{i}(z^3/3 + sz)}\,\mathrm{d}z.$$

但是，

$$(-z^2 + s)\mathrm{e}^{\mathrm{i}(z^3/3 + sz)} = \mathrm{i}\frac{\mathrm{d}}{\mathrm{d}z}(\mathrm{e}^{\mathrm{i}(z^3/3 + sz)}),$$

因为沿着 L_δ 随着 $|z| \to +\infty$，函数 $f(z) = \mathrm{e}^{\mathrm{i}(z^3/3 + sz)}$ 趋于零，所以

$$\mathrm{Ai}''(s) - s\mathrm{Ai}(s) = \frac{\mathrm{i}}{2\pi} \int_{L_\delta} \frac{\mathrm{d}}{\mathrm{d}z}(f(z))\,\mathrm{d}z = 0,$$

从而式（17）得证.

现在回到主要问题，当 s 取大的实值时 Airy 函数 $\mathrm{Ai}(s)$ 的渐近. 微分方程（17）表明，当 $|s|$ 很大时，Airy 函数有不同的表现，这依赖于 s 的正负. 因此，比较下面与之类似的微分方程

$$y''(s) = Ay(s), \tag{18}$$

其中，A 是一个大常数，当 s 是正的时对应的 A 是正的，否则 A 是负的. 微分方程（18）的两个解当然是 $\mathrm{e}^{\sqrt{A}s}$ 和 $\mathrm{e}^{-\sqrt{A}s}$，随着 $s \to +\infty$，如果 $A > 0$ 则第一个解会快速增长，而第二个解会快速减少. 对式（16）分部积分就能知道，当 $s \to +\infty$ 时 Airy 函数 $\mathrm{Ai}(s)$ 仍然有界. 因此对应的解 $\mathrm{e}^{\sqrt{A}s}$ 可以舍去，所以我们有理由假设在这种情况下 Airy 函数 $\mathrm{Ai}(s)$ 快速减少. 当 $s < 0$ 时微分方程（18）中的 $A < 0$. 此时指数函数 $\mathrm{e}^{\sqrt{A}s}$ 和 $\mathrm{e}^{-\sqrt{A}s}$ 是振荡的，因此我们也有理由假设随着 $s \to -\infty$ Airy 函数 $\mathrm{Ai}(s)$ 具有振荡特征.

定理 3.1 假设 $u > 0$，那么随着 $u \to +\infty$，有

（i）　$\mathrm{Ai}(-u)=\pi^{-1/2}u^{-1/4}\cos\left(\dfrac{2}{3}u^{3/2}-\dfrac{\pi}{4}\right)(1+O(1/u^{3/4}))$.

（ii）　$\mathrm{Ai}(-u)=\dfrac{1}{2\pi^{1/2}}u^{-1/4}\mathrm{e}^{-\frac{2}{3}u^{3/2}}(1+O(1/u^{3/4}))$.

首先考虑第一部分，我们对积分进行变量代换 $x\mapsto u^{1/2}x$，并规定 $s=-u$. 从而给出

$$\mathrm{Ai}(-u)=u^{1/2}I_-(u^3/2),$$

其中，

$$I_-(t)=\frac{1}{2\pi}\int_{-\infty}^{+\infty}\mathrm{e}^{it(x^3/3-x)}\,\mathrm{d}x. \tag{19}$$

现在写成

$$I_-(s)=\frac{1}{2\pi}\int_{-\infty}^{+\infty}\mathrm{e}^{-s\Phi(x)}\,\mathrm{d}x,$$

其中，$\Phi(x)=\Phi_-(x)=x^3/3-x$，并且应用命题 2.2，因为 s 是纯虚数，这种方法称为平稳相方法. 注意到 $\Phi'(x)=x^2-1$，因此，存在两个临界点 $x_0=\pm1$. 又注意到 $\Phi''(x)=2x$，并且 $\Phi(\pm1)=\mp2/3$.

将式（19）中的积分区间分离出两个区间 $[-2,0]$ 和 $[0,2]$，每一个区间都包含一个临界点，两个余集积分区间是 $(-\infty,-2)$ 和 $[2,+\infty)$.

现在应用命题 2.2，计算区间 $[0,2]$，此时 $s=-it$，$x_0=1$，$\psi=1/2\pi$，$\Phi(1)=-2/3$，$\Phi''(1)=2$，根据式（8）得到基值

$$\frac{1}{2\sqrt{\pi}}\mathrm{e}^{-i\frac{2}{3}t}\left(\frac{1}{(-it)^{1/2}}+O\left(\frac{1}{|t|}\right)\right),$$

类似地，区间 $[-2,0]$ 上的基值为

$$\frac{1}{2\sqrt{\pi}}\mathrm{e}^{i\frac{2}{3}t}\left(\frac{1}{(it)^{1/2}}+O\left(\frac{1}{|t|}\right)\right),$$

最后，考虑余集 $(-\infty,-2]$ 和 $[2,+\infty)$ 上的积分. 第一个积分

$$\int_{-\infty}^{-2}\mathrm{e}^{it\Phi(x)}\,\mathrm{d}x=\lim_{N\to+\infty}\int_{-N}^{-2}\mathrm{e}^{it\Phi(x)}\,\mathrm{d}x=\lim_{N\to+\infty}\frac{1}{it}\int_{-N}^{-2}\frac{\mathrm{d}}{\mathrm{d}x}(\mathrm{e}^{it\Phi(x)})\frac{\mathrm{d}x}{\Phi'(x)},$$

其中 $\Phi'(x)=x^2-1$. 因此应用分部积分表明它等于 $O(1/|t|)$. 第二个在区间 $[2,+\infty)$ 上的积分处理方法类似. 将四个基值加起来，并将它们插入到等式 $\mathrm{Ai}(-u)=u^{1/2}I_-(u^{3/2})$ 中，从而证明定理中的（i）⊖.

接着处理定理中的结论（ii），首先对积分式（15）进行变量代换 $x\mapsto u^{1/2}x$，并取 $s=u$. 对 $u>0$ 给出

$$\mathrm{Ai}(u)=u^{1/2}I_+(u^{3/2}),$$

其中，

⊖　此结论的交错微分可以根据 Airy 函数和 Bessel 函数的关系推出. 见后面的问题 3.

$$I_+(s) = \frac{1}{2\pi} \int_{-\infty}^{+\infty} e^{-sF(x)} \, dx, \tag{20}$$

并且 $F(x) = -\mathrm{i}(x^3/3 + x)$. 现在，当 $s \to +\infty$ 时，式 (20) 的积分又会迅速振荡，但是，这与之前的情况有所不同，此时在实轴上不存在临界点，因为 $x^3/3 + x$ 的导数没有零点. 再次应用分部积分（与之前类似）证明随着 $s \to +\infty$ 积分 $I_+(s)$ 迅速趋于零. 但是，具体减少的阶和类型是怎样呢？为了回答这个问题，就要清楚地知道式 (20) 的积分被抵消掉的固有性质，此时，用之前的方法处理这个问题看来是不可行的.

更好的方法是采用曾经用在 Bessel 函数的渐近中的方法，令积分 (20) 的积分直线变形为使得 $F(z)$ 的虚部为零的周线；之后，则应该用命题 2.1 的 Laplace 方法来寻找 $s \to +\infty$ 时 $I_+(s)$ 的真正的渐近表现.

这种方法的描述是基于一般情况下而言的，此时仅仅假设了 $F(z)$ 是全纯的. 根据这种方法，我们寻找周线 Γ 使得

（a）在 Γ 上 $\mathrm{Im}(F) = 0$.

（b）$\mathrm{Re}(F)$ 在 Γ 上的某点 z_0 处取得最小值，并且此函数是常态的，也就是说 $\mathrm{Re}(F)$ 沿着 Γ 的二阶导数在点 z_0 处大于零.

条件（a）和（b）当然表明 $F'(z_0) = 0$. 如果如上面所说，$F''(z_0) \neq 0$，那么存在两条正交曲线 Γ_1 和 Γ_2 均过点 z_0，使得 $F|_{\Gamma_i}$ 是实数，其中 $i = 1, 2$，并 $\mathrm{Re}(F)$ 在 Γ_1 上有最小值点 z_0，且 $\mathrm{Re}(F)$ 在 Γ_2 上有最大值点 z_0（见第 8 章练习 2）. 因此，我们试着将最初的周线变形为 $\Gamma = \Gamma_1$. 这种方法通常称为最速下降，因为点 z_0 是函数 $-\mathrm{Re}(F(z))$ 的鞍点，以此点为起点随后接着路径 Γ_1，在 Γ_1 上此函数减少最快.

回到我们的特例，$F(z) = -\mathrm{i}(z^3/3 + z)$. 注意到

$$\begin{cases} \mathrm{Re}(F) = x^2 y - y^3/3 + y, \\ \mathrm{Im}(F) = -x^3/3 + xy^2 - x. \end{cases}$$

并且注意到 $F'(z) = -\mathrm{i}(z^2 + 1)$，因此它有两个非实临界点 $z_0 = \pm \mathrm{i}$，在此点处 $F'(z_0) = 0$. 如果选择 $z_0 = \mathrm{i}$，那么经过此点且满足 $\mathrm{Im}(F) = 0$ 的两条曲线为

$$\Gamma_1 = \{(x,y): \ y^2 = x^2/3 + 1\} \ \text{和} \ \Gamma_2 = \{(x,y): \ x = 0\}.$$

在 Γ_2 上，很明显函数 $\mathrm{Re}(F)$ 有最大值点 $z_0 = \mathrm{i}$，因此排除这条曲线. 我们选择 $\Gamma = \Gamma_1$，这是双曲线的一个单支，它可以写成 $y = (x^2/3 + 1)^{1/2}$. 它在无穷远处渐近线为 $z = re^{\mathrm{i}\pi/6}$ 和 $z = re^{\mathrm{i}5\pi/6}$. 见图 4.

接下来，我们看到

$$\frac{1}{2\pi} \int_{-\infty}^{+\infty} e^{-sF(x)} \, dx = \frac{1}{2\pi} \int_{\Gamma} e^{-sF(z)} \, dz. \tag{21}$$

此等式是应用函数 $e^{-sF(z)}$ 在周线 Γ_R 上的柯西定理证明的，其中周线 Γ_R 由四条弧段组成：一条是实轴，一条是 Γ 位于半径为 R 的圆周内部的部分，最后两条则是

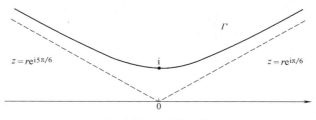

$$z=r\mathrm{e}^{\mathrm{i}5\pi/6} \qquad \Gamma \qquad z=r\mathrm{e}^{\mathrm{i}\pi/6}$$

图 4 最速下降曲线

圆周上连接实轴和 Γ 的两段. 因为, 在这个区域内, 当 $x\rightarrow\pm+\infty$ 时, $\mathrm{e}^{-sF(z)}=O(\mathrm{e}^{-cyx^2})$, 所以圆周上的两条弧的基值为 $O\left(\int_0^\pi \mathrm{e}^{-cR^2\sin\theta}\mathrm{d}\theta\right)=O(1/R)$, 并令 $R\rightarrow+\infty$ 建立式 (21).

现在注意到, 在 Γ 上

$$\Phi(x)=\mathrm{Re}(F)=y(x^2-y^2/3+1)=\left(\frac{8}{9}x^2+\frac{2}{3}\right)(x^2/3+1)^{1/2},$$

这里因为 $y^2=x^2/3+1$. 同样在 Γ 上, $\mathrm{d}z=\mathrm{d}x+\mathrm{i}\mathrm{d}y=\mathrm{d}x+\mathrm{i}(x/3)(x^2/3+1)^{-1/2}\mathrm{d}x$. 因此,

$$\frac{1}{2\pi}\int_\Gamma \mathrm{e}^{-sF(x)}\mathrm{d}z=\frac{1}{2\pi}\int_{-\infty}^{+\infty}\mathrm{e}^{-s\Phi(x)}\mathrm{d}x, \qquad (22)$$

这是因为 $\Phi(x)$ 是偶函数, 同时 $x(x^2/3+1)^{-1/2}$ 是奇函数.

因为当 $u\rightarrow 0$ 时 $(1+u)^{1/2}=1+u/2+O(u^2)$, 所以

$$\Phi(x)=\left(\frac{8}{9}x^2+\frac{2}{3}\right)+\frac{2}{3}\frac{1}{2}\frac{x^2}{3}+O(x^4)=x^2+\frac{2}{3}+O(x^4),$$

且 $\Phi''(0)=2$. 现在应用命题 2.1 估计出式 (22) 右边的积分的主要部分是

$$\frac{1}{2\pi}\int_{-c}^c \mathrm{e}^{-s\Phi(x)}\mathrm{d}x,$$

其中 c 是一个小的正常数. 因为 $\Phi(0)=2/3$, $\Phi''(0)=2$, 且 $\psi(0)=1/2\pi$, 我们得到这一项的基值为

$$\mathrm{e}^{-\frac{2}{3}s}\left[\frac{1}{2\pi^{1/2}}\frac{1}{s^{1/2}}+O\left(\frac{1}{s}\right)\right].$$

积分 $\int_c^{+\infty}\mathrm{e}^{-s\Phi(x)}\mathrm{d}x$ 主要由 $\mathrm{e}^{-2s/3}\int_c^{+\infty}\mathrm{e}^{-c_1sx^2}\mathrm{d}x$ 决定, 对 $\delta>0$ 和 $c>0$, 它的基值是 $O(\mathrm{e}^{-2s/3}\mathrm{e}^{-\delta s})$. 对积分 $\int_{-\infty}^{-c}\mathrm{e}^{-s\Phi(x)}\mathrm{d}x$ 的估计类似. 把所有加起来, 那么

$$I_+(s)=\mathrm{e}^{-\frac{2}{3}s}\left[\frac{1}{2\pi^{1/2}}\frac{1}{s^{1/2}}+O\left(\frac{1}{s}\right)\right] \qquad s\rightarrow+\infty.$$

并由此给出 Airy 函数的渐近 (ⅱ).

4 分割函数

最后, 附录中提到的这个方法也可以应用在第 10 章中提到的分割函数 $p(n)$

247

上. 这就是著名的 Hardy-Ramanujan 渐近公式.

定理 4.1　如果 p 表示分割函数, 那么

（ⅰ）随着 $n \to +\infty$，$p(n) \sim \dfrac{1}{4\sqrt{3}\,n}\,e^{Kn^{1/2}}$，其中 $K = \pi\sqrt{\dfrac{2}{3}}$.

（ⅱ）更精确的结论是

$$p(n) = \frac{1}{2\pi\sqrt{2}} \frac{\mathrm{d}}{\mathrm{d}n}\left(\frac{e^{K\left(n-\frac{1}{24}\right)^{1/2}}}{\left(n-\frac{1}{24}\right)^{1/2}}\right) + O\left(e^{\frac{K}{2}n^{1/2}}\right).$$

注意：根据均值定理观察到 $\left(n-\dfrac{1}{24}\right)^{1/2} - n^{1/2} = O(n^{-1/2})$，因为 $e^{K\left(n-\frac{1}{24}\right)^{1/2}} = e^{Kn^{1/2}}(1 + O(n^{1/2}))$，所以当 $n \to +\infty$ 时 $e^{K\left(n-\frac{1}{24}\right)^{1/2}} \sim e^{Kn^{1/2}}$.
所以很显然 $\left(n-\dfrac{1}{24}\right)^{1/2} \sim n^{1/2}$，这就表明（ⅰ）和（ⅱ）都成立.

一般情况下, 我们首先根据序列 $\{F_n\}$ 的母函数 $F(w) = \sum\limits_{n=0}^{+\infty} F_n w^n$ 的解析性质讨论该序列的渐近表现. 为了简单, 假设 $\sum F_n w^n$ 有单位圆盘作为它的收敛圆盘, 遵循启发式原则：F_n 的渐近表现由 F 在单位圆周上的"奇点"的位置和本性所定义, 并且渐近公式的基值就是每个奇点对应的量级, 此量级与奇点的"阶"有关.

这里有个很简单的例子, 如果 F 在更大的圆盘上是全纯函数, 且它在圆周上只有一个奇点, 点 $w = 1$ 是它的 r 阶极点. 那么存在 $r-1$ 阶多项式 P 使得当 $n \to +\infty$ 时 $F_n = P(n) + O(e^{-\varepsilon N})$，其中 $\varepsilon > 0$. 事实上, 在 $w = 1$ 附近, $\sum\limits_{n=0}^{+\infty} P(n) w^n$ 可以有很好的渐近函数 $F(w)$，这是 F 的极点的主要部分. （也可以参见问题 4.）

对分割函数的分析就不像这个例子这么简单了, 但只要恰当地理解, 上面的原则依然适用. 为此, 我们回到定理本身.

回顾公式

$$\sum_{n=0}^{+\infty} p(n) w^n = \prod_{n=1}^{+\infty} \frac{1}{1-w^n},$$

它是第 10 章定理 2.1 建立的. 这个等式意味着此母函数在单位圆盘内是全纯的. 紧接着, 通过变换 $w = e^{2\pi i z}$，$z = x + iy$，且 $y > 0$，很方便地将单位圆盘转到上半平面. 因此我们有

$$\sum_{n=0}^{+\infty} p(n) e^{2\pi i n z} = f(z),$$

其中,

$$f(z) = \prod_{n=1}^{+\infty} \frac{1}{1-e^{2\pi i n z}},$$

因此，

$$p(n) = \int_\gamma f(z) e^{-2\pi i n z} \, dz. \tag{23}$$

这里 γ 是上半平面上连接点 $-1/2 + i\delta$ 到 $1/2 + i\delta$ 的线段，其中 $\delta > 0$. 稍后，高度 δ 要根据 n 确定.

为了进一步研究，我们首先要看随着 $y \to 0 f(x + iy)$ 的大小，积分（23）的主要基值在哪里. 因为系数 $p(n)$ 是正的，所以 $|f(x + iy)| \leq f(iy)$，并且随着 y 的减小 $f(iy)$ 是增加的. 因此在 $z = 0$ 附近 f 最大. 我们注意到 f 的乘积中的每一个因子 $1 - e^{2\pi i n z}$ 随着 $z \to 0$ 都会等于零，但是实轴上的其他点（mod 1）处都一样. 因此，与前面的例子类似，寻找初等函数 f_1，它在 $z = 0$ 处与 f 有很多相同的表现，因此可以试着在式（23）中将 f 替换成 f_1.

这里我们是非常幸运的，因为母函数正好是 Dedekind eta 函数的变式，

$$\eta(z) = e^{i\pi z/12} \prod_{n=1}^{+\infty} (1 - e^{2\pi i n z}).$$

因此注意到

$$f(z) = e^{\frac{i\pi z}{12}} (\eta(z))^{-1}.$$

（顺便说一下，上式中出现的分数 1/12 后面会解释分割函数 $p(n)$ 的渐近公式中的分数 1/24.）

因为 η 满足泛函方程 $\eta(-1/z) = \sqrt{z/i}\, \eta(z)$（见第 10 章命题 1.9），所以

$$f(z) = \sqrt{z/i}\, e^{\frac{i\pi}{12z}} e^{\frac{i\pi z}{12}} f(-1/z). \tag{24}$$

注意到如果给 z 适当的限制且 $z \to 0$，那么 $\text{Im}(-1/z) \to +\infty$，因此 $f(-1/z)$ 迅速趋于 1. 又因为

$$f(z) = 1 + O(e^{-2\pi y}), \quad z = x + iy, \quad y \geq 1. \tag{25}$$

因此很自然地选择 $f_1(z) = \sqrt{z/i}\, e^{\frac{i\pi}{12z}} e^{\frac{i\pi z}{12}}$ 作为母函数 $f(z)$ 的很好的渐近（在 $z = 0$ 点），因为式（24）得到

$$p(n) = p_1(n) + E(n),$$

其中，

$$\begin{cases} p_1(n) = \int_\gamma \sqrt{z/i}\, e^{\frac{i\pi}{12z}} e^{\frac{i\pi z}{12}} e^{-2\pi i n z} \, dz, \\ E(n) = \int_\gamma \sqrt{z/i}\, e^{\frac{i\pi}{12z}} e^{\frac{i\pi z}{12}} e^{-2\pi i n z} (f(-1/z) - 1) \, dz. \end{cases}$$

首先讨论误差项 $E(n)$，选定 γ，它的高按照 n 给出. 为了估计 $E(n)$ 我们将其积分加上绝对值，并注意到，如果 $z \in \gamma$，那么

$$\left| \sqrt{z/i}\, e^{\frac{i\pi}{12z}} e^{\frac{i\pi z}{12}} e^{-2\pi i n z} \right| \leq c e^{2\pi n \delta} e^{\frac{\pi}{12} \frac{\delta}{\delta^2 + x^2}}, \tag{26}$$

此不等式成立还因为 $z = x + iy$ 和 $\text{Re}(i/z) = \delta/(\delta^2 + x^2)$.

另一方面，对 $f(-1/z) - 1$ 还有两个估计. 第一个估计，将式（25）中的 z 替

换成$-1/z$，就能给出

$$\left| f(-1/z)-1 \right| \leqslant c e^{-2\pi\frac{\delta}{\delta^2+x^2}} \qquad \frac{\delta}{\delta^2+x^2} \geqslant 1. \tag{27}$$

第二个估计，我们看到，当 $y \leqslant 1$ 时，$\left| f(z) \right| \leqslant f(\mathrm{i}y) \leqslant C e^{\frac{\pi}{12y}}$，又因为函数方程 (24)，如果 $\frac{\delta}{\delta^2+x^2} \leqslant 1$，那么

$$\left| f(-1/z)-1 \right| \leqslant O(e^{\frac{\pi}{12}\frac{\delta^2+x^2}{\delta}}) = O(e^{\frac{\pi}{48\delta}}) \tag{28}$$

其中 $\left| x \right| \leqslant 1/2$.

因此，积分定义的误差项 $E(n)$，当 $\frac{\delta}{\delta^2+x^2} \geqslant 1$ 时应用式（26）和式（27），当 $\frac{\delta}{\delta^2+x^2} \leqslant 1$ 时用式（26）和式（28）. 因为 $2\pi > \pi/12$，所以第一个基值为 $O(e^{2\pi\delta})$. 第二个基值为 $O(e^{2\pi n\delta}e^{\frac{\pi}{48\delta}})$. 因为 $E(n) = O(e^{2\pi n\delta}e^{\frac{\pi}{48\delta}})$，我们选择 δ 使得 $e^{2\pi n\delta}e^{\frac{\pi}{48\delta}}$ 最小，也就是令 $2\pi n\delta = \frac{\pi}{48\delta}$，从而得到 $\delta = \frac{1}{4\sqrt{6}n^{1/2}}$，因此有

$$E(n) = O(e^{\frac{4\pi}{4\sqrt{6}}n^{1/2}}) = O(e^{\frac{K}{2}n^{1/2}}),$$

这正是我们想要的误差项了.

现在转到 $p(n)$ 的主要项 $p_1(n)$. 为了简化计算，我们"改善"了周线 γ，给 γ 加了两条小的端线段. 一条是连接点 $-1/2$ 到 $-1/2+\mathrm{i}\delta$ 的线段，另一条则是连接 $1/2+\mathrm{i}\delta$ 到 $1/2$ 的线段. 称此新的周线为 γ'（见图 5）.

图 5 曲线 γ 和改进的曲线 γ'

注意到，定义 $p_1(n)$ 的积分中，$\sqrt{z/\mathrm{i}}e^{\frac{\mathrm{i}\pi}{12z}}$ 在两条附加的小线段上的量级为 $O(1)$，所以修正基值 $O(e^{2\pi n\delta}) = O(e^{\frac{2\pi}{4\sqrt{6}}n^{1/2}}) = O(e^{\frac{K}{4}n^{1/2}})$，这比上面的误差更小，因此，将其融入到误差项 $E(n)$ 中. 理所当然地将 $p_1(n)$ 的周线 γ 替换成 γ'，即

$$p_1(n) = \int_{\gamma'} \sqrt{z/\mathrm{i}}\, e^{\frac{\mathrm{i}\pi}{12z}} e^{\frac{\mathrm{i}\pi z}{12}} e^{-2\pi\mathrm{i}nz}\mathrm{d}z. \tag{29}$$

通过变量代换 $z\mapsto\mu z$ 简化式（29）积分中的三个指数，使得它的基值形如

$$e^{Ai\left(\frac{1}{z}-z\right)}.$$

这可以在两个条件 $A=2\pi\mu\left(n-\dfrac{1}{24}\right)$ 和 $A=\dfrac{\pi}{12\mu}$ 下获得，也就是说

$$A=\frac{\pi}{\sqrt{6}}\left(n-\frac{1}{24}\right)^{1/2} \text{ 和 } \mu=\frac{1}{2\sqrt{6}}\left(n-\frac{1}{24}\right)^{-1/2}.$$

根据上面说的变量代换 $z\mapsto\mu z$ 得到

$$p_1(n)=\mu^{3/2}\int_{\Gamma}e^{-sF(z)}\ \sqrt{z/i}\mathrm{d}z, \tag{30}$$

其中 $F(z)=i(z-1/z)$, $s=\dfrac{\pi}{\sqrt{6}}\left(n-\dfrac{1}{24}\right)^{1/2}$. 现在，曲线 Γ（见图6）由三段组成：$[-a_n,-a_n+i\delta']$，$[-a_n+i\delta',a_n+i\delta']$，$[a_n+i\delta',a_n]$. 因此可以写成 $\Gamma=\mu^{-1}\gamma'$.

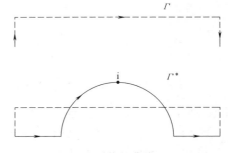

图 6　曲线 Γ

其中，$a_n=\dfrac{1}{2}\mu^{-1}=\sqrt{6}\left(n-\dfrac{1}{24}\right)^{1/2}\approx n^{1/2}$，同时，随着 $n\to+\infty$，有

$$\delta'=\delta\mu^{-1}=\frac{2\sqrt{6}}{4\sqrt{6}n^{1/2}}\left(n-\frac{1}{24}\right)^{1/2}\sim 1/2 \quad n\to+\infty.$$

对积分（30）用最速下降法. 注意到 $F(z)=i(z-1/z)$ 在上半平面上有一个临界点 $z=i$. 经过临界点且使得 F 是实值的两条曲线：一条是虚轴，在上面 F 在点 $z=i$ 处取得最大值，因此要舍去；另一条是单位圆周，在上面 F 在点 $z=i$ 处取得最小值. 因此应用柯西定理，将 Γ 上的积分替换成最终的曲线 Γ^*，它是由线段 $[-a_n,-1]$，$[1,a_n]$，再加上点 -1 到 1 的上半圆周组成.

因此有

$$p_1(n)=\mu^{3/2}\int_{\Gamma^*}e^{-sF(z)}\ \sqrt{z/i}\mathrm{d}z.$$

因为在实轴上指数的绝对值为 1，所以在 $[-a_n,-1]$ 和 $[1,a_n]$ 上的基值相对很小，也因此积分是有界的，其界为 $\sup\limits_{|z|\leqslant a_n}|z|^{1/2}$，所以 $O(a_n^{3/2}\mu^{3/2})=O(1)$.

最后考虑主要部分，即上半圆周上的积分，方向如图7所示. 此时，$z=e^{i\theta}$，$\mathrm{d}z=ie^{i\theta}\mathrm{d}\theta$. 因为 $i(z-1/z)=-2\sin\theta$，所以给出它的基值为

图 7　最终的曲线 Γ^*

$$-\mu^{3/2}\int_0^\pi e^{2s\sin\theta}e^{i3\theta/2}\sqrt{i}\,d\theta = \mu^{3/2}\int_{-\pi/2}^{\pi/2}e^{2s\cos\theta}(\cos(3\theta/2)+i\sin(3\theta/2)\,d\theta.$$

应用命题 2.1, Laplace 方法, 令 $\Phi(\theta)=-\cos\theta$, $\theta_0=0$, 所以 $\Phi(\theta_0)=-1$, $\Phi''(\theta_0)=1$. 并且选择 $\psi(\theta)=\cos(3\theta/2)+i\sin(3\theta/2)$, 使得 $\psi(\theta_0)=1$. 因此, 上面的基值为

$$\mu^{3/2}e^{2s}\frac{\sqrt{2\pi}}{(2s)^{1/2}}(1+O(s^{-1/2})).$$

又因为 $s=\dfrac{\pi}{\sqrt{6}}\left(n-\dfrac{1}{24}\right)^{1/2}$, $\dfrac{2\pi}{\sqrt{6}}=\pi\sqrt{\dfrac{2}{3}}=K$, 且 $\mu=\dfrac{\sqrt{6}}{12}\left(n-\dfrac{1}{24}\right)^{-1/2}$, 我们得到

$$p(n)=\frac{1}{4n\sqrt{3}}e^{Kn^{1/2}}(1+O(n^{-1/4})),$$

所以定理 4.1 的第一个结论得证.

为了获得更精确的结论（ⅱ）, 我们重复应用前面的每一步, 再加上额外的设计, 这就能给出关键积分更加精确的估计. 根据式（29）定义的 $p_1(n)$, 积分周线 $\gamma'=\gamma'_n$, 得到 $p_1(n)$ 的导数形式

$$p_1(n)=\frac{d}{dn}q(n)+e(n),$$

其中

$$q(n)=\frac{1}{2\pi}\int_{\gamma'}(z/i)^{-1/2}e^{\frac{i\pi}{12z}}e^{\frac{i\pi z}{12}}e^{-2\pi inz}\,dz,$$

并且 $e(n)$ 是求导的余项, 它是来自周线 $\gamma'=\gamma'_n$ 的变量. 根据柯西定理, 很容易看到 $e(n)$ 由 $O(e^{2\pi n\delta})$ 控制, 也可以由 $O\left(e^{\frac{k}{4}n^{1/2}}\right)$ 控制, 并且可以归为误差项. 分析 $q(n)$, 与之前的方法一样, 首先进行变量代换 $z\mapsto\mu z$, 然后将周线 Γ 替换为 Γ^*. 结果,

$$q(n)=\frac{\mu^{1/2}}{2\pi}\int_{\Gamma^*}e^{-sF(z)}(z/i)^{-1/2}\,dz, \tag{31}$$

其中, $F(z)=i(z-1/z)$, $s=\dfrac{\pi}{\sqrt{6}}\left(n-\dfrac{1}{24}\right)^{1/2}$, 且 $\mu=\dfrac{1}{2\sqrt{6}}\left(n-\dfrac{1}{24}\right)^{-1/2}$.

现在考虑组成 Γ^* 的两线段 $[-a_n,-1]$ 和 $[1,a_n]$ 上的积分, 它们对 $\dfrac{d}{dn}q(n)$ 的基值很不利, 因为 F 在实轴上是纯虚数. 事实上, 它的基值为 $O(a_n^{1/2}\mu^{1/2})=O(1)$.

式（31）的主要部分是对上半圆周的积分. 因此令 $z=e^{i\theta}$, $dz=ie^{i\theta}d\theta$. 并且 $i(z-1/z)=-2\sin\theta$, 所以它等于

$$-\frac{\mu^{1/2}}{2\pi}\int_0^\pi e^{2s\sin\theta}e^{i\theta/2}i^{3/2}\,d\theta = \frac{\mu^{1/2}}{2\pi}\int_{-\pi/2}^{\pi/2}e^{2s\cos\theta}(\cos(\theta/2)+i\sin(\theta/2))\,d\theta$$

$$-\frac{\mu^{1/2}}{2\pi}\int_{-\pi/2}^{\pi/2}e^{2s\cos\theta}\cos(\theta/2)\,d\theta,$$

其中，因为被积函数是奇函数时，在对称区间上的积分等于零，所以，上式中积分 $\int_{-\pi/2}^{\pi/2}e^{2s\cos\theta}\sin(\theta/2)\,d\theta$ 等于零.

又因为 $\cos\theta=1-2(\sin(\theta/2))^2$，所以令 $x=\sin(\theta/2)$，则上面的积分变为

$$\frac{\mu^{1/2}e^{2s}}{\pi}\int_{-\frac{\sqrt{2}}{2}}^{\frac{\sqrt{2}}{2}}e^{-4sx^2}\,dx.$$

但是

$$\int_{-\frac{\sqrt{2}}{2}}^{\frac{\sqrt{2}}{2}}e^{-4sx^2}\,dx=\int_{-\infty}^{+\infty}e^{-4sx^2}\,dx+O\left(\int_{\frac{\sqrt{2}}{2}}^{+\infty}e^{-4sx^2}\,dx\right)$$

$$=\frac{\sqrt{\pi}}{2s^{1/2}}+O(e^{-2s}),$$

所以

$$\frac{d}{ds}\left(\int_{-\frac{\sqrt{2}}{2}}^{\frac{\sqrt{2}}{2}}e^{-4sx^2}\,dx\right)=\frac{d}{ds}\left(\frac{\sqrt{\pi}}{2s^{1/2}}\right)+O(e^{-2s}).$$

将所有误差项收集起来，我们发现

$$p(n)=\frac{d}{dn}\left(\mu^{1/2}\frac{e^{2s}}{\pi}\frac{\sqrt{\pi}}{2s^{1/2}}\right)+O(e^{\frac{K}{2}n^{1/2}}).$$

因为 $s=\frac{\pi}{\sqrt{6}}\left(n-\frac{1}{24}\right)^{1/2}$，$\mu=\frac{\sqrt{6}}{12}\left(n-\frac{1}{24}\right)^{-1/2}$，并且 $K=\pi\sqrt{\frac{2}{3}}$，所以

$$p(n)=\frac{1}{2\pi\sqrt{2}}\frac{d}{dn}\left(\frac{e^{K\left(n-\frac{1}{24}\right)^{1/2}}}{\left(n-\frac{1}{24}\right)^{1/2}}\right)+O(e^{\frac{K}{2}n^{1/2}}),$$

因此定理得证.

5 问题

1. 令 η 是定义在有限区间上的不定可微函数，使得 x 在 0 附近满足 $\eta(x)=1$. 那么，如果 $m>-1$，$N>0$，则

$$\int_0^{+\infty}e^{-sx}x^m\eta(x)\,dx=s^{-m-1}\Gamma(m+1)+O(s^{-N})$$

其中 $\mathrm{Re}(s)\geqslant0$，$|s|\to+\infty$.

（a）首先考虑 $-1<m\leqslant0$ 的情况. 只要证明

$$\int_0^{+\infty}e^{-sx}x^m(1-\eta(x))\,dx=O(s^{-N})$$

就足够了，并且因为 $e^{-sx}=(-1)^Ns^{-N}\left(\frac{d}{dx}\right)^N(e^{-sx})$，所以可以反复应用分部积分.

（b）将其推广到所有的 m，找到一个整数 k 使得 $k-1 < m \leqslant k$，则积分写成

$$\int \left[\left(\frac{\mathrm{d}}{\mathrm{d}x} \right)^k (x^m) \right] \mathrm{e}^{-sx} \eta(x) \, \mathrm{d}x = c_{k,m} s^{-m+k-1} + O(s^{-N}),$$

并进行 k 次分部积分.

2. 接下来给出 Stirling 公式的更准确的译本. 存在实常数 $a_1 = 1/12, a_2, \cdots,$ $a_n, \cdots$，使得对任意 $N > 0$，当 $s \in S_\delta$ 时

$$\Gamma(s) = \mathrm{e}^{s\log s} \mathrm{e}^{-s} \frac{\sqrt{2\pi}}{s^{1/2}} \left(1 + \sum_{j=1}^{N} a_j s^{-j} + O(s^{-N}) \right).$$

只要用问题 1 的结果证明它就可以了，而不用命题 1.3.

3. Bessel 函数和 Airy 函数可以展开成幂级数：

$$J_\nu(x) = \left(\frac{x}{2} \right)^\nu \sum_{m=0}^{+\infty} \frac{(-1)^m \left(\dfrac{x^2}{4} \right)^m}{m! \, \Gamma(\nu + m + 1)},$$

$$\mathrm{Ai}(-x) = \frac{1}{\pi} \sum_{n=0}^{+\infty} \frac{x^n}{n!} \sin(2\pi(n+1)/3) 3^{n/3 - 2/3} \Gamma(n/3 + 1/3).$$

（a）根据上面的展开，当 $x > 0$ 时，证明：

$$\mathrm{Ai}(-x) = \frac{x^{1/2}}{3} \left(J_{1/3} \left(\frac{2}{3} x^{3/2} \right) + J_{-1/3} \left(\frac{2}{3} x^{3/2} \right) \right).$$

（b）Airy 函数 $\mathrm{Ai}(x)$ 推广成 $3/2$ 阶整函数.

【提示：用（a），或者对 Ai 的级数应用第 5 章问题 4，可以证明（b）. 也可以与第 4 章问题 1 比较.】

4. 假设 $F(z) = \sum_{n=0}^{+\infty} F_n w^n$ 是定义在包含单位圆盘的闭包上的亚纯函数，并且 F 的所有极点都在单位圆周上. 这些点是 $\alpha_1, \cdots, \alpha_k$，它们的阶分别是 $r_1, \cdots, r_k$. 那么对某个正数 $\varepsilon > 0$ 满足

$$F_n = \sum_{j=1}^{k} P_j(n) + O(\mathrm{e}^{-\varepsilon n}) \quad n \to +\infty.$$

其中

$$P_j(n) = \frac{1}{(r_j - 1)!} \left(\frac{\mathrm{d}}{\mathrm{d}w} \right)^{r_j - 1} \left[(w - \alpha_j)^{r_j} w^{-n-1} F(w) \right]_{w = \alpha_j}.$$

注意到，每个 P_j 都是形如 $P_j(n) = A_j (\alpha_j^{-1} n)^{r_j - 1} + O(n^{r_j} - 2)$. 用留数公式证明它（第 3 章定理 1.4）.

254

5. *关于 $p(n)$ 渐近公式有个缺点，因为 $f_1(z) = \sqrt{z}/\mathrm{i} \, \mathrm{e}^{\frac{\mathrm{i}\pi}{12z}} \mathrm{e}^{\frac{\mathrm{i}\pi s}{12}}$ 在点 $z = 0$ 附近能有很好的近似母函数 $f(z)$，但在实轴上的其他点处就不行了. 因为 f_1 是正则的，但是 f 不是. 不过，应用式（24）的变换规则和等式 $f(z+1) = f(z)$，就可以导出式（24）的一般化方程：当 p/q 是有理数（最低形式）时（所以 p 和 q 是相关素

数）有

$$f\left(z-\frac{p}{q}\right)=w_{p/q}\sqrt{\frac{zq}{i}}e^{\frac{i\pi}{12zq^2}}e^{-\frac{i\pi z}{12}}f\left(-\frac{1}{zq^2}-\frac{p'}{q}\right),$$

其中 $pp'=1\mod q$．这里 $w_{p/q}$ 恰好是这个等式的第 24 个根．这个公式给出了近似 $f_{p/q}$，在点 $z=p/q$ 处渐近 f．

由此获得，对每个 p/q，对应的基值为

$$c_{p/q}\frac{1}{2\pi\sqrt{2}}\frac{d}{dn}\left(\frac{e^{\frac{K}{q}\left(n-\frac{1}{24}\right)^{1/2}}}{\left(n-\frac{1}{24}\right)^{1/2}}\right)$$

作为 $p(n)$ 的渐近公式．进行适当的调整，构造级数对区间 $[0,1]$ 上所有的特征分数 p/q 求和，级数是收敛的，并给出 $p(n)$ 的准确公式．

附录 B　单连通和 Jordan 曲线定理

单连通来源于复分析中许多根本结论．为了弄清楚这个重要的概念，我们在附录中收集了一些关于单连通集合的性质．单连通这个概念是指单闭曲线的"内部"．Jordan 定理表明，这个内部准确地定义了单连通，并且它本身是一个单连通集合．这里要证明此定理对于分段光滑曲线的特例．

回顾第 3 章的定义，区域 Ω 是单连通的是指 Ω 中任意两条具有相同端点的曲线是同伦的．从这个定义中可以推出柯西定理的一个重要译本，即如果 Ω 是单连通的且 $\gamma \subset \Omega$ 是任意闭曲线，那么

$$\int_{\gamma} f(\zeta)\,\mathrm{d}\zeta = 0, \tag{1}$$

其中 f 在 Ω 上是全纯的．这里将证明它的逆定理也成立，因此有

（Ⅰ）区域 Ω 是单连通的当且仅当它是全纯单连通的．也就是说，只要 $\gamma \subset \Omega$ 是闭曲线并且 f 在 Ω 上是全纯函数，则式（1）成立．

除了这个基本等价性，还存在拓扑条件用于描述单连通．事实上，按照同伦的定义，单连通集合没有"洞"．换句话说，单连通区域 Ω 中不存在闭曲线可以环绕不属于 Ω 的点．此附录的第一部分要讨论的是确切的定理．

（Ⅱ）有界区域 Ω 是单连通的当且仅当它的余集是连通的．

（Ⅲ）我们定义一条曲线绕一个点的卷绕数，并证明 Ω 是单连通的当且仅当 Ω 中不存在闭曲线环绕 Ω 的余集中的点．

附录的第二部分就是曲线及其内部的问题．主要问题是给定单曲线 Γ（曲线本身不交叉），我们如何看待"被 Γ 封闭的区域"？换句话说，什么是 Γ 的"内部"？很自然，这个内部是开集、有界、单连通的，并且 Γ 是它的边界．为了解决

这个问题，曲线至少是分段光滑的时候，可以证明一个定理，该定理保证了存在唯一的集合满足上述所有的性质．这是 Jordan 曲线定理的特例，它对于仅仅假设是连续的单曲线的例子都是适用的．特别地，我们的结果导出了柯西定理（第 2 章中关于周线给出的公式）的一般化．

我们继续遵循惯例，按照第 1 章的定义，"曲线"与"分段光滑曲线"是同义词，除非另外有说明．

1 单连通的等价公式

首先处理（Ⅰ）．

定理 1.1 区域 Ω 是全纯单连通的当且仅当 Ω 是单连通的．

证明 用第 3 章命题 5.3 中的柯西定理，很容易证明 Ω 是单连通的就一定是全纯单连通的．反过来，假设 Ω 是全纯单连通的．如果 $\Omega = \mathbf{C}$，那么很显然是单连通的．如果 Ω 不是整个的复数集 $\mathbf{C}$，应用黎曼映射定理（见第 8 章中的定理），因此 Ω 一致等价于单位圆盘．因为单位圆盘是单连通的，所以 Ω 也是单连通的．

下面证明（Ⅱ）和（Ⅲ），与我们之前提到的一样，单连通区域没有"洞"．

定理 1.2 如果 Ω 是 $\mathbf{C}$ 上的有界区域，那么 Ω 是单连通区域当且仅当 Ω 的余集是连通的．

注意到，我们假设 Ω 是有界的．如果不是这种情况，那么定理一定不成立，例如无限条形区域是单连通的但是它的余集由两部分组成，不是连通的．不过，如果余集延伸到整个复平面，也就是黎曼球，那么不管 Ω 是否有界，定理总是成立的．

证明 我们先证明如果 Ω 的余集 Ω^c 是连通的，那么 Ω 是单连通的．这要先证明 Ω 是全纯单连通的．因此，令 γ 是 Ω 中的闭曲线，f 是 Ω 上的全纯函数．因为 Ω 有界，集合[⊖]

$$K = \{ z \in \Omega : d(z, \Omega^c) \geqslant \varepsilon \}$$

是紧集，并且对足够小的 ε，集合 K 包含 γ．尝试应用 Runge 定理（第 2 章定理 5.7），我们一定能证明 K 的余集 K^c 是连通的．

如果 K^c 不连通，那么 K^c 是两个不相交的非空开集的并，也就是 $K^c = O_1 \bigcup O_2$．令

$$F_1 = O_1 \bigcap \Omega^c \text{ 和 } F_2 = O_2 \bigcap \Omega^c.$$

显然，$\Omega^c = F_1 \bigcup F_2$，因此如果能证明 F_1 和 F_2 不相交，闭集，且非空，那么就能推出 Ω^c 不是连通的，这与定理的假设矛盾．因为 O_1 和 O_2 不相交，所以 F_1 和 F_2 也不相交．下面看为什么 F_1 是闭集，假设 $\{z_n\}$ 是 F_1 中的点列，且收敛于 z．因为 Ω^c 是闭集，那么一定有 $z \in \Omega^c$，因为 Ω^c 与 K 距离有限，推出 $z \in O_1 \bigcup O_2$．现在观

⊖ 这里 $d(z, \Omega^c) = \inf\{ |z - w| : w \in \Omega^c \}$ 表示 z 与 Ω^c 的距离．

257

察到不满足 $z \in O_2$，否则，因为 O_2 是开集，则存在足够大的 n 使得 $z_n \in O_2$，这与 $z_n \in F_1$ 和 $O_1 \bigcap O_2 = \varnothing$ 矛盾. 所以 $z \in O_1$ 且 F_1 是闭集. 最后证明 F_1 非空. 还是用反证法，假设 F_1 是空集，O_1 包含于 Ω. 选择任意一点 $w \in O_1$，因为 $w \notin K$，则存在 $z \in \Omega^c$ 使得 $|w - z| < \varepsilon$，且连接点 w 与 z 的整线段属于 K^c. 因为 $z \in O_2$（因为 $O_1 \subset \Omega$），线段 $[z, w]$ 上的点既不属于 O_1 也不属于 O_2，这与事实矛盾. 更准确地说，如果集合

$$t^* = \sup\{0 \leqslant t \leqslant 1 : (1 - t)z + tw \in O_2\},$$

那么 $0 < t^* < 1$，点 $(1 - t^*)z + t^* w$ 不属于 K，也不属于 O_1 或者 O_2，因为这些集合都是开集. 类似的讨论可以知道 F_2 有相同的结论，这样就找到了矛盾. 因此 K^c 是连通的.

因此，Runge 定理保证了 f 在 K 上可以被多项式一致近似，因此在 γ 上也可以. 但是，因为当 P 是多项式时，积分 $\int_\gamma P(z)\,\mathrm{d}z = 0$，所以取极限就推出 $\int_\gamma f(z)\,\mathrm{d}z = 0$.

反过来，要证明当 Ω 有界且是单连通时，Ω^c 是连通的，要证明这一点，首先得了解卷绕数，下面就来了解一下卷绕数.

卷绕数

如果 γ 是 $\mathbf{C}$ 上的封闭曲线且 z 不是 γ 上的点，那么我们可以通过观察量 $\zeta - z$ 的辐角的改变来计算 γ 卷绕 z 的次数，其中 ζ 取遍 γ 上的点. 每一次 γ 卷绕 z，量 $(1/2\pi)\arg(\zeta - z)$ 都会增加（或减少）1. 根据前面的知识，$\log w = \log|w| + \mathrm{i}\arg w$，并记 γ 的起点和终点分别是 ζ_1 和 ζ_2，那么我们可以推测 $\dfrac{1}{2\pi \mathrm{i}} \int_\gamma \dfrac{\mathrm{d}\zeta}{\zeta - z}$ 等于

$$\frac{1}{2\pi \mathrm{i}} \left[\log(\zeta_1 - z) - \log(\zeta_2 - z) \right],$$

并用其计算 γ 卷绕 ζ 的次数.

因此可以清楚地定义：闭曲线 γ 绕一个点 $z \notin \gamma$ 的卷绕数定义为

$$W_\gamma(z) = \frac{1}{2\pi \mathrm{i}} \int_\gamma \frac{\mathrm{d}\zeta}{\zeta - z}.$$

有时 $W_\gamma(z)$ 也称为 z 关于 γ 的指标.

例如，如果 $\gamma(t) = \mathrm{e}^{\mathrm{i}kt}$，$0 \leqslant t \leqslant 2\pi$，它沿正方向环绕 k 次（其中 $k \in \mathbf{N}$）单位圆周，那么 $W_\gamma(0) = k$. 事实上，

$$W_\gamma(z) = \begin{cases} k & |z| < 1, \\ 0 & |z| > 1. \end{cases}$$

类似的情况，如果 $\gamma(t) = \mathrm{e}^{-\mathrm{i}kt}$，$0 \leqslant t \leqslant 2\pi$，是沿负方向环绕 k 次的单位圆周，那么当 z 属于单位圆盘内部时 $W_\gamma(z) = -k$，在外部时 $W_\gamma(z) = 0$.

注意到，如果 γ 表示正向周线，那么

$$W_\gamma(z) = \begin{cases} 1 & \text{如果 } z \text{ 属于 } \gamma \text{ 的内部,} \\ 0 & \text{如果 } z \text{ 属于 } \gamma \text{ 的外部.} \end{cases}$$

一般来说,关于卷绕数有下面的性质.

定理 1.3 令 γ 是复数集 **C** 中的闭曲线.

（ⅰ）如果 $z \notin \gamma$,那么 $W_\gamma(z) \in \mathbf{Z}$.

（ⅱ）如果 z 和 w 属于同一个 γ 的余集中的开连通集合,那么 $W_\gamma(z) = W_\gamma(w)$.

（ⅲ）如果 z 属于 γ 的余集中的无界连通集,那么 $W_\gamma(z) = 0$.

证明 先看为什么（ⅰ）成立. 假设 $\gamma: [0,1] \to \mathbf{C}$ 是曲线的参数化,并令

$$G(t) = \int_0^t \frac{\gamma'(s)}{\gamma(s) - z} \mathrm{d}s.$$

那么 G 是连续的,且除了有限个点之外,是可导的,导数为 $G'(t) = \gamma'(t)/(\gamma(t) - z)$. 这就意味着除了有限个点外,连续函数 $H(t) = (\gamma(t) - z)\mathrm{e}^{-G(t)}$ 的导数等于零,因此 H 一定是常数. 令 $t = 0$,并且知道 γ 是闭曲线,使得 $\gamma(0) = \gamma(1)$,我们发现

$$1 = \mathrm{e}^{G(0)} = c(\gamma(0) - z) = c(\gamma(1) - z) = \mathrm{e}^{G(1)}.$$

所以 $G(1)$ 是 $2\pi\mathrm{i}$ 的整数倍.

对于（ⅱ）,因为 $W_\gamma(z)$ 是连续的整数值函数,其中 $z \notin \gamma$,因此在 γ 的余集中的很多开连通集合中 $W_\gamma(z)$ 是常数. 所以一定存在 w,z 使得 $W_\gamma(z) = W_\gamma(w)$.

最后,观察到 $\lim\limits_{|z| \to +\infty} W_\gamma(z) = 0$,再结合（ⅱ）就能证明（ⅲ）.

接下来我们要证明一个事实就是有界单连通集 Ω 可以理解为 Ω 中不存在一条可以卷绕 Ω^c 中的点的曲线.

定理 1.4 有界闭区域 Ω 是单连通的,当且仅当对任意 Ω 中的曲线 γ 和任意 Ω^c 中的点 z 都有 $W_\gamma(z) = 0$.

证明 如果 Ω 是单连通集,且 $z \notin \Omega$,那么 $f(\zeta) = 1/(\zeta - z)$ 在 Ω 上是全纯函数,根据柯西定理给出 $W_\gamma(z) = 0$.

反过来,只要证明 Ω 的余集是连通集（定理 1.2）就足够了. 我们用反证法寻找矛盾,明确地构造一个条闭曲线 $\gamma \subset \Omega$,并寻找一点 w 使得 $W_\gamma(w) \neq 0$.

具体来说,如果假设 Ω^c 不是连通集,那么可以将 Ω^c 写成 $\Omega^c = F_1 \bigcup F_2$,其中 F_1 和 F_2 是不相交的闭集且非空. 这两个集合只有一个可能是无界集,所以不妨假设 F_1 有界,所以 F_1 是紧集. 曲线 γ 构造成一个适当的矩形并集的边界的一部分.

引理 1.5 令 w 是 F_1 中任意一点. 在前面的假设条件下,存在一个有限个紧挨着的矩形区域的配置 $Q = \{Q_1, \cdots, Q_n\}$,它属于平面上的一个一致网格 G,使得

（ⅰ）w 属于 Q_1 的内部.

（ⅱ）当 $j \neq k$ 时 Q_j 与 Q_k 的内部不相交.

（ⅲ）F_1 属于 $\bigcup\limits_{j=1}^{n} Q_j$ 的内部.

（ⅳ）$\bigcup\limits_{j=1}^{n} Q_j$ 与 F_2 不相交.

（ⅴ）$\bigcup\limits_{j=1}^{n} Q_j$ 的边界在 Ω 中是整的，是由有限个不相交的单闭多角曲线的并构造.

根据上面的引理，很容易完成定理的证明. 每个矩形的边界 ∂Q_j 都取正方向. 因为 $w \in Q_1$ 且 $w \notin Q_j$（对所有 $j > 1$），我们有

$$\sum_{j=1}^{n} \frac{1}{2\pi \mathrm{i}} \int_{\partial Q_j} \frac{\mathrm{d}\zeta}{\zeta - w} = 1. \tag{2}$$

如果 $\gamma_1, \cdots, \gamma_M$ 表示引理中（ⅴ）所说的多角曲线，抵消掉边相同但方向相反的边上积分，那么积分（2）就等于

$$\sum_{j=1}^{n} \frac{1}{2\pi \mathrm{i}} \int_{\gamma_j} \frac{\mathrm{d}\zeta}{\zeta - w} = 1,$$

因此存在 j_0 使得 $W_{\gamma_{j_0}}(w) \neq 0$. 闭曲线 γ_{j_0} 整个属于 Ω，这就给了我们想要的矛盾，关于定理 1.4 的证明就此结束. 接下来证明引理 1.5.

证明　因为 F_2 是闭集，集 F_1 和 F_2 的距离 d 是有限非零的. 现在考虑平面上的一致网格 G_0，它由紧挨着的矩形构成，矩形的边长远远小于 d，假设 $< d/100$，使得 w 位于此网格中闭矩形 R_1 的中心. 令 $R = \{R_1, \cdots, R_m\}$ 表示在上面的网格中的有限个紧挨着的矩形区域的集族，它与 F_1 相交. 那么集族 R 满足引理中的性质（ⅰ）到（ⅳ）. 接下来证明（ⅴ）成立.

R 中每个矩形的边界都取正方向（逆时针方向）. 并集 $\bigcup\limits_{j=1}^{m} R_j$ 的边界正好等于所有边界的并，也就是说，那些边不会属于集族 R 中两个相邻的矩形. 类似地，边界的顶点是所有边界的端点. 如果这个顶点属于多过两条边界的，那么边界的顶点是"坏的"（见图 1 中的 P 点）.

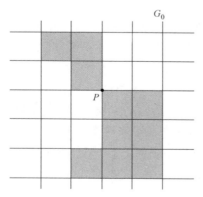
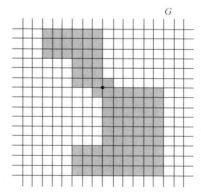

图 1　除去坏的垂直边界

为了除去坏的边界顶点，我们需要改善网格 G_0，增加一些小方格. 具体来说，将原来的网格 G_0 中的每个方格等分成 9 个小方格，得到新的网格 G. 那么令 $Q_1,\cdots,Q_p$ 表示 G 中所有的方格，是集族 R 中的方格的子方格（所以 $p=9n$），并且其中 Q_1 的选择满足 $w\in Q_1$. 那么，我们可能在每个坏的边界顶点附近增加有限个小方格，使得 $Q=\{Q_1,\cdots,Q_n\}$ 中没有坏的边界顶点（见图-1）.

很明显，Q 仍然满足性质（i）到（iv），现在证明这个集族也满足（v）. 事实上，令 $[a_1,a_2]$ 表示 $\bigcup\limits_{j=1}^{n}Q_j$ 的任意边界上的边，方向是从点 a_1 到点 a_2. 现在从三种不同的角度考虑. 一是 a_2 是另一条边界 $[a_2,a_3]$ 的起点. 按照这个思路，我们可以获得一个序列 $[a_1,a_2],[a_2,a_3],\cdots,[a_n,a_{n+1}],\cdots$. 因为只有有限多条边，所以对于某个 $m>n$ 一定存在 $a_n=a_m$. 我们选择满足 $a_n=a_m$ 的最小的 m 并令 $m=m'$. 那么我们注意到，如果 $n>1$，则 $a_{m'}$ 至少是三个边的端点，分别是 $[a_{n-1},a_n]$，$[a_n,a_{n+1}]$ 和 $[a_{m'-1},a_{m'}]$，所以 $a_{m'}$ 是坏的边界顶点. 因此，为了保证 Q 没有这样的边界顶点，只有 $n=1$，所以，$a_1,\cdots,a_{m'}$ 的多边形是闭的且是单的. 我们重复这个过程发现，Q 满足性质（v），那么引理 1.5 证毕.

最后来完成定理 1.2 的证明，即如果 Ω 有界且是单连通的，可以推出 Ω^c 是连通的. 可以用反证法证明，假设 Ω^c 不是连通的，那么我们可以构造曲线 $\gamma\subset\Omega$，并找到一点 $w\notin\Omega$ 使得 $W_\gamma(w)\neq 0$，这与 Ω 是单连通的矛盾，所以原假设不成立.

2 Jordan 曲线定理

尽管我们在描述定理时强调曲线必须是分段光滑的，但实际上在证明定理时发现只要曲线连续即可（下面将连续曲线记为 Γ_ε）.

本节中有两个主要结论如下.

定理 2.1　令 Γ 表示平面上的单的分段光滑曲线. 那么 Γ 的余集是开连通集，且它的边界恰好是 Γ.

定理 2.2　令 Γ 表示平面上的单闭分段光滑曲线. 那么 Γ 的余集由两个不相交的连通开集组成. 其中一个区域是有界且单连通的，它称为 Γ 的内部. 另一个区域无界，称为 Γ 的外部，用 u 表示.

此外，给予 Γ 合适的方向，我们有

$$W_\Gamma(z)=\begin{cases}1 & z\in\Omega,\\ 0 & z\in u.\end{cases}$$

注意：如果降低假设条件，去掉曲线是分段光滑的假设，上面的两个定理仍然成立. 只是，这样一来证明就更加困难. 幸运的是，限制分段光滑这个条件，对许多应用都足够了.

作为上面命题的推论，下面我们要阐述柯西定理的一种等价定理.

定理 2.3　假设函数 f 在 Ω 上是全纯的，其中 Ω 是单闭曲线 Γ 的内部. 那么

$$\int_{\eta} f(\zeta) \, d\zeta = 0$$

其中 η 是包含在 Ω 内的任意闭曲线.

定理 2.1 的证明思路可以粗略地概括为, 因为 Γ 的余集是开集, 只要证明它是顺向连通的就足够了 (第 1 章练习 5). 令 z 和 w 属于 Γ 的余集, 并且一条曲线连接这两点. 如果这条曲线与 Γ 相交, 我们首先连接点 z 到 z' 和 w 到 w', 其中 z' 和 w' 靠近 Γ, 这两条新的曲线与 Γ 不相交, 那么, 用 "平行" 于 Γ 的曲线连接 z' 和 w', 如果必要的话, 要绕过它的端点.

因此, 关键是构造一族 "平行" 于 Γ 的连续曲线. 这是可行的, 因为如果 γ 是 Γ 的光滑片段的参数化法, 那么 γ 连续可导, 且 $\gamma'(t) \neq 0$. 此外, 向量 $\gamma'(t)$ 是 Γ 的切向量, 所以 $i\gamma'(t)$ 垂直于 Γ, 并且如果 Γ 是单的, 考虑 $\gamma(t) + i\varepsilon\gamma'(t)$ 是一条新的 "平行" 于 Γ 的曲线. 具体如下.

在接下来的三个引理和两个命题中, 我们强调 Γ_0 表示一条单光滑曲线. 弧长的参数化法 γ 对于光滑曲线 Γ_0 和所有 t 都满足 $|\gamma'(t)| = 1$. 每一条光滑曲线都有弧长参数化法.

引理 2.4　令 Γ_0 是一条单光滑曲线, 它的弧长参数化法给出 $\gamma: [0, L] \to \mathbf{C}$. 对任意实数 ε, 令 Γ_ε 是由参数化法

$$\gamma_\varepsilon(t) = \gamma(t) + i\varepsilon\gamma'(t) \quad 0 \leqslant t \leqslant L$$

定义的连续曲线. 那么存在 $k_1 > 0$ 使得当 $0 < |\varepsilon| < k_1$ 时 $\Gamma_0 \bigcap \Gamma_\varepsilon = \varnothing$.

证明　首先证明局部结论. 如果 s 和 t 属于 $[0, L]$, 那么

$$\begin{aligned}
\gamma_\varepsilon(t) - \gamma(s) &= \gamma(t) - \gamma(s) + i\varepsilon\gamma'(t) \\
&= \int_s^t \gamma'(u) \, du + i\varepsilon\gamma'(t) \\
&= \int_s^t [\gamma'(u) - \gamma'(t)] \, du + (t - s + i\varepsilon)\gamma'(t).
\end{aligned}$$

因为 γ' 在 $[0, L]$ 上一致连续, 所以存在 $\delta > 0$ 使得当 $|x - y| < \delta$ 时 $|\gamma'(x) - \gamma'(y)| < 1/2$. 特别地, 如果 $|s - t| < \delta$, 那么

$$|\gamma_\varepsilon(t) - \gamma(s)| > |t - s + i\varepsilon| \, |\gamma'(t)| - \frac{|t - s|}{2}.$$

因为 γ 是弧长参数化法, 我们有 $|\gamma'(t)| = 1$, 因此

$$|\gamma_\varepsilon(t) - \gamma(s)| > |\varepsilon|/2,$$

这里应用了一个简单结论, 就是当 a, b 是实数时 $2|a + ib| \geqslant |a| + |b|$. 这就证明了当 $|t - s| < \delta$ 且 $\varepsilon \neq 0$ 时, $\gamma_\varepsilon(t) \neq \gamma(s)$.

为了便于证明引理, 给出图示 (见图 2).

将点 $0 = t_0 < \cdots < t_n = L$ 插入到 $[0, L]$ 中, 将其分割成 n 份, 使得每份 $|t_{k+1} - t_k| < \delta$, 其中 $k = 0, \cdots, n - 1$. 并且考虑

$$I_k = \{t : |t - t_k| \leqslant \delta/4\}, J_k = \{t : |t - t_k| \leqslant \delta/2\},$$

并且
$$J'_k = \{t : |t - t_k| \geqslant \delta/2\}.$$
那么就能证明
$$\gamma(I_k) \bigcap \gamma_\varepsilon(J_k) = \varnothing \quad \varepsilon \neq 0. \quad (3)$$
因为 Γ_0 是单的，紧集 $\gamma(I_k)$ 和 $\gamma(J'_k)$ 间的距离 d_k 是严格正的. 所以

$$\gamma(I_k) \bigcap \gamma_\varepsilon(J'_k) = \varnothing \quad |\varepsilon| < d_k/2. \quad (4)$$

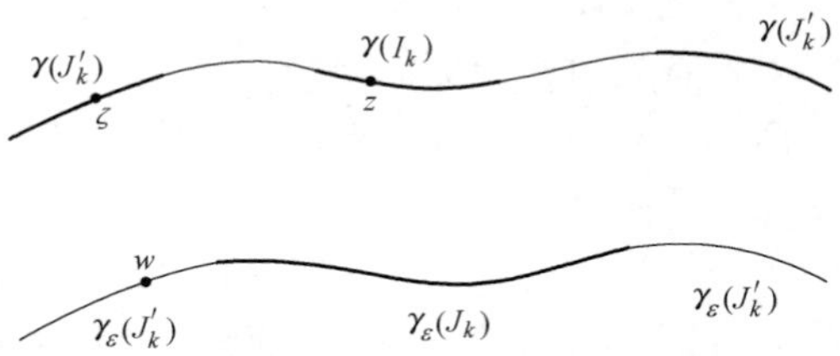

图 2　引理 2.4 的证明图示

事实上，如果 $z \in \gamma(I_k)$，$w \in \gamma_\varepsilon(J'_k)$，那么选择 $s \in J'_k$ 使得 $w = \gamma_\varepsilon(s)$，并令 $\zeta = \gamma(s)$. 根据三角不等式得
$$|z - w| \geqslant |z - \zeta| - |\zeta - w| \geqslant d_k - |\varepsilon| \geqslant d_k/2,$$
最后，如果选择 $k_1 = \min_k d_k/2$，那么根据式（3）和式（4），当 $0 < |\varepsilon| < k_1$ 时，$\Gamma_0 \bigcap \Gamma_\varepsilon = \varnothing$. 引理 2.4 证毕.

下面的引理表明，任意靠近曲线的内部的点都属于此曲线的某条平行变换. 曲线内部的点是指这个点形如 $\gamma(t)$，其中的 t 属于开区间 $(0, L)$. 这个内部点不能与曲线的"内部"混淆，它不同于定理 2.2 中提到的"内部".

引理 2.5　假设 z 是不属于光滑曲线 Γ_0 的点，但是它比起曲线的两个端点更接近曲线的一个内部点. 那么对某个 $\varepsilon \neq 0$，z 属于 Γ_ε.

更准确地说，如果 $z_0 \in \Gamma_0$ 最接近 z，且 $z_0 = \gamma(t_0)$，其中 t_0 属于开区间 $(0, L)$，那么 $z = \gamma(t_0) + i\varepsilon\gamma'(t_0)$，其中 $\varepsilon \neq 0$.

证明　对 t 属于 t_0 的一个邻域，根据 γ 的可导性得
$$z - \gamma(t) = z - \gamma(t_0) - \gamma'(t_0)(t - t_0) + o(|t - t_0|).$$
因为 $z_0 = \gamma(t_0)$ 是 z 与 Γ_0 的最小距离，我们发现
$$|z - z_0|^2 \leqslant |z - \gamma(t)|^2 = |z - z_0|^2 - 2(t - t_0)\operatorname{Re}$$
$$(|z - \gamma(t_0)|\overline{\gamma'(t_0)}) + o(|t - t_0|).$$
因为 $t - t_0$ 可以是正值也可以是负值，我们一定有 $\operatorname{Re}(|z - \gamma(t_0)|\overline{\gamma'(t_0)}) = 0$，否则当 $t \to t_0$ 时上面的等式就会不成立. 结果，存在实数 ε 使得 $|z - \gamma(t_0)|\overline{\gamma'(t_0)} = i\varepsilon$. 又因为 $|\gamma'(t_0)| = 1$，所以 $\overline{\gamma'(t_0)} = 1/\gamma'(t_0)$，$z - \gamma(t_0) = i\varepsilon\gamma'(t_0)$. 引理得证.

假设 z 和 w 靠近 Γ_0 的内部点，使得 $z \in \Gamma_\varepsilon$ 且 $w \in \Gamma_\eta$，其中 ε 和 η 非零. 如果 ε 和 η 符号相同，说明它们位于 Γ_0 的同一侧. 否则，它们位于 Γ_0 的相反的一侧. 强调这一点不是为了定义"Γ_0 的两侧"，只是为了说明靠近 Γ_0 的这两个点只可能是"同侧"或者是"反侧"，两者必居其一.

粗略地说，如果两点在同侧，那么可以由一条"平行"于 Γ_0 的曲线连接，但

是如果两点反侧，则需要绕过 Γ_0 的一个端点.

我们首先讨论同侧的问题.

命题 2.6　令 A 和 B 表示单光滑曲线 Γ_0 的两个端点，并假设 K 是紧集且满足两者之一的条件

$$\Gamma_0 \bigcap K = \varnothing \quad \text{或者} \quad \Gamma_0 \bigcap K = A \bigcup B.$$

如果 $z \notin \Gamma_0$，$w \notin \Gamma_0$ 位于 Γ_0 的同侧，并且这两点比起 K 或者 Γ_0 的两个端点更靠近 Γ_0 的内点，那么 z 和 w 可以由一条连续曲线连接，此曲线整个属于 $K \bigcup \Gamma_0$ 的余集.

这个未确定的紧集 K 将会在证明 Jordan 曲线定理时被合适地选出.

证明　通过前面的引理，考虑 $z_0 = \gamma(t_0)$，$w_0 = \gamma(s_0)$，这两段是 Γ_0 的内点，分别是与 z 和 w 最近的点. 那么

$$z = \gamma(t_0) + i\varepsilon_0 \gamma'(t_0) \text{ 和 } w = \gamma(s_0) + i\eta_0 \gamma'(s_0),$$

其中 ε_0 和 η_0 同号，不妨假设都是正的，并且假设 $t_0 \leqslant s_0$.

引理中的假设表明，连接 z 与 z_0 和 w 与 w_0 的线段整个包含在 $K \bigcup \Gamma_0$ 的余集中. 所以，对所有小正数 $\varepsilon > 0$，我们可以分别连接 z 和 w 到点

$$z_\varepsilon = \gamma(t_0) + i\varepsilon \gamma'(t_0) \text{ 和 } w = \gamma(s_0) + i\varepsilon \gamma'(s_0), \text{ （公式中 } w \text{ 应为 } w_\varepsilon\text{）}$$

见图 3.

最后，如果 ε 的选择小于引理 2.4 中的 k_1，也小于从 K 到 Γ_0 上介于 z_0 到 w_0 之间的部分的距离，也就是说 $\{\gamma(t): t_0 \leqslant t \leqslant s_0\}$，那么对应的 Γ_ε 部分记为 $\{\gamma_\varepsilon(t): t_0 \leqslant t \leqslant s_0\}$，连接点 z_ε 和 w_ε. 同时，此曲线包含在 K 与 Γ_0 的并的余集内. 这就证明了命题.

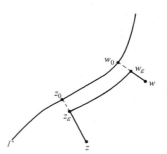

接下来要证明两点位于 Γ_0 两侧的情况，这需要一个预备知识，从而足以保证绕过端点.

图 3　命题 2.6 的证明图示

引理 2.7　令 Γ_0 为单的光滑曲线. 存在 $k_2 > 0$ 使得集合 N 与 Γ_0 不相交，其中 N 是指由点 $z = \gamma(L) + \varepsilon e^{i\theta} \gamma'(L)$ 构成的集合，同时 $-\pi/2 \leqslant \theta \leqslant \pi/2$ 且 $0 < \varepsilon < k_2$.

证明　此处的讨论类似于引理 2.4 的证明. 首先注意到

$$\gamma(L) + \varepsilon e^{i\theta} \gamma'(L) - \gamma(t) = \int_t^L [\gamma'(u) - \gamma'(L)] du + (L - t + \varepsilon e^{i\theta}) \gamma'(L).$$

如果选择 δ 使得当 $|u - L| < \delta$ 时 $|\gamma'(u) - \gamma'(L)| < 1/2$，那么 $|t - L| < \delta$ 就意味着

$$|\gamma(L) + \varepsilon e^{i\theta} \gamma'(L) - \gamma(t)| \geqslant |\varepsilon|/2.$$

因此，当 $L - \delta \leqslant t \leqslant L$ 时 $\gamma(t) \notin N$. 最后，只要选择 k_2 使它小于从端点 $\gamma(L)$ 到 $\gamma(t)$，$0 \leqslant t \leqslant L - \delta$ 的距离就可以证明引理 2.7.

最后给出与命题 2.6 相似的结论，只是两点位于 Γ_0 反侧的情况.

命题 2.8 令 A 表示单光滑曲线 Γ_0 的端点，假设 K 是紧集，满足下面两个条件之一，

$$\Gamma_0 \bigcap K = \varnothing \text{ 或者 } \Gamma_0 \bigcap K = A.$$

如果 $z \notin \Gamma_0$ 和 $w \notin \Gamma_0$ 紧挨着 Γ_0 的内点，比距离 K 或者 Γ_0 的端点还要近，那么 z 和 w 可以由一条连续曲线连接，并且该曲线整个位于 $\Gamma_0 \bigcup K$ 的余集内.

这里简单概括证明过程，它与命题 2.6 的证明类似. 只要考虑 z 和 w 位于 Γ_0 两侧且 $A = \gamma(0)$ 的情况即可. 首先我们分别连接两点

$$z_\varepsilon = \gamma(t_0) + i\varepsilon\gamma'(t_0) \text{ 和 } w_\varepsilon = \gamma(s_0) - i\varepsilon\gamma'(s_0)$$

到点

$$z'_\varepsilon = \gamma(L) + i\varepsilon\gamma'(L) \text{ 和 } w'_\varepsilon = \gamma(L) - i\varepsilon\gamma'(L).$$

那么，z'_ε 和 w'_ε 可能在 N 的"半邻域"中（引理 2.7 中提到的 N）. 这里，如果 $t_0 \leqslant s_0$，我们一定选择 $|\varepsilon|$ 小于从 $\{\gamma(t) : t_0 \leqslant t \leqslant L\}$ 到 K 的距离，并且也小于 k_1 和 k_2（分别在引理 2.4 和 2.7 中提到的）.

定理 2.1 的证明

令 Γ 是单的分段光滑曲线.

首先证明集合 $O = \Gamma^c$ 的边界正好是 Γ. 很明显，O 是开集，其边界包含在 Γ 中. 同时，Γ 上的任意点都是光滑的并属于 O 的边界（例如通过引理 2.4）. 因为 O 的边界一定是闭集，我们推出它完全等于 Γ.

证明 O 是连通的，需要通过对构成 Γ 的所有光滑曲线应用归纳法. 首先假设 Γ 是单的光滑的，并令 Z 和 W 是不属于 Γ 的任意两点. 令 Λ 表示复数集 $\mathbf{C}$ 上连接 Z 和 W 的任意光滑曲线，并且删除 Γ 的两个端点. 如果 Λ 与 Γ 相交，则交点一定是 Γ 的内点. 因此，可以取 Λ 的不与 Γ 相交的一部分，连接 Z 到点 z，其中 z 距离 Γ 的内点要比距离它的任何一个端点都要近. 类似地，在 Γ 的余集中连接 W 与 w，w 距离 Γ 的内点也要比距离它的任何一个端点都要近. 命题 2.8 表明（当 K 是空集时）z 和 w 可以由位于 Γ 的余集中的连续曲线连接，这就证明了归纳法的第一步.

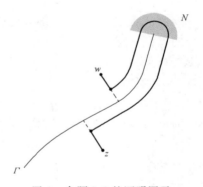

图 4 命题 2.8 的证明图示

现在假设 Γ 由 $n-1$ 段光滑曲线构成时命题 2.8 成立，那么当 Γ 由 n 段光滑曲线构成时，我们可以将 Γ 写成

$$\Gamma = K \bigcup \Gamma_0,$$

其中 K 由 $n-1$ 段连续的光滑曲线构成，Γ_0 光滑. 特别地，K 是紧集，且与 Γ_0 交于它的一个端点. 根据归纳假设，Γ 的余集中任意两点 Z 和 W 都可以由一条光滑

曲线连接, 且与 K 不相交, 并且也假设该曲线删除了 Γ_0 的两个端点. 如果此曲线与 Γ_0 交于它的内点, 那么应用命题 2.8 推导出定理的证明.

定理 2.2 的证明

令 Γ 表示一条单闭分段光滑曲线. 我们首先证明 Γ 的余集至多由两部分构成.

取定一点 W 位于包含 Γ 的大圆盘之外, 并令 u 表示一个集合, 其中的点可以由 Γ 的余集中的连续曲线与 W 连接. 则集合 u 很显然是开集, 而且是连通的, 这是因为 u 中的任意两点的连线都可以经过点 W. 现在定义

$$\Omega = \Gamma^c - u$$

肯定能证明 Ω 是连通的. 令 K 表示 Γ 删除光滑片段 Γ_0 后的曲线. 根据 Jordan 弧定理, 我们可以用一条与 K 不相交的曲线 Λ_Z 连接任意点 $Z \in \Omega$ 与点 W. 因为 $Z \notin u$, 曲线 Λ_Z 必与 Γ_0 的一个内点相交. 因此我们可以选择两点 $z, w \in \Lambda_Z$, 它们与 Γ_0 的内点的距离近于与 Γ_0 的两个端点的距离, 使得 Λ_Z 上的两段 Z 到 z 和 W 到 w 完全包含于 Γ 的余集中. 那么点 z 和 w 位于 Γ_0 的两侧, 否则, 可以根据命题 2.6 发现 Z 可以由位于 Γ 的余集中的曲线连接到 W, 但是这与 $Z \notin u$ 矛盾. 最后, 如果 Z_1 是 Ω 中的另一个点, 对应的两个点 z_1 和 w_1 也位于 Γ_0 的两侧. 同时, z 和 z_1 在 Γ_0 的同一侧, 否则, 若 z 与 w_1 同侧, 则连接 Z 和 W 的曲线不会穿过 Γ, 这与 $Z \notin u$ 矛盾. 所以, 根据命题 2.6 点 z 和 z_1 可以被 Γ 的余集中的曲线连接, 并且推出 Z 和 Z_1 属于同一个连通部分.

因此证明 Γ^c 至多由两部分构成还不能保证 Ω 是非空的. 要证明 Γ^c 恰好由两部分构成, 只要证明不同点关于 Γ 具有不同的卷绕数即可. 事实上, 位于 Γ 一侧的卷绕数是 1, 而另一侧的则不是. 给定 Γ 的光滑片段上的一点 z_0, 则 $z_0 = \gamma(t_0)$, 令 $\varepsilon > 0$ 并定义

$$z_\varepsilon = \gamma(t_0) + i\varepsilon\gamma'(t_0) \text{ 和 } w_\varepsilon = \gamma(t_0) - i\varepsilon\gamma'(t_0).$$

根据前面的观察, 位于 Γ 同侧的点属于同一个连通集, 因此,

$$\Delta = |W_\Gamma(z_\varepsilon) - W_\Gamma(w_\varepsilon)|$$

是一个常数, 其中 $\varepsilon > 0$ 是任意小正数.

首先写出

$$\left(\frac{\gamma'(t)}{\gamma(t) - z_\varepsilon} - \frac{\gamma'(t)}{\gamma(t) - w_\varepsilon}\right) = \frac{2i\varepsilon\gamma'(t_0)\gamma'(t)}{[\gamma(t) - \gamma(t_0)]^2 + \varepsilon^2\gamma'(t_0)^2}.$$

对分子应用

$$\gamma'(t) = \gamma'(t_0) + [\gamma'(t) - \gamma'(t_0)]$$
$$= \gamma'(t_0) + \psi(t),$$

其中当 $t \to t_0$ 时, $\psi(t) \to 0$. 对于分母, 因为 $\gamma'(t_0) \neq 0$ 使得

$$[\gamma(t) - \gamma(t_0)]^2 + \varepsilon^2\gamma'(t_0)^2 = \gamma'(t_0)^2[(t - t_0)^2 + \varepsilon^2] + o(|t - t_0|).$$

结合起来发现

266

$$\left(\frac{\gamma'(t)}{\gamma(t)-z_\varepsilon}-\frac{\gamma'(t)}{\gamma(t)-w_\varepsilon}\right)=\frac{2\mathrm{i}\varepsilon}{(t-t_0)^2+\varepsilon^2}+E(t),$$

这里给定 $\eta>0$，存在 $\delta>0$ 使得如果 $|t-t_0|\leqslant\delta$，误差项满足

$$|E(t)|\leqslant\eta\,\frac{\varepsilon}{(t-t_0)^2+\varepsilon^2}.$$

因此，

$$\Delta=\frac{1}{2\pi\mathrm{i}}\int_{|t-t_0|\geqslant\delta}\left(\frac{\gamma'(t)}{\gamma(t)-z_\varepsilon}-\frac{\gamma'(t)}{\gamma(t)-w_\varepsilon}\right)\mathrm{d}t+$$

$$\frac{1}{2\pi\mathrm{i}}\int_{|t-t_0|<\delta}\left(\frac{2\mathrm{i}\varepsilon}{(t-t_0)^2+\varepsilon^2}+E(t)\right)\mathrm{d}t.$$

第一个积分随着 $\varepsilon\to0$ 而趋于 0．第二个积分变量代换 $t-t_0=\varepsilon s$，则

$$\frac{1}{\pi}\int_{-\rho}^{\rho}\frac{\mathrm{d}s}{s^2+1}=\frac{1}{\pi}\left[\arctan s\right]_{-\rho}^{\rho}\to1\quad\rho\to+\infty.$$

因此，令 $\varepsilon\to0$，则

$$|\Delta-1|<\eta.$$

推出 $\Delta=1$，并且 Γ^c 正好由两部分组成．最后，只有其中一部分可以是无界的，这部分命名为 u，在这部分内的点关于 Γ 的卷绕数一定是零．根据最后的结论我们看到 Ω 的有界的那部分中的点关于 Γ 取反方向时的卷绕数是常数，且等于 1．并且很显然，Γ 上的任意光滑点都可以被两部分中的点趋近，因此 Γ 既是 Ω 的边界又是 u 的边界．

证明的最后一步是要证明曲线的内部，也就是 Ω 有界的那部分是单连通的．根据定理 1.2，只要证明 Ω^c 是连通的就足够了．用反证法，如果 Ω^c 不是连通集，那么

$$\Omega^c=F_1\bigcup F_2,$$

其中，F_1 和 F_2 是闭集，不相交的，且非空．令

$$O_1=u\bigcap F_1\text{ 和 }O_2=u\bigcap F_2.$$

显然，O_1 和 O_2 不相交．如果 $z\in O_1$，那么 $z\in u$，每一个以 z 为中心的小球都包含在 u 中．如果每一个这样的球与 F_2 相交，因为 F_2 是闭集，所以 $z\in F_2$．但是 F_1 和 F_2 不相交，所以这是不可能的．因此 O_1 是开集，同样得到了 O_2 也是开集．最后证明 O_1 非空．如果不是，那么 F_1 整个包含在 Γ 中并且 u 包含在 F_2 中．挑出任意点 $z\in F_1$，而且也属于 Γ．那么任意以 z 为中心的球都与 u 相交，同理 F_2 也是如此．但是 F_2 是闭集且与 F_1 不相交，因此矛盾．类似讨论 O_1 证明

$$u=O_1\bigcup O_2,$$

其中 O_1 和 O_2 不相交，开集且非空．这与 u 是连通集矛盾，因此证明了关于分段光滑曲线的 Jordan 曲线定理．

267

2.1　柯西定理的一般形式的证明

定理 2.9　如果函数 f 在包含一条单闭分段光滑曲线 Γ 及其内部的开集上是全纯的,那么

$$\int_{\Gamma} f = 0.$$

令 O 表示开集,在其上 f 是全纯的,并且它包含 Γ 及其内部 Ω. 思路是在 Ω 中构造闭曲线 Λ,它与 Γ 足够接近以至于 $\int_{\Gamma} f = \int_{\Lambda} f$. 那么等号右边的积分等于零,因为 f 在单连通开集 Ω 上是全纯的. Λ 的构造如下:靠近 Γ 的光滑部分,曲线 Λ 类似于引理 2.4 中的 Γ_ε. 在靠近 Γ 的光滑部分的连接点处,Λ 取圆周的一段弧. 如图 5 所示.

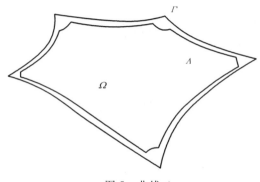

图 5　曲线 Λ

找到恰当的连接弧需要用到下面的预备知识.

引理 2.10　令 $\gamma:[0,1]\to\mathbf{C}$ 是一条单光滑曲线. 那么对所有足够小的正数 $\delta>0$,圆周 C_δ 以 $\gamma(0)$ 为中心,δ 为半径,与 γ 交于唯一一点.

证明　不妨假设 $\gamma(0)=0$. 因为 $\gamma(0)\neq\gamma(1)$,显然对任意小 $\delta>0$,圆周 C_δ 与 γ 至少交于一点. 证明交点的唯一性不妨用反证法. 假设引理的结论不正确,那么可以找到一列正数 δ_j 趋于零,使得方程 $|\gamma(t)|=\delta_j$ 至少有两个解. 根据均值定理,$h(t)=|\gamma(t)|^2$ 提供了一列正数 t_j 使得 $t_j\to 0$ 且 $h'(t_j)=0$. 因此,对于所有的 j,有

$$\gamma'(t_j)\cdot\gamma(t_j)=0.$$

但是,曲线是光滑的,所以

$$\gamma(t)=\gamma(0)+\gamma'(0)t+t\varphi(t) \text{ 和 } \gamma'(t)=\gamma'(0)+\psi(t),$$

其中随着 t 趋于 0,$|\varphi(t)|\to 0$ 且 $|\psi(t)|\to 0$. 那么由于 $\gamma(0)=0$,我们发现 $\gamma'(t)\cdot\gamma(t)=|\gamma'(0)|^2 t+o(|t|)$. 根据光滑曲线的定义 $\gamma'(0)\neq 0$,给出

$$\gamma'(t)\cdot\gamma(t)\neq 0 \quad \text{对于所有的小 } t.$$

这是矛盾的.

回到柯西定理的证明，选择 ε 足够小使得开集 u 中所有的点距离 Γ（包含于 O）小于 ε.

接下来，如果 $P_1, \cdots, P_n$ 是相邻点，也就是 Γ 上光滑片段的连接点，我们可以选择 $\delta < \varepsilon/10$，它足够小使得每个以 P_j 为中心，δ 为半径的圆周 C_j 与 Γ 正好交于不同的两点（这是根据前面的引理）. 这两个点将圆周 C_j 分成两个圆弧，其中一个圆弧（记为 c_j）的内点全部属于 Ω. 如果 γ 是 Γ 的以 P_j 为顶点的光滑片段的参数化法，那么对所有小的 ε'，曲线的参数化法 γ'_{ε} 和 Γ 另一侧的参数化法 $\gamma_{-\varepsilon'}$ 一定和圆周 C_j 相交. 构造圆盘 D_j^*，它以 P_j 为中心，2δ 为半径，也包含于 u，因此也包含于 O.

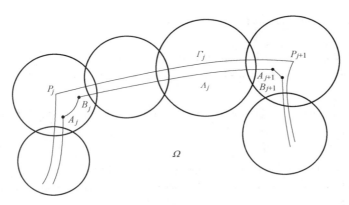

图 6　曲线 Λ 的构造

我们希望构造 Λ 使得可以像第 3 章定理 5.1 那样证明 $\int_{\Gamma} f = \int_{\Lambda} f$. 为此，考虑一列圆盘 $D = \{D_0, \cdots, D_K\}$ 使得它们都包含于 u，Γ 包含于它们的并集，而且 $D_k \bigcap D_{k+1} \neq \varnothing$ $D_0 = D_k$，圆盘 D_j^* 是这列圆盘 D 的一部分. 假设 Γ_j 表示 Γ 上连接点 P_j 和 P_{j+1} 的光滑片段. 根据引理 2.4，可以构造连续曲线 Λ_j，它包含于 Ω，也包含于圆盘的并，并且连接 c_j 上的点 B_j 到 c_{j+1} 上的点 A_{j+1}（见图 6）. 因为，我们仅仅假设 Γ 有一个连续导数，Λ_j 可以不光滑，但是，如果必要的话可以由折线近似连续曲线，所以只需要讨论 Λ_j 是光滑曲线的情况. 那么由片段 c_{j+1} 连接点 A_{j+1} 和 B_{j+1}. 这个过程用在分段光滑曲线 Λ 的每个光滑片段上，Λ 是闭的且包含于 Ω.

因为 f 在 D 中每个圆盘上都有一个初值，如同第 3 章定理 5.1 的证明那样，我们发现 $\int_{\Gamma} f = \int_{\Lambda} f$. 又因为 Ω 是单连通的，所以 $\int_{\Lambda} f = 0$，也就是

$$\int_{\Gamma} f = 0.$$

注记和参考

Useful references for many of the subjects treated here are Saks and Zygmund [34], Ahlfors [2], and Lang [23].

Introduction

The citation is from Riemann's dissertation [32].

Chapter 1

The citation is a free translation of a passage in Borel's book [6].

Chapter 2

The citation is a translation of an excerpt from Cauchy's memoir [7].

Results related to the natural boundaries of holomorphic functions in the unit disc can be found in Titchmarsh [36].

The construction of the universal functions in Problem 5 are due to G. D. Birkhoff and G. R. MacLane.

Chapter 3

The citation is a translation of a passage in Cauehy's memoir [8].

Problem 1 and other results related to injective holomorphic mappings (univalent functions) can be found in Duren [11].

Also, see Muskhelishvili [25] for more about the Cauchy integral introduced in Problem 5.

Chapter 4

The citation is from Wiener [40].

The argument in Exercise 1 was discovered by D. J. Newman; see [4].

The Paley-Wiener theorems appeared first in [28]; further generalizations can be found in Stein and Weiss [35].

Results related to the Borel transform (Problem 4) earl be found in Boas [5].

Chapter 5

The citation is a translation from the German of a passage in a letter from K. Weierstrass to S. Kowalewskaja; see [38].

A classical reference for Nevanlinna theory is the book by R. Nevanlinna himself [27].

Chapter 6

A number of different proofs of the analytic continuation and functional equation for the zeta function can be found in Chapter 2 of Titchmarseh [37].

Chapter 7

The citation is from Hadamard [14]. Riemann's statement concerning the zeroes of the zeta function in the critical strip is a passage taken from his paper [33].

Further material related to the proof of the prime number theorem presented in the text is in Chapter

2 of Ingham [19], and Chapter 3 of Titehmarsch [37].

The "elementary" analysis of the distribution of primes (without using the analytic properties of the zeta function) was initiated by Tchebychev, and culminated in the Erdös-Selberg proof of the prime number theorem. See Chapter XXII in Hardy and Wright [17].

The results in Problems 2 and 3 can be found in Chapter 4 of Ingham [19].

For Problem 4, consult Estermann [13].

Chapter 8

The citation is from Christoffel [9].

A systematic treatment of conformal mappings is Nehari [26].

Some history related to the Riemann mapping theorem, as well as the details in Problem 7, can be found in Remmert [31].

Results related to the boundary behavior of holomorphic functions (Problem 6) are in Chapter XIV of Zygmund [41].

An introduction to the interplay between the Poincaré metric and complex analysis can be found in Ahlfors [1]. For further results on the Schwartz-Picklemma and hyperbolicity, see Kobayashi [21].

For more on Bieberbach's conjecture, see Chapter 2 in Duren [11] and Chapter 8 in Hayman [18].

Chapter 9

The citation is taken from Poincaré [30].

Problems 2, 3, and 4 are in Saks and Zygmund [34].

Chapter 10

The citation is from Hardy, Chapter IX in [16].

A systematic account of the theory of theta functions and Jacobi's theory of elliptic functions is in Whittaker and Watson [39], Chapters 21 and 22.

Section 2. For more on the partition function, see Chapter MIX in Hardy and Wright [17].

Section 3. The more standard proofs of the theorems about the sum of two and four squares are in Hardy and Wright [17], Chapter XX. The approach we use was developed by Mordell and Hardy [15] to derive exact formulas for the number of representations as the sum of k squares, when $k \geqslant 5$. The special case $k = 8$ is in Problem 6. For $k \leqslant 4$ the method as given there breaks down because of the non-absolute convergence of the associated "Eisenstein series." In our presentation we get around this difficulty by using the "forbidden" Eisenstein series. When $k = 2$, an entirely different construction is needed, and the analysis centering around $C(\Gamma)$ is a further new aspect of this problem.

The theorem on the sum of three squaires (Problem 1) is in Part I, Chapter 4 of Landau [22].

Appendix A

The citation is taken from the appendix in Airy's article [3].

For systematic accounts of Laplace's method, stationary phase, and the method of steepest descent, see Erdléyi [t2] and Copson [10].

The more refined asymptotics of the partition function can be found in Chapter 8 of Hardy [16].

Appendix B

The citation is taken from Picard's address found in Jordan's collected works [20].

The proof of the Jordan curve theorem for piecewise-smooth curve due to Pederson [29] is an adaptation of the proof for polygonal curves which can be found in Saks and Zygmund [34].

For a proof of the Jordan theorem for continuous curves using notions of algebraic topology, see Munkres [24].

参 考 文 献

[1]   L. V. Ahlfors. *Conformal Invariants*. McGraw-Hill, New York, 1973.

[2]   L. V. Ahlfors. *Complex Analysis*. McGraw-Hill, New York, third edition, 1979.

[3]   G. B. Airy. On the intensity of light in the neighbourhood of a caustic. *Transactions of the Cambridge Philosophical Society*, 6: 379-402, 1838.

[4]   J. Bak and D. J. Newman. *Complex Analysis*. Springer-Verlag, New York, second edition, 1997.

[5]   R. P. Boas. *Entire Functions*. Academic Press, New York, 1954.

[6]   E. Borel. *L'imaginaire et le réel en Mathématiques et en Physique*. Albin Michel, Paris, 1952.

[7]   A. L. Cauchy. Mémoires sur les intégrales définies. *Oeuvres complètes d'Augustin Cauchy*, Gauthier-Villars, Paris, Iere Série (I), 1882.

[8]   A. L. Cauchy. Sur un nouveau genre de calcul analogue au calcul infinitesimal. *Oeuvres complètes d'Augustin Cauchy*, Gauthier Villars, Paris, IIeme Série (VI), 1887.

[9]   E. B. Christoffel. Ueber die Abbildung einer Einblättrigen, Einfach Zusammenhägenden, Ebenen Fläche auf Einem Kreise. *Nachrichtenyon der Königl. Gesselschaft der Wissenchaft und der G. A. Universität zu Göttingen*, pages 283-298, 1870.

[10]   E. T. Copson. *Asymptotic Expansions*, volume 55 of *Cambridge Tracts in Math. and Math Physics*. Cambridge University Press, 1965.

[11]   P. L. Duren. *Univalent Functions*. Springer-Verlag, New York, 1983.

[12]   A. Erdélyi. *Asymptotic Expansions*. Dover, New York, 1956.

[13]   T. Estermann. *Introduction to Modern Prime Number Theory*. Cam bridge University Press, 1952.

[14]   J. Hadamard. The *Psvcholoqu of Invention in the Mathematical* Princeton university Press, 1945.

[15]   G. H. Hardy. On the representation of a number as the sum of any number of squares, and in particular five. *Trans. Amer. Math. Soc*, 21: 255-284, 1920.

[16]   G. H. Hardy. *Ramanujan*. Cambridge University Press, 1940.

[17]   G. H. Hardy and E. M. Wright. *An introduction to the Theory of Numbers*. Oxford University Press, London, fifth edition, 1979.

[18]   W. K. Hayman. *Multivalent Functions*. Cambridge University Press, second edition, 1994.

[19]   A. E. Ingham. *The Distribution of Prime Numbers*. Cambridge University Press, 1990.

[20]   C. Jordan. *Oeuvres de Camille Jordan*, volume IV. Gauthier-Villars, Paris, 1964.

[21]   S. Kobayashi. *Hyperbolic Manifolds and Holomorphic Mappings*. M. Dekker, New York, 1970.

[22]   E. Landau. *Vorlesungen über Zahlentheorie*, volume 1. S. Hirzel, Leipzig, 1927.

[23]   S. Lang. *Complex Analysis*. Springer-Verlag, New York, fourth edition, 1999.

[24]   J. R. Munkres. *Elements of Algebraic Topology*. Addison-Wesley, Reading, MA, 1984.

[25]   N. I. Muskhelishvili. *Singular Integral Equations*. Noordhott International Publishing, Leyden, 1977.

[26]   Z. Nehari. *Comformal Mapping*. McGraw-Hill, New York, 1952.

[27] R. Nevanlinna. *Analytic functions*. Die Grundlehren der mathematischen Wissensehaften in Einzeldarstellung. Springer-Verlag, New York, 1970.

[28] R. Paley and N. Wiener. *Fourier Transforms in the Complez Domain*, volume XIX of *Colloquium publications*. American Mathematical Society, Providence, RI, 1934.

[29] R. N. Pederson. The Jordan curve theorem for piecewise smooth curves. *Amer. Math. Monthly*, 76: 605-610, 1969.

[30] H. Poincaré L' Oeuvre mathématiques de Weierstrass. *Acta Mathematica*, 22, 1899.

[31] R. Remmert. *Classical Topics in Complex Function Theory*. Springer-Verlag, New York, 1998.

[32] B. Riemann. Grundlagen für eine Allgemeine Theorie der Functionen einer Veränderlichen Complexen Grösse. *Inauguraldissertation*, *Cöttingen*, 1851, Collected Works, Springer-Verlag, 1990.

[33] B. Riemann. Ueber die Anzahl der Primzahlen unter einer gegebenen Grösse. *Monat. Preuss. Akad. Wissen.*, 1859, Collected Works, Springer-Verlag, 1990.

[34] S. Saks and Z. Zygmund. *Analytic Functions*. Elsevier, PWN-Polish Scientific, third edition, 1971.

[35] E. M. Stein and G. Weiss. *Introduction to Fourier Analysis on Euclidean Spaces*. Princeton University Press, 1971.

[36] E. C. Titchmarsh. *The Theory of Functions*. Oxford University Press, London, second edition, 1939.

[37] E. C. Titchmarsh. *The Theory of the Riemann Zeta-Function*. Oxford University Press, 1951.

[38] K. Weierstrass. *Briefe yon Karl Weierstrass an Sofie Kowalewskaja* 1871-1891. Moskva, Nauka, 1973.

[39] E. T. Whittaker and G. N. Watson. A *Course in Modern Analysis*. Cambridge University Press, 1927.

[40] N. Wiener. "R. E. A. C. Paley-in Memoriam". *Bull. Amev. Math. Soc.*, 39: 476, 1933.

[41] A. Zygmund. *Trigonometric Series*, volume I and II. Cambridge University Press, second edition, 1959. Reprinted 1993.